Conoce todo sobre Robótica educativa

Prácticas y actividades

Conoce todo sobre Robótica educativa

Prácticas y actividades

Andrés S. Vázquez Fernández-Pacheco

Francisco Ramos de la Flor

Raúl Fernández Rodríguez

Alberto Olivares Alarcos

Francisco Javier Arteaga Cardineau

Ra-Ma®

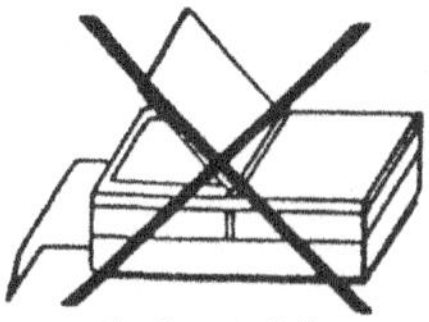

La ley prohíbe
fotocopiar este libro

Editado por:
RA-MA Editorial
Madrid, España

Colección American Book Group - Ingeniería y Tecnología - Volumen 4.
ISBN No. 978-168-165-725-7
Biblioteca del Congreso de los Estados Unidos de América: Número de control 2019935057
www.americanbookgroup.com/publishing.php

Maquetación: Antonio García Tomé
Diseño de portada: Antonio García Tomé
Arte: Pressfoto / Freepik

ÍNDICE

ACERCA DE LOS AUTORES

Somos un grupo de profesores e investigadores jóvenes de la Universidad de Castilla-La Mancha. Nuestro objetivo es fomentar la iniciativa y la ilusión por este mundo maravilloso que es la Robótica.

Llevamos varios años dedicados a la robótica y a la enseñanza con la pretensión de extender nuestra dedicación a vosotros: los alumnos de secundaria.

Esperamos que la experiencia con este libro sea para vosotros un primer paso en el fascinante mundo de la robótica.

Os invitamos a visitar nuestra web:
www.automaticayrobotica.es

donde podréis encontrar material didáctico, recursos y actividades que reforzarán vuestra formación.

PREÁMBULO

Estamos en los comienzos de una nueva revolución tecnológica equiparable a la *revolución industrial* del siglo XVIII y a la *revolución de la Información (Internet)* del siglo XX. Es la *revolución robótica.*

Hoy en día nadie duda de la importancia de la robótica a nivel industrial (en estos últimos años se han instalado más robots que nunca) y tampoco nadie duda que los robots, en poco tiempo, estarán presentes en todos los ámbitos humanos (por ejemplo el coche autónomo de Google, o el robot cirujano *Da Vinci*).

Al igual que ocurrió en el pasado, la tecnología cambiará la sociedad, cambiará el mundo, y al igual que pasó antes, el cambio será para bien: no hay duda que los robots usurparán tareas que antes hacia el ser humano, pero abrirán puertas a nuevos modelos de negocio y nuevas profesiones en una sociedad más moderna.

Aunque este libro sea una introducción práctica a los robots para alumnos de secundaria y bachillerato, el objetivo principal de este libro es utilizar la robótica como un instrumento didáctico ya que combina un gran número disciplinas académicas de ciencia, tecnología, ingeniería y matemáticas (el denominado STEM). Por un lado, campos de la física como la electrónica, la mecánica clásica, la electricidad o la ciencia de materiales se entrelazan en el diseño y construcción de un robot. Por otro lado, se potencia el pensamiento lógico a través de la programación de los robots, se entrenan las capacidades matemáticas en la descripción de los mismos y sus movimientos, y se estudian conceptos tecnológicos de aplicación cotidiana.

¿A quién va dirigido el libro?

Este libro incluye **actividades** para un curso introductorio a la robótica y pretende servir de herramienta didáctica tanto al profesor como al alumno de enseñanza secundaria y bachillerato. En él se utilizan las tres plataformas más presentes en centros de enseñanza: Arduino, Lego Mindstorms y Android, de manera que el profesor o el alumno pueda aplicar las actividades sobre la plataforma que tenga disponible. Para aquellos lectores que no dispongan aún de ninguna de estas plataformas, en este libro indicamos que opciones tienen para su adquisición.

¿Cómo está estructurado?

Los contenidos del libro se dividen en **cuatro partes**.

- Una primera parte dedicada a la plataforma **Arduino**. En ella trabajaremos con un robot basado en el Kit de Robótica de BQ pero daremos al lector otras opciones disponibles en el mercado. Enseñaremos a programar por bloques (por medio de la herramienta Bitbloq de BQ) y veremos su equivalencia a la programación clásica con el lenguaje de programación de Arduino.

- La segunda parte está dedicada a la plataforma **Lego Mindstorms**. Somos conscientes que, aunque la versión actual Mindstorns es la EV3, muchos institutos y alumnos disponen de versión antigua NXT. Por eso, en este libro abordamos ambas versiones, con el añadido de enseñar a los usuarios de los antiguos NXT a programar sus viejos robots con el nuevo software EV3-G.

- La tercera parte se dedica al uso de **Android** junto con las plataformas LEGO y Arduino. Por un lado el lector aprenderá a realizar aplicaciones para móviles pero sobre todo, veremos cómo aplicar la tecnología móvil a la robótica y cómo esta unión potencia las capacidades tanto de Lego Mindstorms como de Arduino. Para ello utilizaremos APPinventor, que es una plataforma de programación de Android desarrollada por el MIT pensada para ser usada por alumnos preuniversitarios.

- La cuarta y última parte es un anexo donde realizamos una pequeña explicación teórica de los conceptos realizados en las actividades del libro. El lector tiene a su disposición otro libro teórico de robótica Educativa donde explicamos con más detalle los fundamentos de la robótica pero también adaptado para estudiantes y profesores de enseñanzas medias.

Ciudad Real, junio de 2016

1

ROBÓTICA CON ARDUINO

1.1 INTRODUCCIÓN A ARDUINO

Arduino es una plataforma de desarrollo de proyectos electrónicos muy fácil de usar y muy extendida hoy en día. Además, existen multitud de componentes electrónicos, como motores y sensores, que pueden ser usados con Arduino; por eso es muy utilizado para el desarrollo de robots tanto a nivel profesional como a nivel educativo.

En este libro vamos a construir un robot utilizando una placa compatible con Arduino y diversos componentes electrónicos (que vienen en el Kit de Robótica ZUM-BT de BQ o que podréis adquirir por separado en tiendas de electrónica o por internet), pero antes vamos a echar un vistazo general a la plataforma Arduino.

1.1.1 Presentación de Arduino

Arduino es una plataforma de hardware y software libre, es decir, cualquiera puede utilizarlo y mejorarlo; por eso hay multitud de versiones "no oficiales" que sin ser de la marca Arduino son muy similares y totalmente compatibles. Algunos ejemplos de marcas compatibles con Arduino son Freaduino, Funduino, ZUM-BT, etc.

Tanto en Arduino como en compatibles podemos distinguir dos tipos de placas: las de control y las periféricas (*shields*).

- Placas de control: Estas placas son el cerebro del proyecto electrónico que hagamos. Podremos programarlas para que los robots hagan lo que queramos. Al igual que podemos adquirir móviles y ordenadores con mejores o peores especificaciones, podemos comprar placas con diferentes características. Algunos ejemplos son los arduino UNO, MEGA, DUE, etc. (véase la Figura 1.1-1).

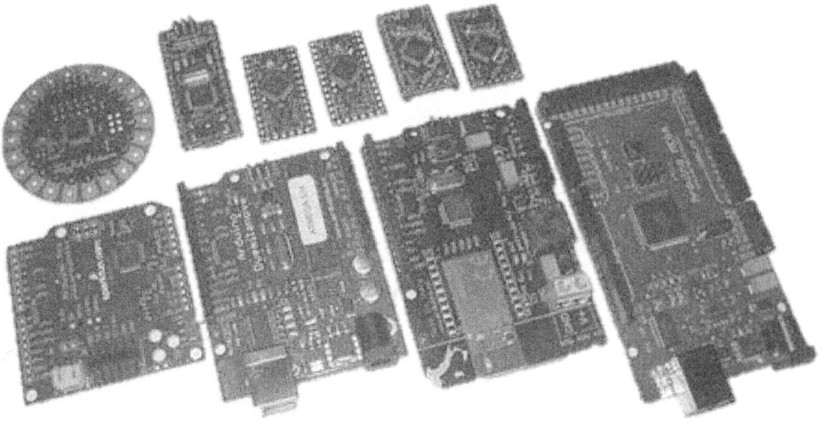

Figura 1.1-1. Placas de control de Arduino

- Placas de expansión: Estas placas se acoplan a las placas de control para incorporar nuevas especificaciones. Por ejemplo, podremos tener placas que permitan una conexión wifi, placas para el control de motores, etc. (veáse la Figura 1.1-2).

Figura 1.1-2. Arduino montando varias placas de expansión

1.1.2 Kit de robótica ZUM-BT y compatibles

Para el desarrollo de parte de las actividades propuestas en este libro se va a utilizar el kit de electrónica ZUM-BT de la empresa BQ. Se trata de un kit de hardware libre con el que podrás desarrollar un número elevado de proyectos eléctronicos gracias al conjunto de sensores y actuadores que encontrarás en él. A continuación, se mostrarán los componentes de este kit, su posible uso y la lista de actividades asociadas a cada uno de ellos. Nuestra propuesta es que utilices el hardware y el software de BQ, pero también te mostraremos otras opciones totalmente compatibles con los proyectos que haremos en el libro.

1.1.2.1 ZUM CORE (PLACA DE CONTROL)

Zum Core

Unidades: 1

Microcontrolador: ATmega328P

Voltaje: 3.3 V o 5 V

Voltaje de entrada: 6 - 17V

E/S analógicas: 6

E/S digitales: 14

CPU: 16 MIPS

Interfaces: Bluetooth 2.1, USB, ICSP, TTL UART, SPI e I2C. Baudios Bluetooth: 19200 bps

Señales Led: 5 - RX, TX, Power, D13 y Bluetooth.

Esta placa tiene características similares a un Arduino UNO con la inclusión de un módulo bluetooth. Con ella podrás realizar el control de tus robots o proyectos de electrónica. Como se ve en la descripción, puedes encontrar entradas/salidas digitales y analógicas, así como conectividad Bluetooth (muy útil en aplicaciones conectadas con tu *smartphone* o tablet).

Si no quieres utilizar esta placa, por supuesto puedes utilizar la Arduino UNO original o cualquiera de las muchas compatibles que existen. Un ejemplo es la Freaduino UNO (mostrada en la Figura 1.1-3).

Figura 1.1-3. Placa de control Freaduino UNO

1.1.2.2 PORTAPILAS

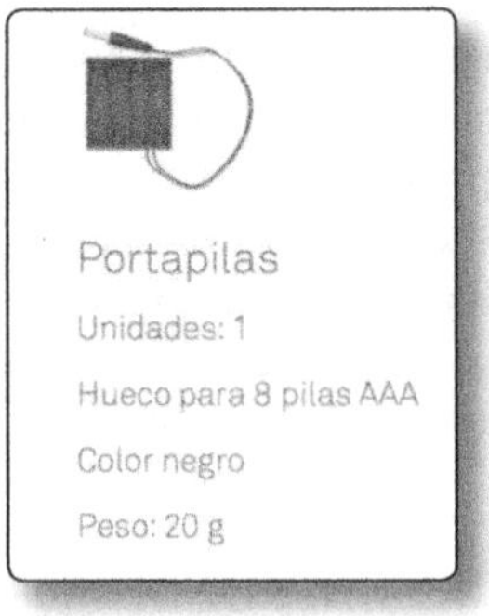

Necesitaremos un portapilas para ocho pilas de tipo AAA con conexión jack que servirá como alimentación de nuestra placa de control.

Existen otras formas de alimentar tu robot, puedes incluso construirte tu propia batería. Pero ten cuidado, nunca excedas el límite de tensión o corriente que soporta la placa que utilices.

1.1.2.3 SENSOR INFRARROJO (IR)

Es un detector de luz en el espectro infrarrojo (capaz de distinguir entre niveles de blanco/negro en superficies). Es por lo que este tipo de sensores se suelen utilizar para hacer robots seguidores de línea. Los utilizaremos en las actividades de las Secciones 1.2.13 y 1.2.14. Los sensores de infrarojo se explicaron en la Sección 3.4.2.4 del Libro de teoría

Si buscas alternativas a este sensor, te valdrá cualquier módulo basado en el TCRT5000L que ponga compatible con Arduino. Un ejemplo es el que se muestra en la Figura 1.1-4.

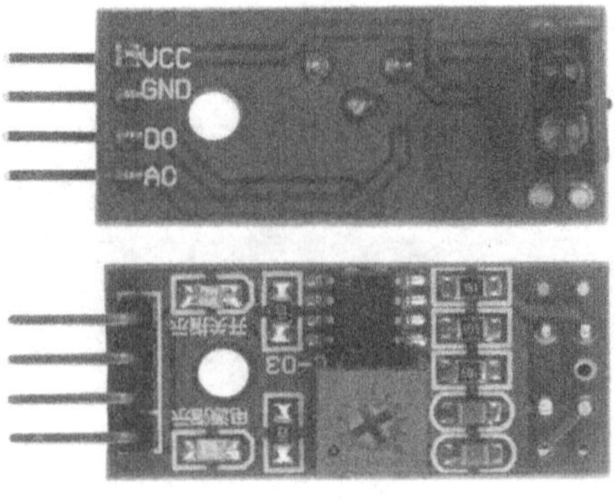

Figura 1.1-4. Sensor infrarrojo compatible con Arduino

1.1.2.4 PULSADOR

Un pulsador es un sensor de contacto basado en muelle (es decir, un botón). Se puede encontrar más información acerca de este tipo de sensores en la Sección 3.4.1 del *Libro de teoría*. Será muy útil para detectar choques del robot con objetos o permitir la interacción robot-usuario, haciendo que se ejecute una acción cada vez que se pulse el botón. Los utilizaremos en la Sección 1.2.11.

Cualquier interruptor todo/nada valdrá para sustituir este pulsador. Un ejemplo es el que se muestra en la Figura 1.1-5.

Figura 1.1-5. Pulsador compatible con Arduino

1.1.2.5 SENSOR DE LUZ

Sensor óptico de resistencia variable con la luz (LDR). Este tipo de sensor es capaz de medir la intensidad luminosa. Un ejemplo real de uso de sensores similares a éste lo encontramos en las farolas; todas las farolas de nuestras calles tienen un mecanismo que hace que, cuando la intensidad luminosa está por debajo de un valor umbral, se encienda la farola.

Podemos encontrar más información sobre este tipo de sensores en el apartado 3.4.2.4 del *Libro de Teoría* y una actividad en la Sección 1.2.17 de este libro.

Si no queremos comprar el kit de robótica podemos utilizar cualquier LDR compatible con Arduino. En la Figura 1.1-6 aparece un ejemplo.

Figura 1.1-6. Sensor LDR compatible con Arduino

1.1.2.6 ZUMBADOR

Un zumbador es un dispositivo que produce un sonido o zumbido que puede ser continuo o intermitente. Muy útil en aplicaciones en las que se necesite señalizar o advertir (a través del sonido) de un evento o situación que detecte nuestro robot. Lo utilizaremos en la Sección 1.2.22.

Existen otros zumbadores compatibles con Arduino, un ejemplo es el que se muestra en la Figura 1.1-7.

Figura 1.1-7. Zumbador compatible con Arduino

1.1.2.7 SENSOR DE ULTRASONIDOS

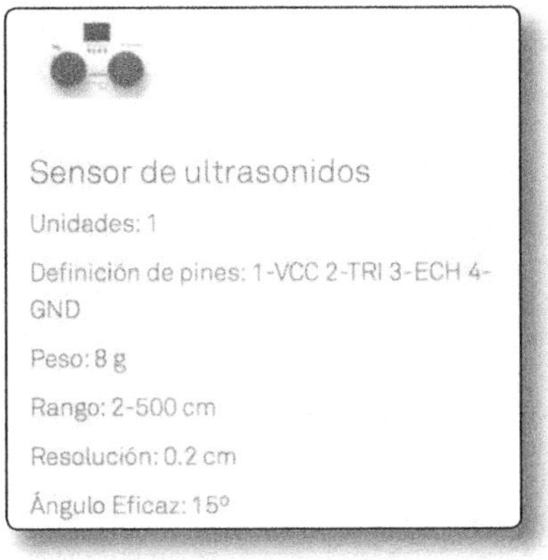

Los sensores de ultrasonido son detectores de proximidad: permiten detectar objetos en las inmediaciones del robot sin la necesidad de que exista contacto. Se basan en el envío y recepción de ondas ultrasónicas (que chocan contra los objetos y rebotan). Puedes encontrar más información en el apartado 3.4.2.3 del *Libro de teoría* y en varias actividades de la Sección 1.2.15. Como en todos los casos anteriores, en Internet podrás encontrar módulos similares compatibles con Arduino (véase Figura 1.1-8).

Figura 1.1-8. Sensor de Ultrasonidos compatible con Arduino

1.1.2.8 POTENCIÓMETRO

El potenciómetro es una resistencia variable de accionamiento angular. Para mayor información de este tipo de dispositivos, consulta la Sección 3.4.3.1 del *Libro de teoría*. En la Sección 1.2.16 mostramos cómo utilizarlo en varias actividades.

Existen muchos tipos de potenciómetros que son compatibles con Arduino, podremos encontrarlos en cualquier tienda de electrónica o Internet. En la Figura 1.1-9 se ofrece un ejemplo.

Figura 1.1-9. Potenciómetro compatible con Arduino

1.1.2.9 LED

Un Led es un diodo que es capaz de emitir luz cuando es activado. Lo utilizaremos en las secciones 1.2.1, 1.2.2 y 1.2.3.

Si no compramos el kit ZUM-BT, podemos utilizar cualquier LED de inserción que encontraremos fácilmente en tiendas de electrónica. Lo único que deberemos hacer es utilizar una resitencia en serie con el LED (la resistencia evitará que éste sufra daños). También podemos utilizar módulos como el de la Figura 1.1-10.

Figura 1.1-10. LED compatible con Arduino

1.1.2.10 MINISERVO

Un miniservo es un actuador eléctrico de pequeño tamaño con la electrónica integrada para controlar el ángulo de giro de su eje. Son útiles para mover partes como cabeza o brazos de los robots (por ejemplo en los robots humanoides). La información teórica respectiva a los actuadores se encuentra en el Tema 4 del *Libro de teoría* y los utilizaremos en las actividades de la Sección 1.2.10.

Podrás encontrar facilmente miniservos en tiendas de electrónica e Internet. Por ejemplo, la referencia del fabricante que utilizamos en este libro es el EMAX ES08A (véase Figura 1.1-11).

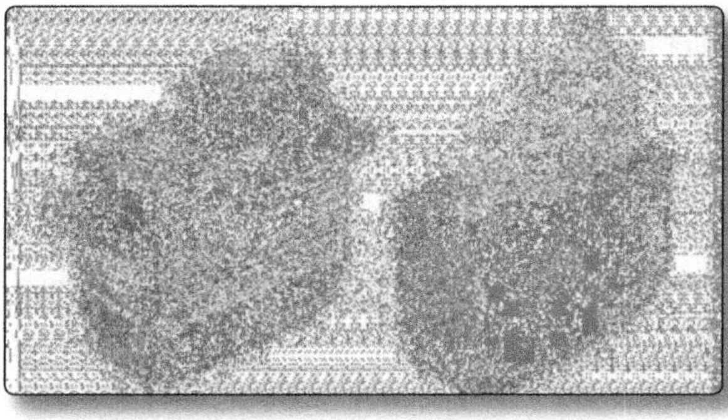

Figura 1.1-11. Miniservo compatible con Arduino

1.1.2.11 SERVO DE ROTACIÓN CONTINUA

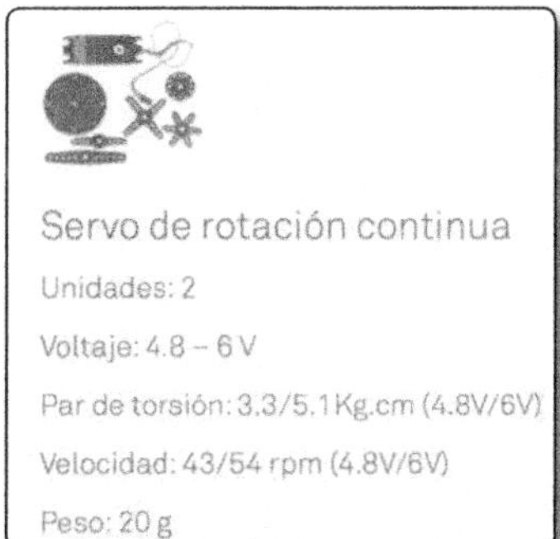

Los servos de rotación continua son actuadores eléctricos a los que se ha modificado su mecanismo para que puedan girar continuamente. Podremos controlar la velocidad a la que giran pero no su posición. Por eso son muy útiles como motores de las ruedas de los robots. Puedes encontrar información teórica útil en el Tema 4 del *Libro de teoría* y muchas actividades en las Secciones 1.2.8, 1.2.9 y 1.2.10 de este libro.

Por supuesto puedes comprar este módulo a solas. Existen varios modelos, por ejemplo, el que aquí utilizamos es el SM-S4303R (véase Figura 1.1-12).

Figura 1.1-12. Servo de rotación continua compatible con Arduino

1.1.2.12 MÓDULO BLUETOOTH

La placa de control ZUM-BT incluye un módulo bluetooth, por lo que no será necesario utilizar un módulo externo. Sin embargo, si queremos utilizar otra placa de control (por ejemplo la Arduino UNO o compatible), podremos utilizar cualquier módulo HC-05 disponible en Internet. En la Figura 1.1-13 podemos ver un ejemplo.

Figura 1.1-13. Módulo Bluetooth HC-05 (compatible con Arduino)

1.1.3 Construcción de un Robot

Vamos a construir un robot móvil con los componentes electrónicos vistos. Os proponemos varias opciones de las muchas que hay: utilizar un chasis impreso en 3D o hacerlo vosotros mismos con cartón pluma comprado en una papelería.

1.1.3.1 ROBOT PRINTBOT

Se trata de un robot imprimible utilizando impresoras 3D diseñado por la empresa BQ. A lo largo del desarrollo de este libro se hará uso de este robot. En la página de BQ podrás encontrar toda la información necesaria para imprimir tu propio robot o comprarlo. Aquí te dejamos un enlace a la explicación del montaje del robot: *http://diwo.bq.com/montaje-del-printbot-evolution/*. Además, en la siguientes figuras te mostramos los pasos a seguir, así como el material que necesitarás, para montarlo.

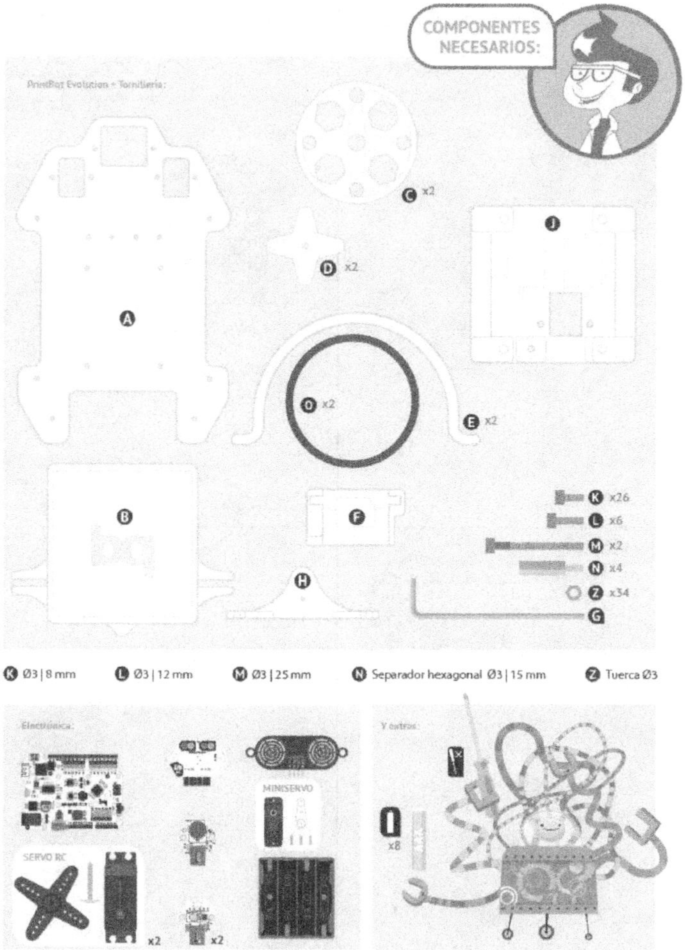

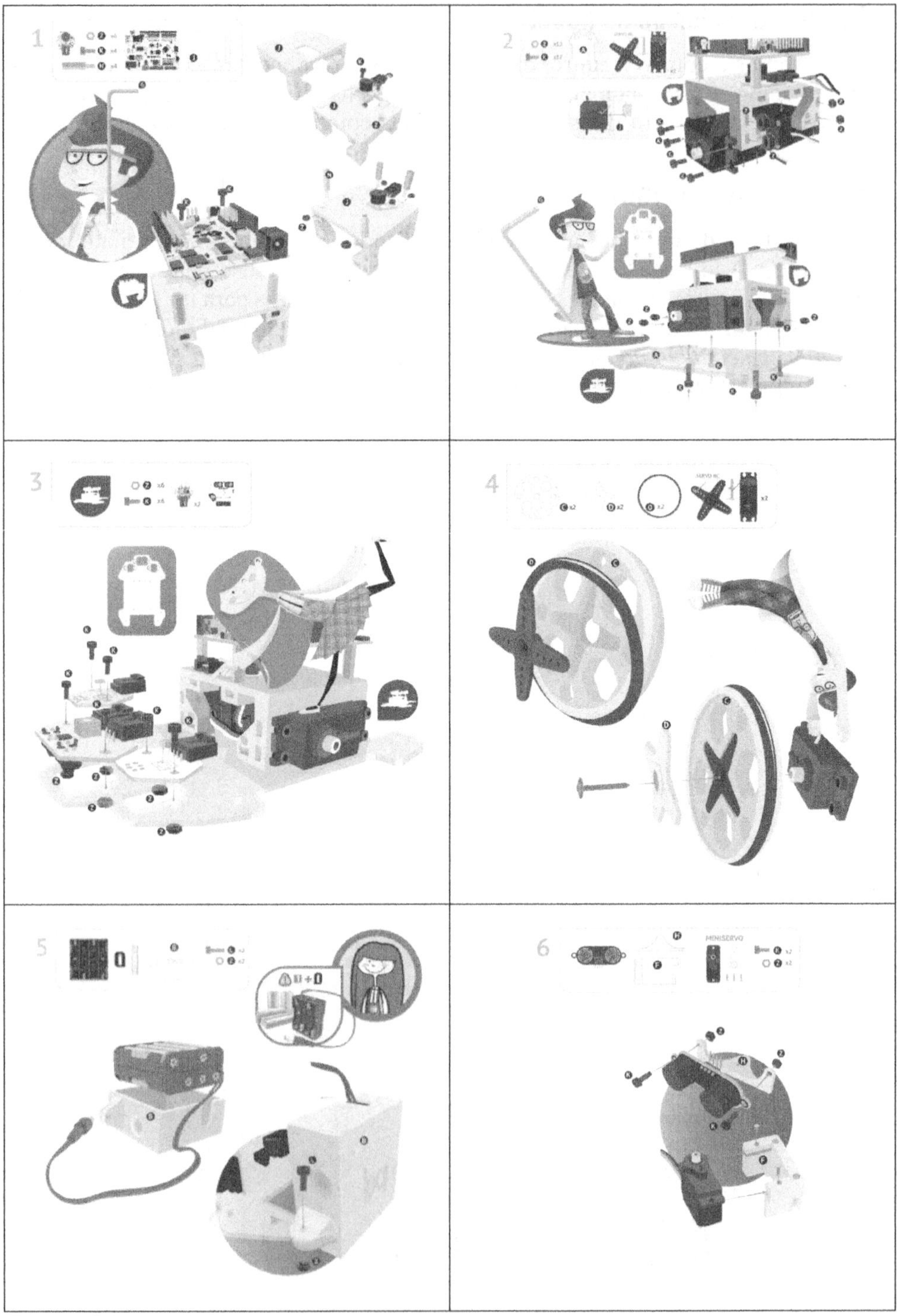
1
2
3
4
5
6

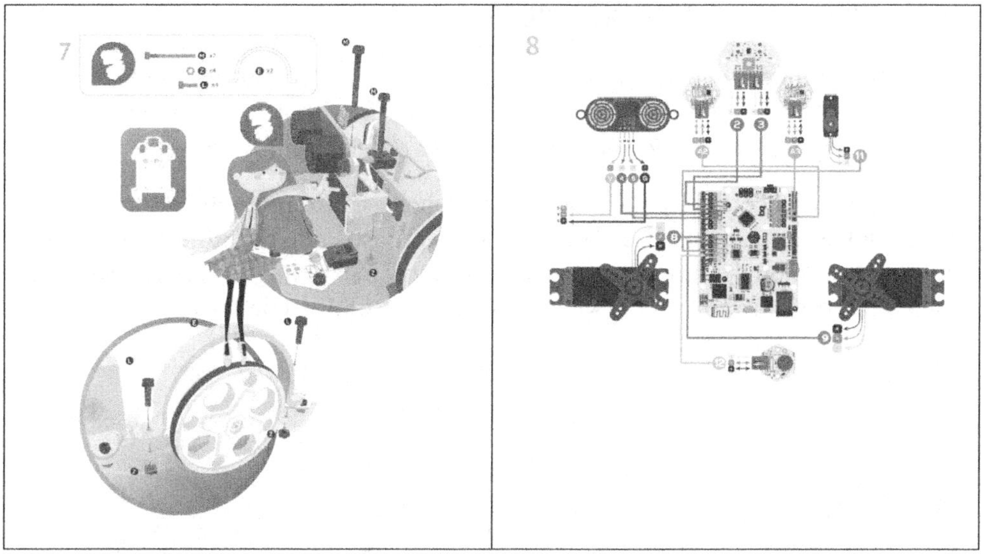

Figura 1.1-14. Montaje paso a paso del robot Printbot Evolution (de diwo.bq.com)

El robot que resulta tras seguir los pasos anteriores es el que se muestra en la Figura 1.1-15.

Figura 1.1-15. Robot Printbot de la empresa BQ

1.1.3.2 ROBOT IMPRESO 3D (RENACUAJO)

Si disponéis de una impresora 3D en casa o en instituto también podéis bajaros de esta dirección los modelos del chasis del robot "Renacuajo" de BQ y realizar su montaje: *http://diwo.bq.com/montaje-del-printbot-renacuajo/*

Las instrucciones para montar este robot están muy bien explicadas en la web de BQ. Sólo tenemos que seguir 6 sencillos pasos que resumimos en la Figura 1.1-16, a excepción del paso 3, en el que nosotros colocaremos una bigotera adaptada para los sensores infrarrojos del kit ZUM-BT (que cambian de forma).

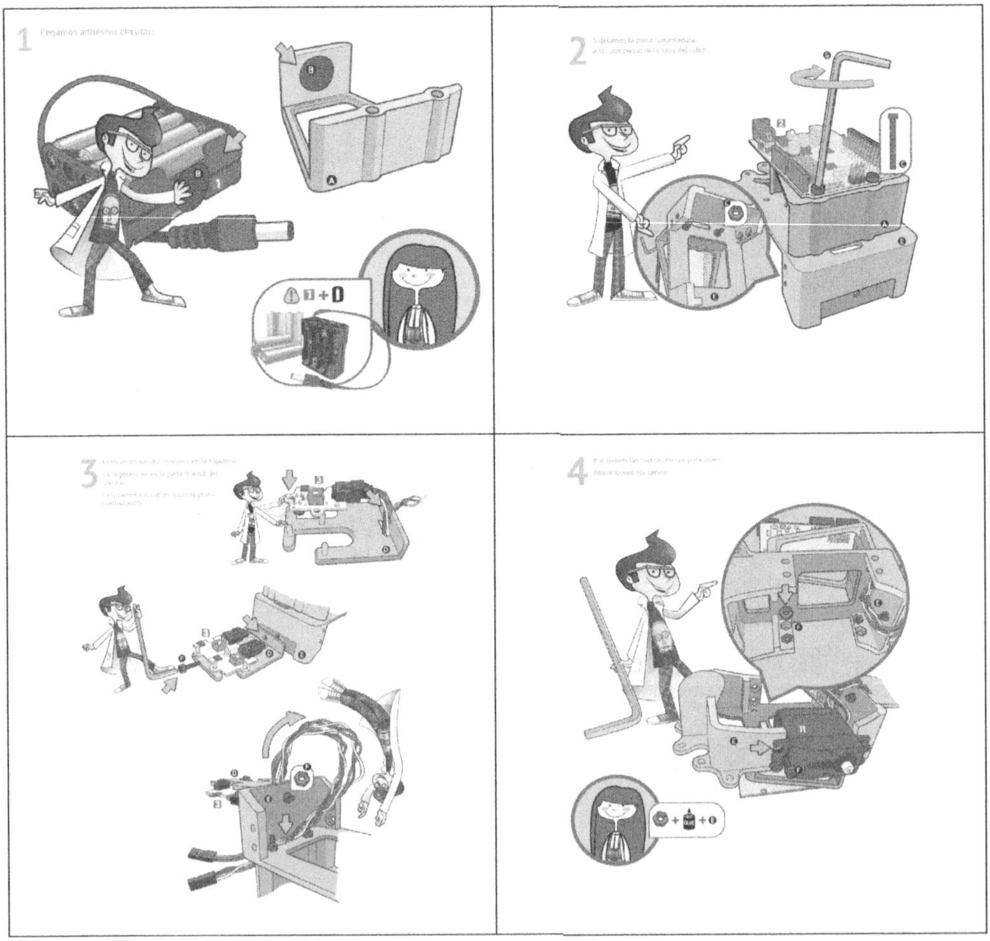

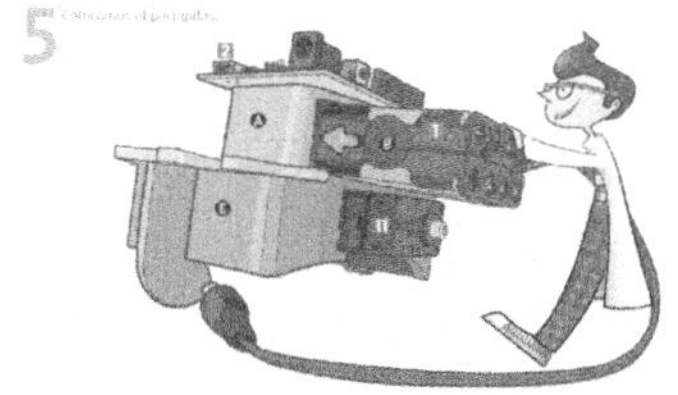

Figura 1.1-16. Montaje paso a paso del robot Renacuajo (de diwo.bq.com)

Tras montarlo nos quedará un robot como el que aparece en la Figura 1.1-17, recuerda que hemos modificado la bigotera para poder ponerle los sensores infrarrojos que trae el kit que utilizaremos en este libro (ZUM-BT). Podrás descargarte de nuestra página la bigotera: *http://www.automaticayrobotica.es/recursos/robótica-educativa/libro-de-robótica-actividades/*.

Figura 1.1-17. Robot Renacuajo terminado

1.1.3.3 ROBOT HECHO CON CARTÓN-PLUMA

Si lo prefieres, en lugar del robot de BQ te puedes construir tú mismo un robot con cartón pluma. Aquí tienes las instrucciones.

Primero, ve a tu papelería habitual y compra una lámina de carton-pluma de 5mm de ancho.

Luego, bájate de esta dirección *www.automaticayrobotica.es/recursos/do-it-yourself/crea-tu-propio-robot/* el archivo "planos_robot_bq.pdf" e imprímelo en A4. Este archivo es la plantilla que te va a servir para recortar el cartón pluma. Puedes encontrar dicha plantilla a continuación en la Figura 1.1-18 y la Figura 1.1-19.

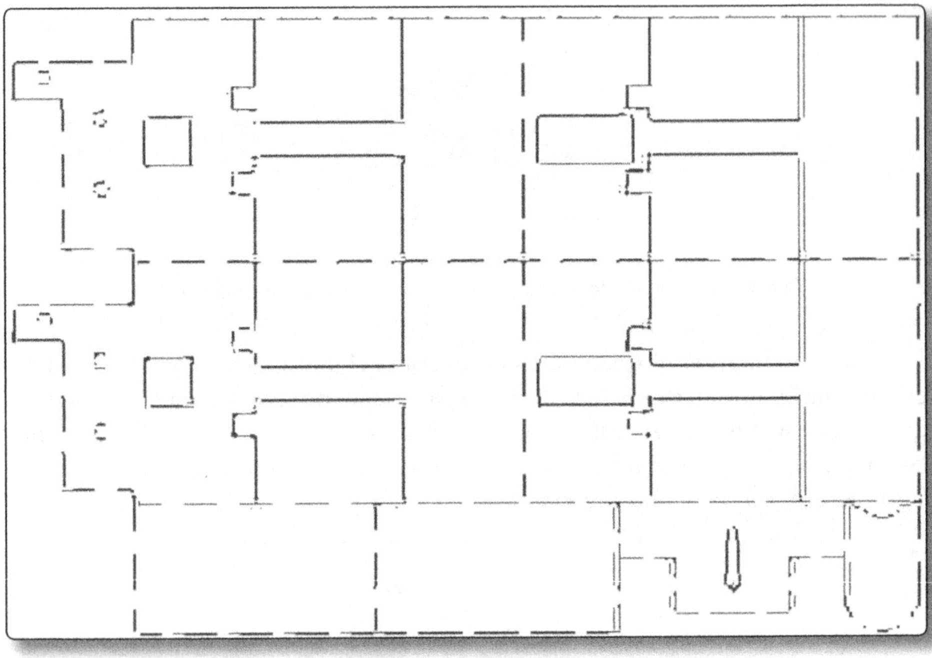

Figura 1.1-18. Plantilla para crear tu propio robot I

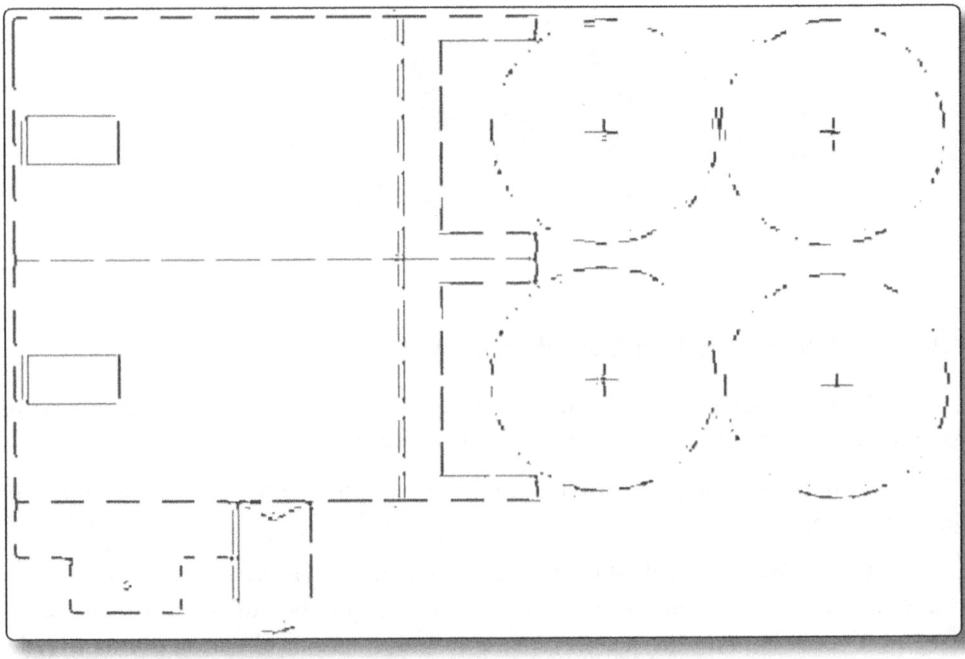

Figura 1.1-19. Plantilla para crear tu propio robot II

Se deben recortar todas las líneas de rayas discontinuas para obtener las piezas necesarias (todavía no recortes las líneas continuas). Estos recortes los pegaremos sobre el cartón pluma para que nos sirvan de plantilla y podamos recortarlo con un cúter fácilmente. En la siguiente imagen te mostramos un ejemplo con una de las piezas.

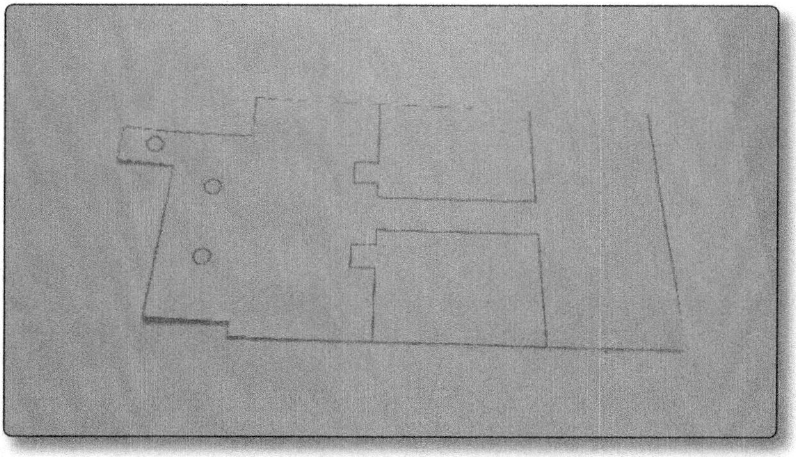

Figura 1.1-20. Ejemplo de plantilla recortada

Una vez pegados los recortes al cartón pluma recortaremos siguiendo los contornos y posteriormente cortaremos también siguiendo las líneas interiores. Los agujeros los podéis realizar con un destornillador o algo similar. Te mostramos cómo hacerlo para una pieza, pero recuerda hacer esto para todas las piezas.

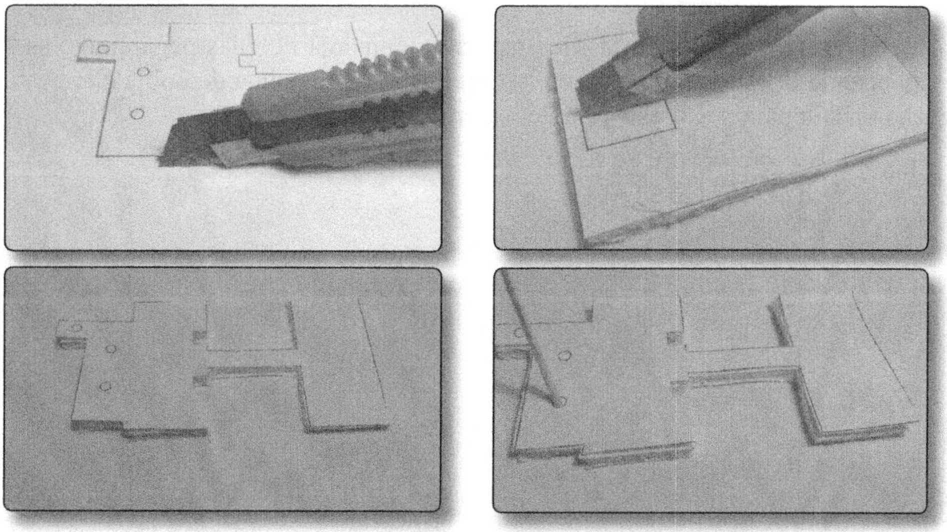

Figura 1.1-21. Creación de las piezas utilizando las plantillas

Para montar el chasis principal del robot vamos a utilizar las piezas recortadas que te mostramos en la Figura 1.1-22:

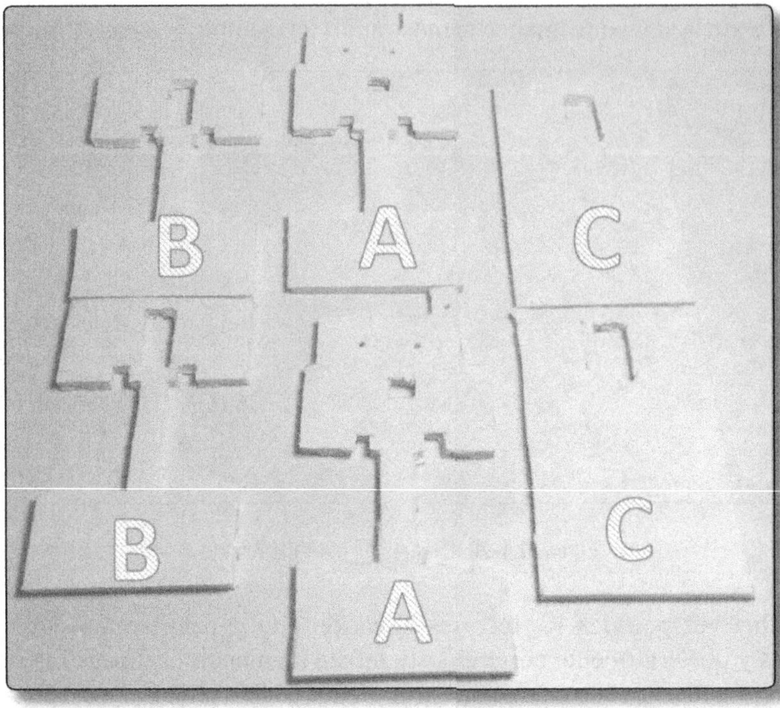

Figura 1.1-22. Piezas recortadas

Pegaremos primero las dos partes A y encima de ellas pegaremos las dos B, quedando la estructura como en la Figura 1.1-23. La cinta de doble clara es una buena opción para pegar este tipo de material.

Figura 1.1-23. Resultado de pegar las dos piezas A a las dos B

A continuación, se insertarán los dos servo-motores en los huecos recortados para ellos, sacando los cables por la parte inferior del chasis. Los motores serán colocados a presión, aunque si se desea, pueden ser atornillados al cartón pluma una vez colocados. Se utilizarán dos gomas para reforzar el chasis de nuestro robot (ver Figura 1.1-25).

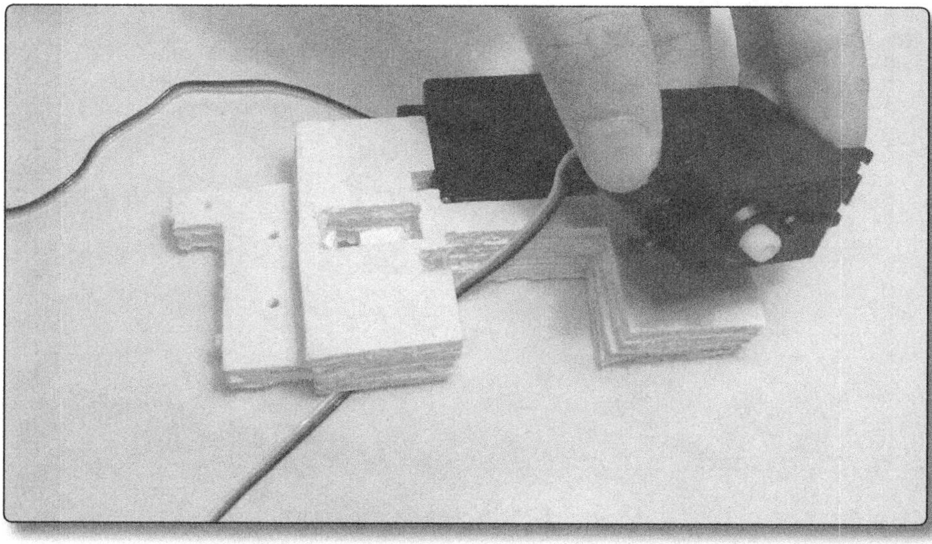

Figura 1.1-24. Montaje de los servos de rotación continua I

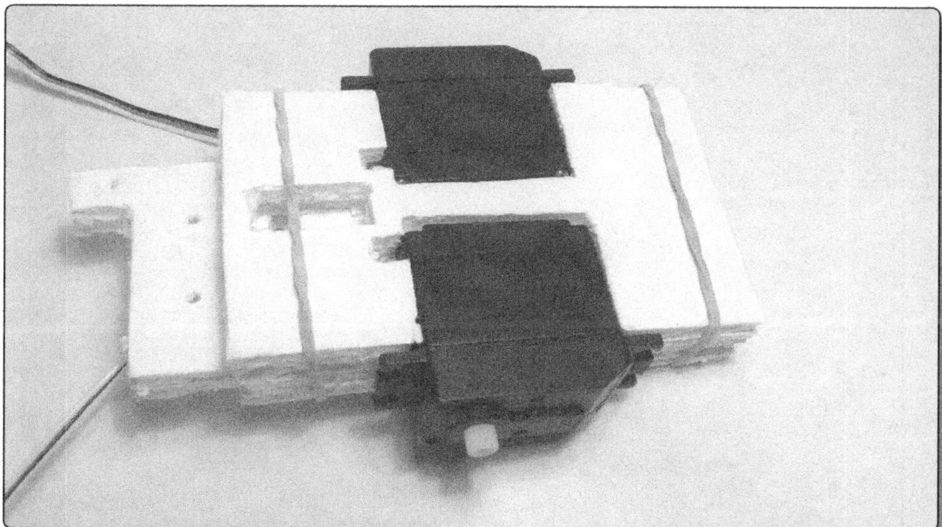

Figura 1.1-25. Montaje de los servos de rotación continua II

A continuación, se colocan en la parte superior las dos piezas C (restantes), pegándolas con pegamento y/o utilizando una goma elástica para una mejor sujeción. Una vez colocadas insertaremos el mini-servo en el hueco tal y como mostramos en la Figura 1.1-26. El cable saldrá por la parte inferior del chasis. Si el hueco no fuera suficientemente grande, convendría limar las paredes del mismo.

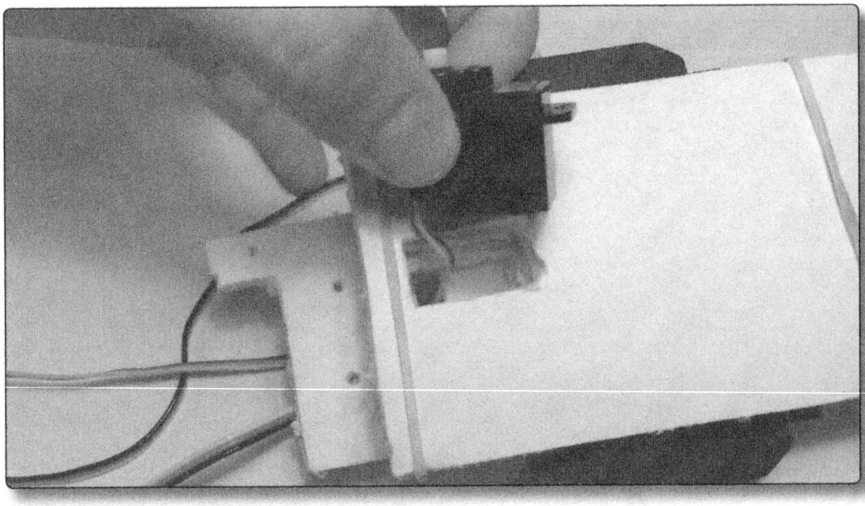

Figura 1.1-26. Montaje del mini-servo

Ahora cogemos las dos piezas lisas rectangulares y las pegamos entre sí, después, se pegarán en la parte posterior del chasis (ver Figura 1.1-27).

Figura 1.1-27. Resultado tras montar los actuadores

Llega el momento de colocar la alimentación del robot, para ello, cogeremos las piezas en forma de U (ver Figura 1.1-28) y las pegaremos al chasis como vemos en la Figura 1.1-29. En el hueco existente pondremos el portapilas.

Figura 1.1-28. Piezas de sujección del portapilas

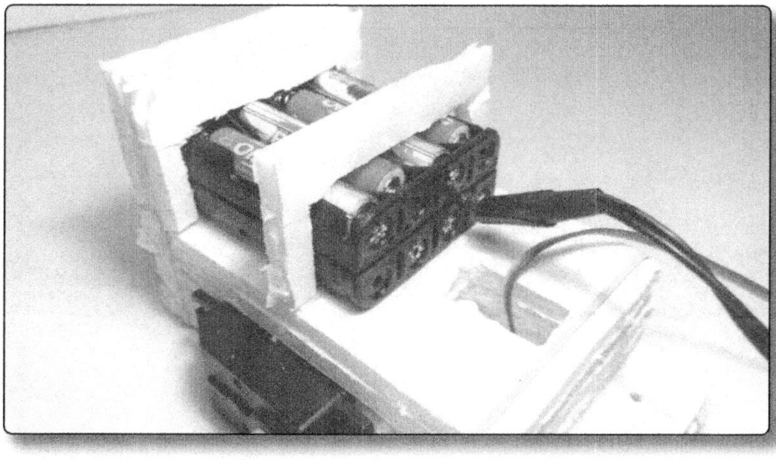

Figura 1.1-29. Montaje del portapilas

Es el momento de colocar las ruedas. Cada una estará formada por dos de las piezas redondas. Primero cogemos una pieza redonda y ponemos en el centro de ella la pieza de sujeción grande del servo-motor en forma de cruz. Con un cúter recortamos siguiendo el contorno y pegamos todo a la otra pieza redonda. El resultado es el de la Figura 1.1-30.

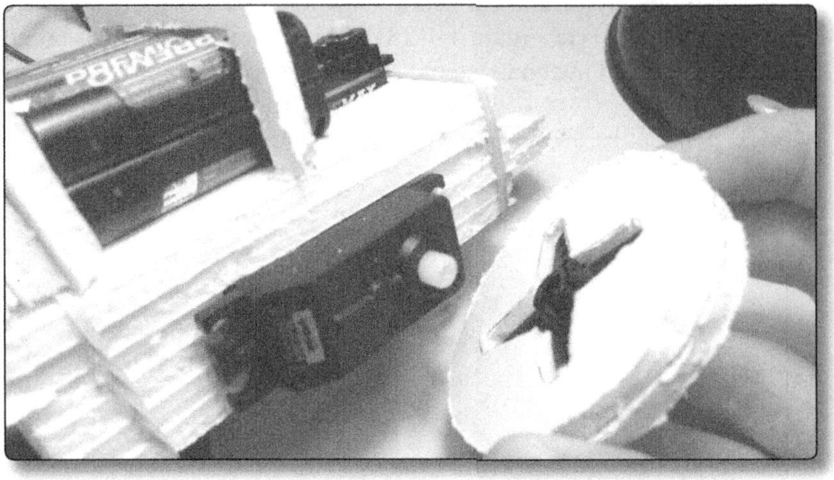

Figura 1.1-30. Rueda preparada para ser montada en el robot

Una vez que tengamos las dos ruedas hechas, las atornillamos a los servos de nuestro robot (Figura 1.1-31), se pueden colocar gomas elásticas (u otro material similar) al rededor de las ruedas, esto procurará una mayor tracción de las ruedas.

Figura 1.1-31. Fijación de las ruedas a los servos

La pieza sobre la que irá colocado el sensor de ultrasonidos estará formada por dos piezas (véase la Figura 1.1-32). Recortaremos un hueco en una de ellas para colocar la pieza de sujeción al mini-servo (imagen de la izquierda en la Figura 1.1-32).

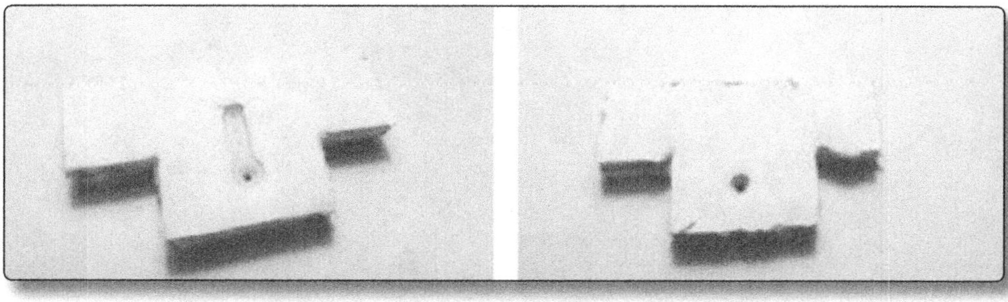

Figura 1.1-32. Soporte del sensor de ultrasonidos

Se pegan las dos piezas que aparecen en la Figura 1.1-32 y posteriormente sujetamos el sensor de ultrasonidos usando dos gomas elásticas. Por último, este conjuto será atornillado al miniservo (veáse Figura 1.1-33).

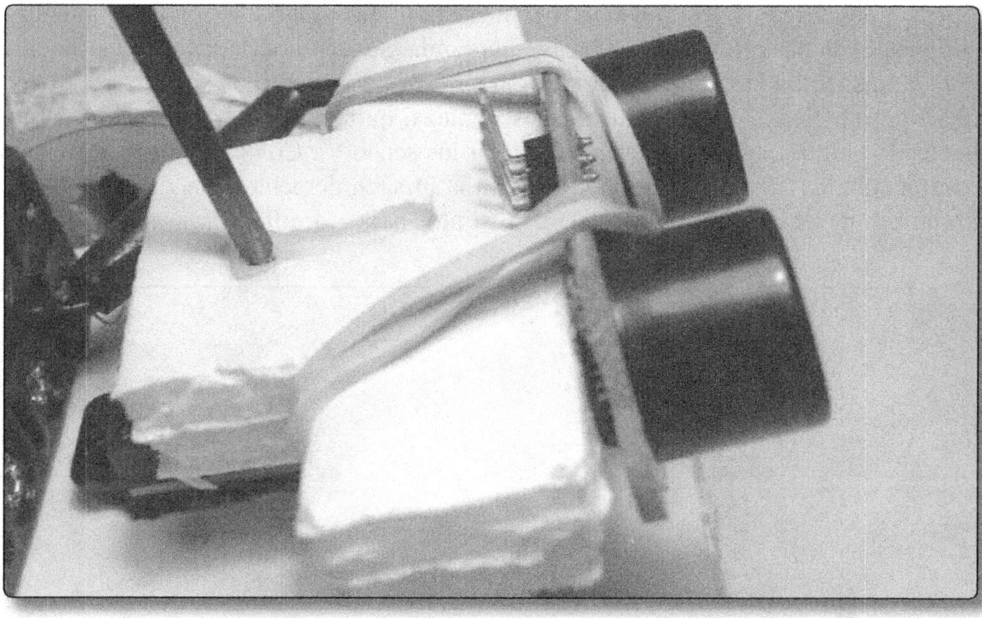

Figura 1.1-33. Fijación del sensor de ultrasonidos

El robot necesita un tercer apoyo, para ello son las dos últimas piezas. Se pegarán entre sí y después al chásis del robot tal y como se muestra en la Figura 1.1-34.

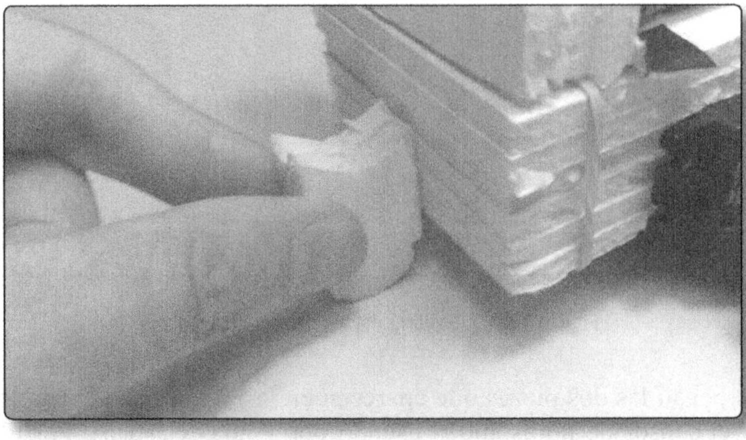

Figura 1.1-34. Fijación del apoyo del robot

Colocaremos los sensores de infrarrojos atornillándolos a los 3 taladros situados en la parte frontal del chasis, una goma elástica podría reforzar la fijación (ver la imagen de la izquierda en la Figura 1.1-35). Si queremos hacer el robot con el kit de robótica ZUM, modificaremos la pieza, quitando la parte que sobresale y haciendo un hueco con el cúter para apoyar los sensores. Colocaremos los sensores con una goma (tal y como se puede ver en la imagen derecha de la Figura 1.1-35). Podremos hacer también unos agujeros distintos para atornillar los sensores.

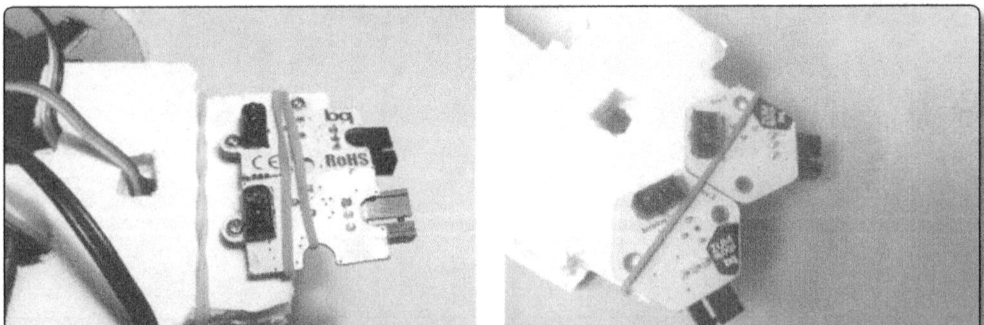

Figura 1.1-35. Fijación de los sensores de infrarrojos

La placa compatible con arduino irá colocada en la parte superior del chasis, sobre las piezas que hacen de puente sobre el portapilas (ver Figura 1.1-36).

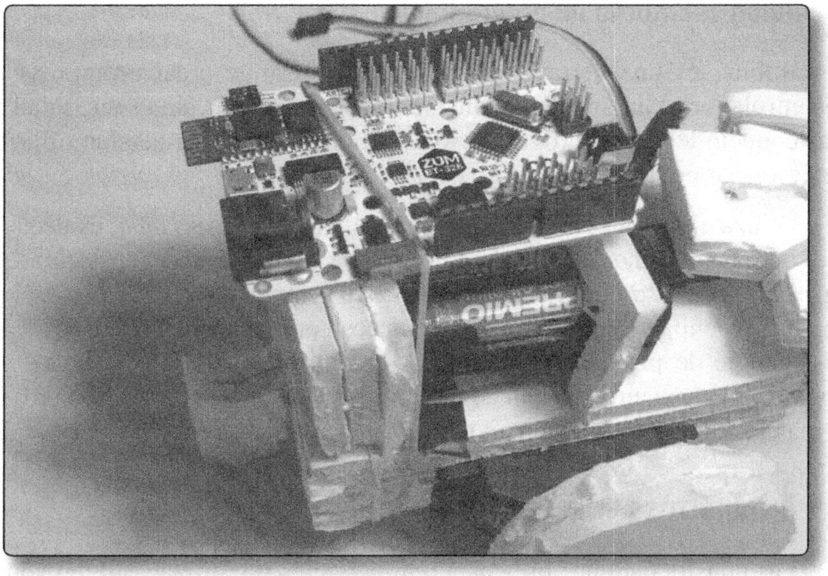

Figura 1.1-36. Fijación de la placa de control (ZUM-BT)

Una vez hecho esto se habrá finalizado el montaje del robot y sólo restará conectar cada sensor a la placa arduino y empezar a programar. De esto nos ocuparemos en los siguientes apartados. En la Figura 1.1-37 puede verse el robot finalizado.

Figura 1.1-37. Robot de cartón pluma terminado

1.1.4 Bitbloq 2: Entorno de programación

Bitbloq es una herramienta online que permite crear programas para un microcontrolador y cargarlos en el mismo de forma sencilla sin la necesidad de tener a penas conocimientos de programación. También existe una versión offline que se puede descargar en *http://bitbloq.bq.com/#/offline*

Utiliza el mismo paradigma de programación que *Scratch*, es decir, emplea bloques que encajan unos con otros como si fuera un puzzle para construir programas. Esto permite que la programación sea accesible incluso para los niños porque no tienen que preocuparse por la sintaxis (no necesitan aprender cómo se escribe código en un lenguaje de programación literal como Processing, C++ o Java). Además, Bitbloq utiliza *bloqs*, una librería de bloques visuales de programación creados para hacer más fácil la programación en robótica.

1.1.4.1 REQUISITOS MÍNIMOS

Las consideraciones previas a realizar antes de utilizar Bitbloq son las que aparecen a continuación.

- Bitbloq sólo es compatible 100% con Chrome, aunque funciona en otros navegadores.
- Web2Board (complemento encargado de compilar y cargar los programas de control) está soportado en varios sistemas operativos: Windows 7, 8.1 y 10 de 32/64 bits, Ubuntu 14.04 de 32/64 bits y Mac OS X 10.10 y superiores de 64 bits.

1.1.4.2 UTILIZANDO BITBLOQ

1.1.4.2.1 Primeros pasos

Lo primero que debes hacer es meterte en la página web de Bitbloq (*www.bitbloq.bq.com*). Existen dos modos de uso en Bitbloq: como usuario registrado o como invitado (véase Figura 1.1-38). La principal diferencia entre ambos es que la primera opción permite guardar los proyectos creados y acceder a ellos en otro momento.

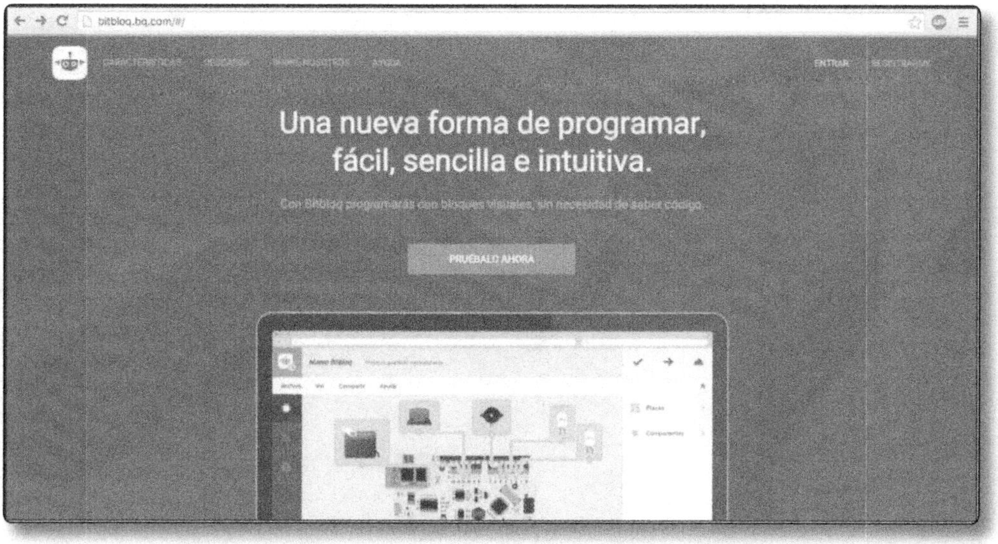

Figura 1.1-38. Página principal de Bitbloq 2

Para iniciar sesión como usuario se puede elegir entre dos opciones: entrar con el perfil de Facebook o Google +, o bien registrarse, creando una cuenta de Bitbloq (véase Figura 1.1-39).

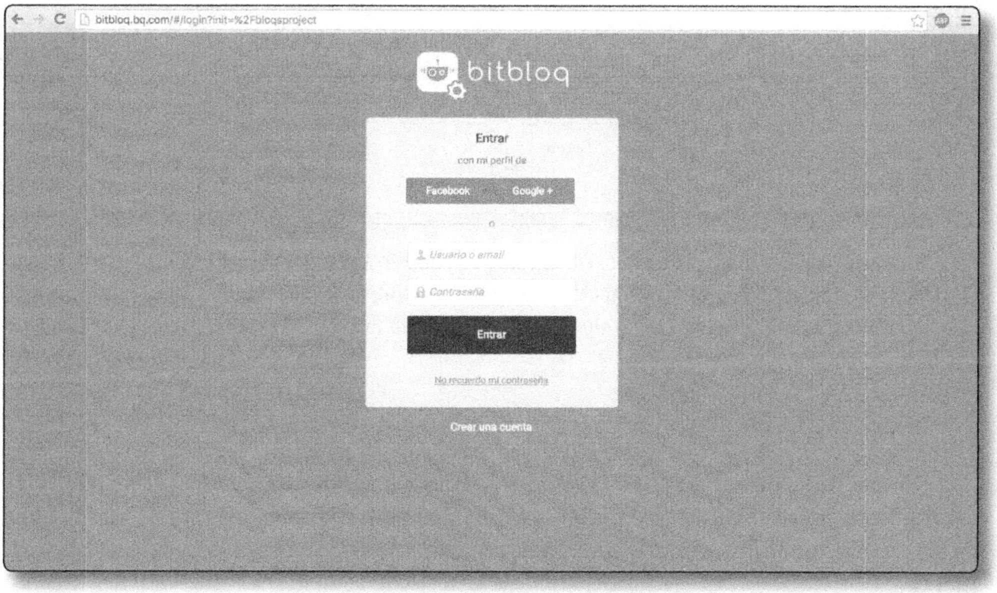

Figura 1.1-39. Página de inicio de Bitbloq 2

1.1.4.2.2 Interfaz gráfica

Bitbloq ofrece una interfaz gráfica con menús muy intuitivos. En este apartado se estudiarán las distintas partes que componen la interfaz de Bitbloq (véase la Figura 1.1-40), así como las acciones que es posible hacer desde cada una de ellas.

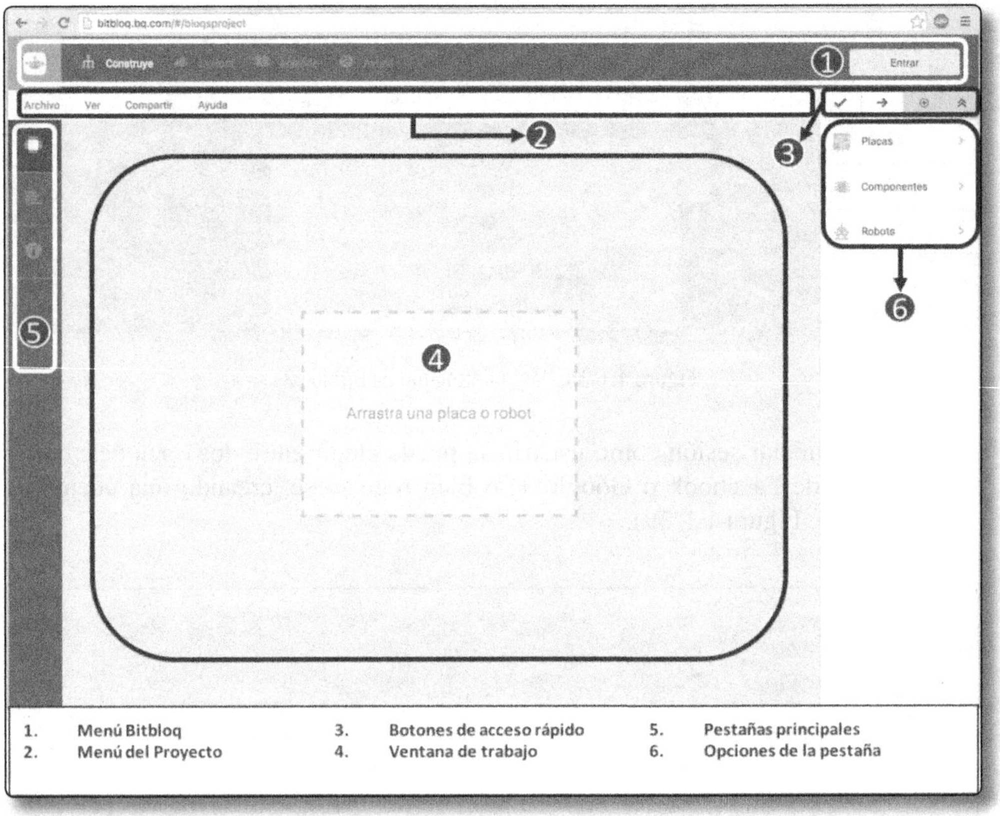

Figura 1.1-40. Ventana principal de inicio de Bitbloq dividida en sus partes constituyentes: Menú Bitbloq (1), Menú del Proyecto (2), Botones de acceso rápido (3), Ventana de trabajo (4), Pestañas principales (5) y Opciones de la pestaña (6)

1.1.4.2.3 Menú Bitbloq

Se trata de un menú que permite realizar acciones con carácter genérico (entrar en modo registrado, acceder a tutoriales subidos por la comunidad Bitbloq, etc.). A continuación, se analizarán en mayor detalle cada una de las opciones de este menú.

Pestaña "Construye"

Se trata de la ventana principal de Bitbloq. Por analogía con el mundo informático, se puede definir como el IDE (*Integrated Development Environment*) donde poder programar la placa de control utilizada.

Pestaña "Explora"

Es la ventana que permite al usuario explorar el mundo Bitbloq a través de los proyectos compartidos por su comunidad. En la Figura 1.1-41 puede observarse un ejemplo de los distintos proyectos que otros usuarios de Bitbloq han compartido.

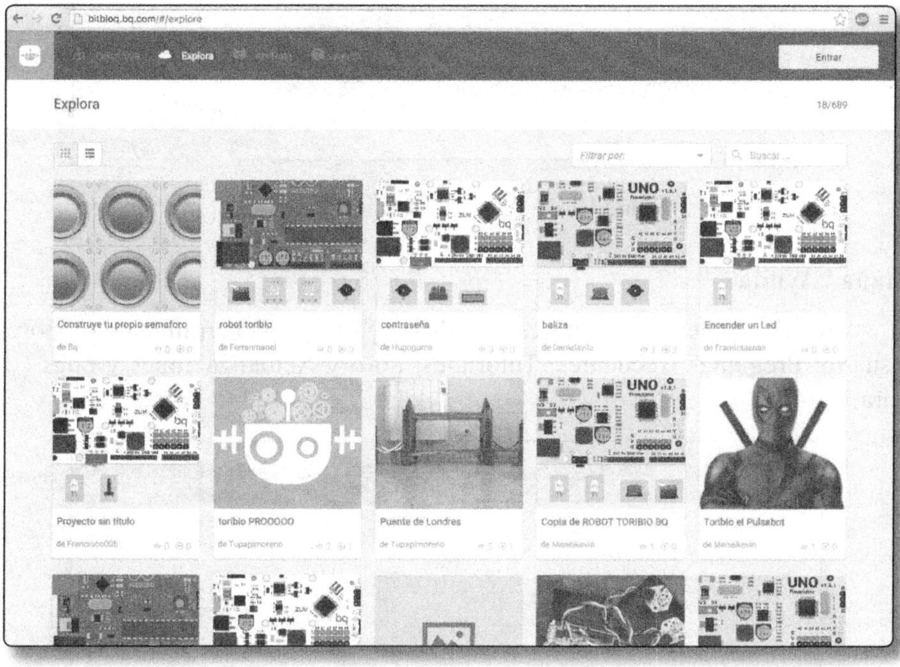

Figura 1.1-41. Pestaña "Explora" del Menú de Bitbloq. Permite el acceso a todos los proyectos compartidos por la comunidad

Pestaña "Aprende"

Si hacemos click sobre esta pestaña se abre un breve tutorial de introducción a Bitbloq (véase Figura 1.1-42). Este tutorial se encuentra en la página DIWO (Do It With Others) de la empresa BQ, donde se puede encontrar todo el material didáctico que esta empresa proporciona de manera totalmente libre.

Figura 1.1-42. Pestaña "Aprende" de Bitbloq 2

Pestaña "Ayuda"

En ella se encuentra el acceso a toda la ayuda que la herramienta proporciona al usuario: Preguntas frecuentes, Tutoriales, Foro y Actualizaciones y bugs (véase Figura 1.1-43).

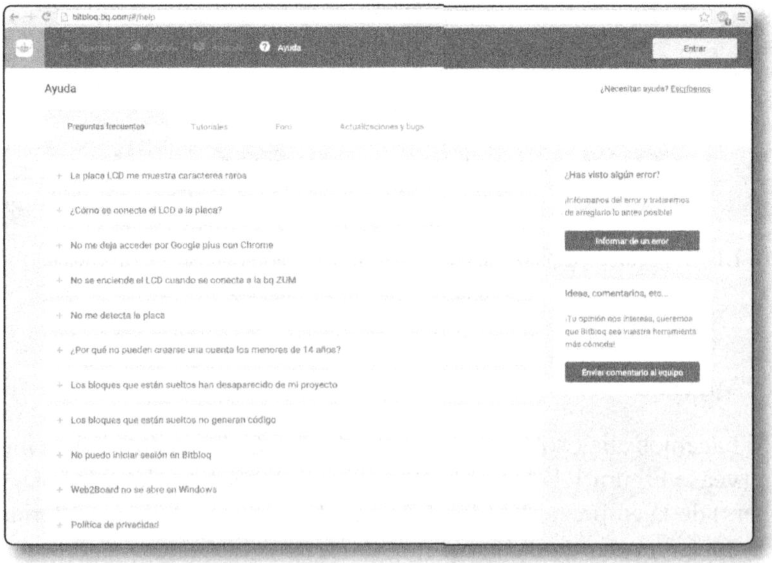

Figura 1.1-43. Pestaña de Ayuda de Bitbloq 2

Botón "Entrar"

Permite al usuario que ha entrado como invitado, registrarse o, si ya está registrado, acceder con una cuenta y así poder guardar todos sus proyectos.

1.1.4.2.4 Menú del Proyecto

Menú genérico que permite gestionar un proyecto. A continuación, se enumeran las pestañas del menú y algunas de las opciones de cada una de ellas:

- **Archivo:** *Crear nuevo proyecto*, *Abrir desde archivo existente*, *Exportar código en el lenguaje de Arduino*, etc.
- **Ver:** Abre una ventana con el *Monitor Serie*, que permite establecer un flujo de datos entre la placa de control y el usuario (para estudiar el comportamiento de nuestro programa).
- **Compartir:** Publicar en *Explora*, con *Otros Usuarios* y en *Redes sociales* son las opciones de esta pestaña que permite al usuario compartir el proyecto actual.
- **Ayuda***:* *Preguntas frecuentes*, *Tutoriales básicos*, *Enviar* comentarios e *Informar de un error*.

1.1.4.2.5 Botones de Acceso Rápido

Bitbloq nos ofrece los botones de compilación y carga del programa a la placa, así como un botón que permite añadir el proyecto actual a nuestra lista de proyectos.

1.1.4.2.6 Pestañas Principales – Opciones de la Pestaña – Ventana de Trabajo

En estas ventanas es donde nos pondremos a programar nuestro proyecto con Arduino. Creemos que la mejor manera de aprender es empezar a programar por lo que en lugar de explicarte cada uno de los componentes que integran estas ventanas te recomendamos que te pongas a realizar actividades de la Sección 1.2.

Te recomendamos que una vez sepas programar en Bitbloq, aprendas a programar con la IDE de Arduino que te explicamos en los siguientes apartados. Todas las actividades están también hechas utilizando código escrito en Arduino por lo que puedes repetirlas y prácticar este tipo de programación más avanzada.

1.1.5 Arduino: Entorno de programación (AVANZADO)

Bitbloq permite utilizar código de Arduino de una manera más sencilla, evitando la forma de trabajar de lenguajes de programación tradicionales. Cuando sepas programar con Bitbloq, y si quieres aprender algo más avanzado, deberás utilizar el entorno de desarrollo (IDE) que proporciona Arduino. Por eso te recomendamos que, antes de continuar leyendo este apartado, hagas las actividades con Bitbloq del apartado 1.2.

El IDE de Arduino es un software gratuito y válido para cualquier sistema operativo (Windows, Linux y MacOS) que está escrito en en el lenguaje de programación Java. Surgió a partir de otros entornos de programación que ya existían y eran utilizados para programar en los lenguajes *Processing* y *Wiring*. Web oficial: *www.arduino.cc*.

Entre sus rasgos más importantes podemos destacar el indexado automático de texto (es decir, te numera las líneas para que te sea más fácil depurar programas), distintos colores y fuentes para cada tipo de categoría y la posibilidad de compilar y cargar programas al microcontrolador con un sólo *click* de ratón. A los programas escritos utilizando el IDE de Arduino se les llama *"sketch"*. En la Figura 1.1-44 podemos ver el aspecto de este entorno.

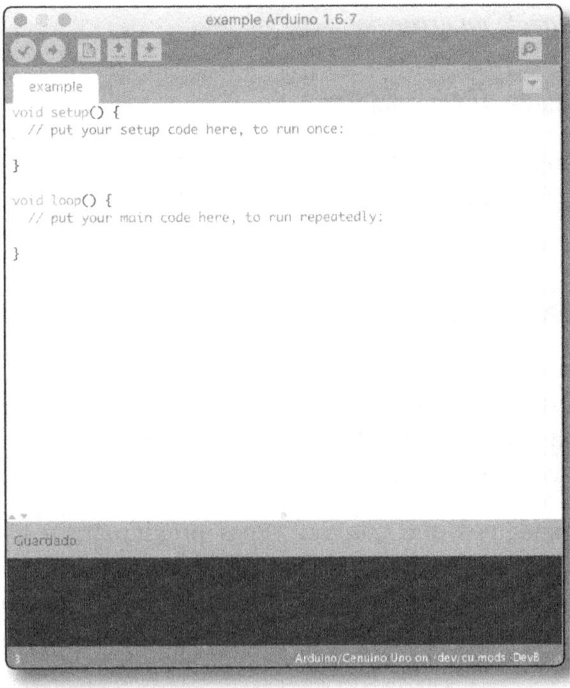

Figura 1.1-44. Entorno de programación (IDE) de Arduino

1.1.5.1 INSTALACIÓN Y PRIMEROS PASOS

En la página web de Arduino podrás encontrar toda la información relativa al proceso de instalación, además, en este libro te explicaremos cómo instalar el IDE en Windows. Es un proceso sencillo, por lo que si necesitas instalarlo en Linux o MacOS podrás hacerlo ayudándote con lo que nosotros te contamos y lo que aparece en la página web. Para más información visítese: *https://www.arduino.cc/en/Guide/HomePage*.

1.1.5.1.1 Instalación en Windows

Lo primero que tenemos que hacer es descargar la última versión del programa en la sección de descargas de la página web (*www.arduino.cc/en/Main/Software)*. Puedes elegir entre el Instalador (archivo .exe) y el paquete Zip. Nuestra recomendación es que uses el primero (recuadrado en negro en la Figura 1.1-45), que instalará directamente todo lo necesario para utilizar el IDE, incluyendo los drivers. Si utilizas el paquete Zip deberás instalar los drivers manualmente.

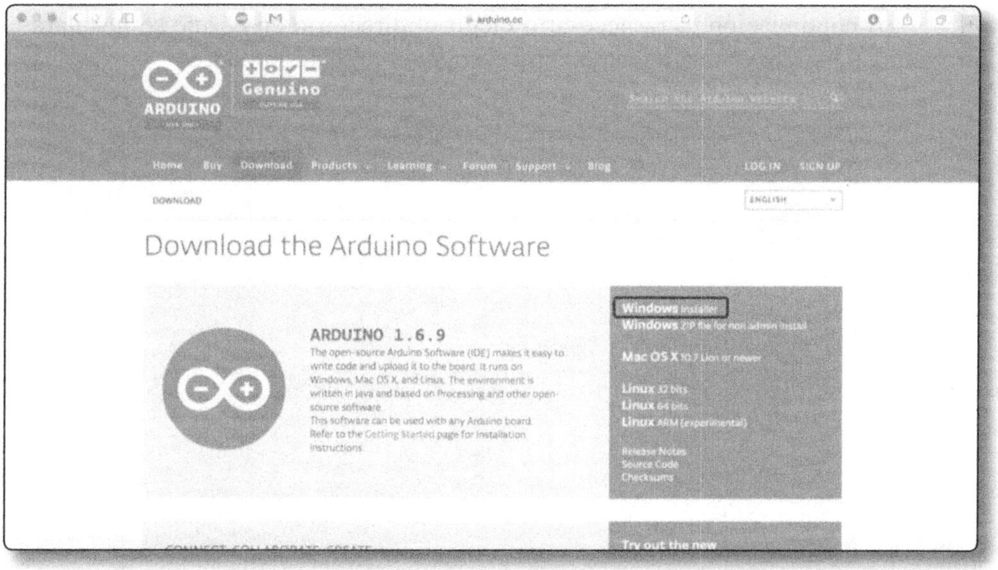

Figura 1.1-45. Web para la descarga del IDE de Arduino

Una vez haya terminado la descarga, pasamos a instalar el programa (haz doble click sobre el archivo .exe). Se abrirá una ventana con un aspecto similar al que podemos ver en la Figura 1.1-46, elige los componentes a instalar (es recomendable instalar todos) y pulsa el botón de "Siguiente".

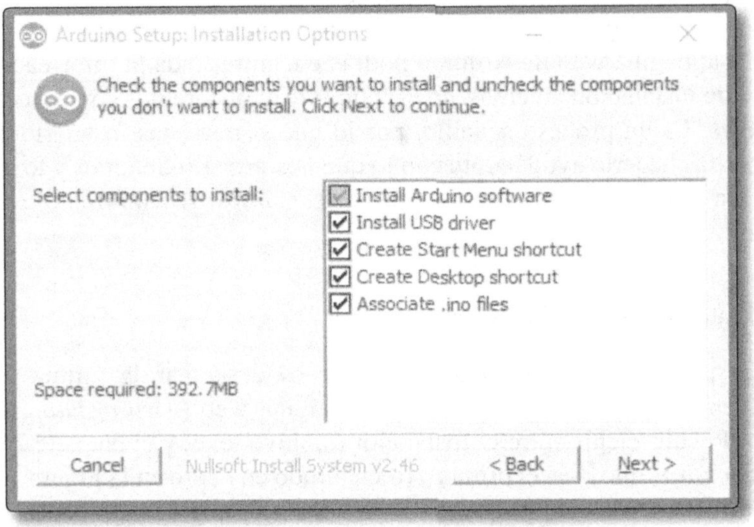

Figura 1.1-46. Instalación del IDE de Arduino I

A continuación, será necesario elegir el directorio en el que se instalará el programa (siempre es una buena opción escoger el predeterminado).

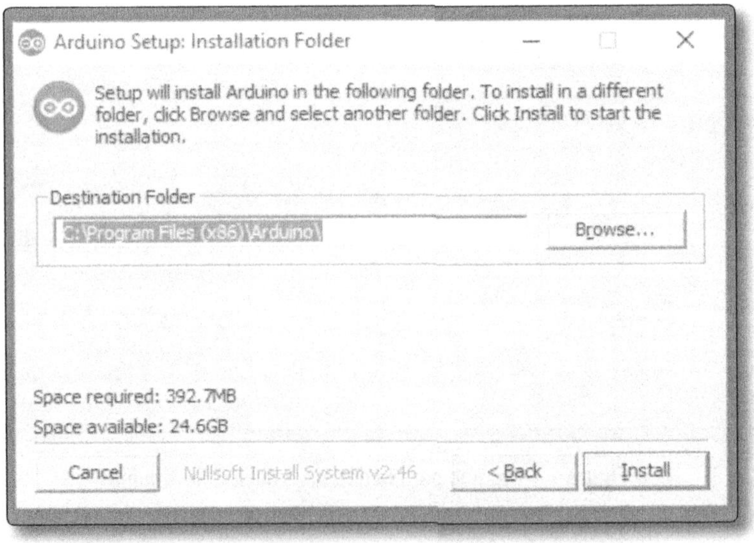

Figura 1.1-47. Instalación del IDE de Arduino II

El proceso extraerá e instalará los paquetes pertinentes.

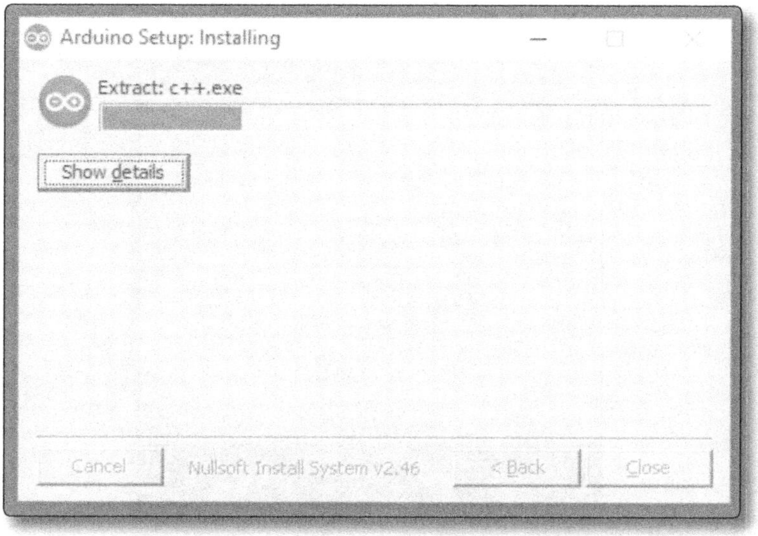

Figura 1.1-48. Instalación del IDE de Arduino

1.1.5.1.2 Conecta tu placa de control e instala sus drivers

Una vez instalado el IDE de Arduino, estamos preparados para conectar nuestra placa de control (utilizando el USB) a nuestro PC. Esta conexión sirve tanto para alimentar la placa como para programarla utilizando el IDE.

Al conectarla, debería encenderse el LED verde, que indica que la placa está alimentada y lista para funcionar. Si has utilizado el Instalador (archivo .exe), tal y como te recomendábamos, los drivers necesarios para comunicar placa y PC deberían instalarse automáticamente.

1.1.5.1.3 Mi primer ejemplo: Un LED que parpadea

Ya tenemos todo lo necesario para programar con Arduino, por lo que haremos un ejemplo sencillo para familiarizarnos con el IDE. En este ejemplo utilizaremos una placa Arduino/Genuino UNO, aunque podrías utilizar la ZUM-BT seleccionando el tipo de placa correctamente en el IDE.

Utilizaremos uno de los ejemplos de Arduino, para ello, en el menú del programa, buscamos el llamado "Blink" (**Archivo>Ejemplos>01.Básicos>Blink**). Este ejemplo hace que un LED de la placa parpadee. En la Figura 1.1-49 se muestra el código correspondiente al ejemplo.

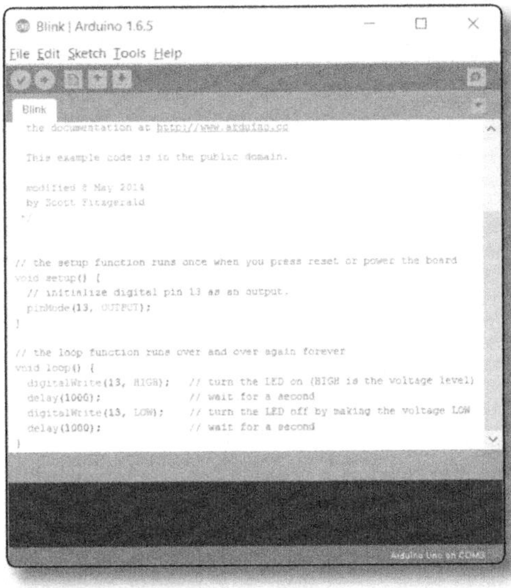

Figura 1.1-49. Ejemplo de uso del IDE de Arduino: LED parpadeante

Para comprobar lo que es capaz de hacer este código, debemos subirlo a la placa de control. Lo primero es elegir la placa de control que estamos utilizando (en nuestro ejemplo Arduino Uno). En el menú, hacemos click en Herramientas y luego en Placa, donde podremos elegir la que necesitamos. Mira la Figura 1.1-50 para guiarte en este importante paso.

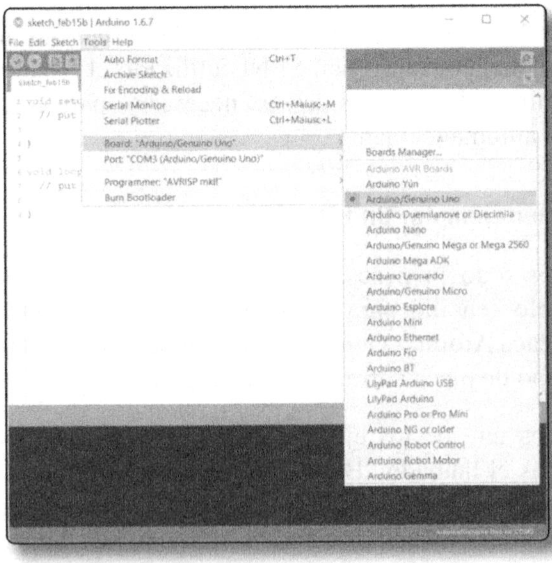

Figura 1.1-50. Elección de placa de control

El segundo paso será elegir el *Puerto Serie* (a través del cual nuestro PC se comunicará con la placa de control). Para ello, desde el menú, iremos de nuevo a *Herramientas* y ahora a *Puerto Serie*. Normalmente, el *Puerto* asociado a la placa es el *COM3* o uno superior, si no vemos ninguno, desconecta y conecta la placa de nuevo.

Una vez elegido el Puerto, llegamos al último paso: ¡SUBIR EL PROGRAMA A LA PLACA! Pulsa el botón que tiene una flecha apuntando hacia la derecha, mostrado en color blanco en la Figura 1.1-51.

Figura 1.1-51. Subir un programa a la placa de control

1.1.5.2 LENGUAJE DE PROGRAMACIÓN DE ARDUINO

El IDE de Arduino soporta los lenguajes de programación C y C++, aunque utiliza reglas especiales para organizar el código. Además, este entorno ofrece el uso de una librería de software llamada *Wiring* (procedente del proyecto *Wiring*, en el que se basa Arduino).

El lenguaje que utiliza el IDE de Arduino puede ser dividido en tres partes fundamentales: Estructura, Variables y Funciones. A continuación, se explicará cada una de ellas de manera breve, para más información al respecto, visite la página: *www.arduino.cc/en/Reference/HomePage*.

1.1.5.2.1 Estructura

Los programas de Arduino suelen consistir en el uso de dos funciones que incluyen todo el código que se ejecutará en el microcontrolador. Estas funciones son:

- setup(): función que se ejecuta una sóla vez (al principio) y sirve para inializar los valores por defecto de algunas variables de nuestro programa.
- loop(): función que se ejecuta de manera iterativa mientras la placa de control se encuentra alimentada. Dentro de ella escribiremos todo aquello que queramos que haga nuestro robot.

Otros aspectos importantes relativos a la estructura son:

- Estructuras de control: if, if...else, for, while, etc.
- Sintaxis: // (comentario de línea simple), /**/ (comentario de varias líneas), **#define**, **#include**, etc.
- Operadores aritméticos: = (operador de asignación), + (suma), / (división), **%** (modulo), etc.
- Operadores de comparación: == (igual a), != (no igual a), <= (menor o igual que), etc.
- Operadores booleanos: **&&** (y), || (o), **!** (no), etc.
- Etc.

1.1.5.2.2 Variables

La definición y el tratamiento de variables es una parte fundamental en todo lenguaje de programación. En Arduino encontramos un rico conjunto de conceptos y herramientas relacionadas con este aspecto. Existen variables predefinidas por el propio lenguaje (constantes), aunque el usuario también puede crear tantas variables como quiera, definiendo qué tipo de variable es.

- Constantes: HIGH|LOW, INPUT|OUTPUT|INPUT_PULLUP, true|false, etc.
- Tipos de variables: void, Boolean, char, int, byt, etc.
- Conversión: char(), word(), long(), etc.
- Etc.

1.1.5.2.3 Funciones

El tercer aspecto fundamental de la programación son las funciones, encargadas de realizar todas las acciones que queremos llevar a cabo en nuestro programa. Al igual que ocurre con las variables, Arduino tiene un conjunto de funciones predefinidas pero también permite que el usuario cree sus propias funciones.

- Entradas/Salidas digitales: pinMode(), digitalWrite() y digitalRead().
- Entradas/Salidas analógicas: analogReference(), analogRead() y analogWrite() (PWM).
- Tiempo: millis(), micros(), delay() y delayMicroseconds().
- Matemáticas: min(), max(), abs(), etc.
- Trigonométricas: sin(), cos() y tan().
- Etc.

1.1.5.3 INTERFAZ GRÁFICA DE ARDUINO

Vamos a estudiar las partes en las que se divide la interfaz de Arduino, que pueden verse en la Figura 1.1-52, numeradas del uno al cuatro. A continuación, veremos qué es y para qué sirve cada una de esas partes.

1. **Ventana de trabajo:** editor de texto donde podremos escribir el código de nuestro programa. Incluye características como: indexado automático, diferenciación de colores y fuentes según la categoría de términos y autocompletado de texto.

2. **Botones de acceso rápido:** permiten realizar acciones como la compilación y carga de programas así como la gestión de archivos Arduino (abrir, cerrar, etc).

   Los botones que aparecen, de izquierda a derecha, son:

   - Verificar: Compila el código escrito en la ventana de trabajo comprobando si hay algún fallo de sintaxis en él.
   - Subir: Carga el programa en la placa de control a través del puerto USB del ordenador. El resultado de este proceso se mostrará por la ventana de estado (que se explica después).
   - Nuevo: Abre un nuevo programa que aparecerá tal y como se muestra en la Figura 1.1-52.
   - Abrir: Abre una ventana emergente que permite al usuario abrir en el IDE un programa existente almacenado en un archivo de extensión .ino (propia de Arduino).
   - Salvar: Guarda el contenido de nuestro código en un archivo de extensión .ino y si éste ya existe, lo sobrescribe.
   - Monitor serie (esquina derecha): Abre una ventana que permite ver los mensajes que se encuentran en el puerto serie de la placa de control. Es muy útil para mostrar datos de interés que entran o salen de la placa.

3. **Ventana de estado:** en ella se muestra el estado de nuestro programa tras guardarlo, compilarlo o cargarlo en la placa de control. Siempre habrá un resultado que mostrar (ya sea positivo o negativo), por lo que será útil para detectar posibles fallos en nuestro código.

4. **Placa elegida:** como el proyecto Arduino cuenta con un número de placas de control elevado y cada una tiene sus peculiaridades, será necesario elegir la placa de control que utilizamos en nuestro proyecto. Es útil para comprobar el tipo de placa elegida, ya que si no es igual a la placa que utilizamos se producirán fallos cuando intentemos cargar los programas.

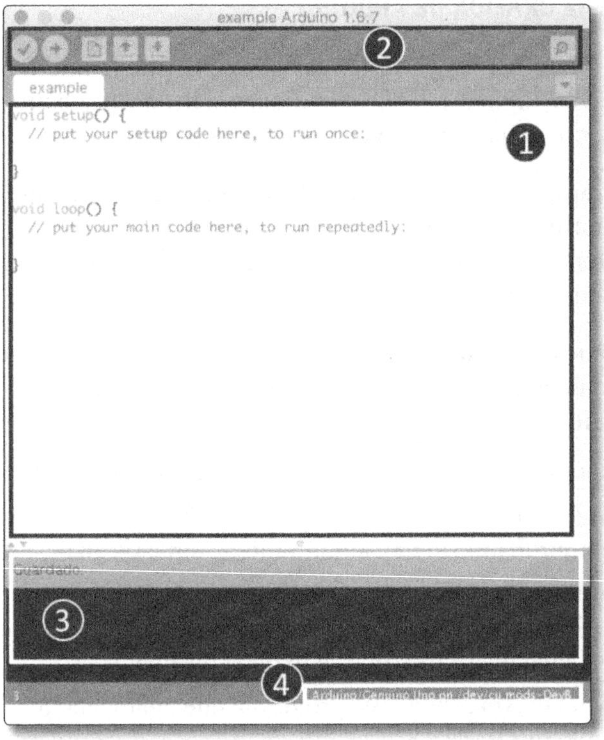

Figura 1.1-52. Partes de la interfaz gráfica de Arduino

1.2 ACTIVIDADES CON ARDUINO

Recuerda que podrás descargar los programas de las actividades de nuestra página: *www.automaticayrobotica.es/recursos/robótica-educativa/libro-de-robótica-actividades/*. Te recomendamos que aunque las descargues, no dejes de seguir el libro, con él aprenderás mucho mejor.

1.2.1 Hacer que un LED parpadee

El primer programa que realizaremos consiste en hacer que un LED parpadee (véase Figura 1.2-1). Para ello vamos a utilizar el LED que integran la mayoría de las placas Arduino y compatibles. Este LED, salvo excepciones, se controla desde el Pin *13* de la placa.

Figura 1.2-1. Actividad 1 de Arduino, parpadeo de un led

Componentes

Los componentes necesarios para la actividad son:

- Placa ZUM BT, Arduino o compatible.
- Cable USB para conectar la placa al PC.

Conexionado

En este caso no necesitamos conectar nada a la placa ya que el LED está integrado. Es un pequeño componente próximo al Pin *13* que tiene escrito D13.

En Bitbloq debemos realizar un conexionado "virtual". Por ello, los proyectos siempre comienzan en la ventana **Hardware.** Lo primero que haremos es seleccionar la placa que vamos a usar, en nuestro caso hemos arrastrado la placa **bq ZUM** de la pestaña **Placas** (véase Figura 1.2-2).

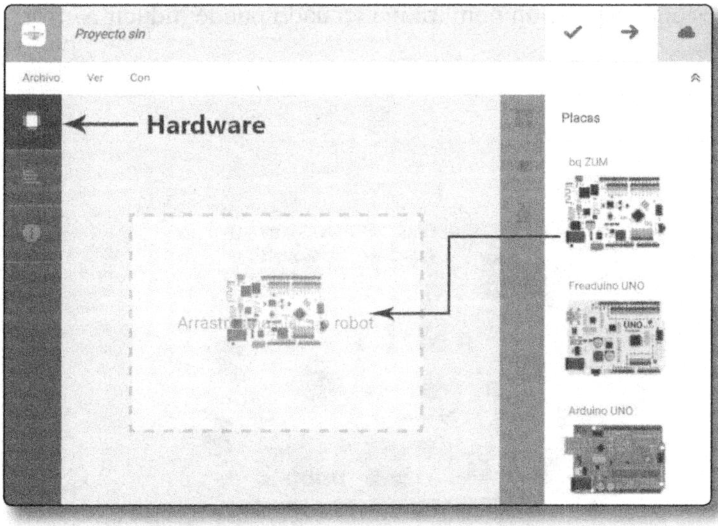

Figura 1.2-2. Insertar placa controladora en Bitbloq

Después, de la pestaña **Componentes** hemos cogido el bloque **Led** entre todos los disponibles (véase Figura 1.2-3).

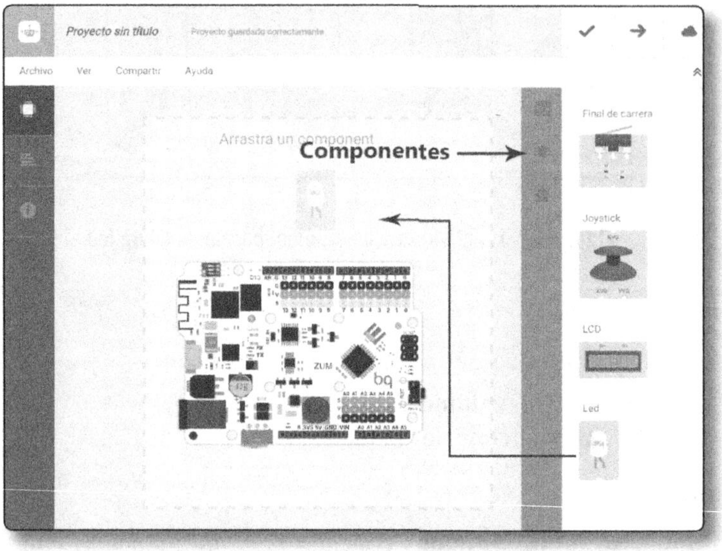

Figura 1.2-3. Insertar componentes en Bitbloq

Ahora debemos conectar el bloque **Led** al Pin *13* de la placa como se muestra en la Figura 1.2-4. En nuestro caso hemos llamado a este componente “led_ PIN13”. Deberemos tener en cuenta este nombre cuando comencemos a programar. Es importante que usemos nombres descriptivos, ya que, cuando existen muchos componentes conectados, un nombre inadecuado puede inducir a error.

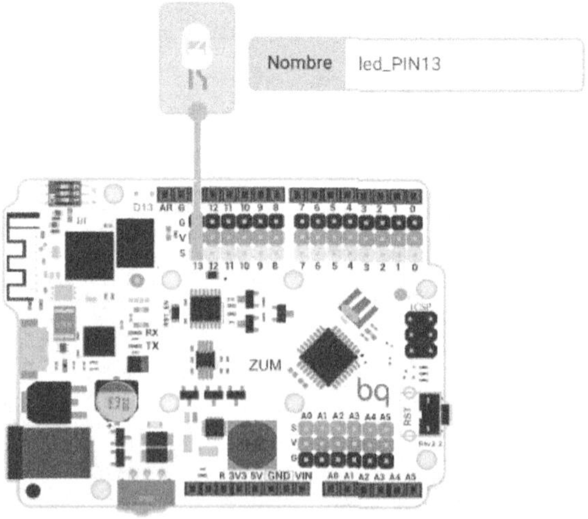

Figura 1.2-4. Conexionado Hardware del LED en Bitbloq

Programación

Una vez definidos todos los componentes y su conexionado, pasamos a la ventana de **Software** de Bitbloq. Para nuestro primer programa tan sólo vamos a usar el Bucle principal *(Loop)*. Recuerda que los comandos que hay en el Bucle Principal se ejecutarán de forma cíclica, es decir, se ejecutarán una y otra vez.

Primero vamos a hacer que el LED se encienda, pero no que se apague. En la pestaña **Componentes**, que se encuentra en la parte derecha del entorno, encontraremos los controles para el LED (véase Figura 1.2-5). Arrastramos el componente al Bucle Principal (Loop) creando nuestro primer código de bloques.

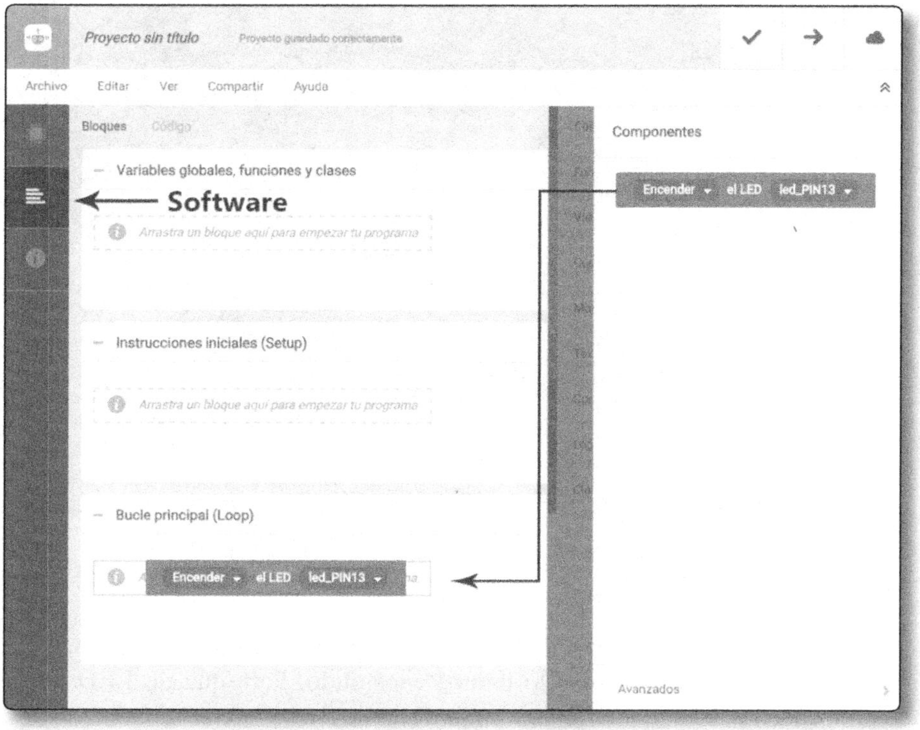

Figura 1.2-5. Insertar nuestro primer bloque en Bitbloq

Con esto termina el programa, ahora sólo hay que descargarlo en la placa. Para ello, pulsamos el botón **Cargar**, que se encuentra en la parte superior derecha dentro de los *Botones de acceso rápido* (ver Figura 1.2-6). El programa se descarga en la placa y comienza su ejecución. Al terminar, el LED integrado en la placa debe encenderse como se muestra en la Figura 1.2-7.

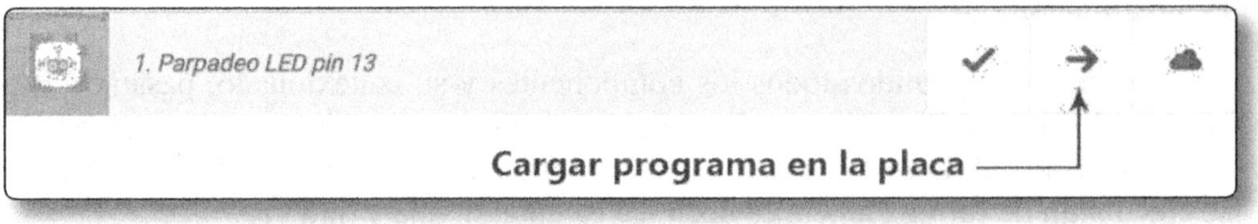

Figura 1.2-6. Cargar un programa en la placa con BitBloq

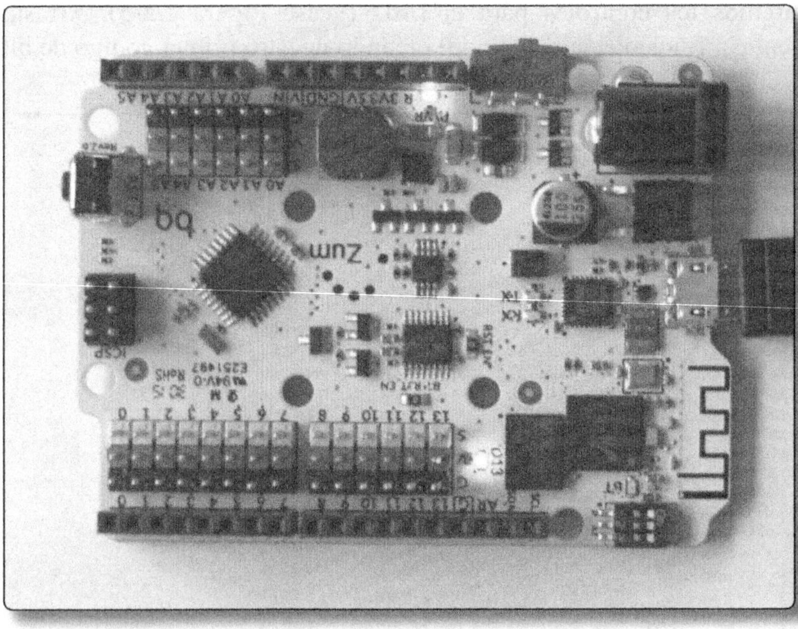

Figura 1.2-7. Resultado del programa para encender un LED

Recordarás que la finalidad de esta actividad era que el LED del Pin *13* parpadease, pero por ahora sólo lo hemos encendido. Para que un LED parpadee hace falta encenderlo y apagarlo con un período de tiempo determinado.

Volvemos a la ventana de **Software** de Bitbloq para añadir nuevos bloques a nuestro programa. En esta ocasión vamos a la pestaña **Control**, en ella se encuentra el bloque **Esperar**, lo arrastramos y lo ponemos debajo de nuestro código. Tal como mostramos en la Figura 1.2-8 añadiremos también un nuevo bloque para apagar el LED y otro para esperar.

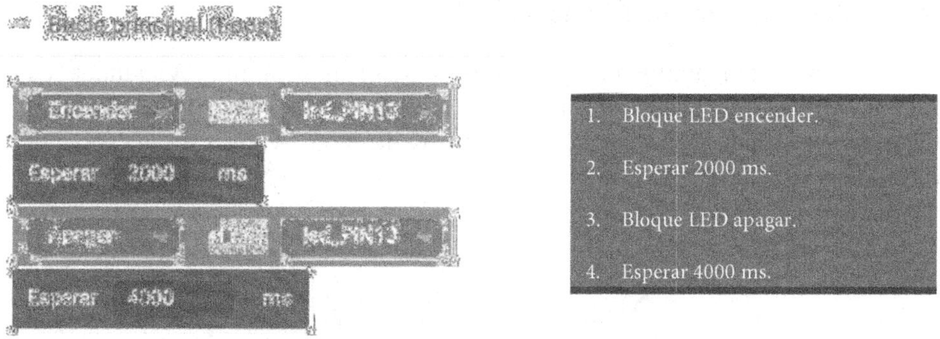

Figura 1.2-8. Programa en Bitbloq para parpadeo de un LED

Una vez lo tengas terminado se descarga en la placa y el LED integrado debe comenzar a parpadear permaneciendo 2 segundos encendido y 4 segundos apagado. Como lo hemos realizado en el *Bucle Principal*, este programa se ejecutará una y otra vez haciendo que el LED no pare de parpadear mientras tengamos alimentada la placa de Arduino. Los valores de los bloques **Esperar** se pueden modificar para variar la frecuencia del parpadeo.

A continuación, podemos ver el código en Arduino para este programa:

```
1   /***   Global variables and function definition   ***/
2   const int led_PIN13 = 13;
3
4   /***   Setup   ***/
5   void setup() {
6     PinMode(led_PIN13, OUTPUT);
7   }
8
9   /***   Loop   ***/
10  void loop() {
11    digitalWrite(led_PIN13, HIGH);
12    delay(2000);
13    digitalWrite(led_PIN13, LOW);
14    delay(5000);
15  }
```

Observa que el código en Arduino incluye algunas cosas que no vemos en los bloques. Por ejemplo, en la línea 6 definimos mediante `PinMode` que el Pin *13* sea una salida *(*`OUTPUT`*)*. Posteriormente, con `digitalWrite` escribimos en esa salida un `HIGH` (línea 11) o un `LOW` (línea 13) lo que equivale a encender o apagar el LED (poner una salida digital a `HIGH` es poner esa salida a 5 Voltios, lo que permite encender un LED).

1.2.2 Cambiar la luminosidad de un LED

La segunda actividad que vamos a realizar está muy vinculada con la primera, consiste en hacer que un LED varíe su luminosidad. Para ello vamos a utilizar el LED que incluye el ZUM KIT, por lo tanto, vamos a conectar nuestro primer dispositivo externo a la placa.

Figura 1.2-9. Actividad 2 de Arduino, cambio de luminosidad de un LED

Componentes

Los componentes necesarios para la actividad son:

- Placa ZUM BT, Arduino o compatible.
- LED del ZUM KIT o similar.
- Cable USB para conectar la placa al PC.

Conexionado

Vamos a conectar un LED externo a nuestra placa. Es importante destacar algo que ya se comentó, el Pin *13* no se puede usar para conectar un LED externo por lo que se debe elegir alguno de los doce restantes. Se nos presenta otra limitación: para realizar esta actividad necesitamos utilizar una salida PWM de la placa. Más adelante (véase Sección 4.1) se explicará qué es el PWM. Por el momento, sólo debemos saber que éstas son salidas digitales que trabajan de forma similar a una analógica, es decir, los valores no se limitan a encendido (1) y apagado (0).

Las placas Arduino y compatibles, de forma general, llevan los Pines *11, 10, 9, 6, 5* y *3* habilitados para el uso de PWM (se reconocen porque suelen llevar un punto bajo el número de Pin). Por ello, debemos elegir uno de estos para conectar nuestro LED.

La conexión que vamos a realizar es:

- LED → Pin *11* de Arduino o compatible.

Si utilizamos la placa ZUM BT con el módulo LED que viene en el ZUM KIT el conexionado resulta muy sencillo; sólo hay que asegurarse que los colores de los cables coinciden con los de la placa (véase Figura 1.2-10). Si utilizas otra placa, como por ejemplo Arduino UNO, tendrás que conectar el Pin *11* al cable de datos del LED y conectar su alimentación y su tierra a los pines 5V y GND del Arduino.

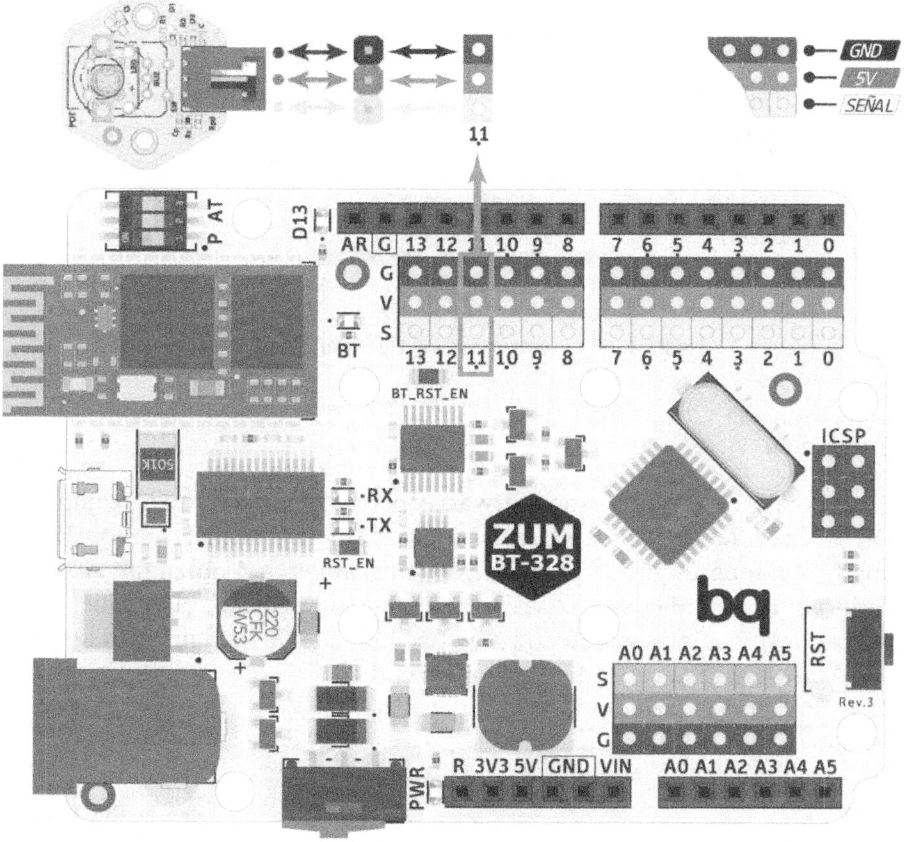

Figura 1.2-10. Conexionado del LED a la placa ZUM BT

Una vez conectado el LED a nuestro Arduino o compatible comenzamos con nuestro programa en Bitbloq. Lo primero que hacemos, tal como mostramos en la Figura 1.2-11, es realizar el conexionado "virtual" en la ventana de **Hardware** de un LED al Pin *11*.

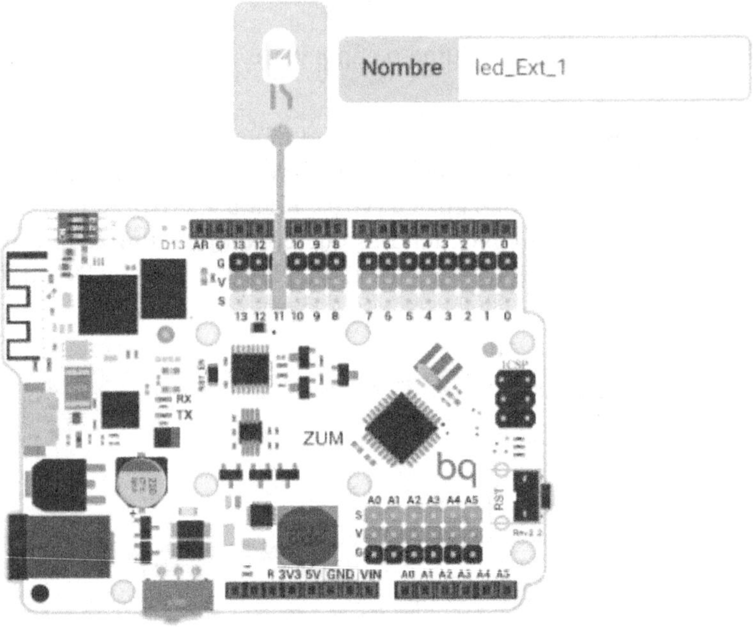

Figura 1.2-11. Conexionado del LED externo en Bitbloq

Programación

Ahora vamos a la ventana **Software** y comenzamos nuestro programa. Como en la actividad anterior, vamos a trabajar sobre el Bucle principal (*Loop*). Vamos a la pestaña **Componentes** y en la parte inferior pinchamos en **Avanzados**. Arrastramos **Escribir en Pin analógico**. En el primer campo ponemos el bloque **Variable (componentes)** y en el segundo arrastramos el bloque de **Variable numérica** de la pestaña **Matemáticas** quedando el siguiente código:

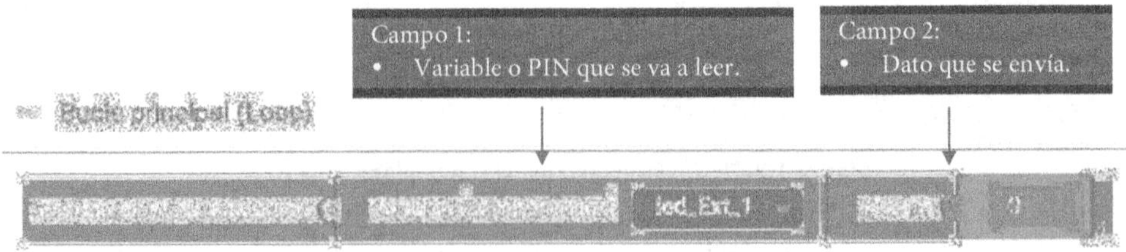

Figura 1.2-12. Programa en Bitbloq para cambiar la intensidad de un LED

Ponemos el valor que queramos entre 0 y 255 en la variable numérica (0 quiere decir que el LED está apagado y 255 que brilla con su mayor intensidad). Le damos a cargar y nuestro LED externo lucirá con una intensidad proporcional al valor de la variable numérica.

El código en Arduino es el siguiente:

```
/***   Global variables and function definition   ***/
const int led_Ext_1 = 11;

/***   Setup   ***/
void setup() {
   PinMode(led_Ext_1, OUTPUT);
}

/***   Loop   ***/
void loop() {
   analogWrite(led_Ext_1, 0);
}
```

El código en Arduino es muy sencillo. Se asigna el valor 11 a la variable `led_Ext_1` y se define el Pin *11* como salida. Por último, en el bucle de ejecución se escribe en el Pin *11* el valor analógico deseado mediante `analogWrite`, en este caso 0.

1.2.3 Encender un LED utilizando un pulsador

En esta actividad vamos a accionar el LED mediante otro dispositivo, el pulsador. El LED permanecerá activado mientras el botón esté pulsado y se desactivará al soltarlo (Véase Figura 1.2-13).

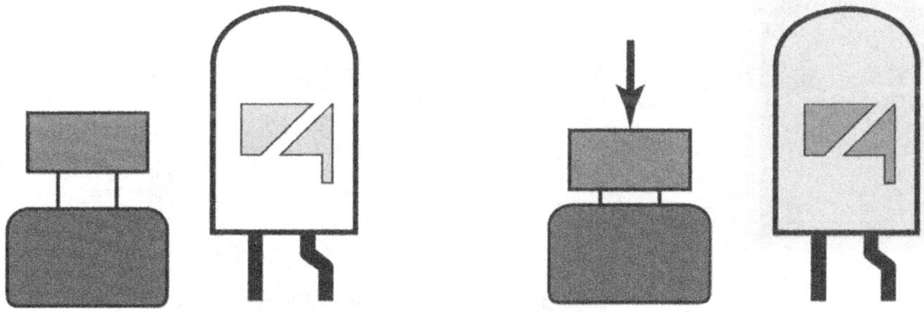

Figura 1.2-13. Actividad 3 con Arduino

Componentes

Estos son los componentes necesarios para la actividad:

- Placa ZUM BT, Arduino o compatible.
- LED del ZUM KIT o similar.
- Pulsador del ZUM KIT o similar.
- Cable USB para conectar la placa al PC.

Conexionado

La conexión que vamos a realizar, tal y como muestra la Figura 1.2-14, es:

- LED → Pin *11* de Arduino.
- Pulsador → Pin *7* de Arduino.

La elección de los Pines puede ser distinta si quieres. En este caso no vamos a usar la salida PWM ya que sólo queremos encender y apagar el LED y el pulsador puede conectarse en cualquier pin. La única excepción es que el Pin 13 no puede usarse para el LED externo.

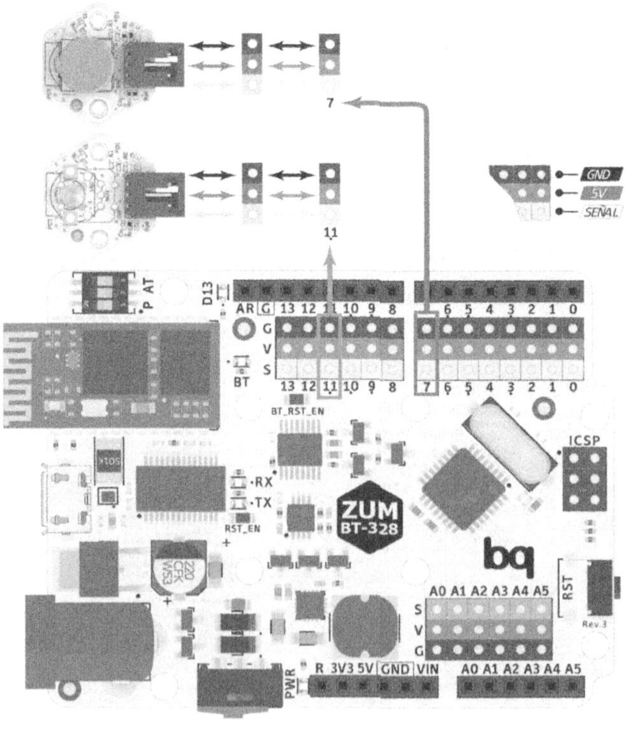

Figura 1.2-14. Conexionado físico del LED y el pulsador

Programación

Una vez conectados los componentes a la placa, comenzamos con nuestro programa en Bitbloq. Usamos las conexiones "virtuales" que se muestran en la Figura 1.2-15. Los nombres que se han asignado a los componentes son "led_Ext_1" para el LED y "boton_1" para el botón.

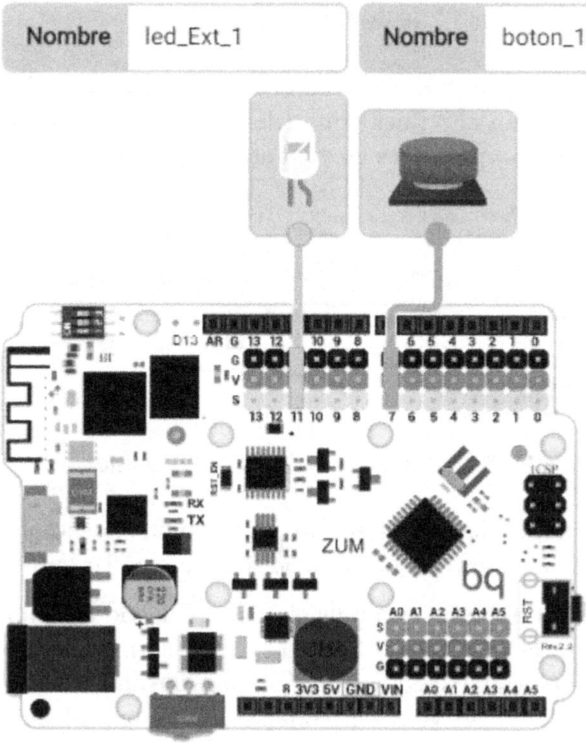

Figura 1.2-15. Conexionado Hardware en Bitbloq de encendido de un LED con un pulsador

Pasamos a la ventana **Software** para comenzar la programación. Para este programa vamos a introducir un concepto que no habíamos empleado en las actividades anteriores: la acción condicional. Estas acciones se ejecutan si se cumple una condición. El primer tipo de condición que emplearemos es la conocida como *If* (Si en castellano).

De nuevo programaremos en el Bucle principal. Abrimos la pestaña **Control** y buscamos la sentencia **Si** que se muestra en la Figura 1.2-16.

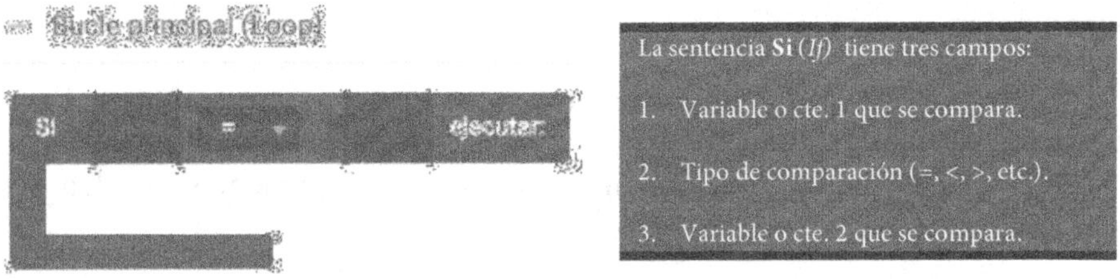

Figura 1.2-16. Sentencia SI(If) en BitBloq

El valor que queremos comparar es el estado del botón (si está pulsado o no). Por lo tanto, arrastramos al primer campo del **Si** el bloque **Leer boton_1** que se encuentra en la pestaña **Componentes** tal y como muestra la Figura 1.2-17.

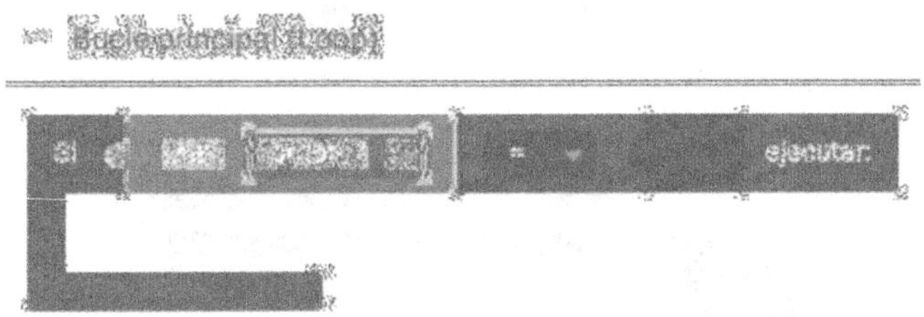

Figura 1.2-17. Primera condición If para leer el botón

Hasta ahora nunca habíamos usado un componente botón, como puede verse, sólo se permite la lectura ya que no tiene sentido mandar datos a un botón.

Queremos ver si el botón esta pulsado o no. Cuando el botón está pulsado éste envía 5V por el Pin, es decir un Verdadero (1 en binario). Cuando no está pulsado se envía 0V, es decir un Falso (0 en binario). Por tanto, la comparación que se realiza es si el estado leído del botón es verdadero o falso. En la Figura 1.2-18 vemos cómo queda la sentencia condicional.

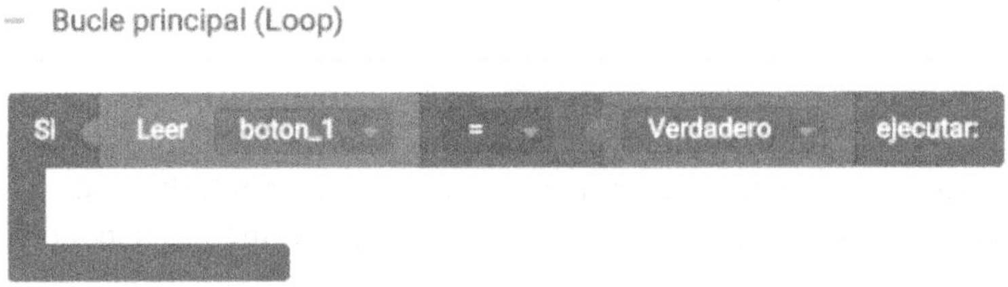

Figura 1.2-18. Sentencia IF para comprobar el estado del botón

Lo siguiente que debemos hacer es definir qué acciones se realizan si se cumplen las condiciones impuestas. Para nuestra actividad queremos que el LED se encienda cuando el botón está pulsado, así que debemos ir a la pestaña **Componentes** y arrastrar el bloque **Encender el LED** dentro de la sentencia condicional. Podemos ver cómo queda en la Figura 1.2-19.

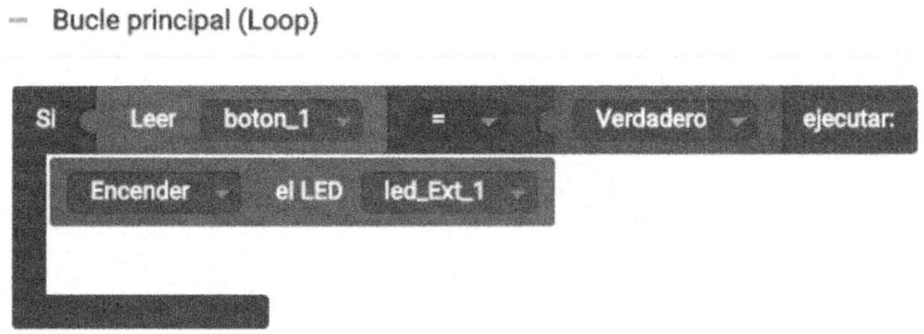

Figura 1.2-19. Encendido del LED si se pulsa el botón

Con esto conseguimos que el LED se encienda al pulsar el botón, pero, no se apaga ya que no hemos puesto ninguna condición para el apagado. Para solucionar este problema vamos a usar la condición *If-Else* (se podría traducir como Si-Si no), esta ampliación de la estructura condicional nos permite realizar otra acción si no se cumple la primera condición.

En la pestaña **Control** encontraremos el bloque **de lo contrario, ejecutar**, que nos permite hacer una acción si no se cumple el *If* (Si). Arrastramos este bloque bajo el **Si** y dentro añadimos un bloque para **Apagar el LED** tal y como se muestra en la Figura 1.2-20.

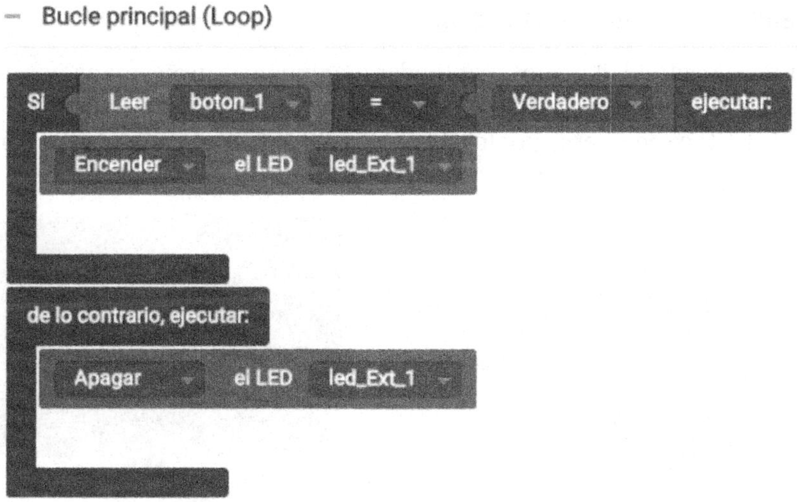

Figura 1.2-20. Programa en Bitbloq para encender un LED con un botón

Si cargamos el programa en la placa podremos comprobar cómo al pulsar el botón el LED se enciende y al soltarlo se apaga.

El código en Arduino es el siguiente:

```
1   /***   Global variables and function definition   ***/
2   const int led_Ext_1 = 11;
3   const int boton_1 = 7;
4
5   /***   Setup   ***/
6   void setup() {
7      PinMode(led_Ext_1, OUTPUT);
8      PinMode(boton_1, INPUT);
9   }
10
11  /***   Loop   ***/
12  void loop() {
13     if (digitalRead(boton_1) == true) {
14         digitalWrite(led_Ext_1, HIGH);
15     } else {
16         digitalWrite(led_Ext_1, LOW);
17     }
18  }
```

El programa inicialmente define los nombres `led_Ext_1` y `boton_1` y les asigna el valor de sus Pines 11 y 7 respectivamente (líneas 2 y 3). Después, define los pines que se van a usar y de qué forma se usan: el Pin 11, que es el LED, será de salida (línea 7) y el Pin 7, que es el botón, será de entrada (línea 8). En el *loop* se ejecuta la sentencia condicional: si la lectura del botón es 1 se pone el LED en `HIGH` y por lo tanto se enciende. En caso contrario el LED se pone en `LOW` y se apaga.

1.2.4 Mandar datos por puerto serie

En esta actividad vamos a aprender a comunicar dispositivos por el Puerto Serie. En realidad las placas Arduino y compatibles convierten la señal que les llega por el cable USB a señal serie, por lo que en esta actividad aprenderemos a comunicar nuestro robot con nuestro PC mediante el cable USB (Ver Figura 1.2-21).

Figura 1.2-21. Actividad 4 con Arduino. Envío de datos por puerto serie

Componentes

Componentes necesarios para la actividad:

- Placa ZUM BT, Arduino o compatible.
- Cable USB para conectar la placa al PC.

Conexionado

Para la actividad sólo debemos conectar la placa mediante USB al ordenador. La configuración hardware que empleamos en Bitbloq es la que se muestra en la Figura 1.2-22. Para llegar a dicha configuración debemos arrastrar **Puerto Serie** de la pestaña de **Componentes** a nuestra placa. Podemos darle el nombre que deseemos, en nuestro caso lo hemos llamado "puerto_serie_0". También se solicita un valor llamado *Baudrate*. Este valor nos indica la velocidad a la que se va a realizar la comunicación serie en baudios. Es muy importante que las dos partes (PC y placa) se conecten a la misma velocidad, en caso contrario la comunicación no es posible.

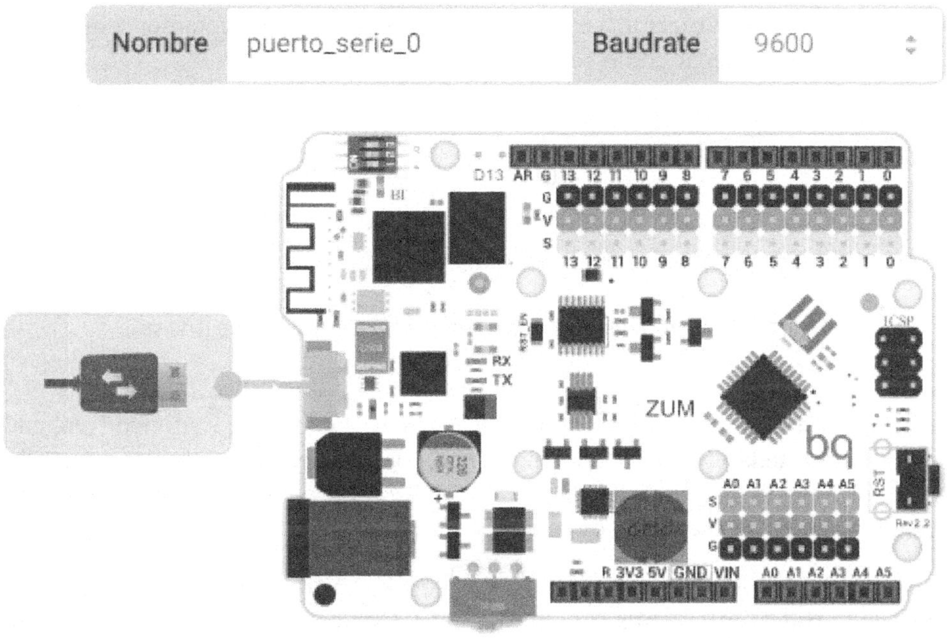

Figura 1.2-22. Configuración hardware Bitbloq para mostrar datos por puerto serie

Programación

Pasamos a la ventana **Software** para comenzar la programación. Vamos a la pestaña **Componentes** y arrastramos **Enviar** asociado a puerto_serie_0 tal y como muestra la Figura 1.2-23.

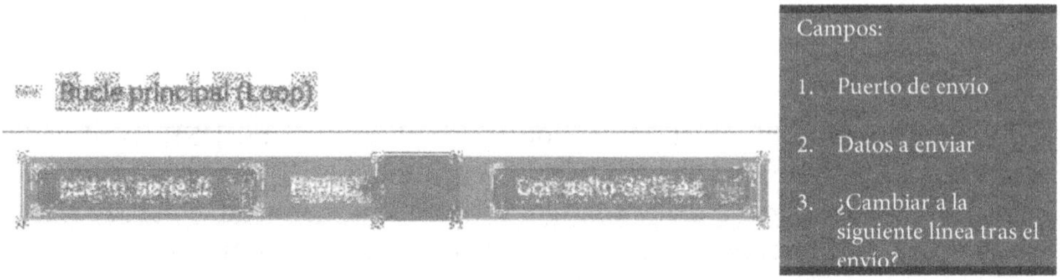

Figura 1.2-23. Comando en Bitbloq para enviar datos por puerto serie

Queremos que nuestra placa (es decir, nuestro robot) nos envíe por el puerto serie un texto, en este caso "Hola Mundo". Para ello usamos un bloque de la pestaña **Texto** que nos permite crear una cadena con los caracteres que queramos. Finalmente, el programa debe quedar como se muestra en la Figura 1.2-24.

Figura 1.2-24. Programa en Bitbloq para enviar un mensaje por puerto serie

Si descargamos este programa en la placa, ya tendremos la actividad realizada. Tan sólo nos queda ver cómo visualizar los datos que nos envía nuestro robot. Para ello empleamos el monitor de puerto serie (*Serial Monitor*) que se encuentra en Bitbloq (también se encuentra en el IDE de Arduino).

Para ello nos vamos al menú desplegable **Ver**, donde aparece la opción **Mostrar Serial Monitor** (véase Figura 1.2-25). Esta opción abre una ventana donde se muestran mensajes que el ordenador recibe procedentes de nuestro robot.

Figura 1.2-25. Ubicación del monitor serial en Bitbloq

El código Arduino es el siguiente:

```
1    /***   Included libraries   ***/
2    #include <SoftwareSerial.h>
3    #include <BitbloqSoftwareSerial.h>
4
5    /***   Global variables and function definition   ***/
6    bqSoftwareSerial puerto_serie_0(0, 1, 9600);
7
8    /***   Setup   ***/
9    void setup() {}
10
11   /***   Loop   ***/
12   void loop() {
13     puerto_serie_0.println("Hola Mundo");
14   }
```

El código incluye al inicio las librerías para gestionar el puerto serie (línea 6). En el *loop* se usa el método `println` (línea 13) para mandar nuestro texto por el puerto serie que hemos abierto.

En la Figura 1.2-26 tenemos un ejemplo del resultado que se muestran por el monitor serie en esta actividad.

Figura 1.2-26. Mensajes mostrados por el monitor serie de Bitbloq

1.2.5 Mandar el estado de un botón por puerto serie

Esta actividad tiene como objetivo presentar algunas de las funcionalidades de la comunicación serie entre placa y PC. Vamos a usar un pulsador y mostrar por pantalla el estado en el que se encuentra, es decir, si está pulsado o no. Se mostrará cada un segundo cuál es el estado actual (véase Figura 1.2-27).

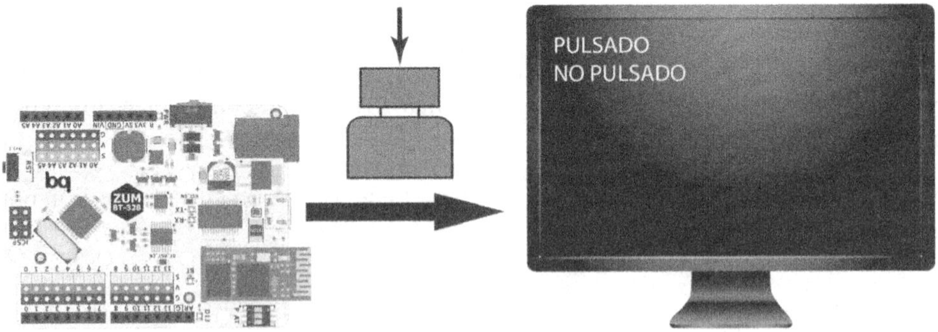

Figura 1.2-27. Actividad para mostrar el estado de un botón por puerto serie

Componentes

Componentes necesarios para la actividad:

- Placa ZUM BT, Arduino o compatible.
- Pulsador del ZUM KIT o similar.
- Cable USB para conectar la placa al PC.

Conexionado

La conexión que vamos a realizar, tal y como muestra la Figura 1.2-28, es:

- Pulsador → Pin *7* de Arduino

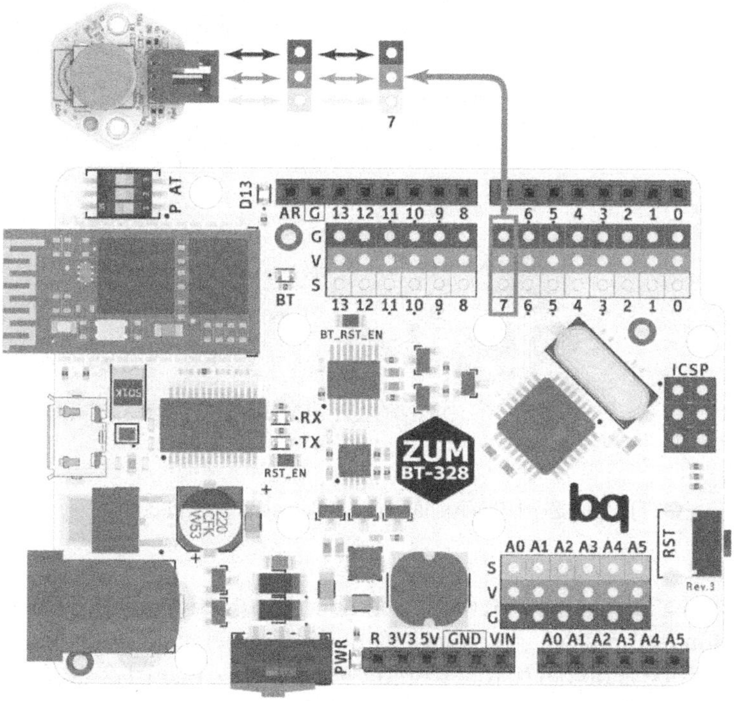

Figura 1.2-28. Conexionado para mostrar el estado de un botón por puerto serie

Programación

Comenzamos con las conexiones en la ventana **Hardware** de Bitbloq, tan sólo hay que conectar un botón y la conexión serie, de forma que queda lo que vemos en la Figura 1.2-29.

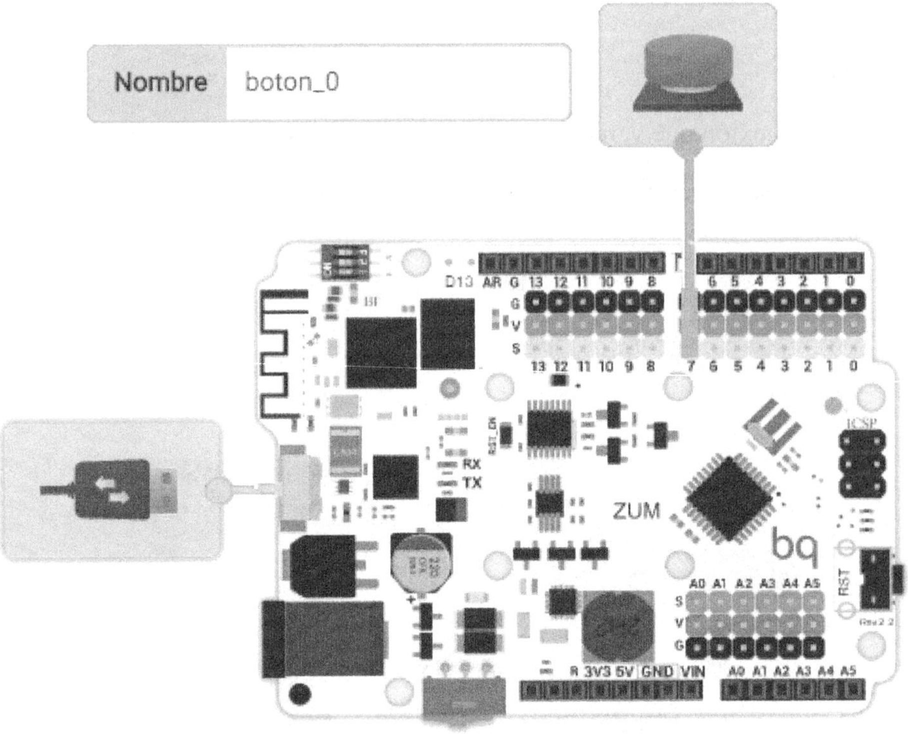

Figura 1.2-29. Conexionado en Bitbloq de la actividad 5

Pasamos a la ventana **Software** y comenzamos nuestro programa. Queremos saber si el botón está pulsado, por tanto vamos a usar sentencias condicionales (Si) para comprobar el estado del botón. Como vemos en la Figura 1.2-30, hemos usado una sentencia condicional para cada estado del botón (pulsado o no pulsado), leyendo el mismo para comprobar qué condición se cumple. El bloque **Esperar** se usa para comprobar el estado cada segundo, ni más rápido ni más lento.

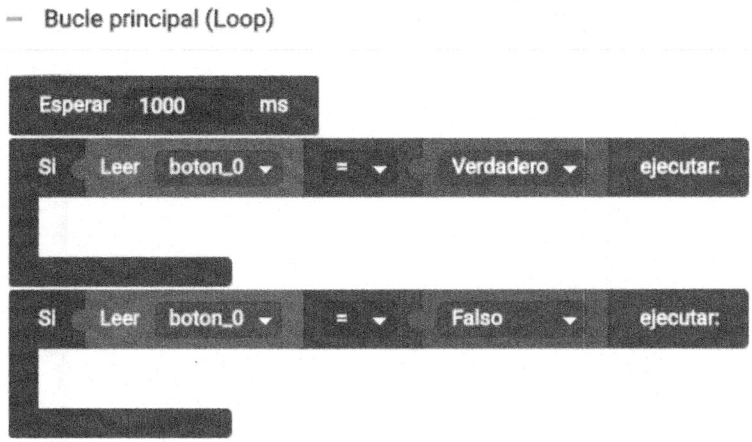

Figura 1.2-30. Sentencias condicionales para comprobar el estado del botón

Nos falta enviar el estado del botón por el puerto serie. Para ello vamos a añadir los bloques **Enviar** por puerto serie con el texto PULSADO en un caso y NO PULSADO en el otro, de forma que el programa queda como se muestra en Figura 1.2-31.

Figura 1.2-31. Programa en Bitbloq para enviar el estado de un botón por puerto serie

Al finalizar debemos cargar el programa en la placa. A continuación abrimos el monitor serie para ver el estado de nuestro botón, que debe mostrar algo como lo que se ve en la Figura 1.2-32.

Figura 1.2-32. Monitor serie mostrando el estado del botón

El código en Arduino para esta actividad es el siguiente:

```
/***   Global variables and function definition   ***/
const int led_PIN13 = 13;

/***   Setup  ***/
void setup() {
  pinMode(led_PIN13, OUTPUT);
}

/***   Loop  ***/
void loop() {
  digitalWrite(led_PIN13, HIGH);
  delay(2000);
  digitalWrite(led_PIN13, LOW);
  delay(5000);
}
```

1.2.6 Definición de variables

En esta actividad se pretende introducir el concepto de variable y cómo se utilizan dentro de un programa. Para ello vamos a crear un par de variables de distinto tipo que irán incrementándose cada 2 segundos, los valores de las variables se mostrarán por el monitor del puerto serie.

Componentes

Componentes necesarios para la actividad:

- Placa ZUM BT, Arduino o compatible.
- Cable USB para conectar la placa al PC.

Conexionado

De nuevo, sólo será necesario conectar la placa al ordenador mediante el cable USB. La configuración hardware que usaremos en Bitbloq es la que se muestra en la Figura 1.2-33.

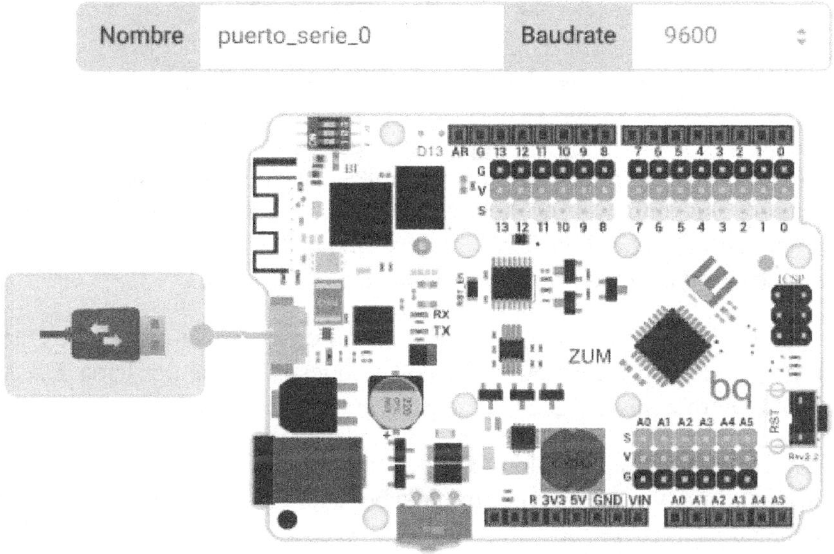

Figura 1.2-33. Definición hardware en Bitbloq para la actividad de variables

Programación

Vamos a ir ahora a la ventana **Software**. Por primera vez vamos a declarar una variable, esto no se hace en el Bucle principal si no en Variables globales, funciones y clases. Para comenzar, vamos a declarar únicamente variables que contienen números aunque también es posible crear variables que contienen caracteres.

Nos ponemos sobre la pestaña **Variables** y dentro de ella arrastramos el bloque **Declarar variable** (a la parte Variables globales, funciones y clases) y le asignamos el nombre Variable_1. También vamos a crear una segunda variable (que llamaremos Variable_2) pinchando sobre el menú **Avanzados**, de la zona inferior, y arrastrando el bloque **Declarar variable con tipo**. Este bloque es similar al anterior pero tiene un nuevo campo de definición que permite especificar el tipo de la variable. Podemos ver cómo queda la declaración de variables en la Figura 1.2-34.

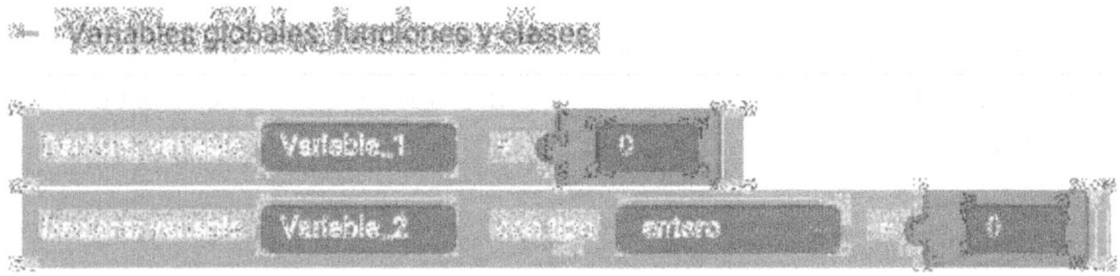

Figura 1.2-34. Declaración de variables en Bitbloq

Se han definido por lo tanto 2 variables. Variable_2 la hemos especificado de tipo entero. Sin embargo, no hemos definido el tipo de Variable_1, por lo que será el propio Bitbloq el que lo decida. Estas son las dos maneras básicas de generar variables: mediante asignación de tipos manual o automática.

Ahora vamos a pasar a la programación en el Bucle principal. Queremos hacer un programa que incremente el valor de nuestras variables cada 2 segundos. Variable_1 se incrementará 0,5 cada ciclo y Variable_2 1,5.

Para ello añadiremos bloques de **Suma** (que se encuentran en la pestaña **Matemáticas**). Inicialmente, el programa debe tener el aspecto que se muestra en la Figura 1.2-35.

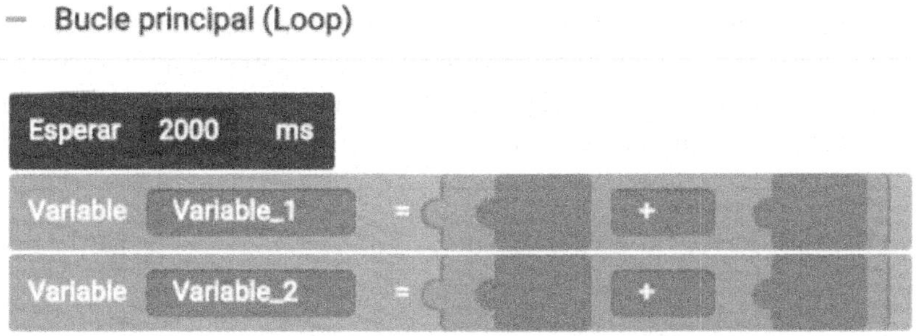

Figura 1.2-35. Asignar valor a una variable en Bitbloq

Para que la variable se incremente en cada ciclo se debe igualar a si misma más el valor que se quiere aumentar. Por último, se envía el nuevo valor de la variable por puerto serie para poder visualizarlo con la consola. El programa queda como se muestra en la Figura 1.2-36.

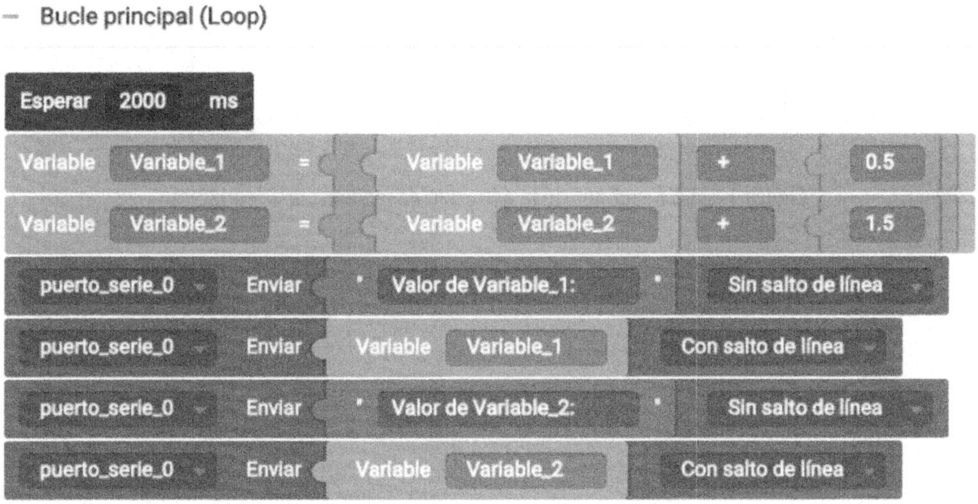

Figura 1.2-36. Programa en Bitbloq para enviar los valores de 2 variables por puerto serie

Si abrimos el monitor serie recibiremos los mensajes de nuestra placa (robot) como se muestra en la Figura 1.2-37. Como esperábamos, las dos variables partían de 0 y comienzan a incrementarse cada 2 segundos con los incrementos que habíamos definido. Variable_1 se incrementa de forma correcta, aumentando 0,5 cada ciclo. Varible_2 debía crecer 1,5 cada ciclo, pero como se puede ver solo aumenta 1 cada ciclo. Te preguntarás por qué está pasando esto: Si recuerdas la declaración de variables que hicimos al inicio, habíamos forzado a Variable_2 a ser un valor entero, dado que 1,5 es un valor decimal, el programa trunca el número a la parte entera del mismo, es decir 1, y lo suma en cada iteración.

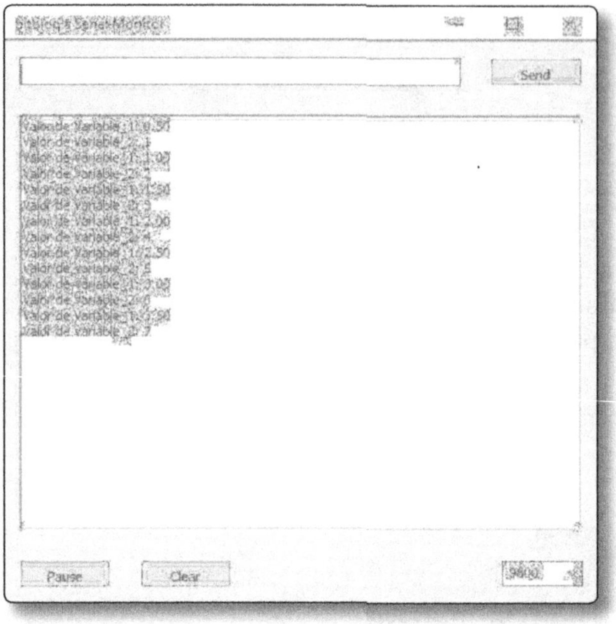

Figura 1.2-37. Resultado de la actividad de incremento de variables

El código en Arduino de la aplicación es el siguiente:

```
/***   Global variables and function definition   ***/
float Variable_1 = 0;
int Variable_2 = 0;

/***   Setup   ***/
void setup() {}

/***   Loop   ***/
void loop() {
  delay(2000);
  Variable_1 = (Variable_1 + 0.5);
  Variable_2 = (Variable_2 + 1.5);
  .print("Valor de Variable_1: ");
  .println(Variable_1);.print("Valor de Variable_2: ");
  .println(Variable_2);
}
```

1.2.7 Robot Loro

En esta actividad se pretende afianzar los conocimientos sobre la comunicación serie y el uso de variables. Vamos a realizar un programa que lee lo que llega por puerto serie, y esto mismo lo reenvía por el puerto serie (es decir, como un loro que repite lo que oye).

Mediante la consola del monitor serie es posible también enviar datos al robot (por ahora solo la hemos utilizado para mostrar lo que el robot nos manda). Emplearemos esa herramienta para mandar el texto que queremos que nuestro robot loro repita.

Componentes

Componentes necesarios para la actividad:

- Placa ZUM BT, Arduino o compatible.
- Cable USB para conectar la placa al PC.

Conexionado

El conexionado hardware es exactamente igual al del ejercicio anterior, tan sólo es necesario el bloque de comunicación serie.

Programación

Vamos a comenzar con la declaración de variables, que se muestra en la Figura 1.2-38. Como podemos observar, se ha creado una variable llamada "Serie" y se le ha asignado un carácter vacío para inicializarla.

Figura 1.2-38. Declaración de variables en Bitbloq de la actividad Robot Loro

A continuación, vamos a introducir una novedad, se va a introducir código en Instrucciones Iniciales. Aquí vamos a poner líneas de código que sólo se ejecutan una vez y no de forma cíclica como en el Bucle principal. Al empezar el programa vamos a enviar por puerto serie la frase "Hola. Soy tu robot loro". La línea de código debe quedar como la que se muestra en la Figura 1.2-39.

Figura 1.2-39. Uso de instrucciones iniciales en Bitbloq

Ahora pasamos a la programación del Bucle principal.

Primero vamos a introducir una sentencia condicional que comprueba si la longitud de la cadena de caracteres que contiene Serie es mayor que 0, si esto ocurre es que hemos recibido algo. Para ello usamos el bloque **Longitud** que se encuentra en la pestaña **Texto**.

Si la condición se cumple, la cadena de caracteres contenida en Serie se envía por el puerto. Podemos ver el programa completo en la Figura 1.2-40.

Figura 1.2-40. Código en Bitbloq de la actividad Robot Loro

Ahora sólo es necesario cargar el programa y abrir la consola de comunicación serie. En la parte superior existe una línea que nos permite enviar mensajes por el puerto. Los mensajes que enviamos son recibidos por la placa y devueltos de nuevo por puerto serie.

El código en Arduino es el siguiente:

```
/***   Included libraries   ***/
#include <SoftwareSerial.h>
#include <BitbloqSoftwareSerial.h>

```

```
/***   Global variables and function definition   ***/
bqSoftwareSerial puerto_serie_0(0, 1, 9600);
String Serie = " ";

/***   Setup   ***/
void setup() {
  puerto_serie_0.println("Hola. Soy tu robot loro");
}

/***   Loop   ***/
void loop() {
  Serie = puerto_serie_0.readString();
  if (Serie.length() > 0) {
    puerto_serie_0.println(Serie);
  }
}
```

1.2.8 Movimiento de servos de rotación continua

Esta actividad va a introducirnos en el uso de motores con nuestra placa. Los primeros motores que vamos a utilizar son servos de rotación continua. La actividad pretende poner en marcha dos servo motores al pulsar un botón.

Componentes

Los componentes necesarios para la actividad:

- Placa ZUM BT, Arduino o compatible.
- Cable USB para conectar la placa al PC.
- 2 servomotores del ZUM KIT o similares.
- 1 botón del ZUM KIT o similar.

Conexionado

El conexionado que vamos a utilizar es el siguiente:

- Botón → Pin *13*
- Servomotor 1 → Pin *11*
- Servomotor 2 → Pin *1*

Es importante reseñar que los motores y servomotores normalmente funcionan con señales PWM y deben conectarse a los Pines destinados a este uso (aunque en Bitbloq no es necesario ya que dispone de una librería especial que nos permite conectarlos a cualquier Pin digital).

Finalmente, las conexiones deben quedar de la misma forma que la que se muestra en la Figura 1.2-41.

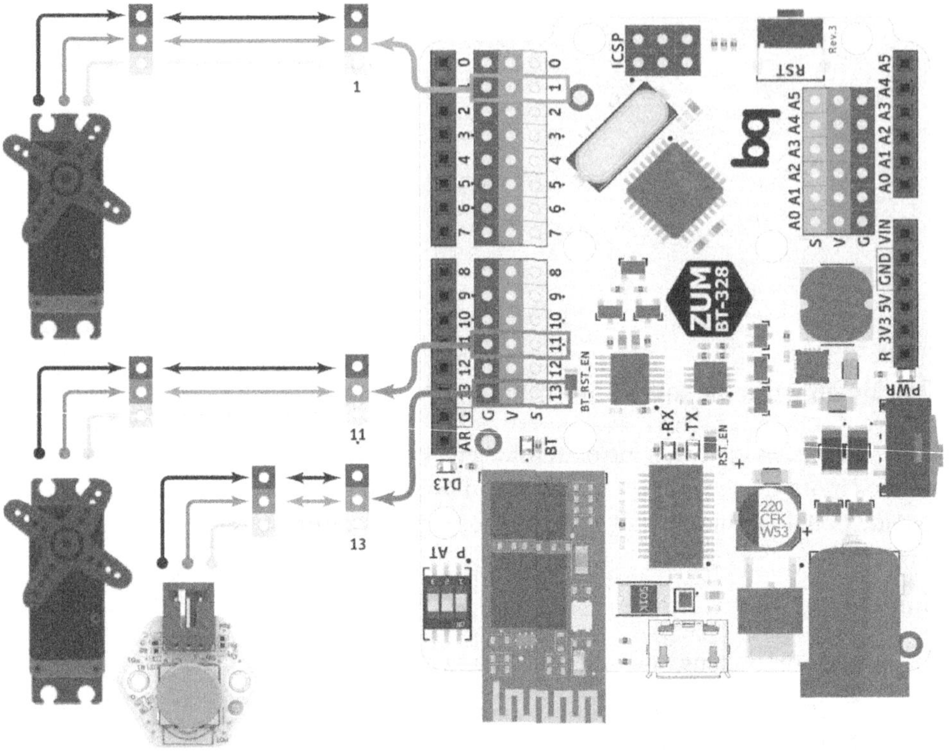

Figura 1.2-41. Conexionado de los motores de rotación continua y el botón

La configuración hardware que vamos a definir en Bitbloq es la que se muestra en la Figura 1.2-42. Desde la pestaña **Componentes** debemos arrastrar los bloques **Servo continuo** y **Botón**. Los nombres dados a los componentes son "servo_continuo_0", "servo_continuo_1" y "botón_0".

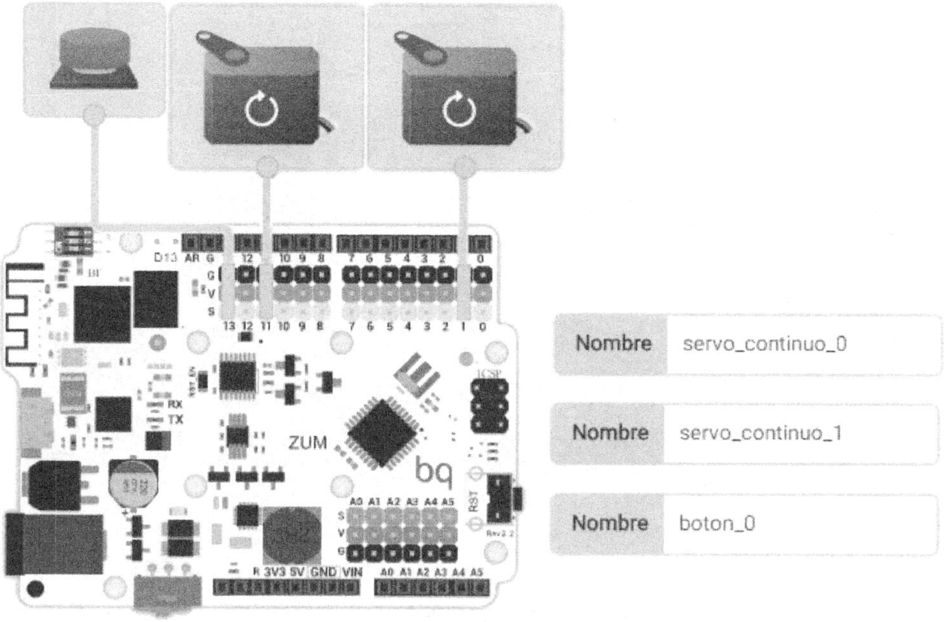

Figura 1.2-42. Conexión hardware Bitbloq actividad de servomotores

Programación

Para crear nuestro programa vamos a usar un nuevo tipo de bloque, la función. Como veremos, usar funciones nos servirá para hacer códigos más sencillos y ordenados.

La declaración de las funciones se realiza en la parte de Variables globales, funciones y clases. Para crear nuestra función vamos a la pestaña **Funciones** y arrastramos el bloque **Declarar función**. En este caso hemos llamado a una función "Avanza" y a otra "Para". El código es el que se muestra en la Figura 1.2-43. Como se puede ver en cada función hemos metido instrucciones mediante bloques que encienden o apagan los motores.

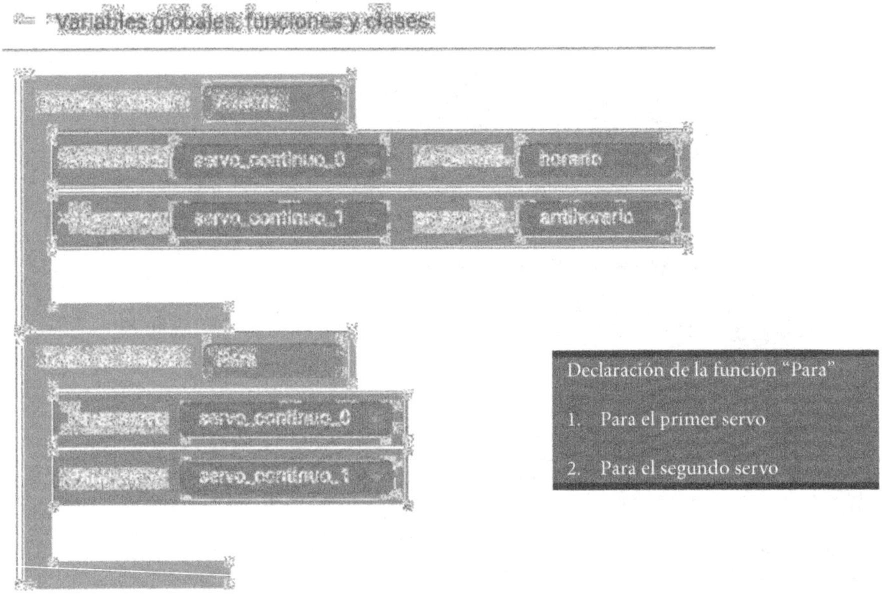

Figura 1.2-43. Declaración de funciones en Bitbloq

Vamos ahora al Bucle principal. Queremos que nuestros motores se muevan al mantener pulsado un botón y que se apaguen al soltarlo. Podríamos usar la estructura Si (*If*) como en actividades anteriores, pero vamos a introducir un nuevo tipo de condicional llamada Mientras (*While* en inglés). Este tipo de condicionales ejecutan lo que hay en su interior hasta que deja de cumplirse una condición.

En la Figura 1.2-44, podemos ver cómo emplear las funciones y el bucle *While* para realizar nuestra actividad. En la figura vemos dos formas de resolver la actividad que son básicamente iguales, la segunda emplea un bloque **Si** y la primera un bloque **Mientras**.

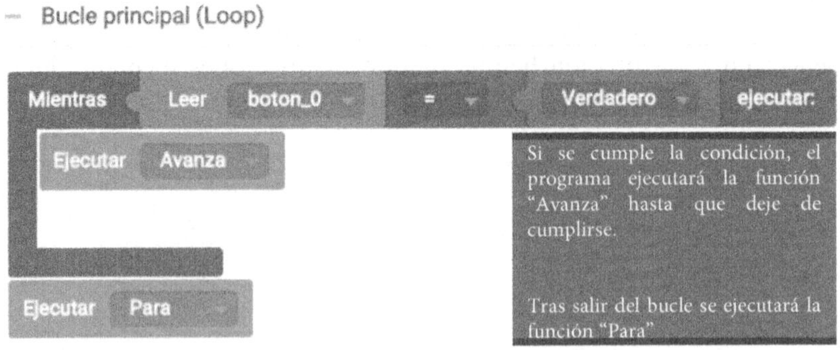

- Bucle principal (Loop)

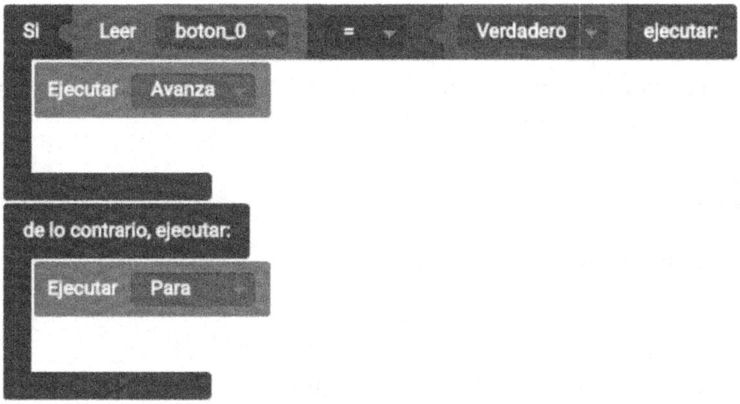

Figura 1.2-44. Código en Bitbloq para mover dos servomotores con un botón

El código en Arduino es:

```
/***   Included libraries  ***/
#include <Servo.h>

/***   Global variables and function definition   ***/
Servo servo_continuo_0;
Servo servo_continuo_1;
const int boton_0 = 13;
void Avanza() {
   servo_continuo_0.write(180);
   servo_continuo_1.write(0);
}
void Para() {
   servo_continuo_0.write(90);
   servo_continuo_1.write(90);
}

/***   Setup  ***/
void setup() {
   servo_continuo_0.attach(11);
   servo_continuo_1.attach(1);
   PinMode(boton_0, INPUT);
}

/***   Loop  ***/
void loop() {
   if (digitalRead(boton_0) == true) {
         Avanza();
   } else {
         Para();
   }
}
```

1.2.9 Movimiento de servos de rotación continua (2)

Esta actividad va a emplear los mismos elementos que la anterior, pero en esta ocasión se quiere que cuando se pulse el botón los motores giren y se mantengan así hasta que se vuelva a pulsar para que se paren. Además se propone la posibilidad de regular la velocidad de giro del motor.

Componentes

Los componentes necesarios para la actividad:

- Placa ZUM BT, Arduino o compatible.
- Cable USB para conectar la placa al PC.
- 2 servomotores del ZUM KIT o similares.
- 1 botón del ZUM KIT o similar.

Conexionado

El conexionado que vamos a utilizar es el siguiente:

- Botón → Pin *13*
- Servomotor 1 → Pin *11*
- Servomotor 2 → Pin 1

Como se puede ver, es exactamente el mismo de la actividad anterior. Haremos también el mismo conexionado en Bitbloq que hicimos en la actividad anterior (véase Figura 1.2-42).

Programación

Comenzamos la programación con la declaración de variables y funciones del programa. Vamos a crear dos funciones, una llamada "Avanza" y otra "Para", también se va a declarar una variable de tipo booleano llamada "Estado Botón".

En la Figura 1.2-45 se pueden ver estos pasos, como en el ejercicio anterior, hacemos que los servos se muevan indicando el sentido, pero en ningún caso nos permite variar la velocidad.

- Variables globales, funciones y clases

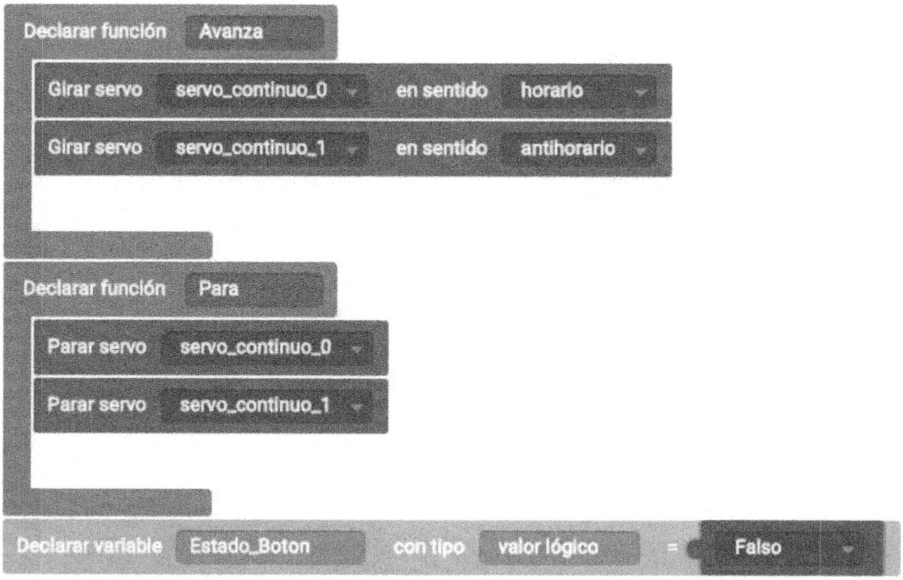

Figura 1.2-45. Funciones y variables para mover un motor con un botón

En la Figura 1.2-46 se muestra una declaración de variables muy similar a la anterior, pero en esta ocasión se ha usado el bloque de la sección **Avanzados** llamado **Girar servo** de la pestaña **Componentes**. Aunque se llama igual que el utilizado antes, permite introducir valores numéricos que modifican la velocidad de giro del motor.

Los valores usados son:

1. 90: Motor parado.
2. De 91 a 180: Motor girando en sentido horario (siendo 91 lo más lento y 180 lo más rápido).
3. De 0 a 89: Motor girando en sentido antihorario (siendo 89 lo más lento y 0 lo más rápido).

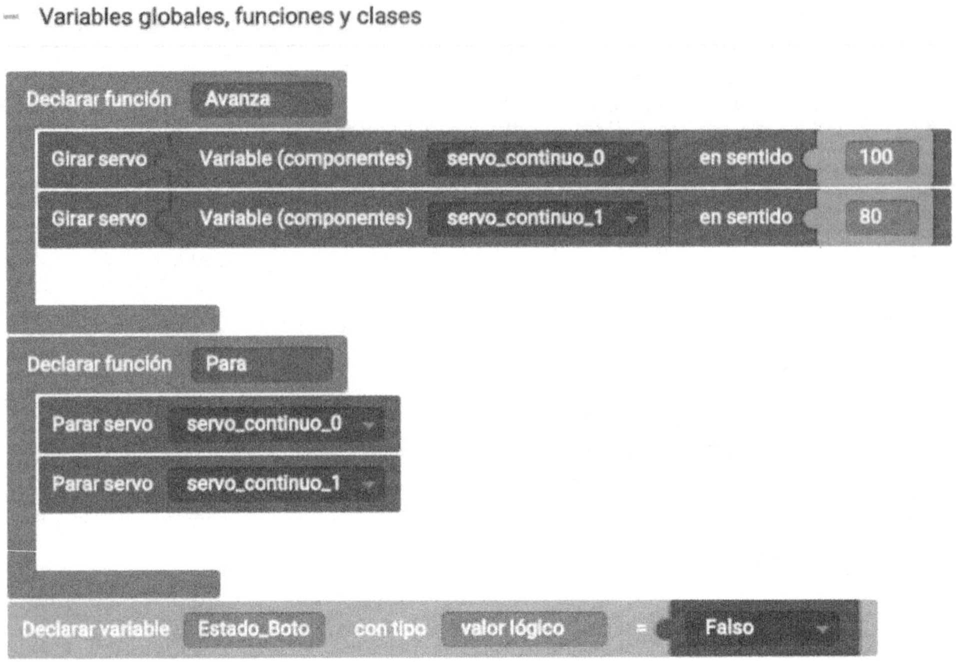

Figura 1.2-46. Funciones y variables para mover un motor con un botón y velocidad variable

Pasamos ahora al Bucle principal(véase Figura 1.2-47). En él se utiliza la variable "Estado boton". Esta variable será lo que comúnmente se conoce como una "bandera", es decir, una variable que almacena un estado cambiándolo al valor opuesto cuando ocurre un determinado evento (en este caso, cuando se pulse el botón).

Si comenzamos a leer el programa, encontramos una estructura condicional que revisa si se está pulsando el botón, Si Leer(boton_0) = verdadero.

1. En caso afirmativo, la variable "Estado_Boton" se convierte en sí misma negada, es decir, lo contrario de lo que es actualmente, por ejemplo, si es verdadera se convertiría en falsa.
2. En caso negativo el programa continúa sin alterar el valor de "Estado_Boton".

Después, continúa con otra sentencia condicional que dice que si "Estado_Boton" es verdadero entonces se ejecuta la función "Avanza". En caso de que "Estado_Boton" no sea Verdadera se ejecuta la función "Para" que detiene los motores.

- Bucle principal (Loop)

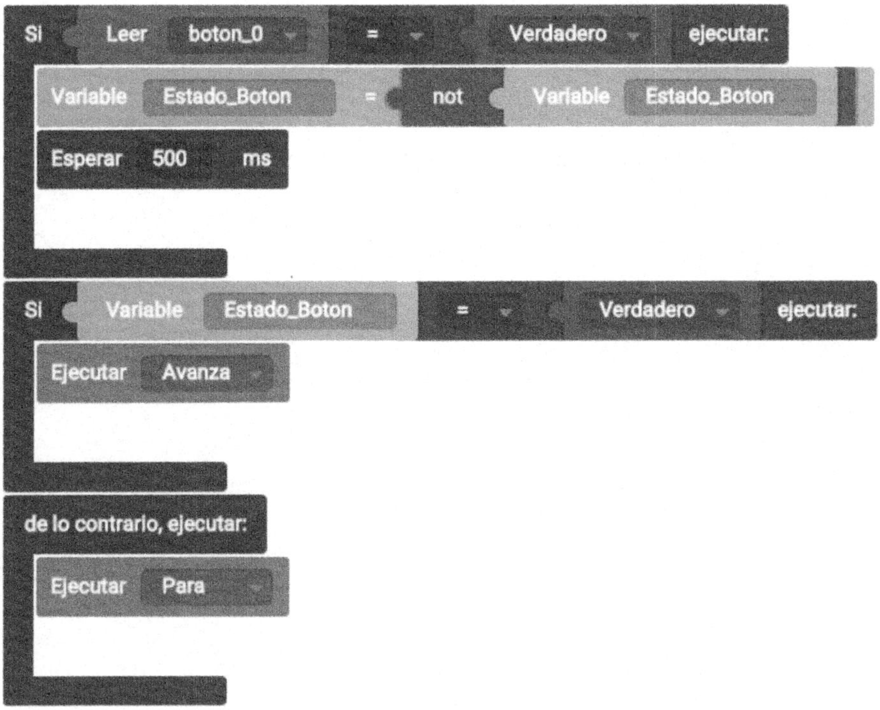

Figura 1.2-47. Código en Bitbloq para mover y parar los motores con una pulsación del botón

Si te das cuenta, en la primera sentencia condicional hemos añadido un bloque **Esperar** de 500ms para evitar leer varias veces la misma pulsación.

El código en Arduino es:

```
/***   Included libraries  ***/
#include <Servo.h>

/***   Global variables and function definition  ***/
Servo servo_continuo_0;
Servo servo_continuo_1;
const int boton_0 = 13;
void Avanza() {
   servo_continuo_0.write(180);
   servo_continuo_1.write(0);
}
void Para() {
```

```
    servo_continuo_0.write(90);
    servo_continuo_1.write(90);
  }
  bool Estado_Boton = false;

  /***   Setup   ***/
  void setup() {
    servo_continuo_0.attach(11);
    servo_continuo_1.attach(3);
    PinMode(boton_0, INPUT);
  }

  /***   Loop   ***/
  void loop() {
    if (digitalRead(boton_0) == true) {
      Estado_Boton = !Estado_Boton;
      delay(500);
    }
    if (Estado_Boton == true) {
      Avanza();
    } else {
      Para();
    }
  }
```

1.2.10 Movimiento de servos de posición

Esta actividad es similar a la anterior, pero vamos a emplear un nuevo componente, el servo de posición. Cada vez que se pulse un botón el servo deberá cambiar de posición.

Componentes

Los componentes necesarios para la actividad:

- Placa ZUM BT, Arduino o compatible.
- Cable USB para conectar la placa al PC.
- 2 mini servomotores de posición del ZUM KIT o similares.
- 1 botón del ZUM KIT o similar.

Conexionado

El conexionado que vamos a utilizar es el que se muestra en la Figura 1.2-48, de forma que queda:

- Botón → Pin 13 Arduino o compatible
- Servomotor 1 → Pin 11 Arduino o compatible
- Servomotor 2 → Pin 4 Arduino o compatible

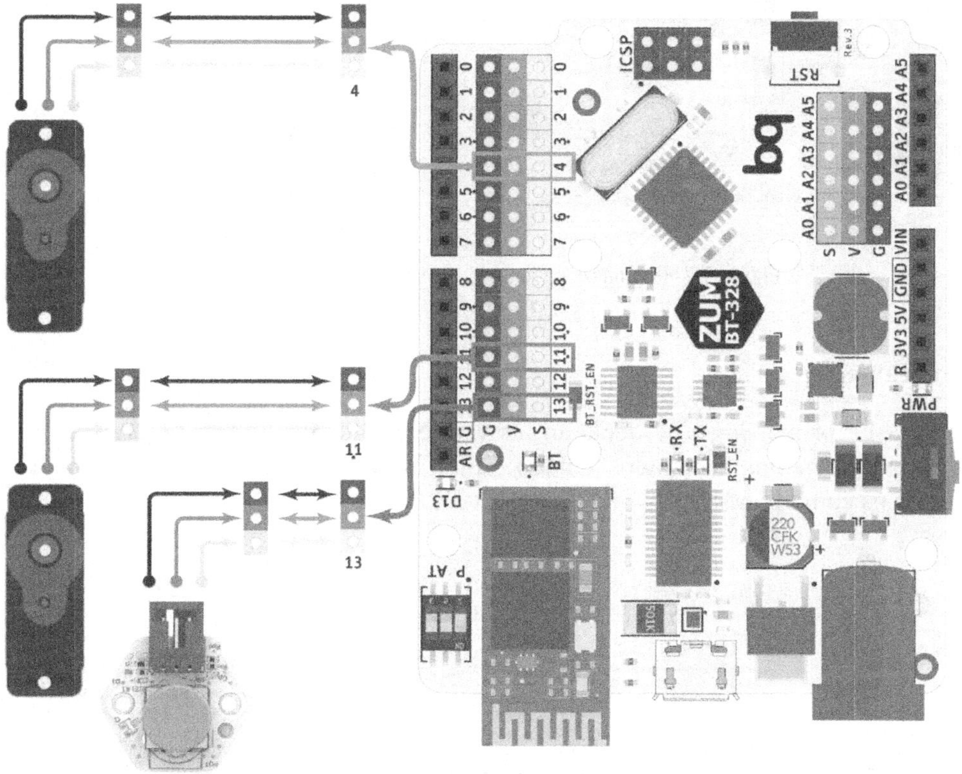

Figura 1.2-48. Conexionado para el control de los servos de posición

Una vez conectado, se comienza la configuración hardware en Bitbloq. En la Figura 1.2-49 podemos ver como quedarían las conexiones dentro de la ventana **Hardware**. Recuerda que debes utilizar los servos de posición en la pestaña **Componentes**.

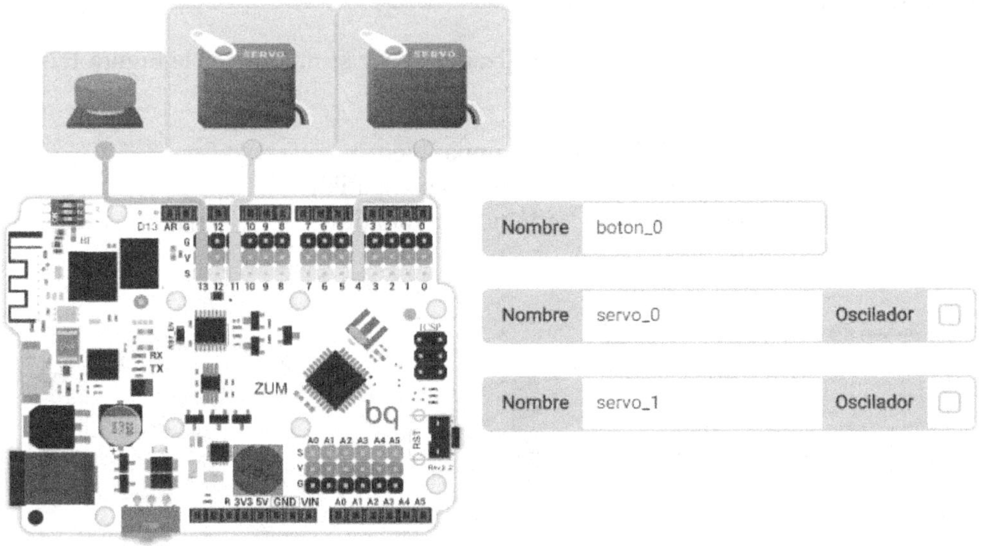

Figura 1.2-49. Conexionado de los servos de posición en Bitbloq

Programación

En primer lugar se declaran las variables globales. En la Figura 1.2-50 se observa que hemos declarado "Estado_Boton" que, como en la actividad anterior, usaremos como bandera.

Figura 1.2-50. Declaración de variables en BitBloq para control de servos de posición

La estructura del programa es muy similar a la de la actividad anterior. La principal diferencia está en la instrucción de movimiento de lo servos. Como se ve en la Figura 1.2-51, se emplean unos bloques llamados **Mover** que tienen como campos el servo que se quiere mover y el valor que se mueve en grados.

En el código mostrado, los servos alternaran entre 10º y 170º cada vez que se pulse el botón.

– Bucle principal (Loop)

Figura 1.2-51. Código en Bitbloq para mover los servos de posición

El código en Arduino es el siguiente:

```
/***   Included libraries   ***/
#include <Servo.h>

/***   Global variables and function definition   ***/
Servo servo_0;
Servo servo_1;
const int boton_0 = 13;
bool Estado_Boton = false;

/***   Setup   ***/
void setup() {
   servo_0.attach(11);
   servo_1.attach(3);
   PinMode(boton_0, INPUT);
}
```

```

/***   Loop   ***/
void loop() {
   if (digitalRead(boton_0) == true) {
      Estado_Boton = !Estado_Boton;
      delay(500);
   }
   if (Estado_Boton == true) {
      servo_0.write(10);
      servo_1.write(10);
   } else {
      servo_0.write(170);
      servo_1.write(170);
   }
}
```

1.2.11 Robot que retrocede ante choques

En esta actividad vamos a poner un pulsador en el frontal de nuestro robot de manera que cuando el robot se choque con algo el pulsador se active y haga que el robot retroceda y tome otro rumbo (véase Figura 1.2-52). Recuerda que aunque aquí estamos usando el Prinbot Evolution de BQ, se puede usar cualquier robot compatible Arduino que tenga dos ruedas y un sensor de contacto.

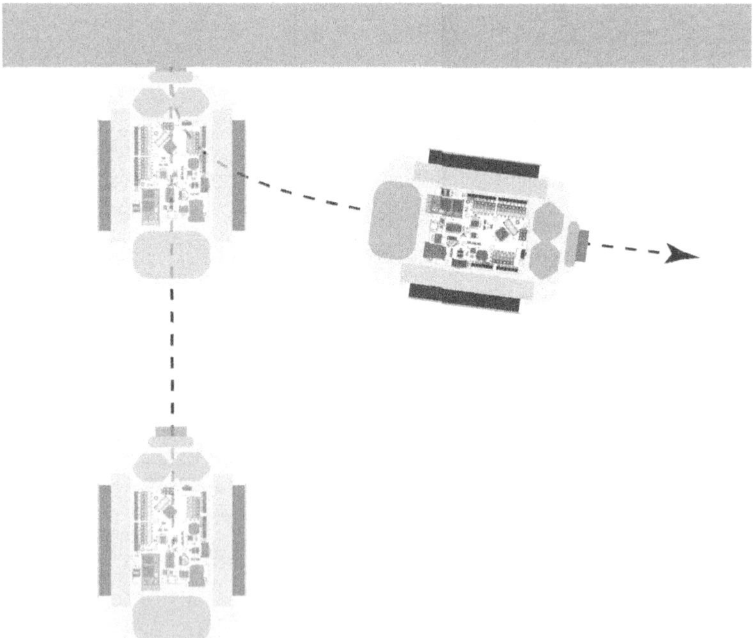

Figura 1.2-52. Descripción de la actividad 11 con Arduino. Robot que retrocede ante choques

Componentes

Los componentes necesarios para la actividad:

- Placa ZUM BT, Arduino o compatible.
- Estructura de robot móvil PrintBot Evolution o similar.
- Cable USB para conectar la placa al PC.
- 2 servomotores de rotación continua del ZUM KIT o similares.
- 1 botón del ZUM KIT o similar.

Debemos poner el botón en la parte frontal del robot, para ello podemos usar el sistema de fijación que más nos convenga. En la Figura 1.2-53 se puede ver que el botón se encuentra fijado con cinta adhesiva.

Figura 1.2-53. Robot con el botón en el frontal

Conexionado

El conexionado que vamos a utilizar es el siguiente (véase *Figura* 1.2-54):

- Botón → Pin *13* Arduino o compatible
- Servomotor 1 → Pin *11* Arduino o compatible
- Servomotor 2 → Pin *4* Arduino o compatible

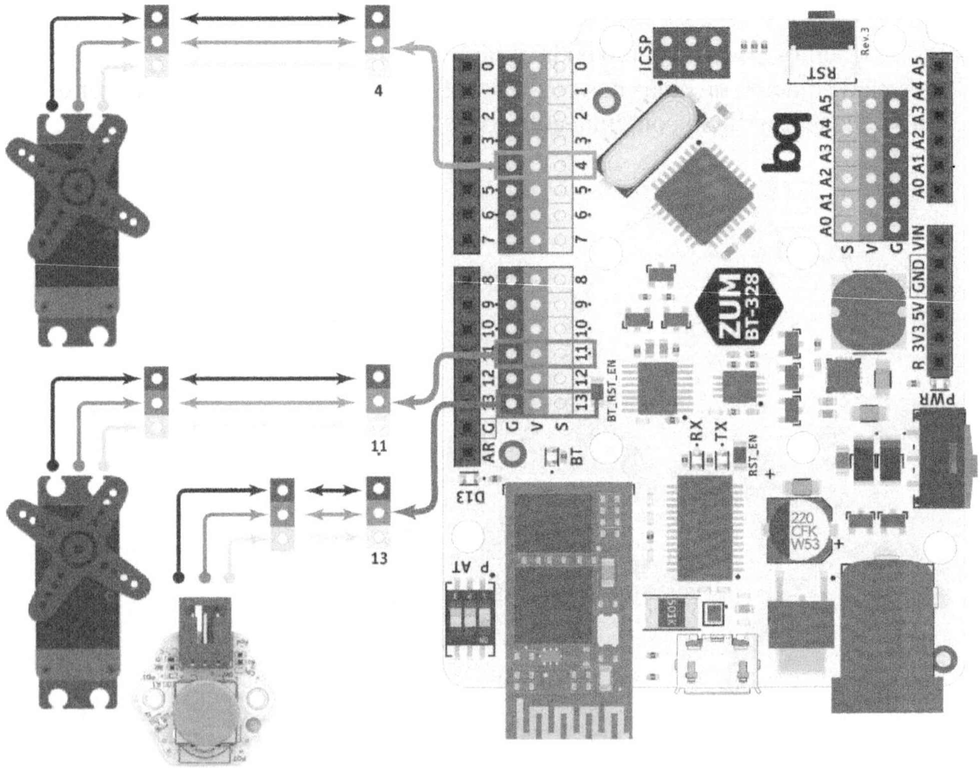

Figura 1.2-54. Conexionado de la actividad de robot que retrocede ante choques

El conexionado en la ventana **Hardware** de Bitbloq será el mismo que el de la actividad 1.2.8.

Programación

Para programar esta actividad haremos las funciones "Avanzar", "Retroceder" y "Girar" (véase Figura 1.2-55).

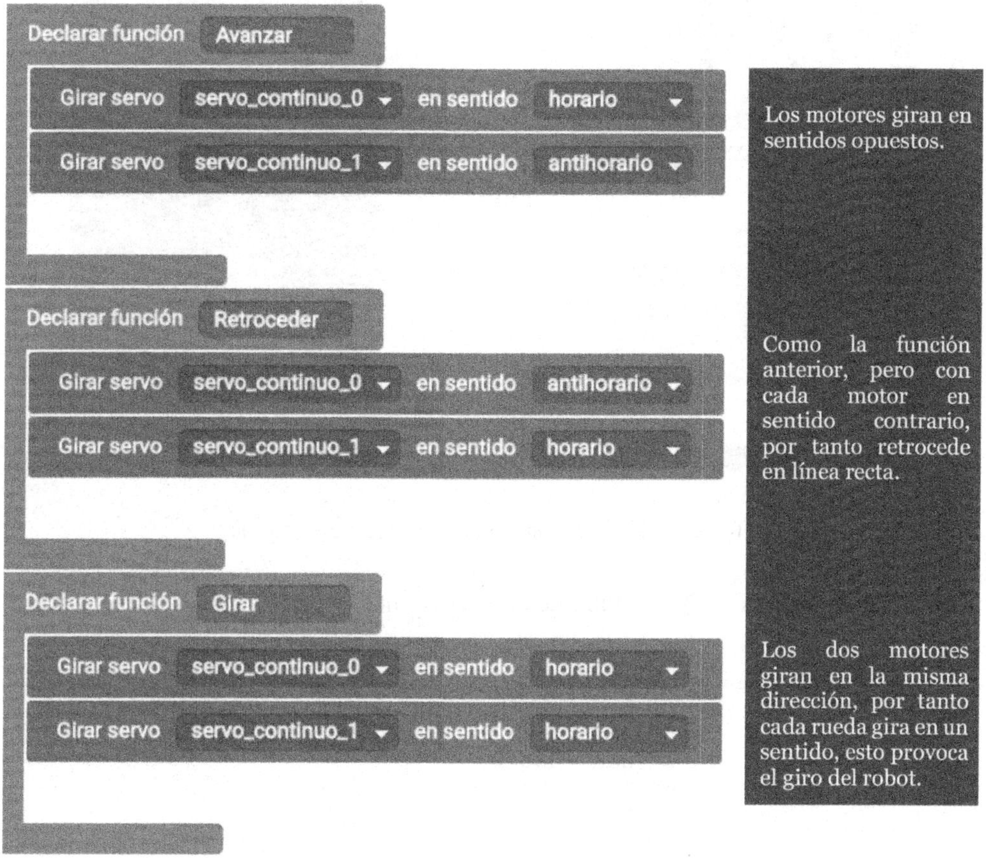

Figura 1.2-55. Declaración de funciones en BitBloq para robot anti choques

Una vez declaradas las funciones hay que programar el bucle principal. El programa es muy sencillo, se crea una sentencia condicional que mire si se está pulsando el botón, si esto no ocurre el robot avanza, pero si hay contacto el robot ejecuta "Retroceder" durante 500ms y después "Girar" durante 3000ms. El código en BitBloq es el que vemos en la Figura 1.2-56.

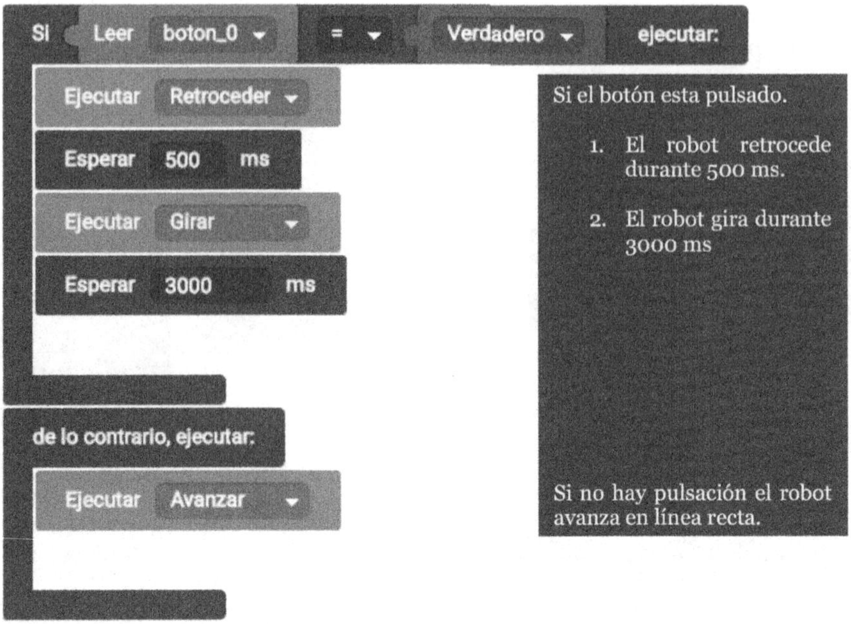

Figura 1.2-56. Código en Bitbloq para robot anti choque

El código en Arduino que queda es el siguiente:

```
/***   Included libraries   ***/
#include <Servo.h>

/***   Global variables and function definition   ***/
Servo servo_continuo_0;
Servo servo_continuo_1;
const int boton_0 = 13;
void Avanzar() {
   servo_continuo_0.write(180);
   servo_continuo_1.write(0);
}
void Retroceder() {
   servo_continuo_0.write(0);
   servo_continuo_1.write(180);
}
void Girar() {
   servo_continuo_0.write(180);
   servo_continuo_1.write(180);
}

/***   Setup   ***/
void setup() {
   servo_continuo_0.attach(11);
```

```
  servo_continuo_1.attach(1);
  PinMode(boton_0, INPUT);
}

/***   Loop   ***/
void loop() {
  if (digitalRead(boton_0) == true) {
    Retroceder();
    delay(500);
    Girar();
    delay(3000);
  } else {
    Avanzar();
  }
}
```

1.2.12 Motor de Corriente Continua (actividad de nivel avanzado)

En este proyecto vamos a controlar un motor de corriente continua como los que se utilizan en coches teledirigidos, Scalextric, etc. También se suelen utilizar en robots móviles (por ejemplo, el de la Figura 1.2-57).

Esta actividad la vamos a dividir en dos subactividades:

- En la primera moveremos los motores en una dirección u otra.
- En la segunda controlaremos además la velocidad a la que giran.

Figura 1.2-57. Robot con 4 motores de corriente continua de venta en internet, como el que vamos a controlar en esta actividad

Componentes

- Placa ZumBT o Arduino compatible.
- Motor de corriente continua (no contenido en el kit de robótica de BQ). Puede adquirirse en cualquier tienda de electrónica. A veces incorporan una reductora como el de la Figura 1.2-58 izquierda.
- Placa de alimentación de motores basada en un integrado L298N (no contenida en el kit de robótica de BQ). Esta placa se utiliza en cualquier desarrollo con Arduino que necesite alimentar motores de continua o motores paso a paso. Puede adquirirse en tiendas de electrónica o en la web (véase Figura 1.2-58 derecha).

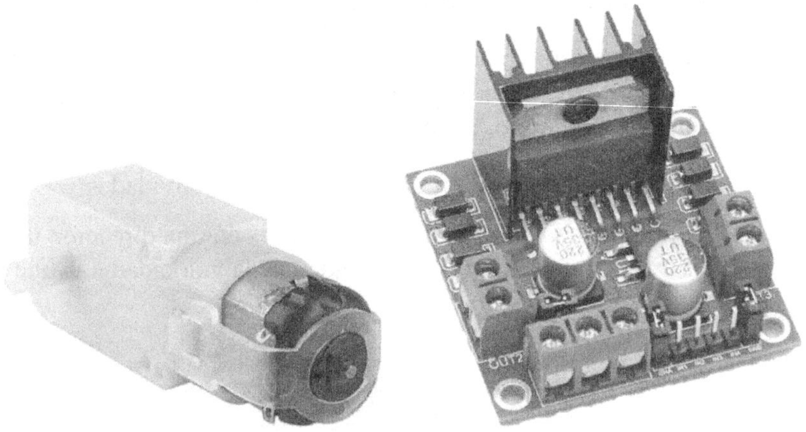

Figura 1.2-58. (Izquierda) Motor de Corriente Continua con reductora acoplada. (Derecha) Placa de alimentación de motores basada en el integrado L298N

1.2.12.1 MOVIMIENTO SIN CONTROL DE VELOCIDAD

Vamos a empezar controlando simplemente la dirección de giro un motor de corriente continua.

Conexionado

Hay diferentes placas que integran el chip L298N. Aunque parezcan diferentes, todas tienen los mismos pines y su funcionamiento es idéntico. Junto a cada pin hay impreso una numeración que nos ayudará a realizar correctamente el conexionado. En concreto, vamos a realizar las siguientes conexiones que se resumen en la Figura 1.2-59:

- Pin *5* Arduino → Pin *IN1* placa L298N
- Pin *6* Arduino → Pin *IN2* placa L298N
- Pin *VIN* Arduino → Pin *6-12V* placa L298N
- Pin *GND* Arduino → Pin *GND* placa L298N
- Cables (+,-) motor → Pin *Motor 1* (+,-) placa L298N
- Cables (+,-) portapilas → Jack alimentación Arduino
- Pin *ENA* del L298 puenteado a 5V (esto se puede hacer con un jumper como aparece en la imagen Figura 1.2-59 o conectando *ENA* a un pin de 5V de Arduino).

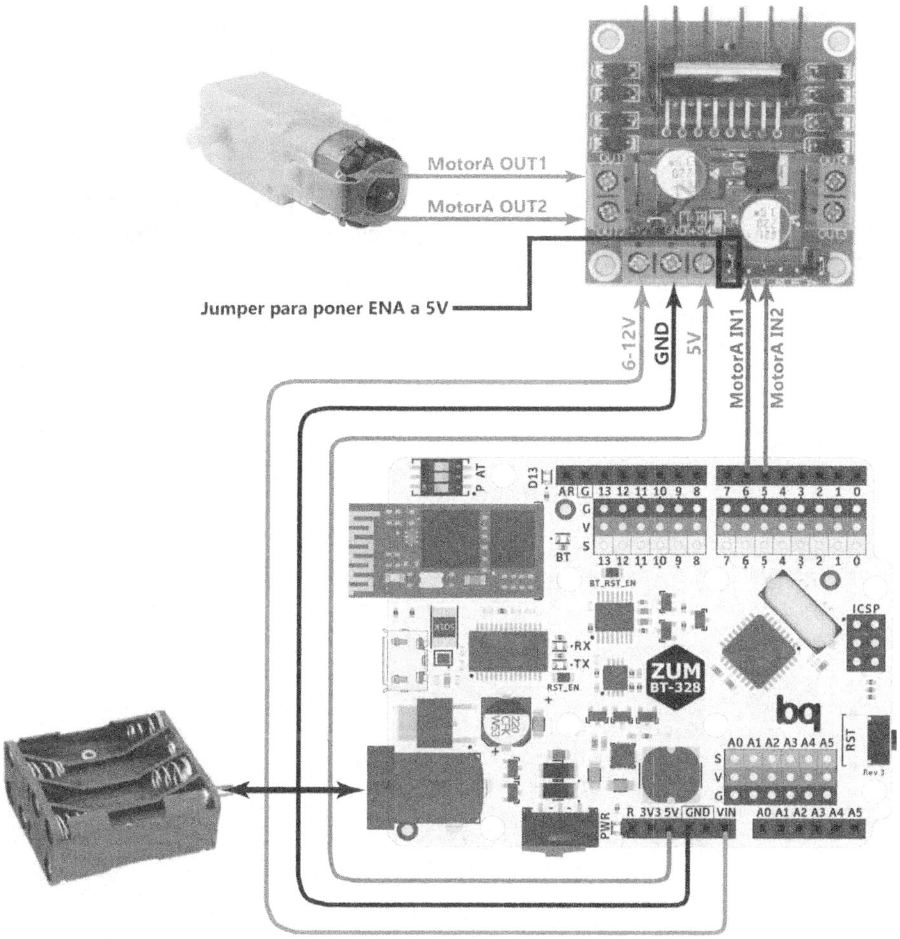

Figura 1.2-59. Conexionado entre Arduino y placa de alimentación de motores

En la Figura 1.2-61 vemos el robot Printbot conectado a una placa basada en el L298N. Como puede observarse, el conexionado es similar al de la Figura 1.2-59. Lo importante de este conexionado es que podemos utilizar los pines *5* y *6* de Arduino para definir la polaridad en la alimentación al motor ya que los hemos conectado a los pines *IN1* e *IN2* de la placa L298N.

Programación

Vamos a realizar un programa con la siguiente lógica:

- Para girar el motor en sentido horario pondremos el pin *5* a `HIGH` (es decir, a *5V*) y el pin *6* a `LOW` (es decir, a *0V*).
- Para girar el motor en sentido antihorario pondremos el pin *5* a `LOW` y el pin *6* a `HIGH`.
- Para parar el motor pondremos el pin *5* a `LOW` y el pin *6* a `LOW`.

A fecha de edición de este Libro no existe código de bloques en Bitbloq que permita el control de estos motores, por lo que escribiremos el código directamente en Arduino:

```
int PinIN1 = 5;
int PinIN2 = 6;

void setup() {
    // inicializar la comunicación serial a 9600 bits por segundo:
    Serial.begin(9600);
    // configuramos los pines como salida
    pinMode(PinIN1, OUTPUT);
    pinMode(PinIN2, OUTPUT);
}

void loop() {

    MotorHorario();
    Serial.println("Giro del Motor en sentido horario");
    delay(1000);

    MotorAntihorario();
    Serial.println("Giro del Motor en sentido antihorario");
    delay(1000);

    MotorStop();
    Serial.println("Motor Detenido");
```

```
        delay(1000);

}

void MotorHorario()
{
        digitalWrite (PinIN1, HIGH);
        digitalWrite (PinIN2, LOW);
}
void MotorAntihorario()
{
        digitalWrite (PinIN1, LOW);
        digitalWrite (PinIN2, HIGH);
}

void MotorStop()
{
        digitalWrite (PinIN1, LOW);
        digitalWrite (PinIN2, LOW);
}
```

Como vemos, en el código hemos definido 3 funciones para movimiento horario, antihorario, y parada. En estas funciones lo único que hacemos es poner los pines *IN1* y *IN2* a `HIGH` o `LOW` según la lógica explicada anteriormente.

1.2.12.2 MOVIMIENTO CON CONTROL DE VELOCIDAD

Utilizando la entrada *ENA* podremos controlar la velocidad de giro del motor. Esta entrada corta la alimentación del motor cuando está a `LOW`, por lo que, si le metemos una señal PWM, que es una señal cuadrada en la que variamos el ancho de pulso, podremos alimentar el motor con pulsos más largos o más cortos haciendo que gire más o menos rápido. Es el mismo fundamento de dar mayor o menor intensidad a un led con una señal PWM que vimos en la Actividad 1.2.2. Si quieres saber más de PWM puedes consultar la Sección 4.1 ó el apartado 5.4 del libro de teoría de Robótica Educativa.

Conexionado

Vamos a añadir al conexionado anterior un pin más que nos sirva, mediante una señal PWM, para el control de velocidad del motor. Con ello, el conexionado se nos queda así (véase Figura 1.2-60):

- Pin *5* Arduino → Pin *IN1* placa L298N
- Pin *6* Arduino → Pin *IN2* placa L298N
- Pin *9* Arduino → Pin *EN1* placa L298N (Jumper de *ENA* quitado).

- Pin *VIN* Arduino → Pin *6-12V* placa L298N
- Pin *GND* Arduino → Pin *GND* placa L298N
- Cables (+,-) motor → *Motor* 1 (+,-) placa L298N
- Cables (+,-) porta pilas → Jack alimentación Arduino

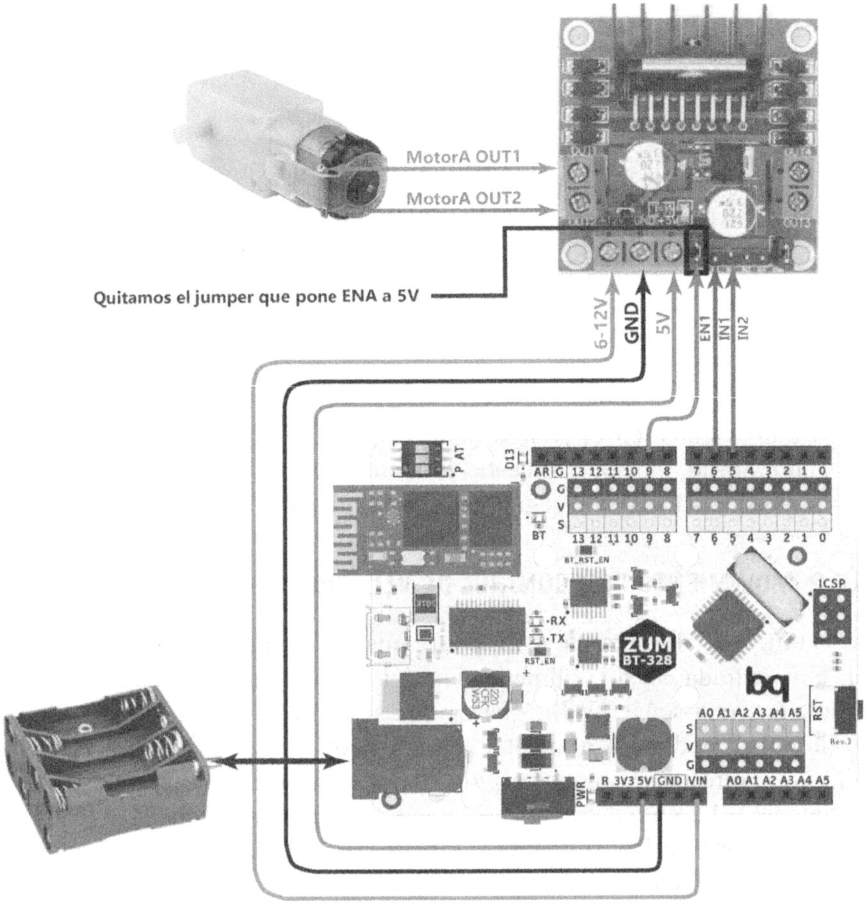

Figura 1.2-60. Conexionado entre Arduino y placa de alimentación de motores

Con este conexionado podemos utilizar los pines *5* y *6* de Arduino para definir la polaridad en la alimentación al motor, y con ello el sentido de giro de motor, ya que están conectados a los pines *IN1* e *IN2*. El pin *9* de Arduino lo conectamos a *ENA* para controlar la velocidad de giro.

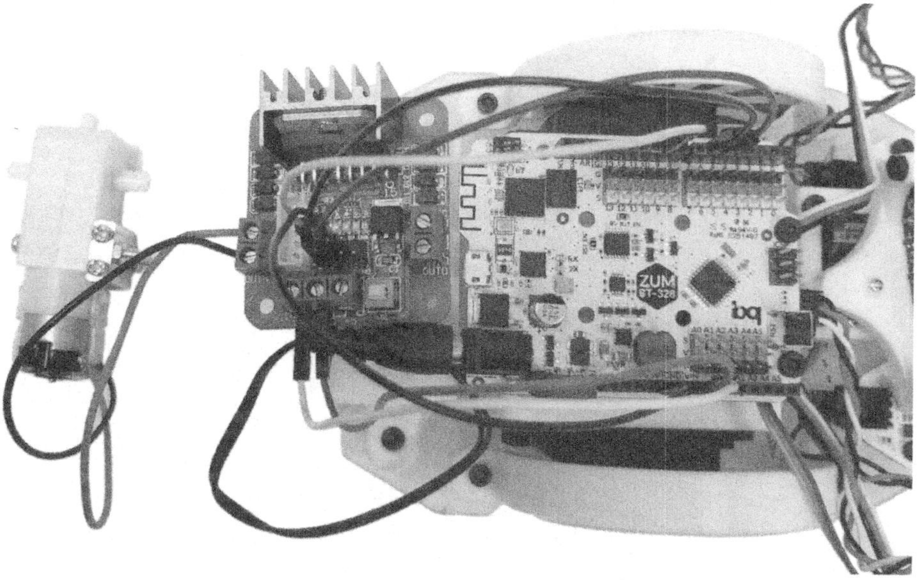

Figura 1.2-61. Printbot conectado a una placa L298N para el control de motor de corriente continua

Programación

La lógica de control de este motor que deberemos programar será:

- Para girar el motor en sentido horario pondremos el pin *5* a *HIGH* (es decir, a *5V*) y el pin *6* a `LOW` (es decir, a *0V*).
- Para girar el motor en sentido antihorario pondremos el pin *5* a `LOW` y el pin *6* a *HIGH*.
- Para parar el motor pondremos el pin *5* a `LOW` y el pin *6* a `LOW`.
- Para cambiar la velocidad de giro daremos valores enre 0 y 255 (que Arduino transformará en una señal PWM).

El código para realizar esto en Arduino es:

```
int PinIN1 = 5;
int PinIN2 = 6;
int PinENA = 9;
int velocidad=100;

void setup() {
```

```
    // inicializar la comunicación serial a 9600 bits por segundo:
    Serial.begin(9600);
    // configuramos los pines como salida
    pinMode(PinIN1, OUTPUT);
    pinMode(PinIN2, OUTPUT);
    pinMode(PinENA, OUTPUT);
}

void loop() {

    MotorHorario();
    Serial.println("Giro del Motor en sentido horario");
    delay(1000);

    MotorAntihorario();
    Serial.println("Giro del Motor en sentido antihorario");
    delay(1000);

    MotorStop();
    Serial.println("Motor Detenido");
    delay(1000);

}

void MotorHorario()
{
    digitalWrite (PinIN1, HIGH);
    digitalWrite (PinIN2, LOW);
    analogWrite(PinENA,velocidad);
}
void MotorAntihorario()
{
    digitalWrite (PinIN1, LOW);
    digitalWrite (PinIN2, HIGH);
    analogWrite(PinENA,velocidad);
}

void MotorStop()
{
    digitalWrite (PinIN1, LOW);
    digitalWrite (PinIN2, LOW);
}
```

La única diferencia con el código sin el control de velocidad es que utilizamos `analogWrite` para definir una salida PWM sobre el pin *9* que controla la velocidad del motor.

Si quieres saber más acerca de los motores de corriente continua, visita la Sección 4.2 de este libro.

1.2.13 Sensor Digital: Infrarrojo

En esta actividad vamos a aprender a utilizar los sensores de luz infrarroja. Hay diferentes tipos de sensores de luz infrarroja y son utilizados para muchas aplicaciones, como por ejemplo medir distancias, detectar objetos o detectar líneas, como veremos en la actividad siguiente.

Hay sensores de infrarrojo digitales, que devuelven verdadero o falso si detectan negro o blanco, y sensores analógicos, que devuelven un valor equivalente al nivel de gris detectado (ver Figura 1.2-62). En esta práctica utilizaremos sensores digitales como los contenidos en el kit de robótica de BQ.

Componentes

- Placa ZUM BT o Arduino UNO compatible.
- Sensor infrarrojo digital, por ejemplo el del kit de robótica o cualquiera que tenga un circuito de adaptación (puedes saber que es digital si encuentras una resistencia variable como la indicada en la Figura 1.2-62).
- Cable USB para mostrar los datos en el PC.

Figura 1.2-62. Sensores de infrarrojo digital (izquierda), analógico y digital (centro), analógico (derecha). La resistencia variable (cuadrado en azul) indica que el sensor tiene una salida digital. El sensor del centro tiene un pin para salida digital y otro para salida analógica

Conexionado

Al tener sólo un componente el conexionado es muy sencillo, quedando:

- Sensor infrarrojo → Pin *4*
- USB PC → Placa ZUM BT o Arduino compatible

Abriremos un nuevo proyecto en Bitbloq y añadimos del menú de la izquierda la placa ZUM BT (u otra Arduino UNO compatible), el sensor de infrarrojo y el USB como aparece en la Figura 1.2-63.

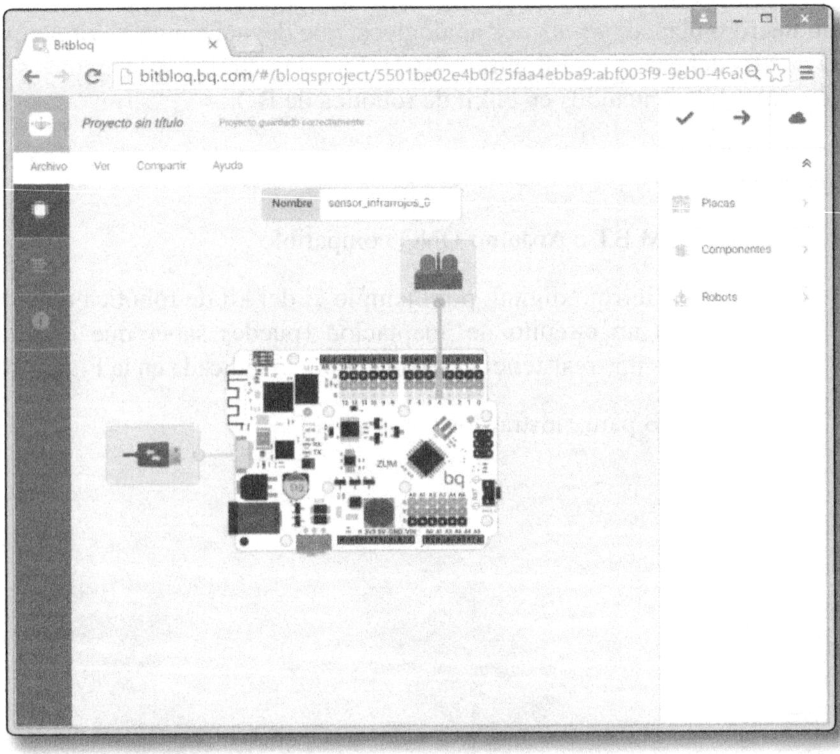

Figura 1.2-63. Componentes en Bitbloq para la lectura de infrarrojos

Programación

El programa por bloques de esta actividad es muy sencillo: simplemente vamos a mandar por el puerto serie el valor que leamos del sensor de infrarrojo. Para ello añadiremos en el bucle principal el bloque **Enviar** del puerto serie y lo completaremos con la lectura del sensor de infrarrojos como aparece en la Figura

1.2-64. Además, añadiremos un retardo para que la información se envíe cada 2 segundos.

Figura 1.2-64. Programa por bloques para envío de la lectura del sensor de infrarrojo

El código en Arduino correspondiente es el siguiente:

```
1   /***   Included libraries   ***/
2   #include <SoftwareSerial.h>
3   #include <BitbloqSoftwareSerial.h>
4
5
6   /***   Global variables and function definition   ***/
7   const int sensor_infrarrojos_0 = 4;
8   bqSoftwareSerial puerto_serie_0(0, 1, 9600);
9
10  /***   Setup   ***/
11  void setup() {
12      pinMode(sensor_infrarrojos_0, INPUT);
13  }
14
15  /***   Loop   ***/
16  void loop() {
17      puerto_serie_0.println(digitalRead(sensor_infrarrojos_0));
18      delay(2000);
19  }
```

En la línea 12 por medio del comando `pinMode`, configuramos el pin 4 como entrada. Posteriormente en la línea 17, enviamos por el puerto serie (con `println`) lo que leemos del pin 4 mediante `digitalRead`.

Ya sólo queda probarlo. Abriremos un monitor serie (desde el menú ***ver***) y comprobaremos que estamos recibiendo unos o ceros en función de si colocamos el sensor sobre negro o sobre blanco.

Si quieres saber más sobre sensores infrarrojos no dudes en ver la Sección 4.3.

1.2.14 Robot Sigue Líneas

En esta actividad vamos a utilizar los sensores de infrarrojo para que un robot sea capaz de seguir líneas negras. Este principio es utilizado en muchos robots reales, como el de la Figura 1.2-65. En realidad, este tipo de robots en lugar de seguir líneas negras utilizan sensores para seguir cables enterrados (por eso se les denomina robots filoguiados).

Figura 1.2-65. Robot Filoguiado

Componentes

Para la realización de esta actividad utilizaremos el robot Printbot o cualquier robot basado en Arduino UNO o compatible que tenga dos ruedas con servos de rotación continua y 2 sensores de infrarrojo.

- ZUM BT o Arduino UNO compatible
- 2 Sensores de infrarrojo digitales
- 2 servos de rotación continua

Conexionado

Realizaremos el conexionado que aparece en la Figura 1.2-66 entre los componentes y la tarjeta Arduino.

- Infrarrojo Izquierdo → Pin *3* Arduino
- Infrarrojo Derecho→ Pin *2* Arduino
- Motor Izquierdo→ Pin *9* Arduino
- Motor Derecho→ Pin *6* Arduino

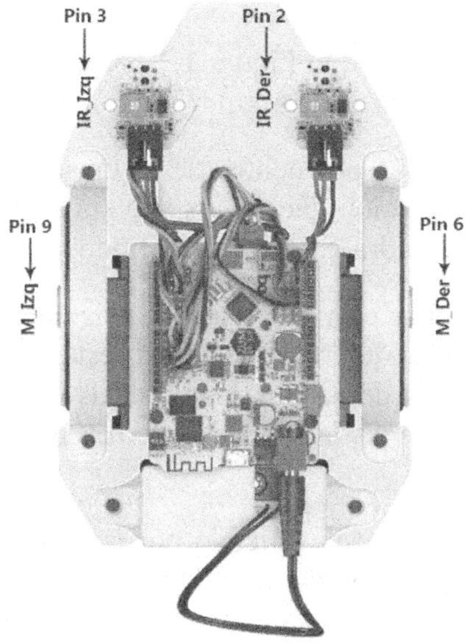

Figura 1.2-66. Conexionado de motores y sensores para robot seguidor de lineas

Abrimos un nuevo proyecto en Bitbloq y añadimos los componentes (servos de rotación continua izquierdo y derecho y sensor de infrarrojos izquierdo y derecho). Ten mucho cuidado de realizar las conexiones como se han definido anteriormente. Como resultado quedará algo parecido a la Figura 1.2-67.

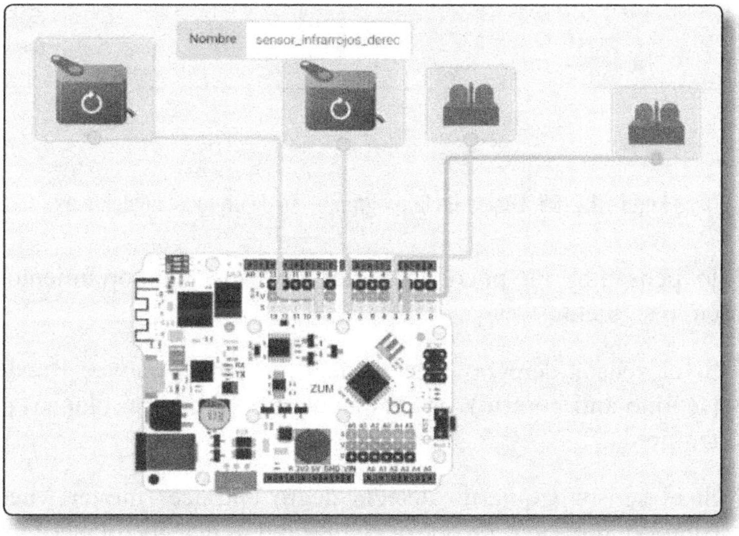

Figura 1.2-67. Conexionado en bitbloq para robot siguelíneas

Programación

Vamos a fijarnos en la Figura 1.2-68 para definir los comportamientos que hacen que el robot sea capaz de seguir líneas:

- Si el robot va por dentro de la línea los dos sensores están en negro. En esta situación querremos que el robot siga recto, por lo que la rueda izquierda tendrá que girar en sentido anti horario y la derecha en horario.
- Si el robot se está saliendo por la izquierda, el sensor derecho detectará negro y el izquierdo blanco. En esta situación querremos que el robot gire hacia la derecha para que vuelva a meterse dentro de la línea. Para ello moveremos la rueda izquierda en sentido anti horario y detenemos la otra.
- Si el robot se está saliendo por la derecha, el sensor derecho detectará blanco y el izquierdo negro. En esta situación querremos que el robot gire hacia la izquierda para que vuelva a meterse dentro de la línea. Para ello moveremos la rueda izquierda en sentido horario y detenemos la otra.

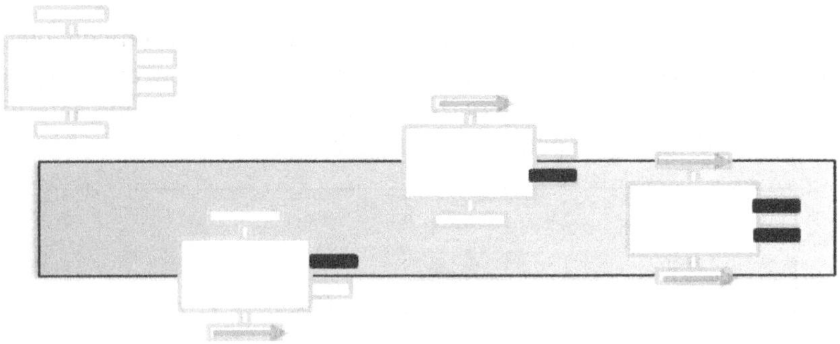

Figura 1.2-68. Lógica de la programación de un robot siguelineas

Si lo pensamos un poco, la lógica de esos comportamientos se puede simplificar en lo siguiente:

- Si el sensor derecho detecta negro entonces mover Rueda Izquierda (sentido anti horario), en caso contrario (si detecta blanco) parar Rueda Izquierda.
- Si el sensor izquierdo detecta negro entonces mover Rueda Derecha (sentido horario), en caso contrario (si detecta blanco) parar Rueda Derecha.

Programación

Para la programación por bloques tendremos que leer el estado de los sensores y aplicar la lógica expuesta anteriormente. En la Figura 1.2-69 tenemos un posible programa que implementa dicha lógica.

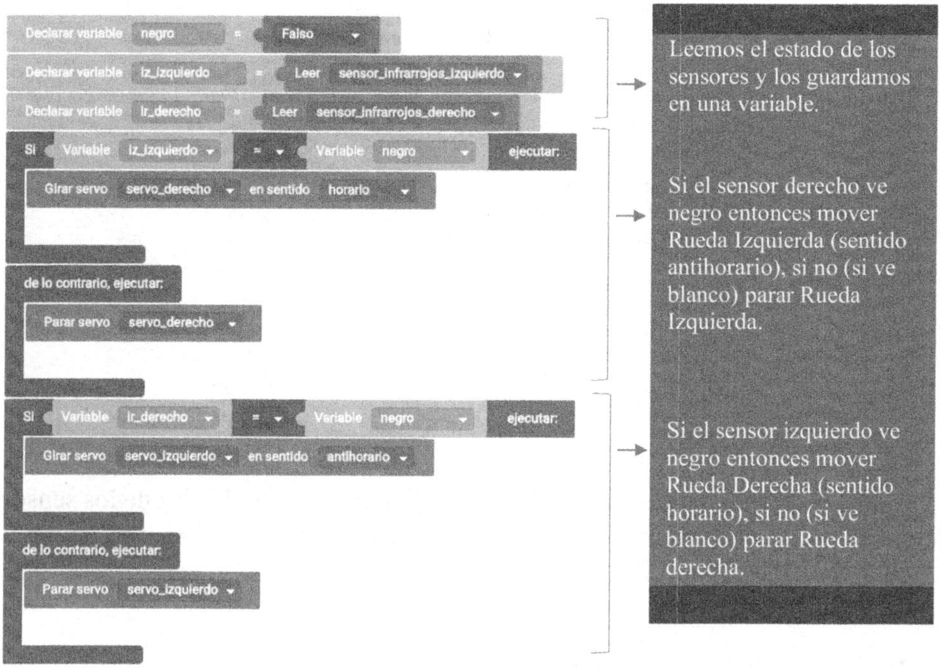

Figura 1.2-69. Programación por bloques de un robot sigue lineas

El código en Arduino equivalente es el siguiente:

```
/***   Included libraries   ***/
#include <Servo.h>


/***   Global variables and function definition   ***/
Servo servo_continuo_izquierdo;
Servo servo_continuo_derecho;
const int sensor_infrarrojos_izquierdo = 3;
const int sensor_infrarrojos_derecho = 2;

/***   Setup   ***/
void setup() {
    servo_continuo_izquierdo.attach(9);
```

```
14        servo_continuo_derecho.attach(6);
15        pinMode(sensor_infrarrojos_izquierdo, INPUT);
16        pinMode(sensor_infrarrojos_derecho, INPUT);
17    }
18
19    /***   Loop   ***/
20    void loop() {
21        bool negro = false;
22        float ir_izquierdo = digitalRead(sensor_infrarro-
      jos_izquierdo);
23        float ir_derecho = digitalRead(sensor_infrarrojos_
      derecho);
24        if (ir_izquierdo == negro) {
25            servo_continuo_derecho.write(180);
26        } else {
27            servo_continuo_derecho.write(90);
28        }
29        if (ir_derecho == negro) {
30            servo_continuo_izquierdo.write(0);
31        } else {
32            servo_continuo_izquierdo.write(90);
33        }
34    }
```

Como vemos, hacemos una lectura digital para saber el valor de los sensores (líneas 22 y 23) y luego utilizamos sentencias de decisión (`if – else`) para programar la lógica del robot (líneas 24 a 34).

1.2.15 Sensor Digital: Ultrasonidos

En este apartado vamos a realizar varias actividades en las que utilizaremos los sensores de ultrasonido. Como veremos más adelante, un sensor de ultrasonido, al igual que hacen los murciélagos y otros animales, mide el tiempo que tarda una señal emitida en ir y rebotar contra un obstáculo. Este tiempo le da una medida de lo lejano que está dicho obstáculo.

Decimos que el sensor de ultrasonidos es un sensor digital porque nos comunicamos con él a través de una señal digital, como puede ser el protocolo TTL. Esto difiere de los sensores analógicos que enviarían un dato a través de una señal analógica (comúnmente un voltaje comprendido entre 0 y 5V).

1.2.15.1 MEDIDOR DE DISTANCIAS

En esta actividad utilizaremos un sensor de ultrasonidos como medidor de distancias.

Componentes

- Sensor ultrasonidos contenido en el kit de robótica de BQ (o cualquier otro sensor digital compatible con el chip HC-SR04)
- Placa ZUMBT o Arduino compatible
- Cable USB para conectar la placa al ordenador

Conexionado

El sensor de ultrasonidos tiene cuatro pines marcados como: *GND* (masa), *ECH* (Echo), *TRI* (Trigger) y *VCC* (+5V). Conectaremos el *TRI* a un pin de Arduino para ordenar al sensor que emita la onda y el *ECH* (Echo), que lo conectaremos a otro pin, nos indicará cuando la recibe (por eso se llama eco). Por ejemplo, podemos realizar el siguiente esquema de conexión (ver Figura 1.2-70):

- Pin *GND* sensor → Cualquier pin negro (masa) de Arduino
- Pin *VCC* sensor → Cualquier pin rojo (+5V) de Arduino
- Pin *ECH* sensor → Pin *4* Arduino
- Pin *TRI* sensor → Pin *5* Arduino
- USB conectando nuestra placa compatible Arduino con el PC

La Figura 1.2-71 muestra una imagen de cómo conectar el sensor de ultrasonidos con la ZUM-BT en el robot Printbot de BQ. Este conexionado es equivalente para cualquier otro sensor con el chip HC-SR04.

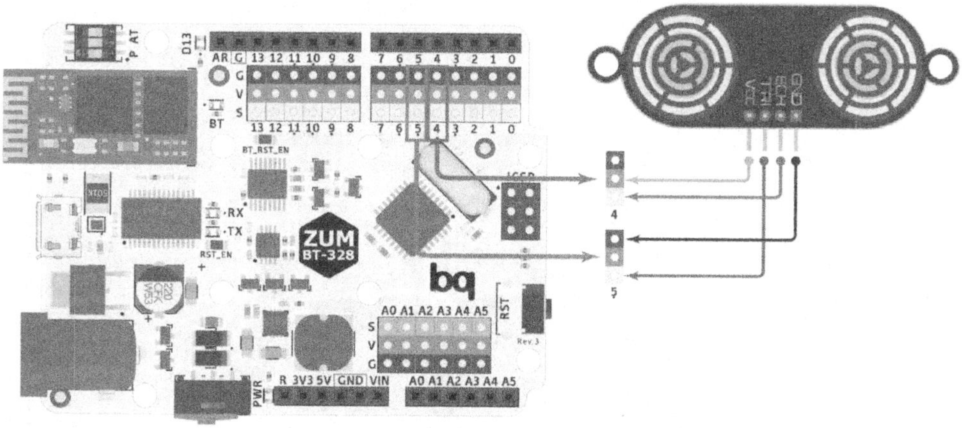

Figura 1.2-70. Conexionado de un sensor de ultrasonidos a una placa Arduino UNO compatible

Figura 1.2-71. Conexión del ultrasonido en el Printbot

En Bitbloq crearemos un proyecto en el que añadiremos la placa, los componentes **Sensor ultrasonidos** y **Puerto Serie** tal y como aparece en la Figura 1.2-72.

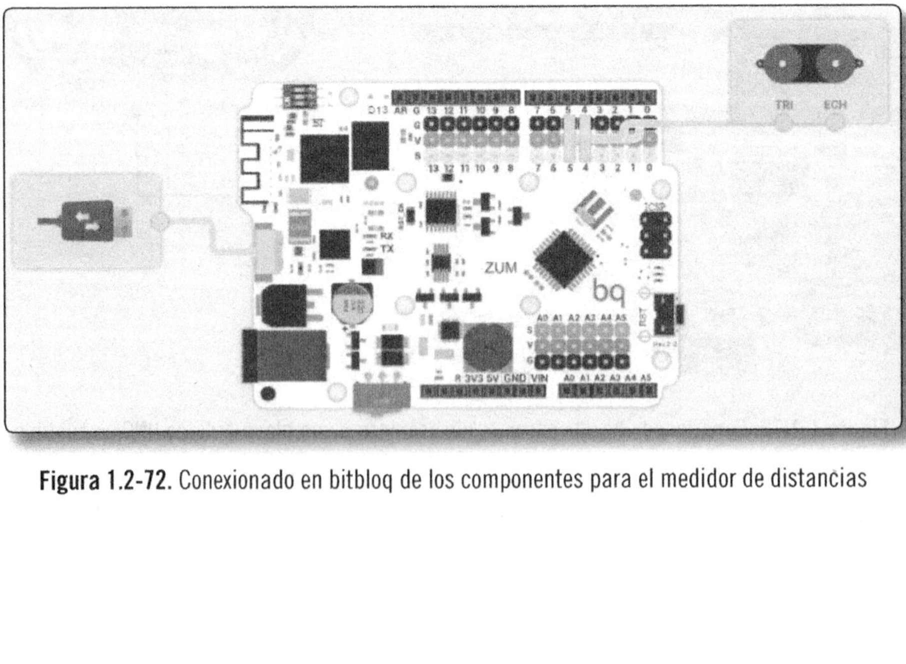

Figura 1.2-72. Conexionado en bitbloq de los componentes para el medidor de distancias

Programación

La programación con Bitbloq de esta actividad es muy sencilla. Utilizaremos dentro del bucle principal el bloque **Leer Sensor** que como recordarás puedes encontrarlo en la pestaña **Componentes.** Este bloque nos proporciona el valor de la distancia medida por el sensor. Enviaremos dicha información a través del puerto serie utilizando el bloque **Enviar**.

El código de bloques resultante aparece en la Figura 1.2-73. Hemos añadido un bloque **Espera** (dentro de la pestaña **Control**) para que el envío de información no sea demasiado rápido, porque podría saturar la conexión serie.

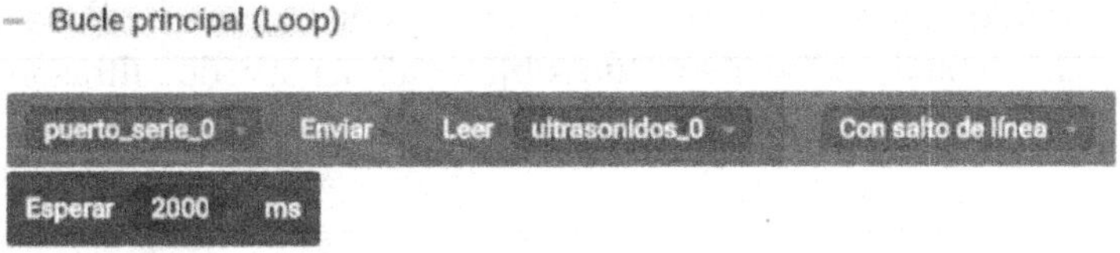

Figura 1.2-73. Programación por bloques de la actividad de medidor de distancias

La traducción de estos bloques al lenguaje de programación de Arduino es la siguiente:

```
1    /***   Included libraries   ***/
2    #include <SoftwareSerial.h>
3    #include <BitbloqSoftwareSerial.h>
4    #include <BitbloqUS.h>
5
6
7    /***   Global variables and function definition   ***/
8    US ultrasonidos_0(4, 5);
9    bqSoftwareSerial puerto_serie_0(0, 1, 9600);
10
11   /***   Setup   ***/
12   void setup() {}
13
14   /***   Loop   ***/
15   void loop() {
16       puerto_serie_0.println(ultrasonidos_0.read());
17       delay(2000);
18   }
```

Lo más importante de dicho código es que hay una librería (llamada `bitbloqUS`) que se encargará de leer la medida del ultrasonido. En la línea 8 inicializamos dicha librería indicando los pines a los que tenemos conectado el sensor. Además tenemos otra librería (`BitbloqSoftwareSerial`) que, como en actividades anteriores, nos permite comunicarnos con nuestro PC. En la linea 16 vemos cómo la distancia medida del ultrasonido es enviada por el puerto serie.

Ahora es el momento de comprobar el funcionamiento de nuestro programa:

1. Primero cargaremos el programa en nuestra placa con el icono **Cargar**.
2. Una vez cargado, abriremos un monitor serie (*Menú del proyecto* → *Ver* → *Mostrar Serial Monitor*).
3. Se nos abrirá una ventana, como la de la Figura 1.2-74, donde se irán mostrando valores que corresponden a las distancias medidas del sensor (prueba a acercar y alejar un objeto al sensor de ultrasonidos para comprobar que estos valores cambian).

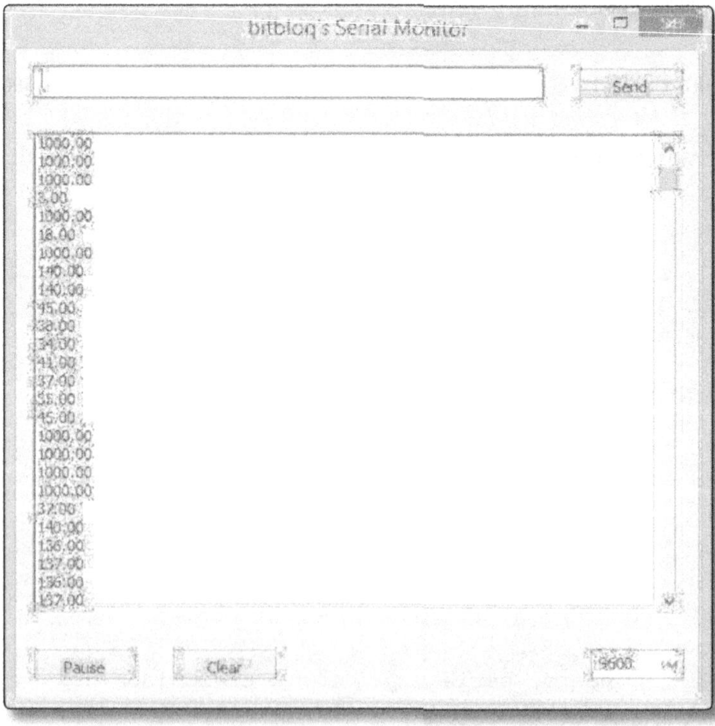

Figura 1.2-74. Valores de distancia mostrados en el monitor serie

Si quieres saber más sobre cómo funcionan los sensores de ultrasonidos visita la Sección 4.4 del libro.

1.2.15.2 ROBOT EVITA OBSTÁCULOS

En esta actividad vamos a utilizar los ultrasonidos como sensor para que un robot evite obstáculos a medida que se mueve (si ve un obstáculo delante se girará para encontrar un camino libre). Para ello utilizaremos el robot Printbot que estamos siguiendo en este libro, pero podemos utilizar cualquier robot que tenga un Arduino compatible y un sensor de ultrasonidos.

Componentes

- Robot Printbot
  - Tarjeta Arduino compatible ZumBT
  - 2 servos de rotación contínua encargados del moviento del robot
  - Sensor de ultrasonidos

Conexionado

El conexionado para esta actividad es el siguiente (ver Figura 1.2-75):

- Servo izquierdo→ Pin *10*
- Servo derecho → Pin *12*
- Ultrasonidos
  - Pin *GND* sensor → Cualquier pin negro (masa) de Arduino
  - Pin *VCC* sensor → Cualquier pin rojo (+5V) de Arduino
  - Pin *ECH* sensor → Pin *4* Arduino
  - Pin *TRI* sensor → Pin *5* Arduino

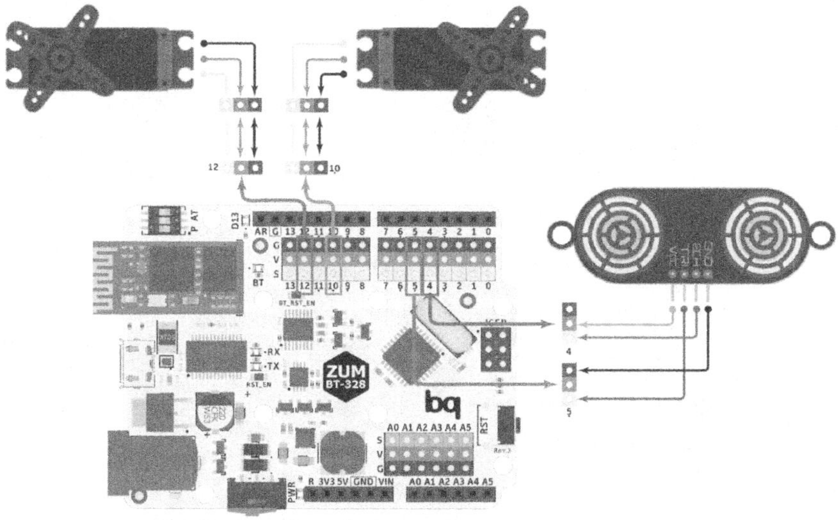

Figura 1.2-75. Conexionado para un robot evita obstáculos

El mismo conexionado en el robot real puede observase en la imagen de la Figura 1.2-76.

Figura 1.2-76. Robot Printbot con los componentes conectados para evitar obstáculos

En la ventana **Hardware** de bitbloq procederemos a añadir la placa y los componentes **Sensor ultrasonidos** y dos **Servo Continuo**, tal y como se muestra en la Figura 1.2-77. Recuerda realizar el conexionado como lo hemos hecho en el robot real.

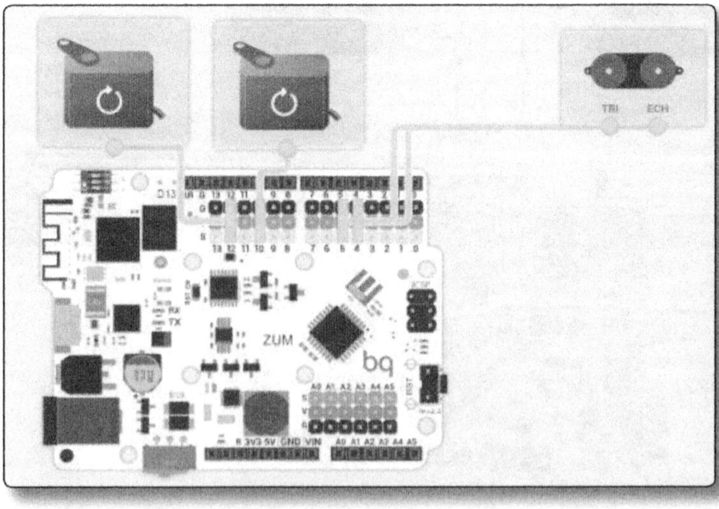

Figura 1.2-77. Conexionado en bitbloq de los componentes del robot evita obstáculos

Programación

Vamos a programar el siguiente comportamiento del robot:

- Si el sensor no detecta nada a menos de 100 cm (es decir, si el sensor devuelve una lectura mayor a 100) el robot sigue en línea recta.
- Si el sensor detecta algo a menos de 100cm (caso contrario a lo anterior) el robot gira (hasta que no haya nada).

Ese comportamiento, programado en bloques, queda como se muestra en la Figura 1.2-78.

Figura 1.2-78. Programación por bloques de un robot evita obstáculos

Como podemos ver, tenemos una condición inicial (bloque **Si...Ejecutar**) que comprueba si el sensor está midiendo una distancia superior a 100cm. Si es así gira los servos (bloque **Girar servo**) para que el robot siga recto. Si no se cumple esa condición (bloque **De lo contrario, ejecutar**), es decir, si hay algo a menos de 100cm, los motores giran en la misma dirección haciendo que el robot gire sobre su eje. Como estas condiciones están en el bucle principal (loop), que se ejecuta continuamente, el robot estará continuamente leyendo del sensor y haciendo una cosa u otra en función de dicha lectura.

El código en el lenguaje de programación de Arduino es el siguiente:

```
1   /***   Included libraries   ***/
2   #include <Servo.h>
3   #include <BitbloqUS.h>
4
5
6   /***   Global variables and function definition   ***/
7   Servo servo_continuo_izq;
8   Servo servo_continuo_der;
9   US ultrasonidos_0(4, 5);
10
11  /***   Setup  ***/
12  void setup() {
13      servo_continuo_izq.attach(10);
14      servo_continuo_der.attach(12);
15  }
16
17  /***   Loop  ***/
18  void loop() {
19      if (ultrasonidos_0.read() > 100) {
20          servo_continuo_izq.write(0);
21          servo_continuo_der.write(180);
22      } else {
23          servo_continuo_der.write(180);
24          servo_continuo_izq.write(180);
25      }
26  }
```

Hemos utilizado dos librerías: una para los servos y otra para el ultrasonido. Simplemente asignamos cada servo a los pines correspondientes con el método `attach` (líneas 13 y 14) y el sensor a sus pines (línea 9). En el bucle principal comprobamos si el sensor nos da una lectura mayor que 100 con una condición `if` (línea 19). Si es así, y para que el robot se mueva en línea recta, movemos un servo en una dirección y el otro en la dirección contraría (líneas 20 y 21). En el caso de que haya algo a menos de 100 movemos ambos motores en la misma dirección para que el robot gire sobre su eje (líneas 23 y 24).

1.2.15.3 ROBOT EVITA OBSTÁCULOS CON GIRO DE CABEZA

En esta actividad añadiremos un servo de posición para girar el sensor de ultrasonidos a izquierda y derecha. Esto permitirá que el robot mire a los lados a medida que se desplaza y no sólo mire hacia el frente.

Componentes

- Robot Printbot
  - Tarjeta Arduino UNO compatible o ZumBT
  - 2 servos de rotación continua encargados del movimiento del robot
  - Sensor de ultrasonidos
  - 1 miniservo de posición encargado del movimiento del sensor de ultrasonidos

Conexionado

El conexionado para esta actividad es el siguiente:

- Servo izquierdo → Pin *10* de Arduino
- Servo derecho → Pin *12* de Arduino
- Miniservo → Pin *7* de Arduino
- Ultrasonidos
  - Pin *GND* sensor → Cualquier pin negro (masa) de Arduino
  - Pin *VCC* sensor → Cualquier pin rojo (+5V) de Arduino
  - Pin *ECH* sensor → pin *4* Arduino
  - Pin *TRI* senso → pin *5* Arduino

En la Figura 1.2-79 mostramos un esquema del conexionado y en la Figura 1.2-80 una imagen del printbot con los servos y el ultrasonido conectados.

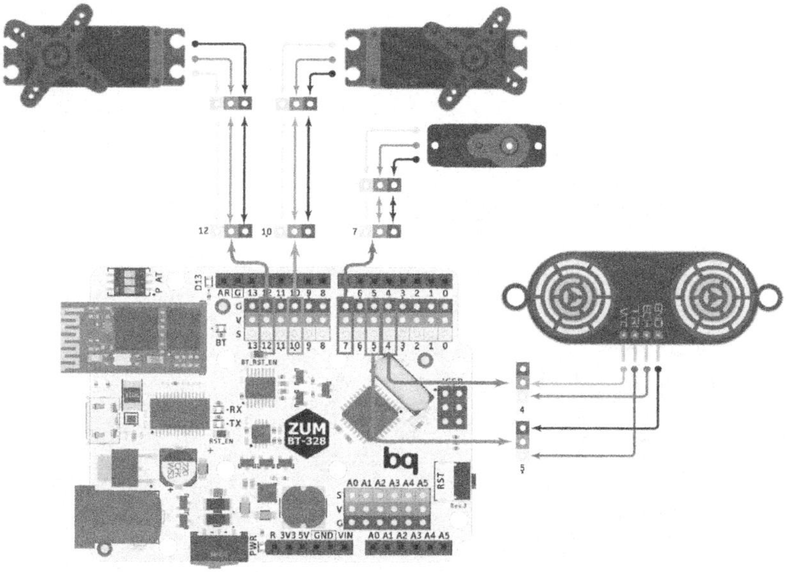

Figura 1.2-79. Conexionado de los componentes para un robot que evite obstáculos con cabeza rotante

Figura 1.2-80. Robot Printbot con las conexiones para evitar obstáculos con cabeza rotante

En bitbloq abriremos un proyecto nuevo y en la pestaña de componentes añadiremos todos los componentes de esta actividad (placa Arduino compatible, servos y ultrasonido), tal como aparece en la Figura 1.2-81. Ten mucho cuidado de conectar los diferentes componentes a los pines que hemos asignado en el conexionado.

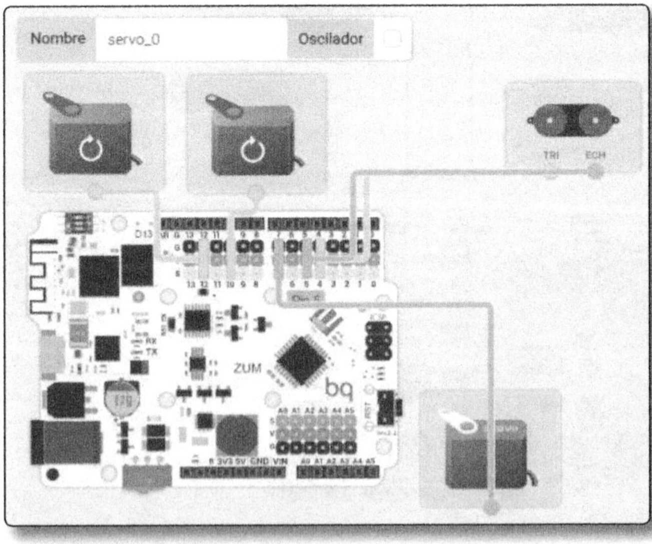

Figura 1.2-81. Conexionado en Bitbloq de los componentes de la actividad

Programación

Vamos a programar el robot de manera que se mueva hacia delante mientras gira continuamente la cabeza (sensor de ultrasonidos) de un lado a otro y, cuando encuentre un obstáculo, se mueva en dirección contraria a donde apunta la cabeza. Podemos resumir este comportamiento de esta manera:

- Si el sensor no detecta obstáculo (en cualquier posición de la cabeza) seguir en línea recta e ir moviendo la cabeza de izquierda a derecha
- Si el sensor detecta un obstáculo el robot gira hacia el lado contrario de donde apunte la cabeza en ese momento. Más concretamente, si cuando detecta un obstáculo la cabeza está en alguna posición del centro a la izquierda, el robot gira a la derecha. Si la cabeza está en alguna posición del centro a la derecha, el robot gira hacia la izquierda.

Para realizar este comportamiento tendremos una variable donde guardamos la posición del servo de la cabeza. Iremos asignando valores a esta variable desde 0º a 180º para que el servo vaya girando, siendo de 0º a 90º los ángulos que hacen que la cabeza este mirando hacia la derecha y de 90º a 180º los ángulos que hacen que la cabeza mire hacia la izquierda.

Cuando detectemos un obstáculo comprobaremos la variable de posición del servo de la cabeza y moveremos los servos de rotación continua de los motores para girar hacia un lado u hacia otro.

El código de bloques resultante es el siguiente:

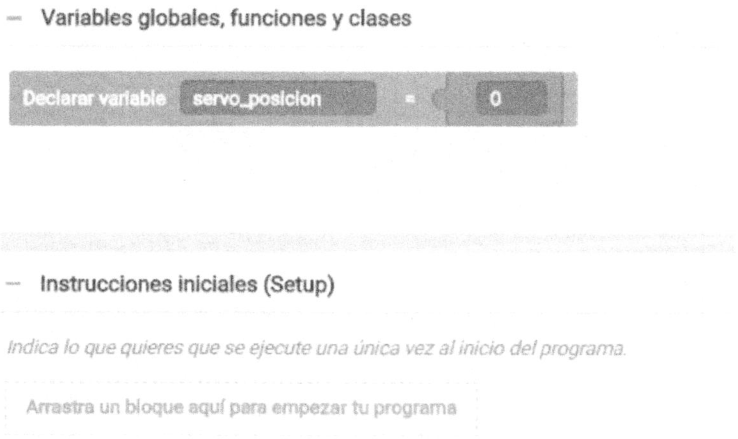

- Bucle principal (Loop)

Y el código de Arduino es:

```
1   /***   Included libraries   ***/
2   #include <Servo.h>
3   #include <BitbloqUS.h>
4
5
6   /***   Global variables and function definition   ***/
7   Servo servo_continuo_izq;
8   Servo servo_continuo_der;
9   Servo servo_0;
10  US ultrasonidos_0(4, 5);
11  float servo_posicion = 0;
12
13  /***   Setup   ***/
14  void setup() {
15      servo_continuo_izq.attach(10);
16      servo_continuo_der.attach(12);
17      servo_0.attach(7);
18  }
19
20  /***   Loop   ***/
21  void loop() {
22      servo_0.write(servo_posicion);
23      if (ultrasonidos_0.read() > 50) {
24      servo_continuo_izq.write(0);
25      servo_continuo_der.write(180);
26      servo_posicion = (servo_posicion + 10);
27      } else {
28          if (servo_posicion < 90) {
29              servo_continuo_der.write(180);
30              servo_continuo_izq.write(180);
31          } else {
32              servo_continuo_der.write(0);
33              servo_continuo_izq.write(0);
34          }
35      }
36      if (servo_posicion > 160) {
37          servo_posicion = 0;
38      }
39  }
```

Como vemos, mientras que no detecte nada a menos de 50cm (sentencia `if` de la línea 23) el robot se moverá en línea recta y estará girando la cabeza ya que iremos incrementando la variable servo_posicion de 10 en 10 (si la cabeza llega a 160º reiniciamos esa variable a 0). En el caso contrario, es decir, que se detecte obstáculo (`else` de la línea 27), el robot girará hacia la derecha si el obstáculo está en la izquierda, es decir si el servo de la cabeza estaba mirando hacia el lado izquierdo cuando detectó obstáculo (`if` de la linea 28). Si cuando se detecta obstáculo el servo estaba mirando hacia el lado derecho (`else` de la línea 31) entonces el robot girará hacia la izquierda.

1.2.15.4 ROBOT PERSECUTOR

En esta actividad utilizaremos los mismos componentes que en la actividad anterior, pero programaremos el robot para que nos persiga en lugar de esquivarnos. El comportamiento del robot por tanto será prácticamente inverso al comportamiento de la actividad anterior. Podriamos resumir el programa que queremos realizar en los siguientes comportamientos (ver Figura 1.2-82):

- Si el robot no detecta nada se queda parado moviendo la cabeza de un lado a otro.
- Si detecta algo y el objeto está enfrente del robot (indicado porque la cabeza esté situada entre 70º y y 110º, siendo 90º cuando la cabeza mira al frente) el robot sigue hacia delante.
- Si detecta algo pero el objeto está a la izquierda del robot (indicado porque la cabeza esté situada entre 0º y 70º) el robot gira hacia la izquierda.
- Si detecta algo pero el objeto está a la derecha del robot (indicado porque la cabeza esté situada entre 110º y 180º) el robot gira hacia la derecha.

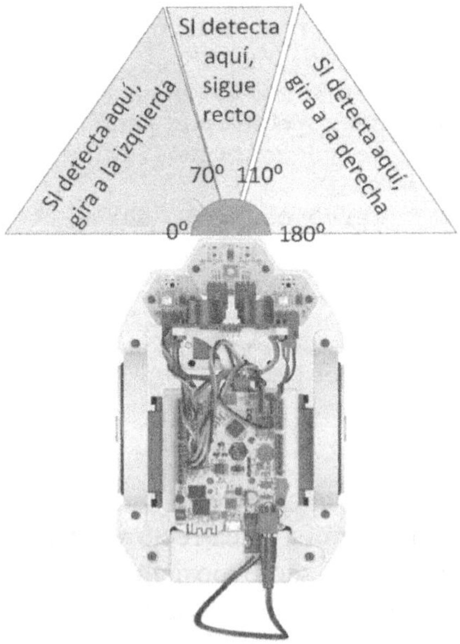

Figura 1.2-82. Comportamiento del robot que nos sigue

Componentes.

- Robot Printbot
  - Tarjeta Arduino UNO compatible ZumBT
  - 2 servos de rotación continua encargados del movimiento del robot
  - Sensor de ultrasonidos
  - 1 miniservo de posición encargado del movimiento del sensor de ultrasonidos

Conexionado

El conexionado para esta actividad es el mismo que la actividad anterior (véase Figura 1.2-79):

- Servo izquierdo → Pin *10* de Arduino
- Servo derecho → Pin *12* de Arduino
- Miniservo → Pin *7* de Arduino
- Ultrasonidos
  - Pin *GND* sensor → Cualquier pin negro (masa) de Arduino
  - Pin *VCC* sensor → Cualquier pin rojo (+5V) de Arduino
  - Pin *ECH* sensor → pin *4* Arduino
  - Pin *TRI* senso → pin *5* Arduino

De nuevo, abriremos en Bitbloq un proyecto nuevo, y en la ventana de **Hardware** añadiremos tanto la placa como todos los **Componentes** de esta actividad (dos bloques **Servo continuo**, un bloque **Servo** y un bloque **Sensor ultrasonidos**) tal como aparece en la Figura 1.2-83.

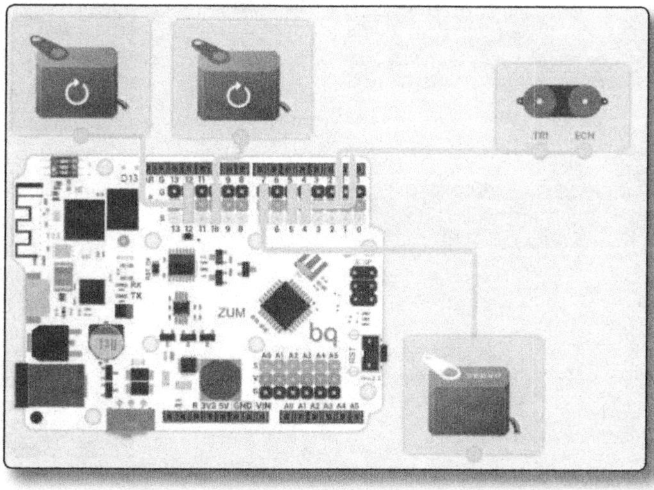

Figura 1.2-83. Conexionado en bitbloq de los bloques necesarios para esta actividad

Programación

La programación de los comportamientos descritos anteriormente se realiza con los bloques siguientes:

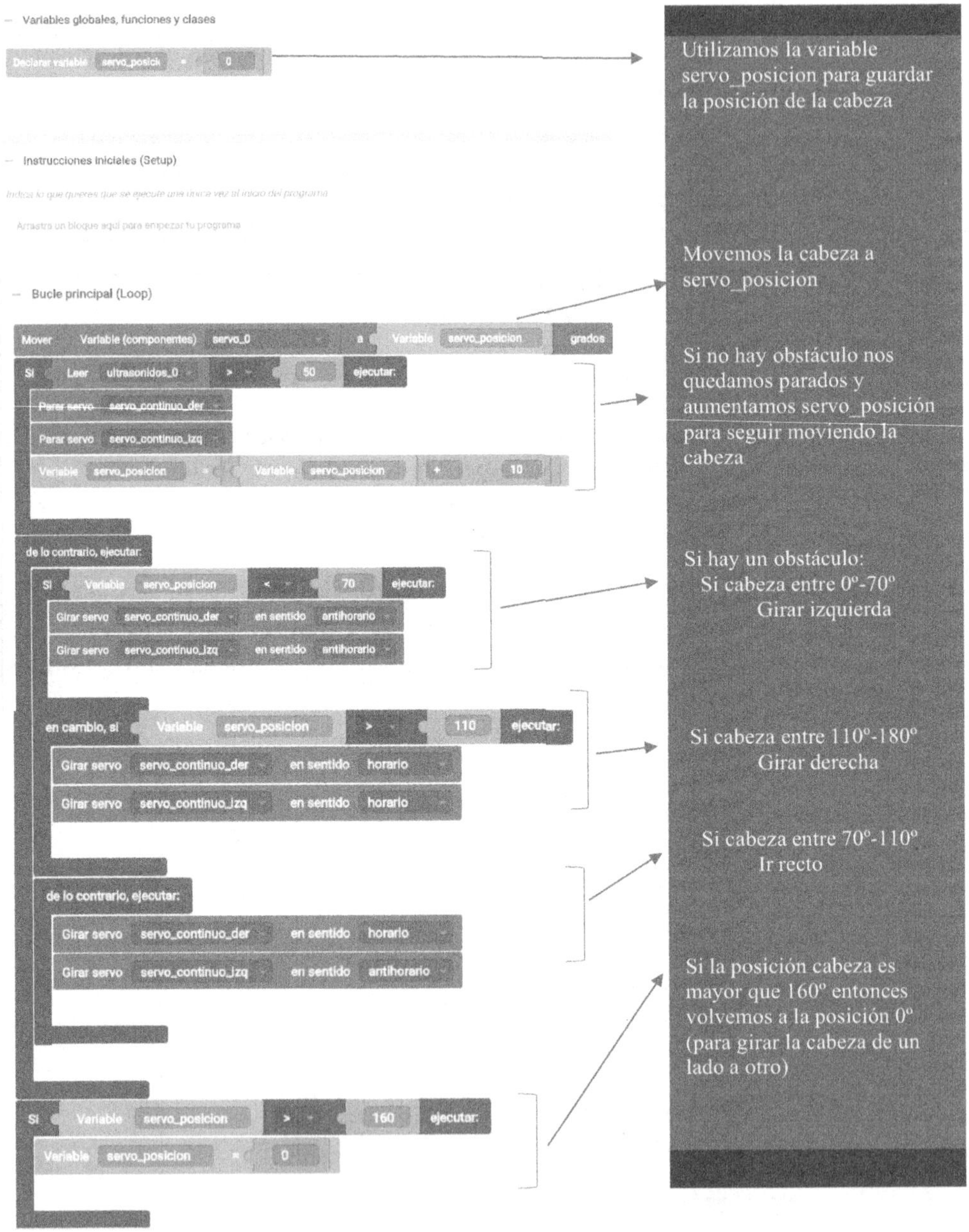

Y el código resultante en Arduino es:

```
/***   Included libraries   ***/
#include <Servo.h>
#include <BitbloqUS.h>


/***   Global variables and function definition   ***/
Servo servo_continuo_izq;
Servo servo_continuo_der;
Servo servo_0;
US ultrasonidos_0(4, 5);
float servo_posicion = 0;

/***   Setup   ***/
void setup() {
    servo_continuo_izq.attach(10);
    servo_continuo_der.attach(12);
    servo_0.attach(7);
}

/***   Loop   ***/
void loop() {
    servo_0.write(servo_posicion);
    if (ultrasonidos_0.read() > 50) {
        servo_continuo_der.write(90);
        servo_continuo_izq.write(90);
        servo_posicion = (servo_posicion + 10);
    } else {
        if (servo_posicion < 70) {
            servo_continuo_der.write(0);
            servo_continuo_izq.write(0);
        } else if (servo_posicion > 110) {
            servo_continuo_der.write(180);
            servo_continuo_izq.write(180);
        } else {
            servo_continuo_der.write(180);
            servo_continuo_izq.write(0);
        }
    }
    if (servo_posicion > 160) {
        servo_posicion = 0;
    }
}
```

1.2.16 Sensor Analógico: Potenciómetro

En esta actividad vamos a utilizar un potenciómetro como ejemplo de sensor analógico. Los potenciómetros son utilizados en multitud de aparatos cotidianos, como por ejemplo para cambiar el volumen de la radio. En robótica también son muy utilizados, por ejemplo, los servos que vimos en la actividad 1.2.10 llevan dentro potenciómetros para saber en qué posición está el eje del motor, es decir, actúan como sensores de posición.

Vamos a aprender a utilizar un potenciómetro a la vez que aprendemos a utilizar señales analógicas en Arduino. Una señal analógica es una señal que toma cualquier valor entre un rango determinado. Por ejemplo, en Arduino las señales analógicas pueden tomar cualquier valor en 0V y 5V (por ejemplo 3,56) mientras que las digitales pueden valer 0V (`LOW`) o 5V (High).

Si hacemos pasar una corriente por el potenciómetro el valor de tensión variará en función de si lo giramos hacia la izquierda o hacia la derecha. Esto es debido a que un potenciómetro es una resistencia variable. Por lo tanto, si conectamos un potenciómetro, como el del kit de BQ, a un pin de Arduino, la salida del potenciómetro (o lo que es lo mismo, la entrada del pin) estará entre 0V y 5V.

En realidad, vamos a realizar dos actividades:

- En la primera vamos a leer el valor de un potenciómetro en un programa de Bitbloq y a mostrarlo en nuestro ordenador a través de un monitor serie
- En la segunda, un poco más avanzada, utilizaremos un potenciómetro para controlar un servo.

1.2.16.1 LECTURA DE UN POTENCIÓMETRO

Para familiarizarnos con el funcionamiento de un potenciómetro, vamos a realizar una actividad que lea la posición en que se encuentra y la muestre por un monitor serie.

Componentes:

- Placa ZUM BT o otra Arduino UNO compatible
- Potenciómetro del kit de robótica de BQ u otro cualquiera.
- Cable USB para la comunicación serie con nuestro PC.

Conexionado

Conectaremos el potenciómetro a cualquier pin de entrada analógica de Arduino. Hay 6 entradas analógicas en las placas compatibles con Arduino UNO (como la ZUM BT). Están numeradas de la *A0* a la *A6* (recuerda que los pines que están numerados del *0* al *13* son entradas y salidas digítales, algunas de ellas con PWM emulando una salida analógica). Por ejemplo, realizaremos la siguiente conexión:

- Potenciómetro → Entrada analógica A3
- Cable USB del PC al Arduino UNO compatible (por ejemplo ZUMBT).

Una vez realizada la conexión física procederemos a crear un nuevo proyecto en Bitbloq y pondremos en él la placa y los dos **Componentes** (bloque **Potenciometro** y bloque **Puerto Serie**) como en la Figura 1.2-84.

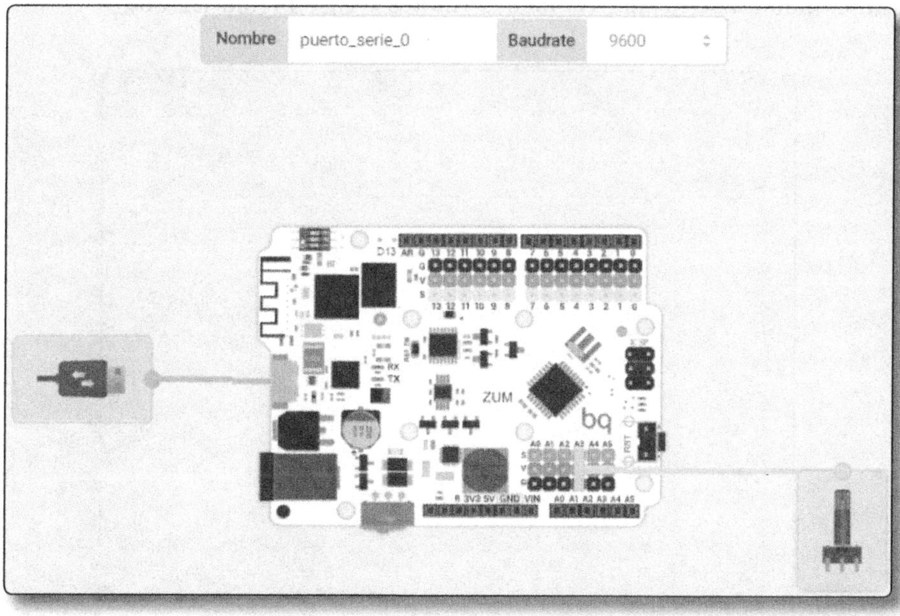

Figura 1.2-84. Conexionado de potenciómetro en Bitbloq

Programación

El componente potenciómetro en Bitbloq nos ofrece un bloque **Leer**. Podemos utilizar este bloque para enviar lo leído por el puerto serie utilizando el bloque **Enviar** del puerto serie tal como aparece en la Figura 1.2-85. Añadimos de nuevo un bloque **Esperar** para no saturar el puerto serie.

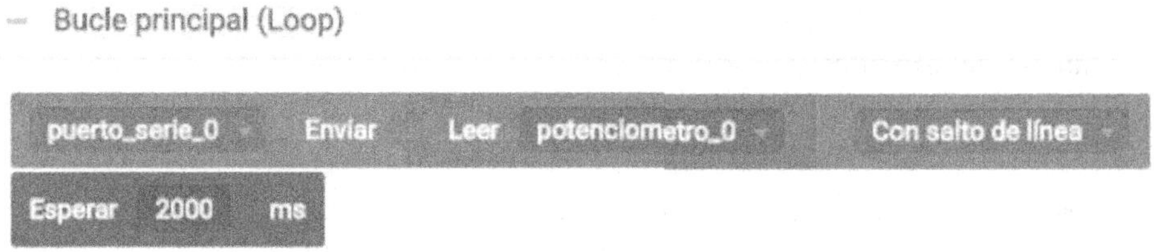

Figura 1.2-85. Código de bloques de la actividad de lectura del potenciometro

De esta manera estaremos enviando por el puerto serie cada 2 segundos (2000ms) el valor leído del potenciómetro. Si cargamos el programa en nuestro Arduino UNO compatible y lo conectamos con un cable USB a nuestro PC podremos utilizar el monitor serie para ver dichos valores (véase Figura 1.2-86).

Figura 1.2-86. Salida por el monitor serie de los datos del potenciómetro

Como vemos, los valores leídos van de 0 a 1023. Estos datos han sido convertidos de su valor analógico (0V a 5V) a un equivalente digital (0 a 1023), ya que los procesadores no funcionan con datos analógicos, sino que funcionan con datos digitales. En realidad 0 (0000000000 en binario o lenguaje máquina, que es lo que entiende un procesador) corresponderá a 0V y 1023 (1111111111 en binario) a 5V. Esto es así porque nuestra placa tiene un conversor analógico a digital de 10bits (2^10=1024).

El código en Arduino correspondiente es:

```
/***   Included libraries   ***/
#include <SoftwareSerial.h>
#include <BitbloqSoftwareSerial.h>


/***   Global variables and function definition   ***/
const int potenciometro_0 = A1;
bqSoftwareSerial puerto_serie_0(0, 1, 9600);

/***   Setup   ***/
void setup() {
    pinMode(potenciometro_0, INPUT);
}

/***   Loop   ***/
void loop() {
    puerto_serie_0.println(analogRead(potenciometro_0));
    delay(2000);
}
```

1.2.16.2 CONTROL DE UN SERVO CON UN POTENCIÓMETRO.

En esta actividad vamos a hacer girar un servo cuando giramos un potenciómetro. Será como tener un mando en el que un ángulo girado en el potenciómetro implica el mismo giro en el servo.

Componentes

- Placa de control ZUMBT o Arduino UNO compatible.
- Servo de posición
- Potenciómetro

Conexionado

Realizamos el siguiente conexionado sobre nuestra placa de control:

- Servo de posición→Pin *7* Arduino
- Potenciómetro→ Pin *A1* Arduino
- Cable USB PC → USB Arduino

Procedemos a abrir un nuevo proyecto en Bitbloq y añadimos los componentes tal como se muestra en la Figura 1.2-87.

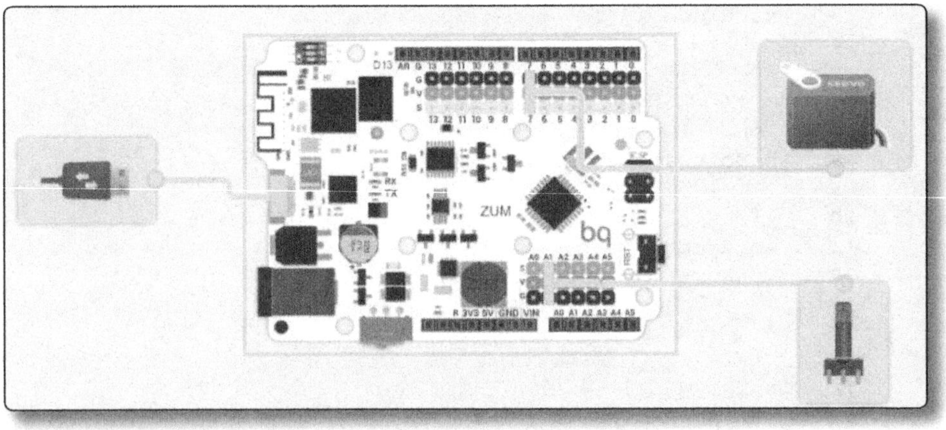

Figura 1.2-87. Conexionado en bitbloq para el control de un servo con un potenciómetro

Programación

Vamos a añadir los bloques que permitan mover el servo en función de lo que se mueve el potenciómetro. Como un servo se mueve de 0º a 180º y la lectura de un potenciómetro puede tomar valores de 0 a 1023 deberemos realizar una conversión entre dichos rangos. Por eso, el primer bloque que añadiremos es la declaración de una variable con la siguiente ecuación:

$$Giro_{servo} = 180 * \frac{lectura_{potenciometro}}{1023}$$

Los siguientes bloques serán para ordenar al servo que realiza ese giro y para mostrar por el puerto serie dicho valor. El código de bloques resultante se muestra en la Figura 1.2-88.

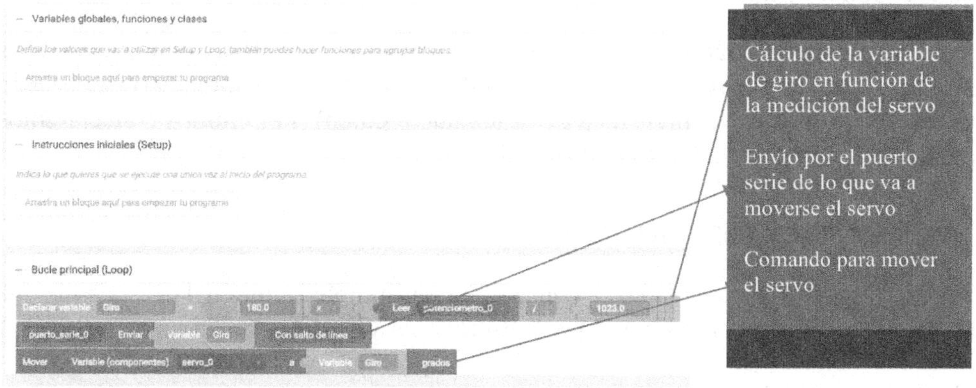

Figura 1.2-88. Código de bloques para control de un servo con un potenciómetro

El código en Arduino resultante se muestra a continuación.

```
1    /***   Included libraries   ***/
2    #include <Servo.h>
3    #include <SoftwareSerial.h>
4    #include <BitbloqSoftwareSerial.h>
5
6
7    /***   Global variables and function definition   ***/
8    Servo servo_0;
9    const int potenciometro_0 = A1;
10   bqSoftwareSerial puerto_serie_0(0, 1, 9600);
11
12   /***   Setup   ***/
13   void setup() {
14       servo_0.attach(7);
15       pinMode(potenciometro_0, INPUT);
16   }
17
18   /***   Loop   ***/
19   void loop() {
20       float Giro = ((180.0 * analogRead(potenciometro_0))
     / 1023.0);
21       puerto_serie_0.println(Giro);
22       servo_0.write(Giro);
23   }
```

Como puede observarse, en la línea 14 asignamos el servo al pin *7* y en la 15 indicamos que el pin *A1* será una entrada (`INPUT`).

En la 20 realizamos el cálculo de la formula para saber cuanto tiene que girar el servo, utilizando como dato de entrada la lectura analógica (`analogRead`) del pin *A1*. En la 21 enviamos por el puerto serie dicho valor y en la 22 le decimos al servo que realice el giro (con `servo.write`).

1.2.17 Sensor Analógico: LDR

En este apartado vamos a realizar dos actividades en las que utilizaremos un sensor de luz visible o LDR. Este tipo de sensores son analógicos (nos dan una medida analógica de la intensidad de la luz que reciben). Por ello los conectaremos a entradas analógicas de nuestra tarjeta de control.

1.2.17.1 LECTURA DEL NIVEL DE LUZ

La primera actividad va a consistir en una simple lectura del nivel de luz que recibe el sensor y su envío por el puerto serie para visualización en un PC.

Componentes

- Placa ZUM BT o Arduino UNO compatible
- Sensor LDR del kit de robótica de BQ u otro cualquiera
- Cable USB

Conexionado

- Sensor LDR→ PIN *A3*
- USB PC → USB Arduino

Abrimos un nuevo proyecto en Bitbloq y añadimos los componentes y sus conexiones como aparece en la Figura 1.2-89.

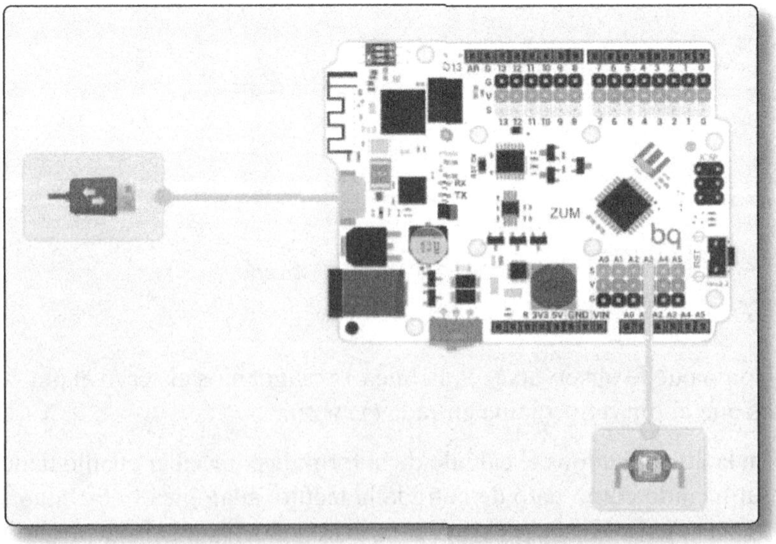

Figura 1.2-89. Conexionado del LDR en Bitbloq

Programación

La programación de esta actividad es muy sencilla ya que solo realizamos una lectura analógica con un bloque **Leer** del **Sensor de luz** que es enviada al puerto serie mediante un bloque **Enviar** como aparece en la Figura 1.2-90.

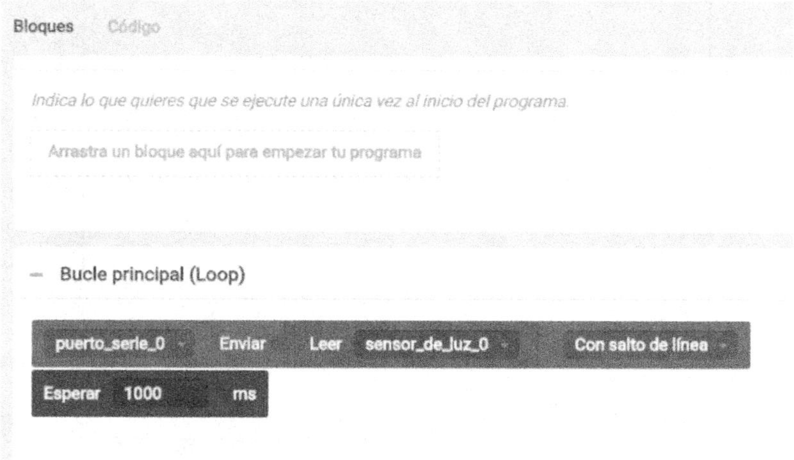

Figura 1.2-90. Progamación por bloques de la lectura de un LDR y su envío por puerto serie

El código en Arduino equivalente será:

```
/***   Included libraries   ***/
#include <SoftwareSerial.h>
#include <BitbloqSoftwareSerial.h>


/***   Global variables and function definition   ***/
int sensor_de_luz_der = A3;
bqSoftwareSerial puerto_serie_0(0, 1, 9600);

/***   Setup   ***/
void setup() {
    pinMode(sensor_de_luz_der, INPUT);
}

/***   Loop   ***/
void loop() {
    puerto_serie_0.println(analogRead(A3));
}
```

Ya sólo tenemos que subir el programa a la placa y abrir un monitor serie para ver las lecturas de luz de nuestro sensor como por ejemplo mostramos en la Figura 1.2-91.

Figura 1.2-91. Valores mostrados del LDR por el monitor serie

1.2.17.2 SIGUE UNA LINTERNA

En esta actividad haremos que el robot siga una linterna a modo de faro. Es parecido a lo que hacen algunos robots, como por ejemplo el robot limpiador Roomba con el uso de balizas activas que le indican el camino a seguir.

Componentes

- Robot Printbot o cualquiera con los siguientes componentes:
  - 2 Servos de rotación continua para las ruedas.
  - 2 Sensores LDR.

Conexionado

Realizaremos el conexionado siguiente:

- Servo rueda izquierda → Pin *10*.
- Servo rueda derecho → Pin *12*.
- LDR Izquierdo→Pin *A2*.
- LDR Derecho→Pin *A3*.

En la Figura 1.2-92 derecha tenemos una imagen del Printbot con la conexión de los LDR a la tarjeta ZUM BT. De hecho, en el chasis del PrintBot ya existen unos huecos para colocar los LDR, pero recuerda que puedes utilizar cualquier otro robot basado en Arduino siempre que pongas un sensor en el lado derecho del robot y otro al lado izquierdo, como por el ejemplo el de la Figura 1.2-92 izquierda.

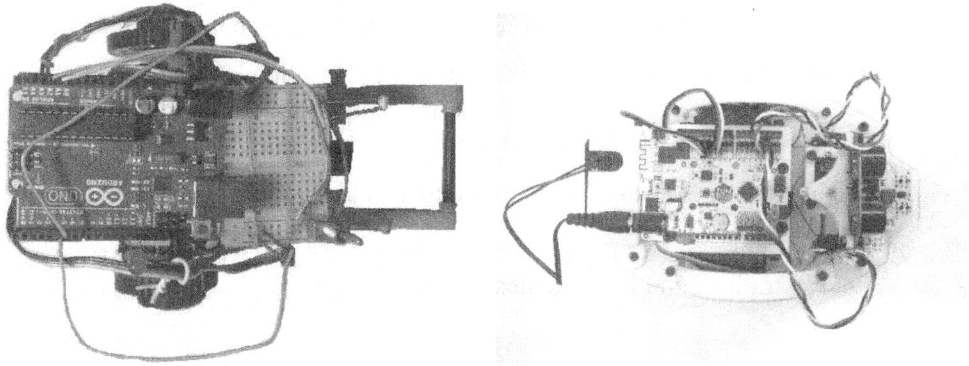

Figura 1.2-92. Robots con 2 LDR. (Izquierda) PrintBot. (Derecha) Robot basado en Arduino UNO

Procedemos a abrir un proyecto en Bitbloq y añadir los componentes y el conexionado como se indicaba anteriormente (véase Figura 1.2-93).

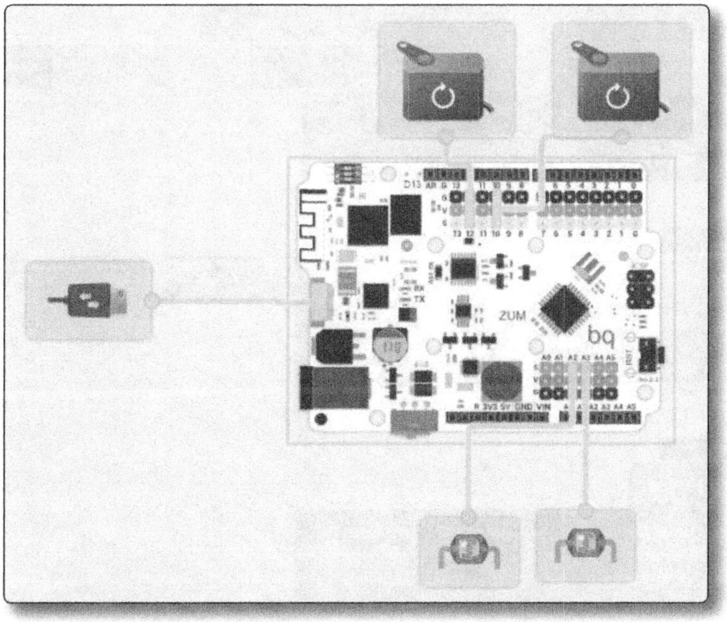

Figura 1.2-93. Conexionado en bitbloq de un robot seguidor de luz

Programación

Para que el robot se dirija a una baliza luminosa vamos a programar el siguiente comportamiento:

- Si la intensidad de luz recibida por el LDR derecho es bastante mayor (superior en 30 unidades) que la intensidad de luz recibida por el LDR izquierdo entonces giramos el robot hacia la derecha.
- Si la intensidad de luz recibida por el LDR izquierdo es bastante mayor (superior en 30 unidades) que la intensidad de luz recibida por el LDR derecho entonces giramos el robot hacia la izquierda.
- Si los dos sensores reciben más o menos la misma luz entonces seguimos recto.

Esto se traduce en los siguientes bloques de bitbloq:

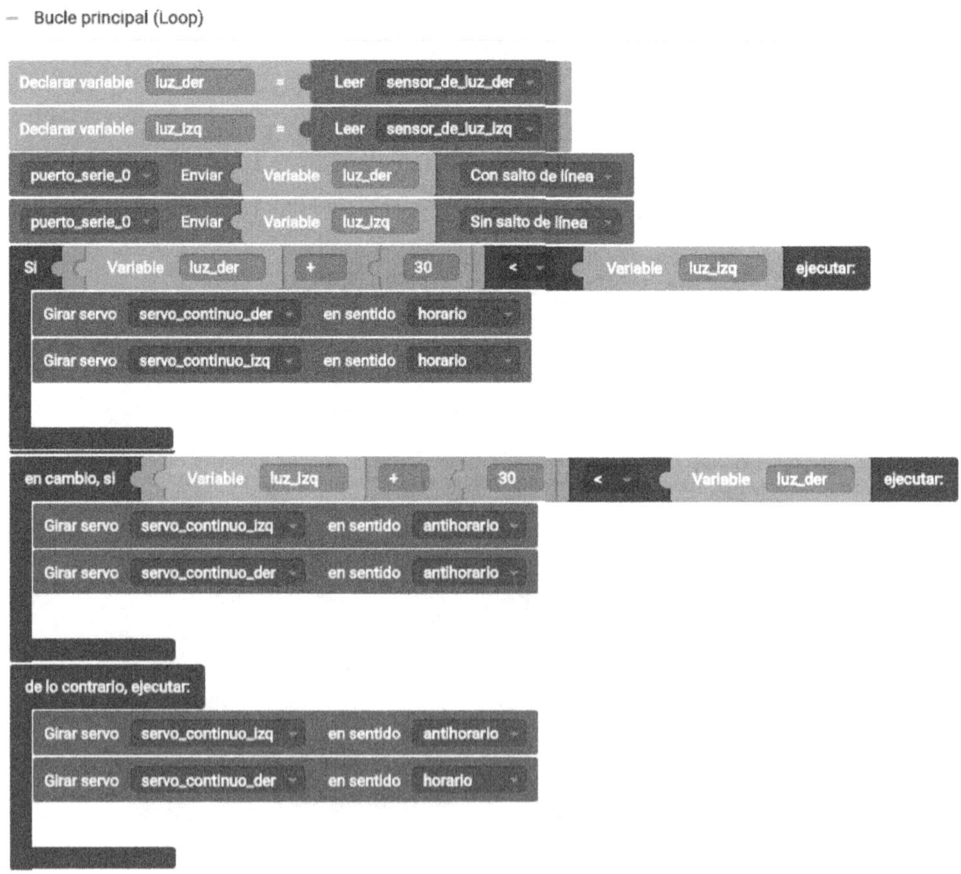

Siendo su código en Arduino el siguiente:

```
/***   Included libraries   ***/
#include <Servo.h>
#include <SoftwareSerial.h>
#include <BitbloqSoftwareSerial.h>


/***   Global variables and function definition   ***/
Servo servo_continuo_izq;
Servo servo_continuo_der;
int sensor_de_luz_der = A3;
int sensor_de_luz_izq = A2;
bqSoftwareSerial puerto_serie_0(0, 1, 9600);

/***   Setup   ***/
void setup() {
    servo_continuo_izq.attach(10);
    servo_continuo_der.attach(12);
    pinMode(sensor_de_luz_der, INPUT);
    pinMode(sensor_de_luz_izq, INPUT);
}

/***   Loop   ***/
void loop() {
    float luz_der = analogRead(A3);
    float luz_izq = analogRead(A2);
    puerto_serie_0.println(luz_der);
    puerto_serie_0.print(luz_izq);
    if ((luz_der + 30) < luz_izq) {
        servo_continuo_der.write(180);
        servo_continuo_izq.write(180);
    } else if ((luz_izq + 30) < luz_der) {
        servo_continuo_izq.write(0);
        servo_continuo_der.write(0);
    } else {
        servo_continuo_izq.write(0);
        servo_continuo_der.write(180);
    }
}
```

1.2.18 Comunicación Infrarrojos: tu robot y tu tele hablan (actividad de nivel avanzado)

El sensor de infrarrojos puede utilizarse para emular el comportamiento de un mando a distancia. Si te fijas, en el lado con que apuntas a la tele con el mando a distancia, verás cómo tiene un diodo que, aparentemente, siempre está apagado.

Sin embargo, emite luz infrarroja para controlar las funciones de la televisión. Ahora vamos a ver cómo puedes hacer que tu robot y tu tele se entiendan en idioma infrarrojo.

En esta actividad vamos a utilizar los sensores de infrarrojos de nuestro robot para enviar mensajes a una televisión o cualquier aparato que se pueda controlar con un mando a distancia.

Figura 1.2-94. Robot renacaujo de BQ

En realidad, no utilizaremos el sensor de infrarrojo en sí, sino que utilizaremos sólo el emisor. Si has mirado en los anexos, en la Figura 4.3-1 se explica que los sensores de infrarrojo tenían normalmente un emisor y un receptor.

Para poder continuar con la actividad es imprescindible que antes entiendas un poco cómo funcionan los mandos a distancia (al final de la actividad lo explicaremos con más detalle). Es muy sencillo, básicamente cada botón de un mando envía una trama de luz diferente (encendiendo y apagando el led infrarrojo, como si estuviéramos haciendo señales con una linterna). Cada trama de luz equivale a un número que le indica qué hacer a la tele u otro aparato.

Componentes

- Arduino UNO o Compatible
- Sensor de infrarrojos digital, como el utilizado para seguir líneas de la actividad 1.2.13.

Conexionado

Como hemos dicho, sólo vamos a utilizar la parte del emisor de infrarrojos, por eso no necesitaremos utilizar el pin Señal del sensor, quedando el conexionado como aparece en la Figura 1.2-95.

- Pin Masa Sensor (*G*) → Cualquier pin de masas (*GND*) en Arduino
- Pin Alimentación Sensor(*V*) → Pin *3* de Arduino

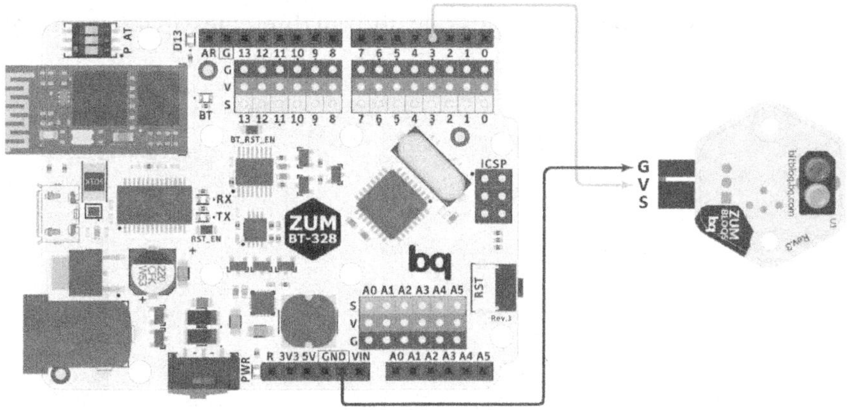

Figura 1.2-95. Conexionado a un sensor de infrarrojos para utilizarlo únicamente como emisor

Con este conexionado, cada vez que activemos el pin *3* del Arduino encenderemos el LED de infrarrojo de nuestro sensor.

Programación

Hay dos cosas que debemos tener en cuenta para enviar tramas de luz infrarroja que den órdenes a una tele: la manera que se deben enviar las tramas (es decir, el protocolo de comunicación) y los números o códigos que una tele acepta (por ejemplo, si enviamos un número 'X' la tele se apaga)

El protocolo es algo complejo como veremos en la explicación teórica de la Sección 4.5, pero por suerte hay librerías en la web que podemos utilizar que ya implementan estos protocolos. Una de ellas está en *http://github.com/shirriff/*

Arduino-IRremote. Deberemos descargar un fichero comprimido (.zip) con la librería e incluirla en el IDE de Arduino como se muestra en Figura 1.2-96.

Por otro lado, hay dos maneras para saber el código que debemos mandar a la tele.

- Una es utilizando un receptor de infrarrojos para decodificar el código enviado por un mando a distancia, como veremos en la actividad siguiente. Esta es la opción más sencilla pero requiere un receptor de infrarrojos (aunque lo puedes adquirir en cualquier tienda de Internet por menos de 1 € y te servirá para hacer un montón de cosas con tu Arduino o tu Robot).
- La otra manera es bajándose los códigos de Internet. Por ejemplo en *http://lirc-remotes.sourceforge.net/remotes-table.html* existe una base de datos muy extensa de los códigos que utilizan diferentes aparatos electrónicos.

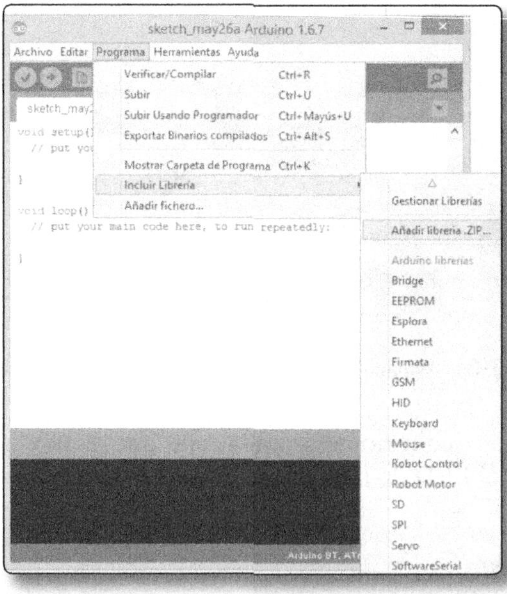

Figura 1.2-96. Menú para añadir una nueva librería en el Arduino IDE

Como ejemplo, utilizando el receptor de infrarrojos y el código de la actividad siguiente se ha visto que el código enviado al pulsar la tecla encender del mando a distancia de una tele ha sido el siguiente:

```
"3050, 1900, 600, 850, 650, 850, 600, 350, 650, 850, 600, 850,
650, 350, 600, 400, 600, 350, 650, 850, 600, 850, 650, 850, 600,
```

```
850, 650, 850, 600, 850, 650, 350, 600, 400, 600, 350, 600, 400,
600, 400, 550, 450, 500, 450, 500, 500, 500, 500, 450, 550, 450,
500, 450, 550, 400, 1050, 450, 1050, 400, 600, 400, 550, 400,
600, 400, 600, 350"
```

Los números que aparecen en el código son realmente tiempos de espera (en microsegundos) entre que se enciende el led y se apaga (es algo muy parecido al código Morse porque hay tiempos largos y tiempos cortos, pero más complejo). Otro dato que debemos tener en cuenta es la frecuencia de la trama de datos, que por lo general es de 38kHz.

Solo necesitamos enviar estos datos con nuestro Arduino y nuestro emisor de infrarrojos. El código para realizar esto, como ves a continuación, es muy sencillo.

```
#include <IRremote.h> // Librería https://github.com/shirriff/Arduino-IRremote
// El pin definido por defecto en la librería para enviar códigos IR es el 3
unsigned int enciende[68]={3050, 1900, 600, 850, 650, 850, 600, 350, 650, 850, 600, 850, 650, 350, 600, 400, 600, 350, 650, 850, 600, 850, 650, 850, 600, 850, 650, 850, 600, 850, 650, 350, 600, 400, 600, 350, 600, 400, 600, 400, 550, 450, 500, 450, 500, 500, 500, 500, 450, 550, 450, 500, 450, 550, 400, 1050, 450, 1050, 400, 600, 400, 550, 400, 600, 400, 600, 350}; //Sustituye este código por el de tu mando a distancia
IRsend irsend;
void setup() {}
void loop() {
    irsend.sendRaw(enciende,68,38); //68 es el numero de datos y 38 la frecuencia
    delay(1500);

}
```

Sube el programa a tu Arduino y apunta el sensor de infrarrojos hacia la tele (quizás debas acercarte si el emisor no tiene mucha potencia). Si has seguido todos los pasos tu tele debería encenderse.

1.2.19 Controla tu robot con el mando de la tele

En esta actividad, en lugar de enviar órdenes por infrarrojos como hacíamos en la actividad anterior, las recibiremos. Esto nos permitirá, entre otras muchas aplicaciones, controlar nuestro robot con el mando a distancia de la tele.

Componentes

Vamos a utilizar un receptor de infrarrojos de 38kHz como el de la Figura 1.2-97. Este receptor se puede adquirir en tiendas de electrónica o por Internet por un precio inferior al euro. También utilizaremos un robot basado en Arduino, como el PrintBot que estamos utilizando en este libro.

- Robot Printbot
  - Tarjeta Arduino UNO compatible o ZumBT
  - 2 servos de rotación continua encargados del movimiento del robot
- Receptor de infrarrojos a 38KHz
- Mando a distancia de una tele o cualquier otro aparato

Conexionado

Realizaremos el conexionado siguiente:

- Servo rueda izquierda → Pin *10* Arduino
- Servo rueda derecho → Pin *12* Arduino
- Receptor Infrarrojos 38kHz → Pin *11* Arduino
- USB Ordenador → USB Arduino

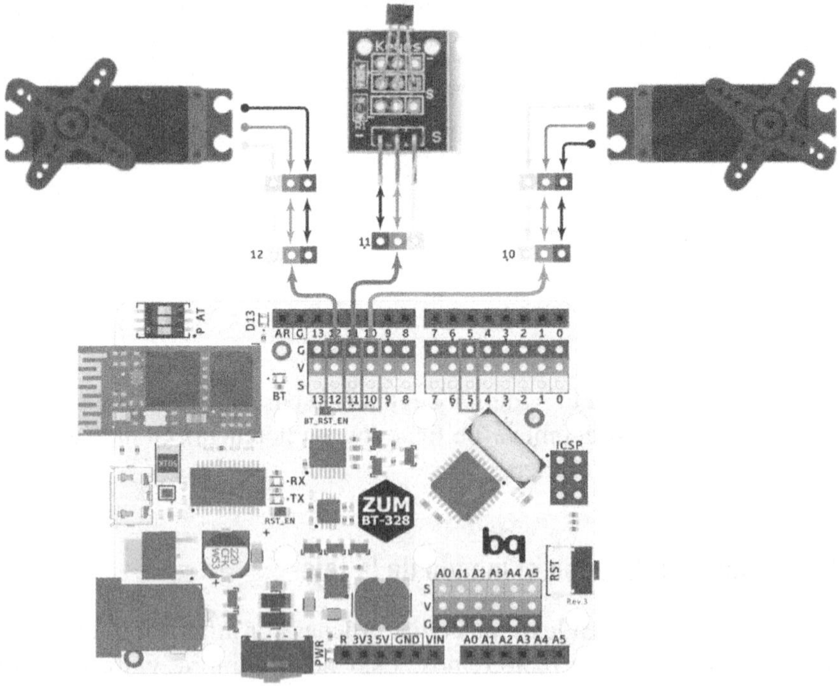

Figura 1.2-97. Conexionado receptor infrarrojos

Programación

Vamos a escribir un programa que mueva el robot en función de lo que se reciba por el infrarrojo. Para ello primero tenemos que saber qué nos va a enviar el mando a distancia. Por eso, y antes de poder controlar el robot, vamos a utilizar el siguiente programita que esté "a la escucha" y muestre por pantalla los datos recibidos cuando pulsamos un botón del mando a distancia.

```
#include <IRremote.h>
int RECV_PIN = 11;
IRrecv irrecv(RECV_PIN);
decode_results results;
void setup()
{
    Serial.begin(9600);
    irrecv.enableIRIn(); // Activa el receptor
}
void loop() {
    if (irrecv.decode(&results)) {
        Serial.println(results.value, HEX);
        irrecv.resume(); // Vuelve a esperar otro dato
    }
}
```

> **NOTA**
> Si quieres obtener el código de un mando a distancia para utilizarlo en la actividad anterior utiliza el siguiente programa: *https://github.com/z3t0/Arduino-IRremote/blob/master/examples/IRrecvDump/IRrecvDump.ino*.

Ahora realizamos los siguientes pasos:

- Subimos este programa a nuestra placa Arduino.
- Una vez subido, y sin desconectar el cable USB del PC, abrimos el monitor serie.
- Con el mando a distancia apuntado al receptor IR pulsamos el botón de canal *1* y anotamos el valor que se muestra en el monitor serie.
- Pulsamos ahora el botón de canal *2* y anotamos el valor recibido en el monitor serie.

Los valores anotados anteriormente deberán introducirse en el siguiente código. Como vemos, cuando recibamos el código que manda el botón *1* del mando a distancia haremos que el robot avance y cuando recibamos el código del botón *2* haremos que el robot se pare.

```
#include <Servo.h>
#include <IRremote.h>
Servo servo_continuo_izq;
Servo servo_continuo_der;
int RECV_PIN = 11;
IRrecv irrecv(RECV_PIN);
decode_results results;

void setup()
{
    Serial.begin(9600);
    irrecv.enableIRIn(); // Activa el receptor
}

void loop() {
    if (irrecv.decode(&results)) {
        Serial.println(results.value, HEX);
        if(results.value==16738455) //Codigo boton 1, cambialo por el tuyo
        { //hacemos que el robot avance
            servo_continuo_izq.write(0);
            servo_continuo_der.write(180);
        }

        if(results.value==16750695)//Codigo boton 2, cambialo por el tuyo
            {//hacemos que le robot pare
            servo_continuo_izq.write(90);
            servo_continuo_der.write(90);
        }
        irrecv.resume(); // Espera a otro dato
    }
}
```

Sube el código a tu robot ¡y muévelo con tu mando a distancia!

Para saber más sobre el protocolo de comunicación basado en envío y recepción de señales infrarrojas lee la Sección 4.5.

1.2.20 Encoders y Odometría (actividad de nivel avanzado)

La odometría es utilizada en robótica para saber dónde está un robot en función del movimiento de sus ruedas. En esta actividad construiremos y programaremos un enconder para dotar de esta capacidad a un robot de dos ruedas.

Componentes

Utilizaremos el robot Printbot o cualquier robot basado en Arduino UNO o compatible de dos ruedas con servos de rotación continua y dos sensores de infrarrojo. En particular, estos son los componentes que utilizaremos:

- ZUM BT o Arduino UNO compatible.
- Dos sensores de infrarrojo digitales (en bloques separados). Si no tienes sensores de infrarrojo en bloques separados, como ocurre en el PrintBot, puedes utilizar los sensores LDR en su lugar, pero el funcionamiento será peor ya que el LDR no leerá con la misma precisión la diferencia negro/ blanco del disco del encoder.
- Dos servos de rotación continua.
- Dos discos impresos con franjas blanco-negro como los de la Figura 1.2-98. Te puedes fotocopiar esta página o bajar el pdf con estos discos de nuestra página web *www.automaticayrobotica.es* para poder imprimirlos en tu impresora.

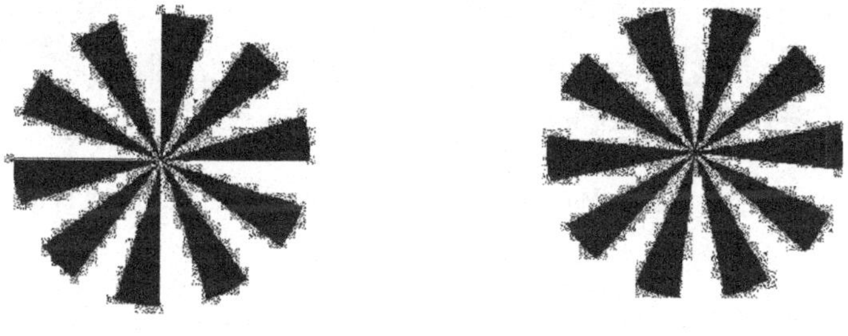

Figura 1.2-98. Discos para enconder de las ruedas

Ahora debemos montar el encoder en nuestro robot. Sigue los siguiente pasos:

- Primero deberemos desmontar las dos ruedas de nuestro robot y colocar cada sensor de infrarrojo de manera que quede enfrentado a la rueda lo más cercano posible pero sin tocarla (Figura 1.2-99.1). En el caso del

Printbot hemos optado por sujetarlo con una simple goma elástica, pero puedes también intentar atornillarlo al chasis.

- Pon cinta de doble cara en la parte interna de cada rueda (Figura 1.2-99.2) y pega los discos (Figura 1.2-99.3).
- Vuele a colocar las ruedas a los servos de rotación continua (Figura 1.2-99.4).

En nuestra web encontrarás instrucciones de cómo colocar los encoders en otros robots, como el robot Renacuajo de BQ.

Figura 1.2-99. Montaje de un encoder en un robot de 2 ruedas (Printbot)

Conexionado

Realizaremos el siguiente conexionado entre los componentes y la tarjeta Arduino.

- Infrarrojo izquierdo → Pin *3* Arduino
- Infrarrojo derecho → Pin *2* Arduino
- Motor izquierdo → Pin *9* Arduino
- Motor derecho → Pin *6* Arduino

Programación

Para poder programar esta actividad tenemos que entender antes unas sencillas ecuaciones que nos van a permitir determinar cómo se mueve un robot en función de cuánto giran sus ruedas.

Primero debemos saber que cada vez que el encoder pase de leer blanco a leer negro incrementará una cuenta (es decir, vamos a contar cuantas veces pasa de negro a blanco, cosa que ocurre a medida que la rueda va girando). Si el robot se mueve, en un tiempo ***t*** el **encoder** izquierdo contará ***Ni*** cambios de color, y el derecho contará ***Nd*** cambios.

Utilizaremos un factor de conversión ***f*** entre cuentas y desplazamiento definido por la ecuación:

$$f = \pi D / R$$

donde ***R*** es la resolución del ***encoder*** (en cuentas por vuelta) y ***D*** el diámetro de la rueda (la resolución del disco de la Figura 1.2-98 es 20, y en el caso de PrintBot, el diámetro de la rueda es 6 cm).

La distancia recorrida (***L***) por cada rueda será:

$$Li = f \cdot Ni$$

$$Ld = f \cdot Nd$$

De esta manera, el centro del robot ***C*** se habrá desplazado la siguiente distancia (***LC***):

$$LC = (Li + Ld) / 2.$$

Además, podemos saber cuánto ha girado el robot sobre su eje con la siguiente ecuación:

$$\Delta\theta = (Ld - Li) / B$$

donde ***B*** es la distancia entre ruedas (siendo 9cm en el caso del Printbot).

Por último, si ***x(0), y(0),*** *θ(0)* eran las coordenadas iniciales del robot, la nuevas coordenadas (posición y orientación) del robot después del movimiento serán:

$$\theta(t) = \theta(0) + \Delta\theta$$

$$x(t) = x(0) + LC \cos \theta(t)$$

$$y(t) = y(0) + LC \operatorname{sen} \theta(t)$$

Estas ecuaciones se traducen en el siguiente código Arduino que te puedes descargar de nuestra página web (debido a la complejidad del código en esta actividad no utilizaremos programación por bloques):

```
#include <SoftwareSerial.h>
#include <Servo.h>

int LeftSensor;
int RightSensor;

int cont_izq;
int cont_der; //contador de pulsos
int estado_der; //estado 0 es negro 1 es blanco
int estado_izq;

Servo servo_6; //motor rueda izquierda
Servo servo_9;//motor rueda derecha

void setup(){

    Serial.begin(19200);
    delay(1000);

    pinMode(2, INPUT); //sensor rueada izquierda
    pinMode(3, INPUT);//sensor rueda derecha

    cont_der = 0; //contador de pulsos
    cont_izq = 0;
    estado_der = 0; //estado 0 es negro 1 es blanco
    estado_izq = 0;

    servo_6.attach(6);
    servo_9.attach(9);

}
void Forward(){
    servo_6.write(0);
    servo_9.write(180);
}

void Motor_Stop(){
    servo_6.write(90);
    servo_9.write(90);
}


void odometria(){
    //CALCULO LA POSICION X,Y y ORIENTACION THETA

    float  pi= 3.1416;
    float  diametro=5.70; //cm
    float  resolucion= 20; //ticks por vuelta del encoder
    float  dist_entre_ruedas=8.5;//cm
```

```
    float  f= pi*diametro/resolucion; //FACTOR DE CONVERSION
    float  dist_rueda_izq=f*cont_izq;
    float  dist_rueda_der=f*cont_der;
    float  dist_centro_robot=(dist_rueda_izq + dist_rueda_der)/2;
    float  theta= (dist_rueda_izq - dist_rueda_der)/dist_entre_ruedas;
    float  x=dist_centro_robot*cos(theta);
    float  y=dist_centro_robot*sin(theta);

    //MUESTRO POR EL SERIE LA POSICION X Y

    Serial.print("x = ");
    Serial.println(x);
    Serial.print("y = ");
    Serial.println(y);

    Serial.print("cont_izq = ");
    Serial.println(cont_izq);

    Serial.print("cont_der = ");
    Serial.println(cont_der);

    delay(1000);
}

void loop(){

    if( millis() < 4000){ // la ejecucion de movimientos durara 4 segundos

        if( millis() < 2000)  Forward(); //tiempo en el que se mueven los motores
        if( millis() > 2000)   Motor_Stop(); //tiempo en el que espero que termine de moverse el robot

        LeftSensor = digitalRead(2);  // Read value from left sensor
        RightSensor = digitalRead(3); // Read value from right sensor

        if((LeftSensor==1) & (estado_izq==0)){ //cambio de estado a 0
            cont_izq=cont_izq+1;
            estado_izq=1;
        }
        if((LeftSensor==0) & (estado_izq==1)){ //cambio de estado a 1
            cont_izq=cont_izq+1;
            estado_izq=0;
        }
        if((RightSensor==1) & (estado_der==0)){ //cambio de estado a 0
```

```
                cont_der=cont_der+1;
                estado_der=1;
            }
            if((RightSensor==0) & (estado_der==1)){ //cambio
        de estado a 1
                cont_der=cont_der+1;
                estado_der=0;
            }
        }
        else{ //una vez que han pasado 4 segundos muestro el
    resultado

            Motor_Stop();

            odometria();
        }
    }
```

Coloca el robot sobre un folio de papel cuadriculado, conéctalo al puerto USB y carga el programa. Luego abre un monitor serie y enciende el robot. Se moverá durante dos segundos y se parará. Pinta con un lápiz el punto de partida (con la orientación) y el punto de llegada (con la orientación) y comprueba que los valores que te envía el robot por el puerto serie de lo que se ha movido corresponden con lo que has medido en la realidad (véase Figura 1.2-100).

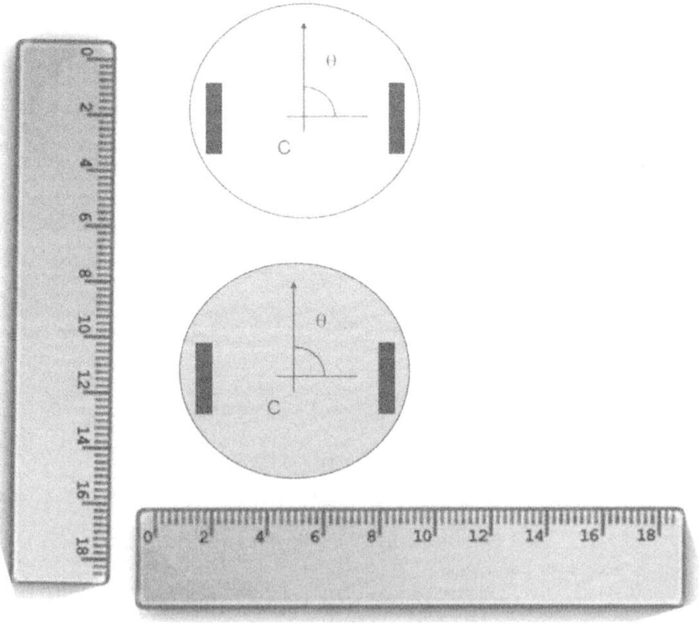

Figura 1.2-100. Comprobación de la odometría de un robot

Como verás existe un error (esperemos que pequeño) entre lo que el robot cree que se ha movido y lo que realmente se mueve. Esto es debido a varias razones, como puede ser la poca precisión del sensor o los deslizamientos de las ruedas. En los robots reales la odometría funciona mejor, pero aun así tiene fallos, lo que hace que no se utilice como único medio para saber cuánto se mueve un robot, sino que se utiliza con otros sistemas como por ejemplo sensores laser, GPS, etc.

Modifica el código para realizar otros movimientos (como giros) y comprueba también qué tal calcula los desplazamientos y giros reales tu sistema de odometría.

1.2.21 Display LCD y memorias

En este apartado vamos a utilizar un Display LCD para mostrar datos procedentes de nuestra placa ZUM BT o Arduino UNO compatible.

Hay diferentes tipos de displays LCD. Podemos clasificarlos en función del número caracteres que pueden representar (los hay por ejemplo de 16x2 como el de la Figura 1.2-101-derecha o 16x4 como el de la Figura 1.2-101-izquierda). También los podemos clasificar en función de la manera que tienen de recibir datos (con comunicación I2C, SPI o serie).

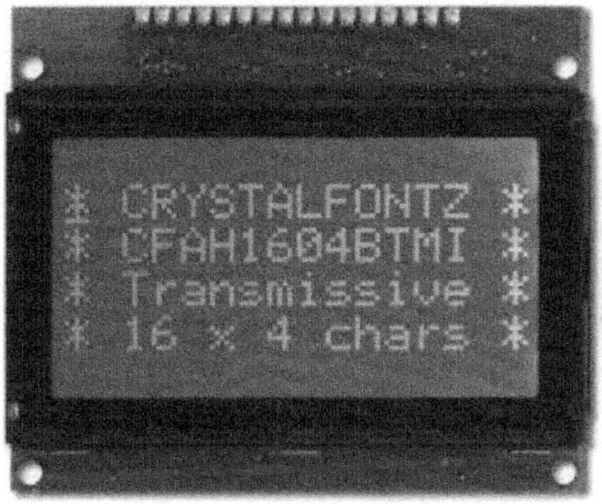

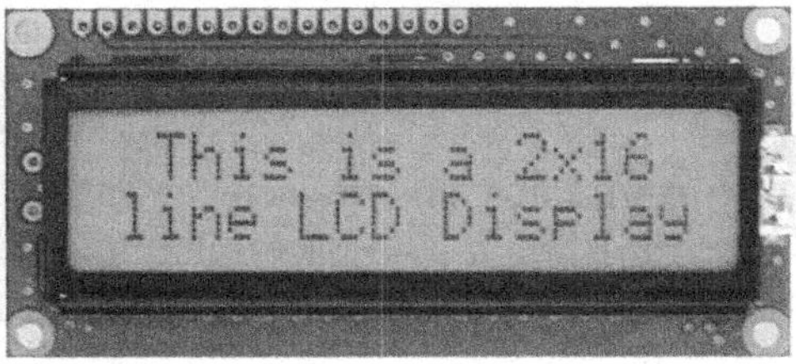

Figura 1.2-101. Display de 16x4 caracteres (izquierda), Display de 16x2 caracteres (derecha)

Nosotros utilizaremos un display 16x2 caracteres (16 columnas 2 filas) con una comunicación I2C, pero utilizar otro tipo de displays resulta muy sencillo con Arduino y hay multitud de tutoriales en la web de cómo hacerlo.

Componentes

- Tarjeta ZUM BT o Arduino UNO compatible.
- Display LCD de BQ o cualquiera con comunicación I2C.

1.2.21.1 HOLA MUNDO

Vamos a empezar programando una aplicación muy sencilla que muestre un mensaje de saludo por nuestro display.

Conexionado

Seguiremos el conexionado mostrado en la Figura 1.2-102

- Pin *SCL* Display → Pin *A5* Arduino.
- Pin *SDA* Display → Pin *A4* Arduino.
- Pin *VCC* Display → Cualquier pin *VCC* Arduino.
- Pin *GND* Display → Cualquier pin *GND* Arduino.

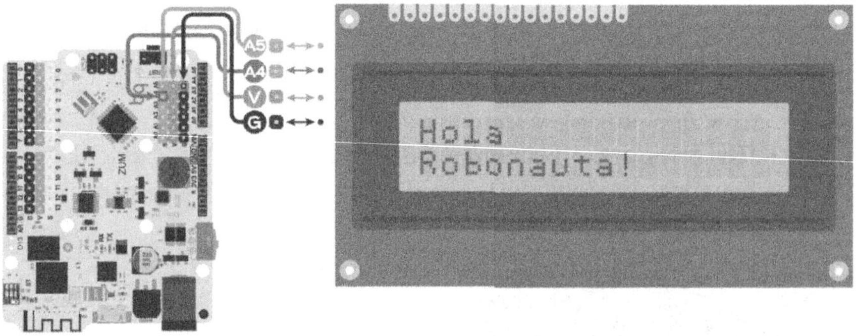

Figura 1.2-102. Conexionado por I2C con LCD de 16x2 caracteres (de diwo.bq.com)

Abriremos un proyecto en Bitbloq y añadiremos la placa Arduino y el display. En Bitbloq sólo hace falta unir el pin SCL del display con el A5 y el pin SDA del display con el pin A4 (ver Figura 1.2-103).

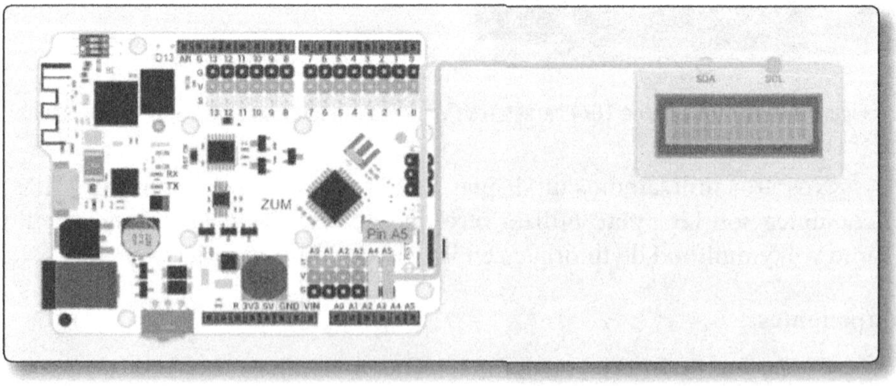

Figura 1.2-103. Conexionado en bitbloq de un Display LCD

Programación

Para poder ver bien el texto los displays tienen una luz de retroiluminación. Esta luz puede encenderse o apagarse para ahorrar energía. Por eso, lo primero que haremos, como vemos en la Figura 1.2-104, es encender esta retroiluminación y posteriormente mandar el mensaje que queremos que muestre. Como puedes ver, hemos colocado los bloques en la parte *Setup* del código ya que en esta actividad sólo vamos a mostrar un mensaje, y con mandárselo una vez al display éste ya lo mantiene todo el tiempo (recuerda que el código escrito en el *Setup* sólo se ejecuta una vez justo antes del *Loop* que se ejecuta una y otra vez).

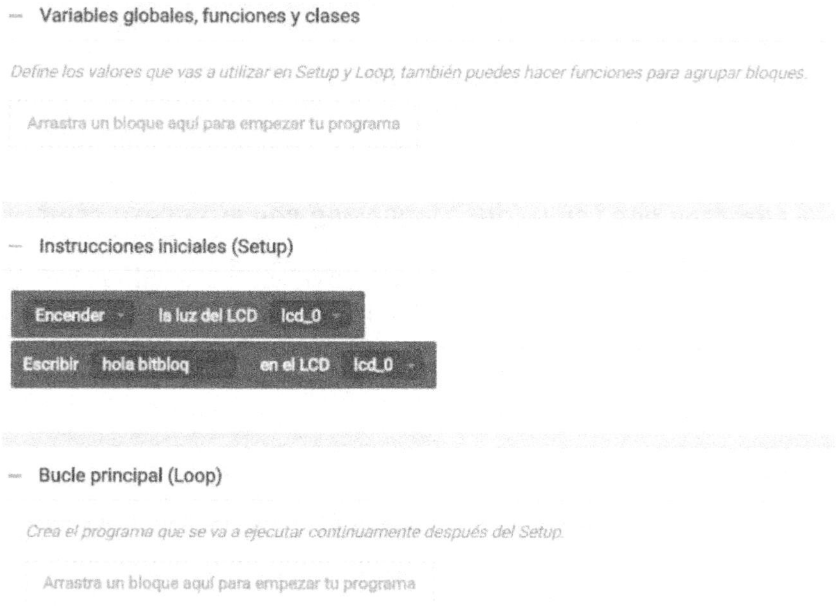

Figura 1.2-104. Código de bloques de la actividad Hola Mundo del display

El código Arduino se muestra a continuación. Como vemos hay más cosas que debemos tener en cuenta cuando escribimos código en Arduino para el uso de un display. Además de indicar qué tipo de display estamos utilizando (línea 11) deberemos utilizar comandos para:

- Borrar el contenido del display cuando queramos escribir algo nuevo y que no se vea lo que había antes (`clear` de la línea 12).
- Activar la luz de retroiluminación (`SetBackLight` de la línea 13).
- Mandar mensaje de texto (`print` de la línea 14).

```
/***   Included libraries   ***/
#include <Wire.h>
#include <BitbloqLiquidCrystal.h>


/***   Global variables and function definition   ***/
LiquidCrystal lcd_0(0);

/***   Setup   ***/
void setup() {
    lcd_0.begin(16, 2);
    lcd_0.clear();
    lcd_0.setBacklight(HIGH);
    lcd_0.print("Hola Bitbloq");
}

/***   Loop   ***/
void loop() {}
```

1.2.21.2 MOSTRAR POR LCD LO QUE MANDAMOS POR EL PUERTO SERIE

Vamos a complicar un poco más la actividad, mostrando por el LCD un mensaje que hayamos mandado desde nuestro PC a la Placa ZUM BT o Arduino UNO compatible. Esto puede servir, por ejemplo, para comprobar que las comunicaciones entre nuestro PC y nuestro robot funcionan bien.

Conexionado

Al conexionado anterior vamos a añadir el cable USB que conecta el PC con la placa de Arduino.

- Pin *SCL* Display → Pin *A5* Arduino.
- Pin *SDA* Display → Pin *A4* Arduino.
- Pin *VCC* Display → Cualquier pin *VCC* Arduino.
- Pin *GND* Display → Cualquier pin *GND* Arduino.
- USB PC→ USB Arduino

En Bitbloq abriremos un nuevo proyecto y conectaremos el LCD y el USB como aparece en la Figura 1.2-105.

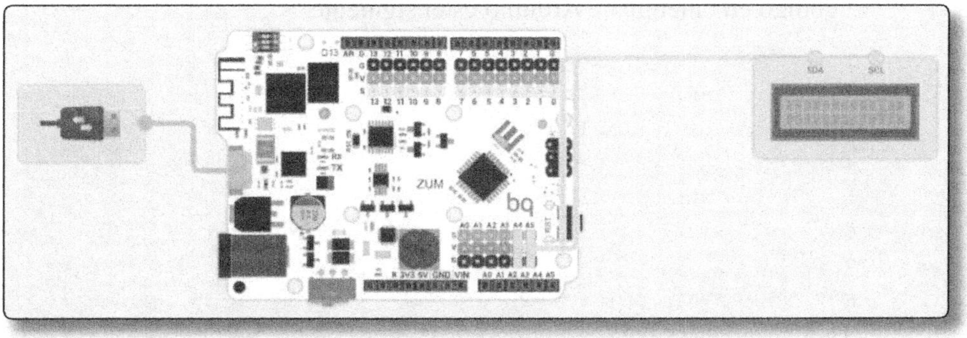

Figura 1.2-105. Conexionado en Bitbloq para esta actividad

Programación

Vamos a realizar un programa por bloques que reenvíe lo que llega por el puerto serie al LCD. Para ello utilizaremos una variable de texto en la que guardaremos todo lo que se recibe por el puerto serie. Si esta variable no está vacía, es decir, tiene almacenado uno o más caracteres, entonces enviaremos su contenido por el bus I2C.

Declaración de la variable *texto* donde almacenaremos los caracteres que llegan por el puerto serie

Encendemos la retroilumniacion del LCD y mostramos HOLA (contenido hasta este momento en la variable *texto*)

Leemos del puerto serie y lo almacenamos en *texto* Si el número de caracteres de esa variable (longitud) es mayor que cero entonces limpiamos el lcd y escribimos el contenido de *texto*.

El código en el lenguaje Arduino es el siguiente:

```
/***   Included libraries   ***/
#include <Wire.h>
#include <BitbloqLiquidCrystal.h>
#include <SoftwareSerial.h>
#include <BitbloqSoftwareSerial.h>


/***   Global variables and function definition   ***/
LiquidCrystal lcd_0(0);
bqSoftwareSerial puerto_serie_0(0, 1, 9600);
String texto = "hola ";

/***   Setup   ***/
void setup() {
    lcd_0.begin(16, 2);
    lcd_0.clear();
    lcd_0.setBacklight(HIGH);
    lcd_0.print(texto);
}

/***   Loop   ***/
void loop() {
    texto = puerto_serie_0.readString();
    if (texto.length() > 0) {
        lcd_0.clear();
        lcd_0.print(texto);
    }
}
```

1.2.21.3 MUESTRA EL VALOR DE UNA SEÑAL ANALÓGICA

Los displays son muy útiles para mostrar información del estado interno de un robot sin que sea necesario conectarlo a un PC u otro dispositivo. En esta actividad leeremos el valor de un potenciómetro y lo mostraremos por el display.

Conexionado

Al conexionado de la actividad anterior vamos a añadir un potenciómetro, que como recordaremos de actividades anteriores, es un sensor analógico.

- Pin *SCL* Display → Pin *A5* Arduino
- Pin *SDA* Display → Pin *A4* Arduino
- Pin *VCC* Display → Cualquier pin *VCC* Arduino
- Pin *GND* Display → Cualquier pin *GND* Arduino
- USB PC→ USB Arduino
- Potenciómetro→ PIN *A1* Arduino

Abriremos bitbloq y generaremos un proyecto con los componentes y conexionado anteriormenete indicado (véase Figura 1.2-106).

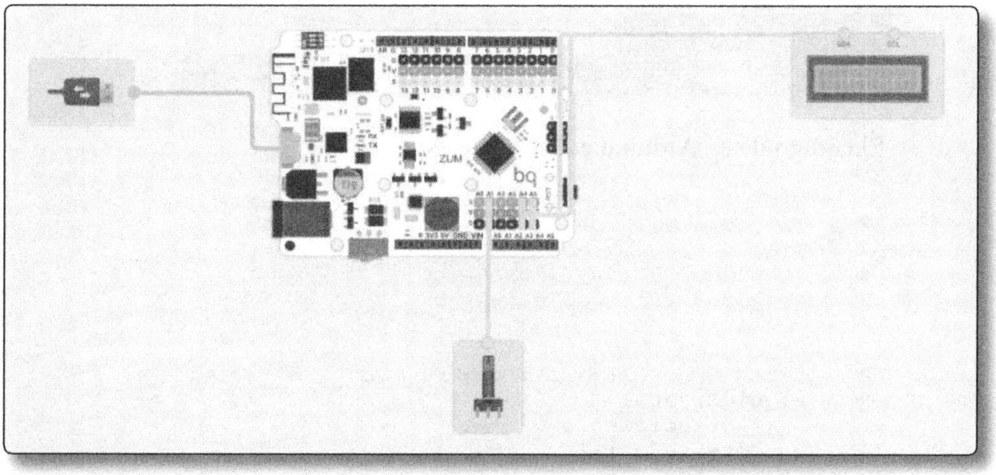

Figura 1.2-106. Conexionado para mostrar el valor de un potenciómetro en un display

Programación

En este caso tendremos una variable donde almacenaremos el valor del potenciómetro. Simplemente lo que haremos, como vemos en código de bloques siguiente, es ir leyendo del potenciómetro y escribiendo el valor en el LCD (como siempre habrá que borrar la pantalla antes de escribir para que no se superpongan los caracteres).

– Variables globales, funciones y clases

– Instrucciones iniciales (Setup)

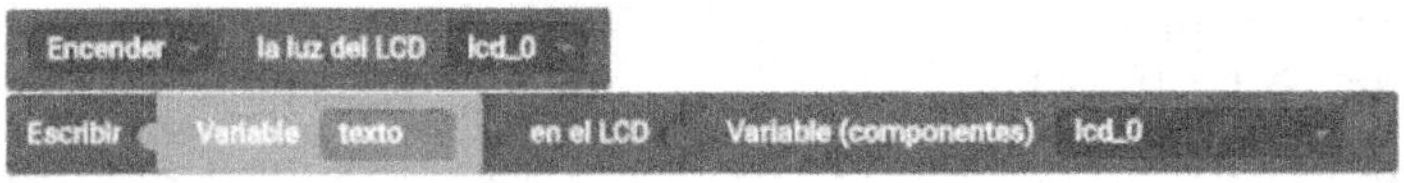

– Bucle principal (Loop)

El código de en Arduino equivalente es:

```
/***   Included libraries   ***/
#include <Wire.h>
#include <BitbloqLiquidCrystal.h>
#include <SoftwareSerial.h>
#include <BitbloqSoftwareSerial.h>


/***   Global variables and function definition   ***/
LiquidCrystal lcd_0(0);
int potenciometro_0 = A1;
bqSoftwareSerial puerto_serie_0(0, 1, 9600);
String texto = "hola ";

/***   Setup   ***/
void setup() {
    lcd_0.begin(16, 2);
    lcd_0.clear();
    pinMode(potenciometro_0, INPUT);
    lcd_0.setBacklight(HIGH);
    lcd_0.print(texto);
}

/***   Loop   ***/
void loop() {
    delay(500);
    lcd_0.clear();
    lcd_0.print(analogRead(A1));
}
```

Para saber más acerca de las pantallas LCD, lee la Sección 4.6.

1.2.22 Generación de tonos con un zumbador

En esta actividad vamos a generar sonidos con nuestro robot. Para ello utilizaremos un zumbador, que es un pequeño altavoz.

Componentes

- Tarjeta ZUM BT o Arduino UNO compatible.
- Zumbador (como el que viene en el Kit de robótica de BQ o cualquier otro que compres en una tienda de electrónica o en Internet).

Conexionado

Conectaremos el zumbador a cualquier pin que disponga de PWM de nuestro Arduino Uno o compatible (recuerda que estos pines especiales tienen una marca junto al número de pin). Por ejemplo, podemos utilizar el pin 7 como aparece en la Figura 1.2-107.

- Zumbador→ Pin *7* Arduino

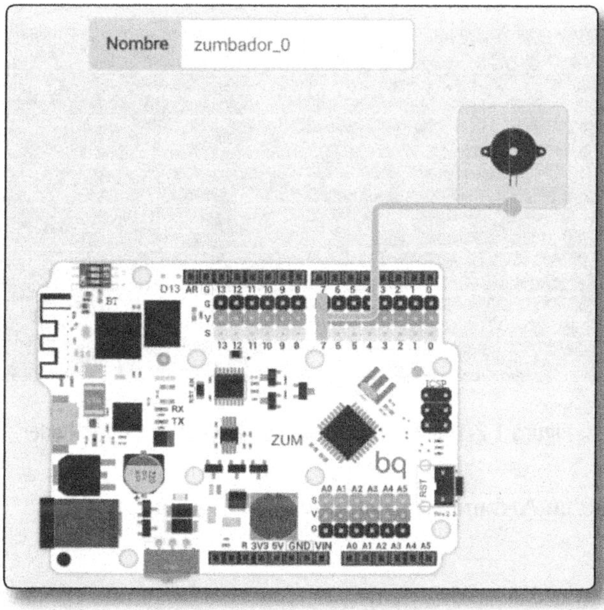

Figura 1.2-107. Conexionado del zumbador a la placa Zum BT

Programación

La programación en bloques de Bitbloq de un zumbador es muy sencilla como vemos en el siguiente programa. Básicamente, sólo tenemos que elegir tonos y secuenciarlos para realizar una melodía.

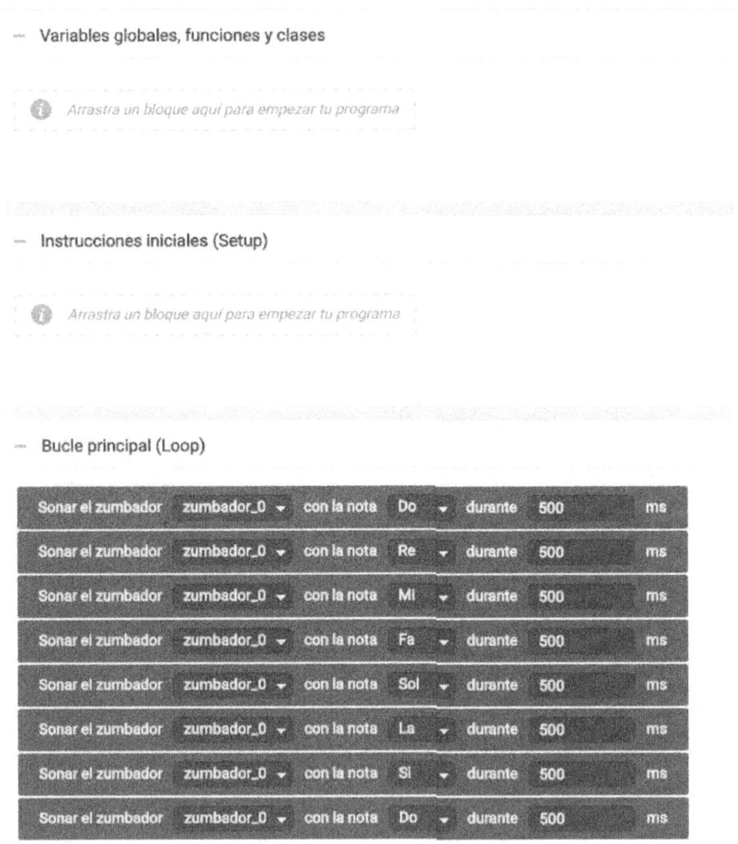

Figura 1.2-108. Programación por bloques de un zumbador

El código en Arduino equivalente es el siguiente:

```
/***   Included libraries   ***/


/***   Global variables and function definition   ***/
const int zumbador_0 = 7;

/***   Setup   ***/
```

```
void setup() {}

/***   Loop   ***/
void loop() {
    tone(zumbador_0, 261, 500);
    delay(500);
    tone(zumbador_0, 293, 500);
    delay(500);
    tone(zumbador_0, 329, 500);
    delay(500);
    tone(zumbador_0, 349, 500);
    delay(500);
    tone(zumbador_0, 392, 500);
    delay(500);
    tone(zumbador_0, 440, 500);
    delay(500);
    tone(zumbador_0, 494, 500);
    delay(500);
    tone(zumbador_0, 261, 500);
    delay(500);
}
```

Como vemos, se utiliza la función `tone` que tiene como argumentos de entrada el pin en el que está conectado el zumbador (en este caso el pin *7*), la frecuencia de la onda que va a producir el sonido (en Hz) y la duración del sonido (en milisegundos).

1.2.23 Motores paso a paso (actividad de nivel avanzado)

En este proyecto vamos a controlar un motor paso a paso. Este tipo de motores son muy utilizados en robótica y en electrónica en general, como por ejemplo en impresoras, discos duros, etc.

Componentes

- Placa ZumBT o Arduino compatible.
- Motor de paso a paso bipolar (no contenido en el kit de robótica de BQ). Puede adquirirse en cualquier tienda de electrónica o también puedes sacarlo de una impresora antigua. En nuestro caso utilizaremos el motor que llevan las impresoras 3D de BQ (ver Figura 1.2-109).
- Placa de alimentación de motores basada en un integrado L298N (no contenida en el kit de robótica de BQ). Esta placa es la misma de la actividad 1.2.12 y se utiliza en cualquier desarrollo con Arduino que

necesite alimentar motores de continua o motores paso a paso. Puede adquirirse en tiendas de electrónica o en la web.

Figura 1.2-109. Motor paso a paso bipolar utilizado en las impresoras 3D Witbox de BQ

Conexionado

Debemos conectar los cuatro cables del motor a la tarjeta con el L298N. Cada pareja de cable corresponde a un bobinado del motor, por lo que conectaremos un bobinado a la salida "*motor A*" del L298N y otro bobinado a la salida "*motor B*". Utilizaremos cuatro pines de la tarjeta Arduino para controlar la activación de las bobinas que realiza el L298N. El conexionado queda tal como se muestra en la Figura 1.2-110. En concreto, estas son las conexiones que debemos hacer:

- Pin 8 Arduino → Pin *IN1* placa L298N
- Pin *9* Arduino → Pin *IN2* placa L298N
- Pin *10* Arduino → Pin *IN3* placa L298N
- Pin *11* Arduino → Pin *IN4* placa L298N
- Jumper de *ENA* puesto (es decir *ENA* está a 5V).
- Jumper de *ENB* puesto (es decir *ENB* está a 5V).
- Pin *VIN* Arduino → Pin *6-12V* placa L298N
- Pin *GND* Arduino → Pin *GND* placa L298N

- Cables motor → Pin *Motor A* y Pin *Motor B* de placa L298N como se muestra en la Figura 1.2-110.
- Cables (+,-) porta pilas → Jack alimentación Arduino

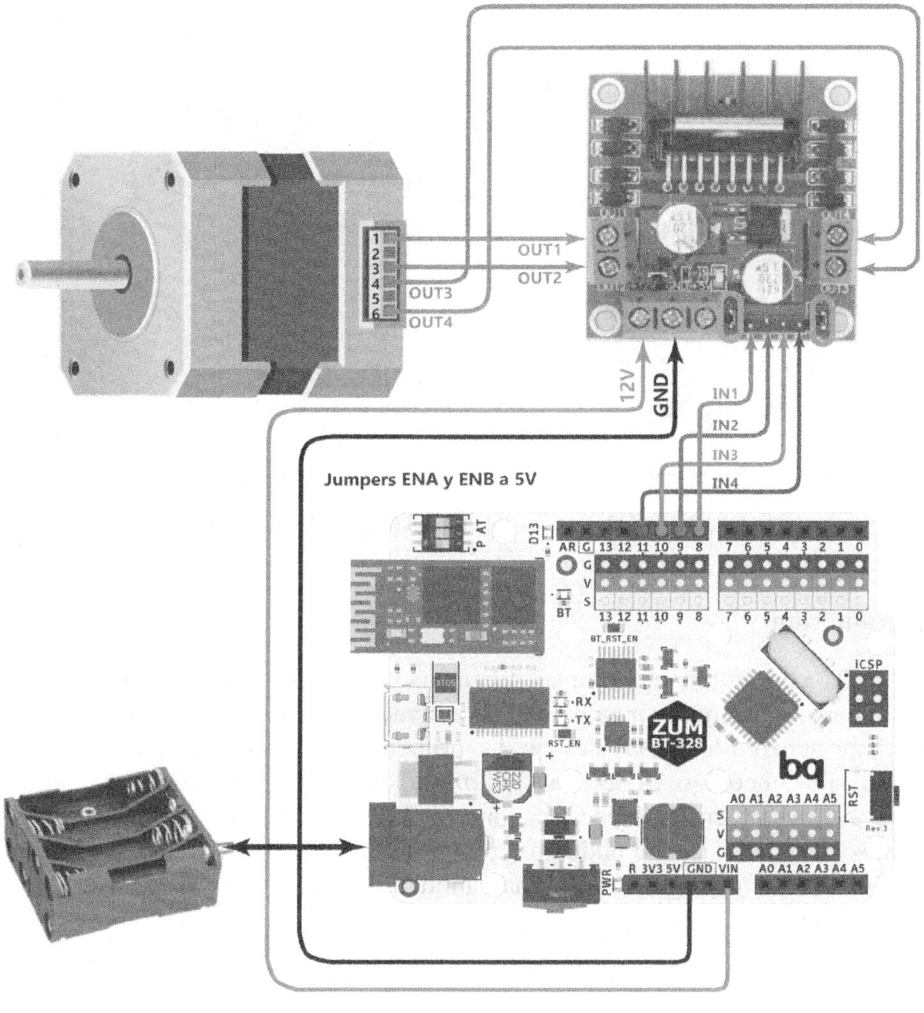

Figura 1.2-110. Conexionado de un motor paso a paso a una tarjeta basada en el L298N y un Arduino UNO compatible

En la Figura 1.2-111 podemos ver cómo conectar la placa ZUM BT de nuestro robot Printbot a la tarjeta con el chip L298N para controlar el movimiento del motor paso a paso.

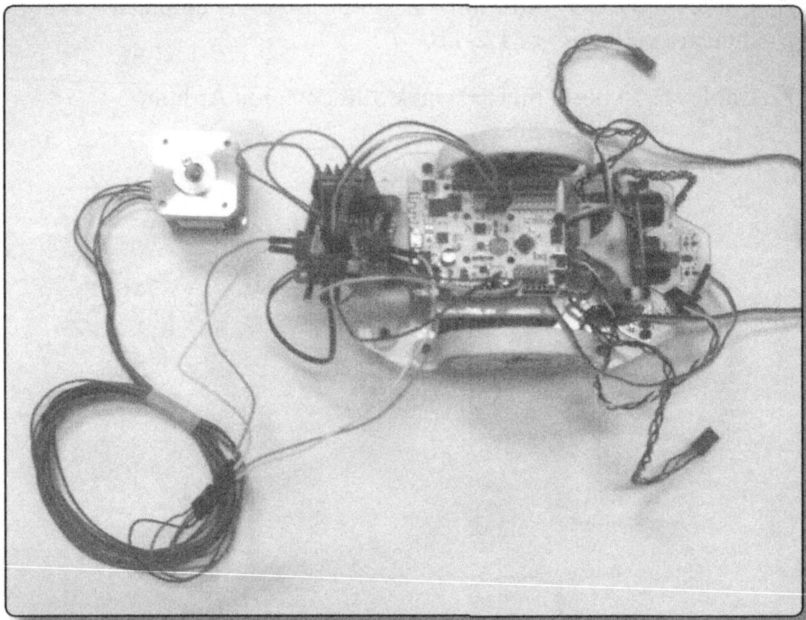

Figura 1.2-111. Conexión al Printbot de un motor Paso a Paso

Programación

Para programar el motor se utiliza una librería de Arduino llamada `Stepper`. Esta librería se encarga de ir cambiando la activación de los pines para que las bobinas del motor generen los pasos del eje. Lo primero que debemos hacer, como vemos en la línea 6 del código, es decirle a la librería los pasos que tiene nuestro motor por vuelta (esto viene en las especificaciones o *datasheet* del motor) y a qué pines lo tenemos conectado. Luego podemos configurar la velocidad a la que queremos que gire (línea 10) o decirle que gire una cantidad de paso con la función `step` como podemos ver en la línea 22.

```
1   #include <Stepper.h> //esta libreria se encarga del con-
    trol del motor
2
3   const int pasosPorRevolucion = 200;  // este valor de-
    pende de las caracteristicas del motor
4
5   //se inicializa la libreria los pines 8 a 11
6   Stepper myStepper(pasosPorRevolocion, 8,9,10,11);
7
8   void setup() {
9       // se establece la velocidad en 50rpm
```

```
    mySteppe r.setSpeed(50);

}

void loop() {
    // gira una vuelta en una dirección

    myStepper.step(stepsPerRevolution);
    delay(500);

    // gira otra vuelta en la otra dirección

    myStepper.step(-stepsPerRevolution);
    delay(500);
}
```

2

ROBÓTICA CON LEGO

Una de las plataformas robóticas más utilizadas en educación es la plataforma Lego Mindstorms. Tiene una gran versatilidad en el número de diseños (véase Figura 2-1) que se pueden realizar con cualquiera de los kits existentes y disponibles tanto en versión comercial (*retail*) como en versiones destinadas directamente a educación (*educational*).

Figura 2-1. Distintos modelos de robots móviles que se pueden construir con las versiones NXT y EV3 de Lego Mindstorms

Nació en el año 1998 como fruto de una colaboración entre la empresa danesa Lego, fabricante de juguetes de construcción para niños, y el MIT (*Massachussets Institute of Technology*), uno de los centros de investigación en tecnología más importantes a nivel mundial. Desde entonces ha pasado por tres generaciones: RCX (1998), NXT (2006) y la actual, EV3 (2013).

Figura 2-2. Distintos bloques de control de Lego Mindstorms. De izquierda a derecha: RCX, NXT y EV3

2.1 PRESENTACIÓN DE LEGO MINDSTORMS

Lego Mindstorms es una arquitectura modular de creación de sistemas automáticos, como por ejemplo robots, controlados mediante un microcontrolador.

Las partes activas del sistema son los sensores, los actuadores y el microcontrolador, mientras que los elementos estructurales se construyen mediante un sistema de bloques pasivos con multitud de componentes de distintos tamaños y funcionalidades.

De hecho, la cantidad de estructuras automáticas que se pueden construir mediante los kits de Lego son muy variadas y existe una comunidad muy activa en internet que aporta nuevos diseños continuamente.

En los siguientes apartados se presentarán los componentes de Lego Mindstorms, indicando las diferencias entre las dos últimas generaciones (NXT y EV3). La mayor parte del capítulo se dedicará a la programación de Lego Mindstorms mediante el Software EV3, puesto que es compatible tanto con los microcontroladores de EV3 como con los de NXT.

Para más información, se recomienda descargar la Guía de Uso de Lego Mindstorms EV3, disponible en *http://www.lego.com/es-es/mindstorms/downloads/user-guide*.

2.1.1 Elementos mecánicos

Dependiendo del kit adquirido, el número de piezas y sus tipos pueden variar. Por ejemplo, dos dc los kits más populares de NXT eran el 8527 y el 9797. Las piezas contenidas en estos kits se muestran en la Figura 2.1-1 y la Figura 2.1-2 respectivamente.

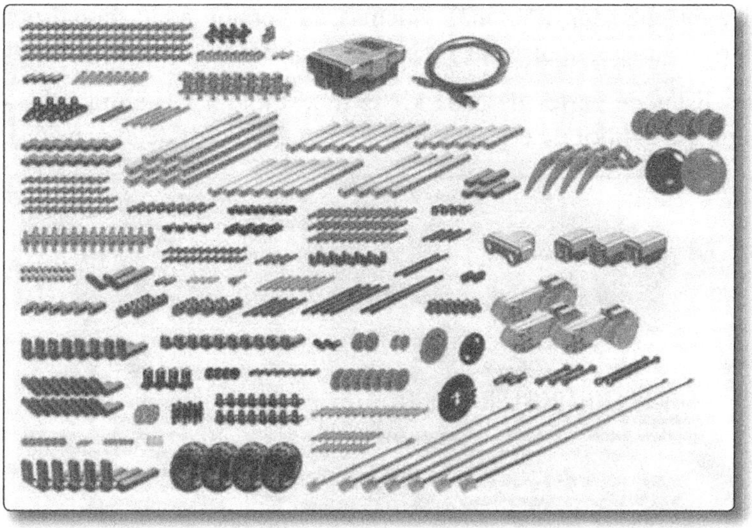

Figura 2.1-1. Listado de partes del kit 8527 de Lego NXT

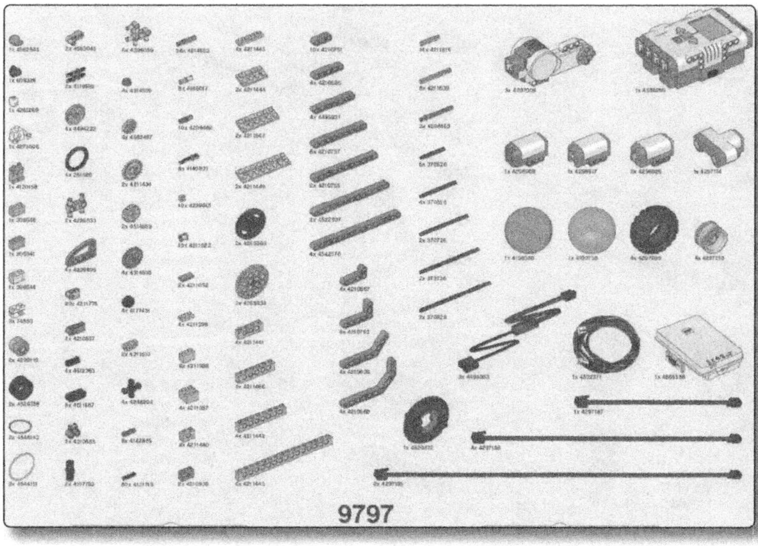

Figura 2.1-2. Listado de partes del kit educativo 9797 de Lego NXT

Por otro lado, existen dos versiones comerciales de EV3: para el hogar (*Home Edition*), 31313, y para educación (*Educational Core Set*), 45544, además de un kit de expansión (*Education Expansion Set*), 45560.

Tienen algunas diferencias sensibles, como los sensores que incorpora cada versión: mientras que la versión para el hogar incorpora un sensor y una baliza de infrarrojos, la versión educacional lo sustituye por un sensor ultrasónico, un giróscopo y un pulsador adicional. Además, la versión educacional tiene una caja con compartimentos para ordenar las piezas fácilmente.

Las listas de partes de cada kit se muestran en la Figura 2.1-3 (kit para el hogar), Figura 2.1-4 (kit de educación) y Figura 2.1-5 (kit de expansión).

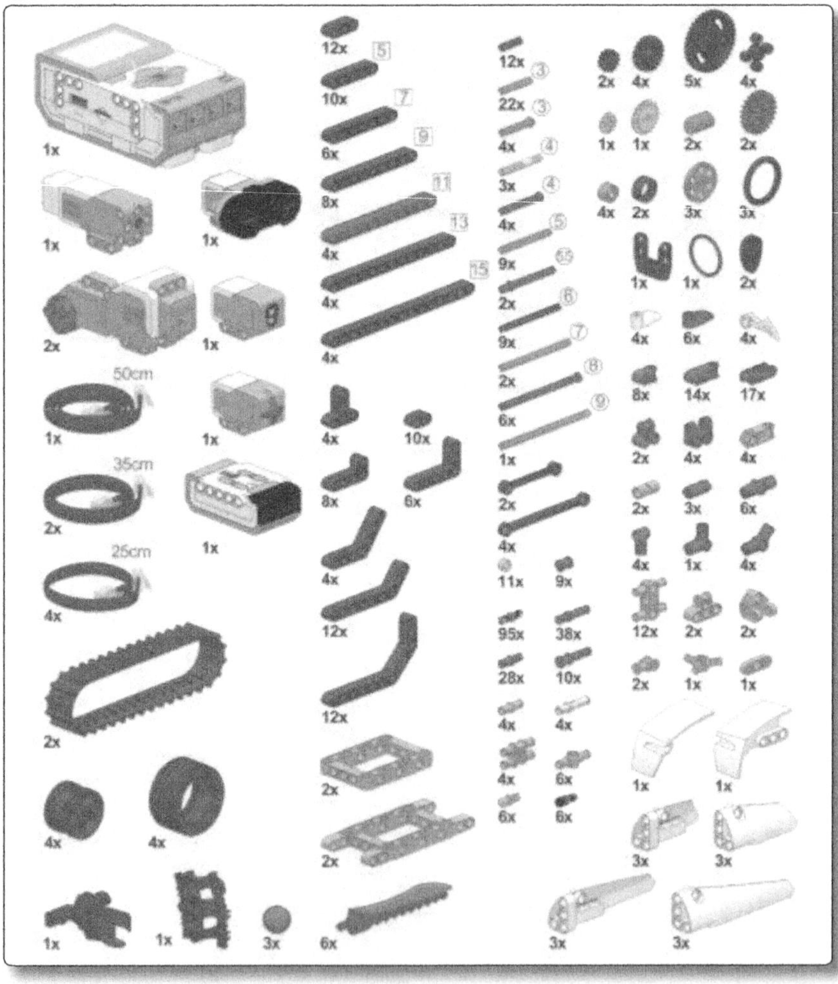

Figura 2.1-3. Listado de partes del kit 31313 de Lego EV3 © Laurens Valk 2013 I robotsquare.com

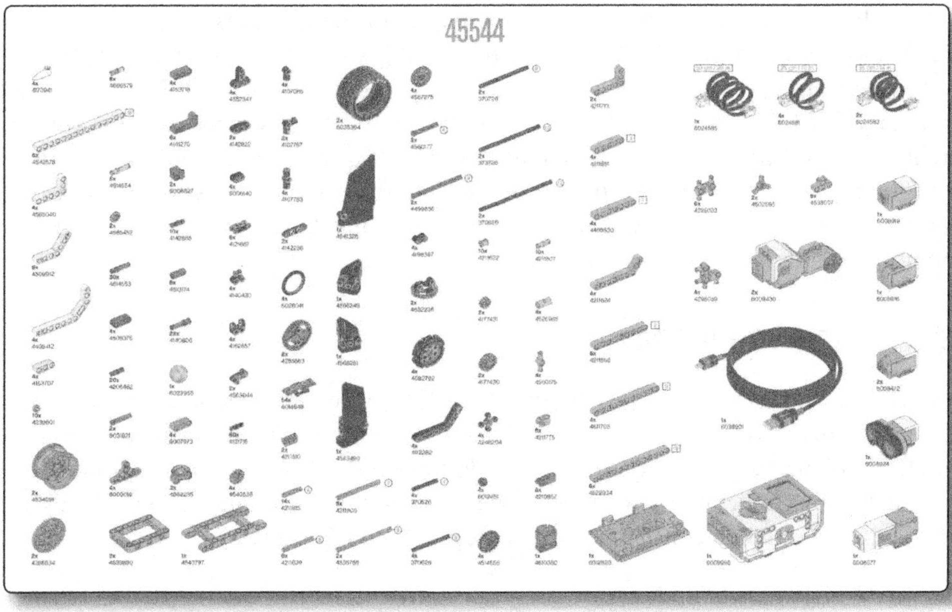

Figura 2.1-4. Listado de partes del kit educacional 45544 de Lego EV3

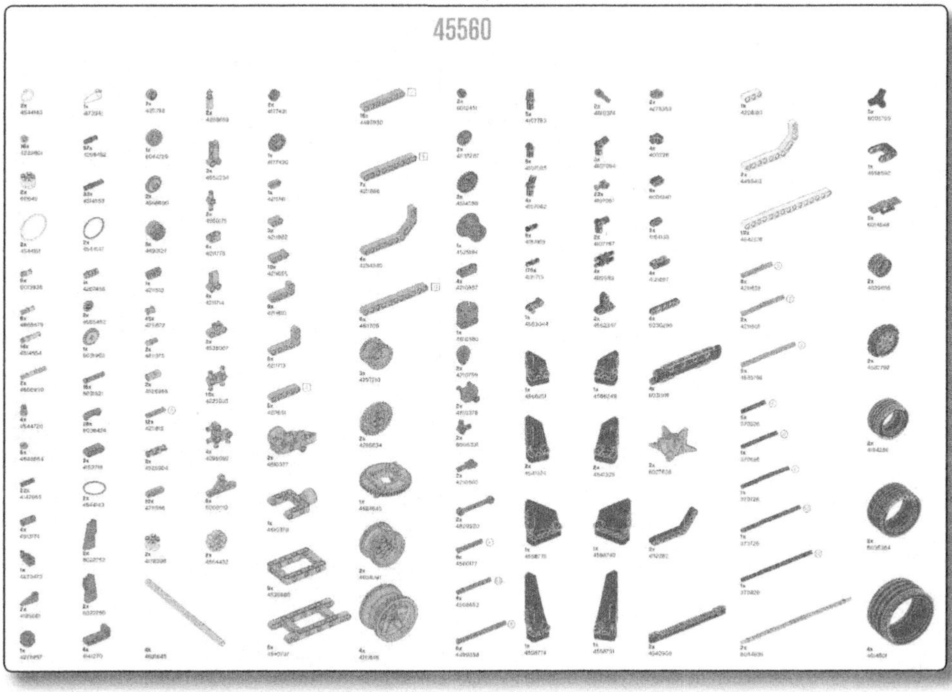

Figura 2.1-5. Listado de partes del kit de expansión 45560 de Lego EV3

En los siguientes apartados se comentarán los distintos tipos de elementos mecánicos, indicando su utilidad dentro de una estructura. Además se incluyen imágenes correspondientes a las versiones de Educación (NXT 9797 en fondo naranja y EV3 45544 en fondo blanco) con el número de piezas de cada tipo que incluyen. Todos los elementos tienen unas medidas que son múltiplos de una unidad fundamental que llamaremos **pin**, y que definiremos como el agujero tipo de una barra (ver más adelante). Así, un eje que tenga una longitud 7, tendrá la misma longitud que una barra de 7 pines.

2.1.1.1 BLOQUES Y BARRAS

Los elementos de tipos bloque y de tipo barra se usan para dar resistencia a la estructura. Constituyen las vigas del robot. Los bloques sólo están disponibles en NXT, mientras que han desaparecido de la caja del EV3. Las barras tienen unos agujeros para conectarse con otras piezas que llamaremos **pines**, aunque algunas piezas también tienen conexiones de tipo **eje**, como muchas de las escuadras.

- Bloques (sólo NXT)

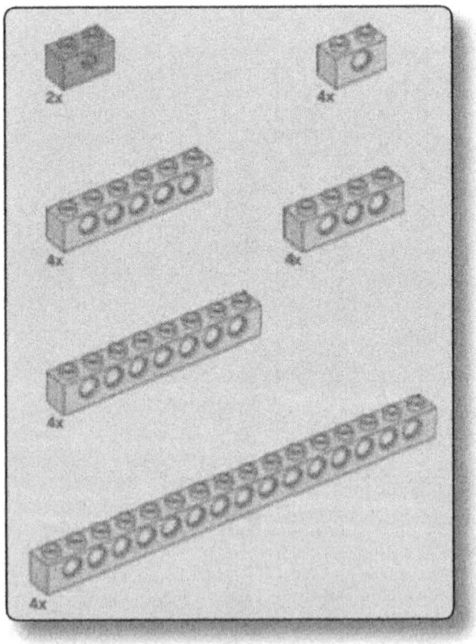

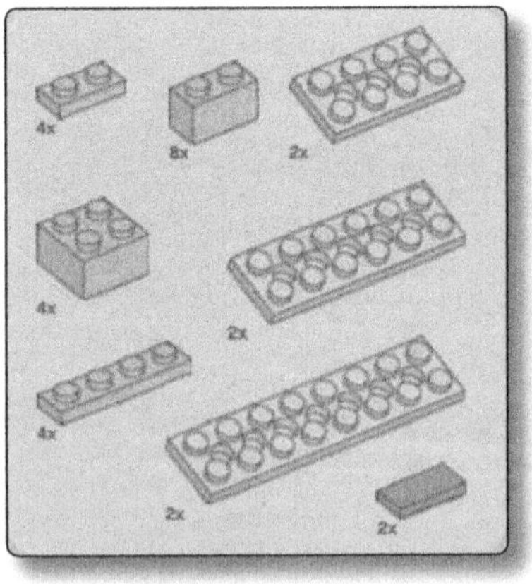

- Barras

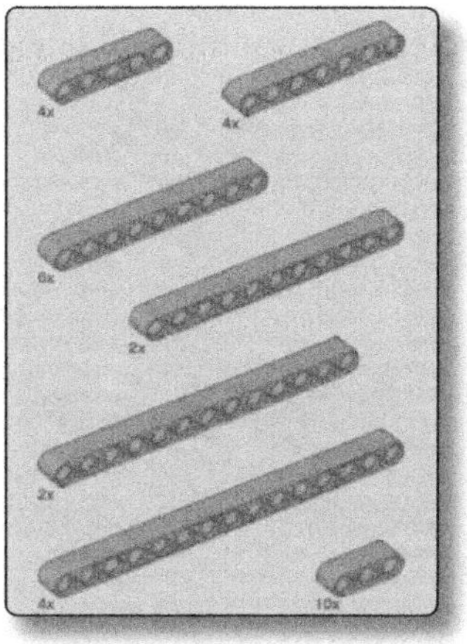

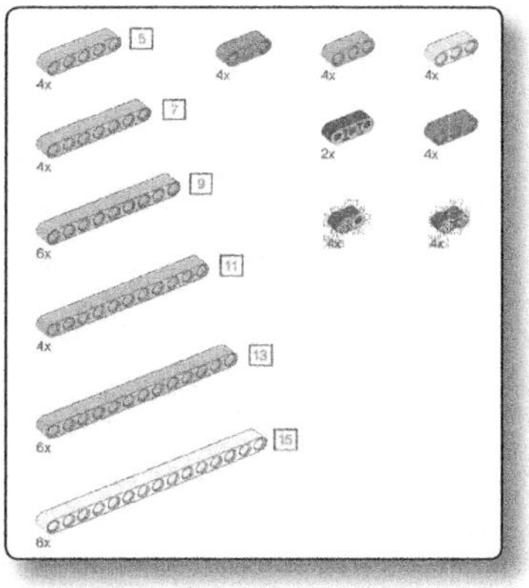

- Escuadras (NXT y EV3)

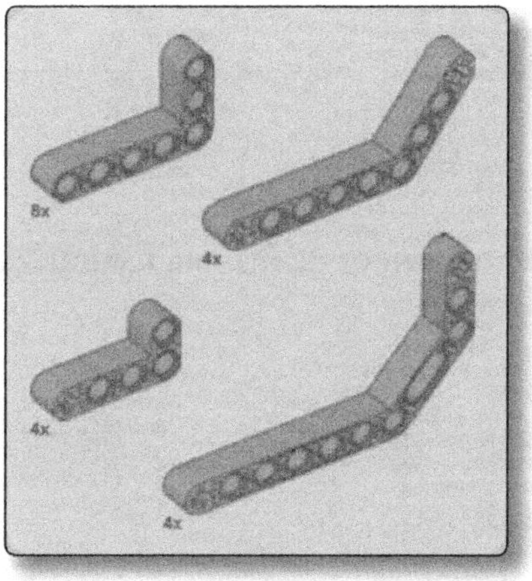

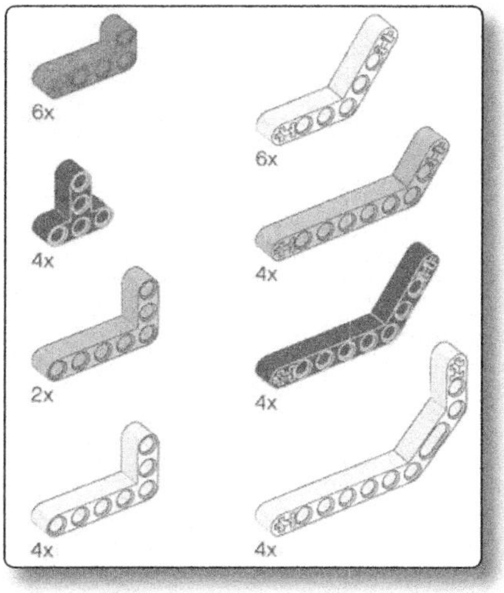

2.1.1.2 ENGRANAJES Y EJES

Los engranajes y los ejes nos permiten interconectar piezas y transmitir movimientos desde los motores hasta las partes movibles de la estructura.

- Engranajes

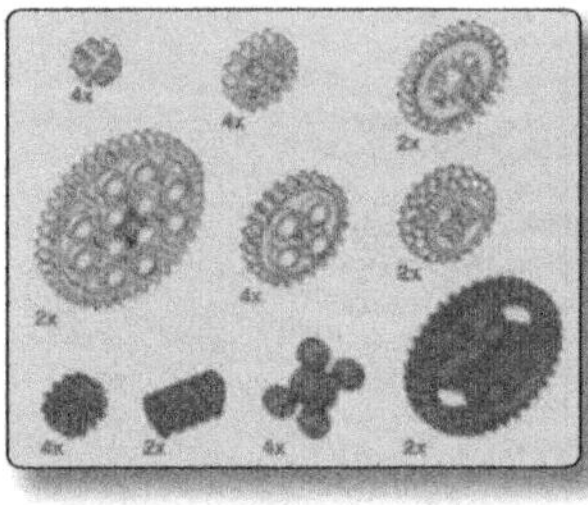

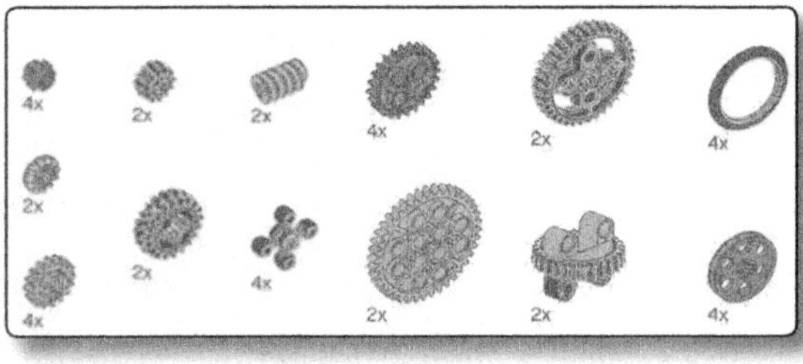

- Ejes

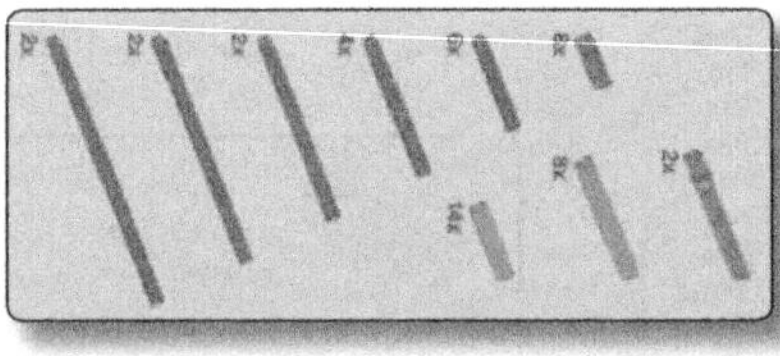

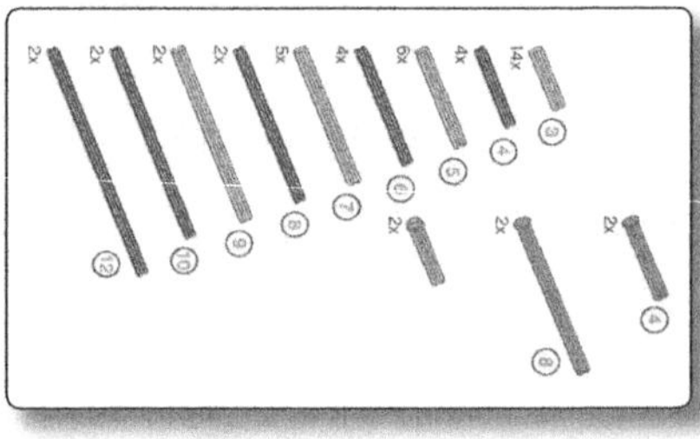

2.1.1.3 CONECTORES

Los conectores sirven para unir elementos de distinta naturaleza, como ejes y pines.

- Conectores directos

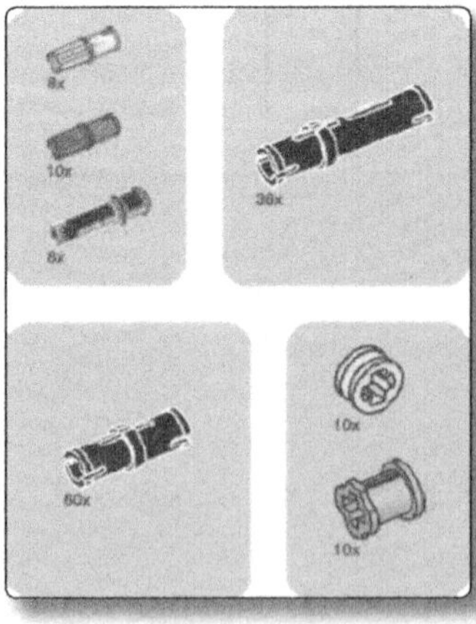

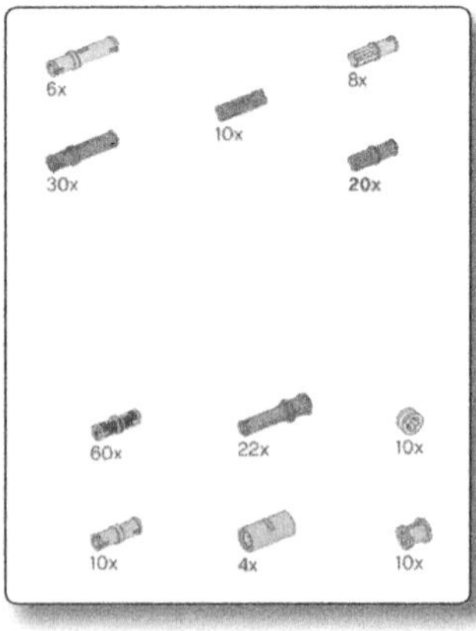

- Conectores múltiples

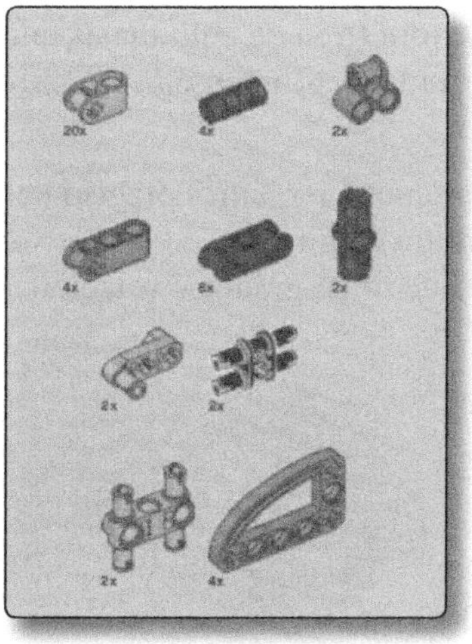
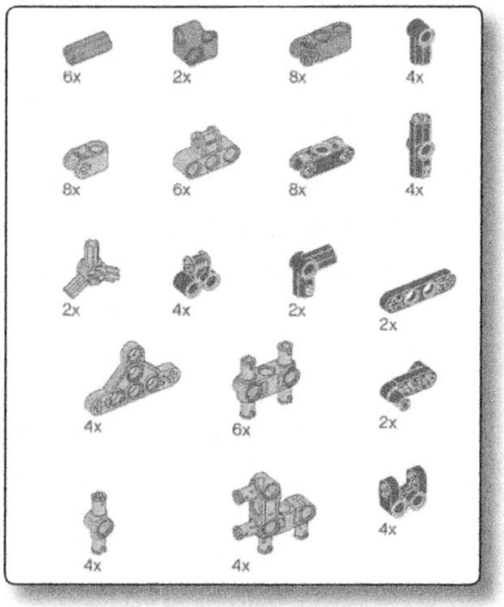

2.1.1.4 OTROS

Existen otras piezas que son propias de cada kit y tienen una aplicación más concreta.

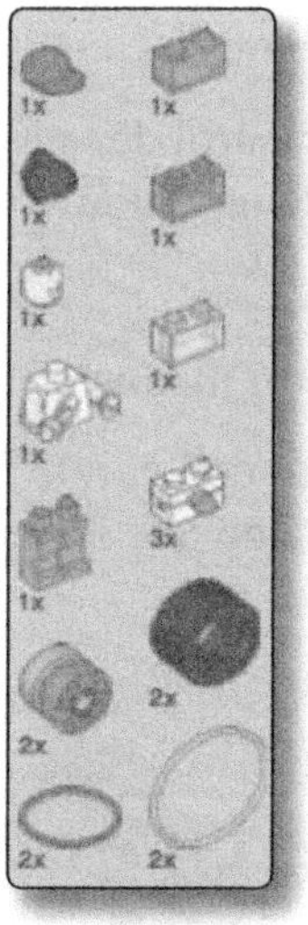
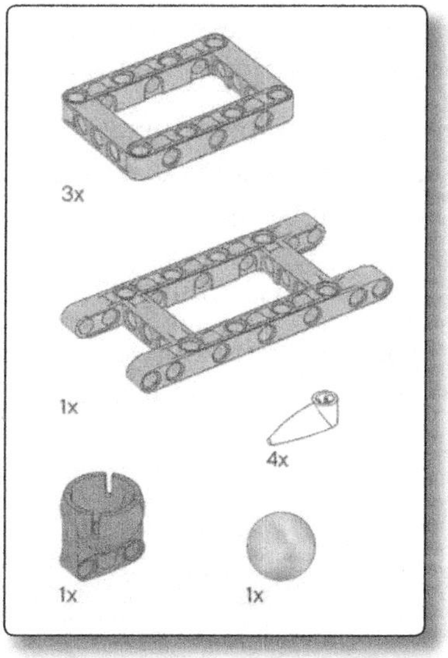

2.1.2 Actuadores

Existen algunas diferencias entre los actuadores de una y otra versión, pero los motores grandes de EV3 son muy similares a los de NXT.

2.1.2.1 LEGO NXT

Contiene 3 motores DC con reductora (tren de engranajes que transforma la velocidad de giro en par motor, véase Figura 2.1-6) integrada y control de posición. Características:

- Son servomotores, por lo que tienen un control preciso del movimiento.
- Control de velocidad y de sentido de giro.
- Sensor de rotación (*encoder*) que mide grados o rotaciones completas.

Figura 2.1-6. Motor de Lego NXT. Izq: fotografía del motor. Dch: modelo 3D del motor y su reductora

2.1.2.2 LEGO EV3

Incluye dos motores DC grandes y un motor mediano (véase la Figura 2.1-7). Las características principales de los motores grandes son:

- Realimentación tacométrica para control de velocidad.
- Sensor de rotación con precisión de un grado.
- Par de 20 N-cm.

Las características principales del motor mediano son:

- Análogo a los motores grandes pero con par de 7 N-cm.
- Respuesta más rápida y menor tamaño que los grandes.

Figura 2.1-7. Motores de Lego EV3. Izq: motor grande. Dch: motor mediano

2.1.3 Sensores

Dependiendo del kit que se adquiera, los tipos y cantidades de sensores pueden variar. En esta sección se indican los sensores que forman parte de los kits educativos.

Existen además un buen número de sensores adicionales de la compañía Hi-Technic tales como brújula, sensor de fuerza, acelerómetro, etc. La mayor parte de ellos no tienen soporte en el software de programación de Lego que vamos a utilizar, por lo que únicamente se mencionará el giróscopo.

2.1.3.1 SENSOR DE COLOR (*COLOR SENSOR*)

Existen dos tipos: el sensor RGB, que era parte de Lego Mindstorms NXT 2.0, que permitía detectar colores, y el sensor de color de Lego Mindstorms EV3, que puede hacer varias funciones:

- Sensor de color: Distingue entre seis colores.
- Sensor de Luz: Detecta intensidades luminosas, tanto de luz reflejada como de luz ambiental.
- Lámpara de Colores: Con posibilidad de emitir luz roja, verde o azul.

Ambas versiones de los sensores se muestran en la siguiente figura.

Figura 2.1-8. Sensores de color. Izq: Lego NXT. Dch: EV3

2.1.3.2 SENSOR DE CONTACTO (*TOUCH SENSOR*)

Cuando se presiona el botón del extremo, este sensor detecta un contacto. Del mismo modo, detecta cuándo se ha dejado de presionar. Incluido en todos los kits. Se muestran las dos versiones en la Figura 2.1-9.

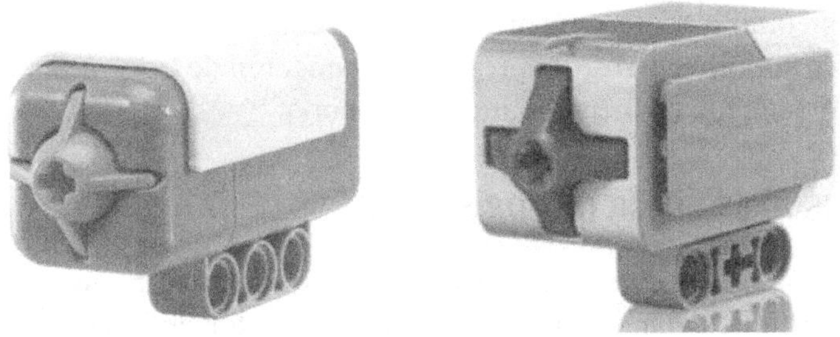

Figura 2.1-9. Sensores de contacto. Izq: Lego NXT. Dch: EV3

2.1.3.3 SENSOR GIROSCÓPICO (*GYRO SENSOR*)

Este dispositivo sirve para medir ángulos y velocidades angulares de modo que se puede controlar el ángulo girado por un robot. Solamente está incluido en el kit educativo EV3 (45544), aunque existe una versión para Lego NXT de la compañía Hi-Technic. Ambos se muestran en la Figura 2.1-10. Las características del modelo de EV3 son:

- El modo ángulo mide ángulos con una precisión de +/- 3 grados.
- El modo de rotación tiene una salida máxima de 440 grados/segundo.
- Frecuencia de muestreo de 1 kHz (1000 medidas cada segundo).

Figura 2.1-10. Sensores giroscópicos. Izq: Sensor de Hi-Technic para Lego NXT. Dch: EV3

2.1.3.4 SENSOR DE INFRARROJOS (*INFRARED SENSOR*) Y BALIZA EMISORA

Este sensor detecta luz infrarroja reflejada por objetos sólidos y opacos (no funciona bien en objetos trasparentes puesto quc la luz pasa en su mayor parte a través de ellos), por lo que se puede utilizar para medir la proximidad de esos objetos.

Por otro lado, se puede sincronizar con la baliza emisora para detectarla y que le sirva como punto de referencia para hacer una tarea. La baliza, además, puede funcionar como un control remoto para el robot.

Están incluidos en la versión para el hogar de Lego EV3 (31313), y se muestran en la Figura 2.1-11.

Figura 2.1-11. Sensor de infrarrojos de Lego EV3 (Izq.) y baliza activa de infrarrojos (Dch.)

2.1.3.5 SENSOR DE LUZ (*LIGHT SENSOR*)

Permite distinguir entre luz y oscuridad mediante el uso de dos diodos LED infrarrojos. La Figura 2.1-12 sólo muestra el sensor de luz de NXT, puesto que en EV3, está integrado en el sensor de color. Incluido en los kits NXT (8527 y 9797).

Figura 2.1-12. Sensor de luz para Lego NXT

2.1.3.6 SENSOR DE SONIDO (*SOUND SENSOR*)

Permite medir niveles de ruido en dB. También permite reconocer patrones de sonido e identificar diferencias de tono. Sólo está disponible para NXT, (véase la Figura 2.1-13) pero es un sensor útil para utilizarlo como 'pulsador inalámbrico', de modo que, por ejemplo, se pueda cambiar el comportamiento del robot con una palmada. Disponible en los kits de Lego NXT (8527 y 9797).

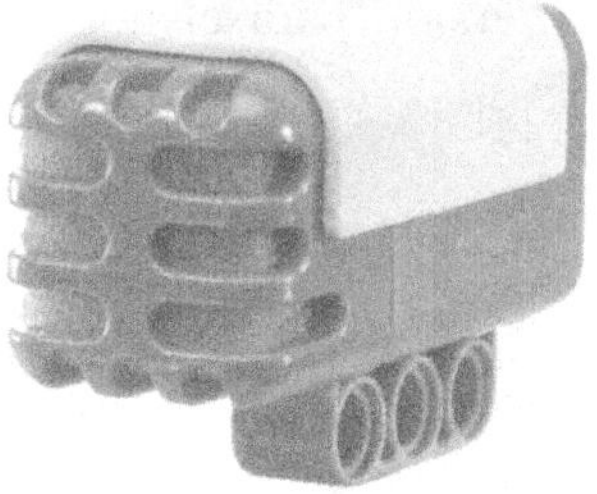

Figura 2.1-13. Sensor de sonido para Lego NXT

2.1.3.7 SENSOR DE ULTRASONIDOS (*ULTRASONIC SENSOR*)

Utilizando un emisor y un receptor de ultrasonidos, permite medir la distancia a un objeto colocado frente al sensor en un rango desde 0 a 250 cm con una precisión de ±1 cm. Incluido en los kits NXT (8527 y 9797) y en el kit educativo de EV3 (45544) pero no en la versión para el hogar de EV3 (31313). Los dos modelos se muestran en la Figura 2.1-14.

Figura 2.1-14. Sensor de ultrasonidos. Izq.: NXT. Dch.: EV3

2.1.4 Microcontrolador

Este es el cerebro del Lego Mindstorms. En NXT se denominaba con la palabra inglesa *brick*, pero en el entorno EV3 se ha traducido como **bloque**, por lo que, en adelante, se utilizará ese nombre. No debe confundirse con los bloques de programación, que son los elementos software utilizados en la programación del EV3.

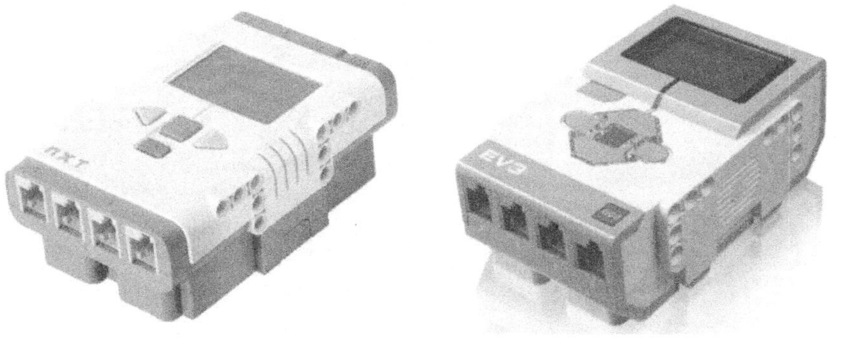

Figura 2.1-15. Microcontroladores de Lego Mindstorms. Izq.: *brick* de NXT. Dch.: bloque de EV3

Posee un microcontrolador (ARM-7 para el Lego NXT y ARM-9 para el EV3) que se encarga de ejecutar la programación del robot: recibe información de los sensores y envía órdenes a los actuadores. Posee las siguientes características principales:

- Tiene 4 puertos de entrada para sensores y 3 puertos de salida para actuadores (el EV3 tiene 4 puertos de salida).
- Además tiene una pantalla LCD que muestra información acerca del estado y 4 botones (6 botones en el EV3) para navegar por los menús.
- Por último, para la comunicación con el PC o con dispositivos móviles, tiene un puerto USB además de conexión inalámbrica mediante Bluetooth.
- Se alimenta mediante 6 pilas AA o mediante una batería recargable (no incluida en general en los kits).
- El EV3 posee además ranura de expansión para la memoria mediante tarjetas miniSD, ranura adicional de puerto USB para colocar varios bloques en cascada (*daisy chain*) o añadir un adaptador USB-WiFi, por ejemplo.

2.1.4.1 PANTALLA NXT

La pantalla muestra información relevante del estado del robot y permite navegar por los menús. El aspecto general es el de la Figura 2.1-16, donde se señalan los principales ítems.

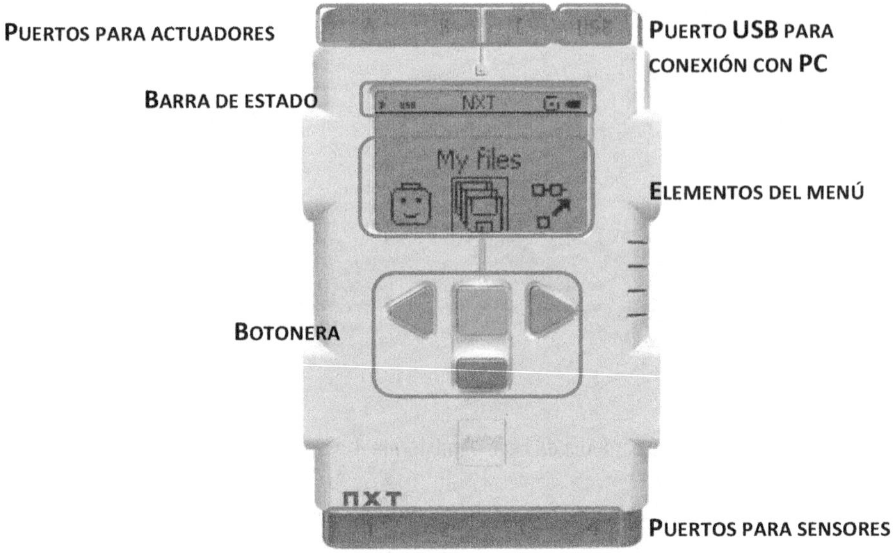

Figura 2.1-16. Elementos del brick de NXT

En la barra de estado se muestran (de izquierda a derecha):

- **Icono del bluetooth**: aparece cuando está activado.
- **Icono del USB**: aparece cuando el bloque está conectado al PC.
- **Nombre del bloque**: Por defecto el nombre es NXT.
- **Icono de ejecución**: Si el robot está ejecutando un programa, el icono está girando.
- **Indicador de batería**: Muestra la carga de la batería/pilas del robot.

2.1.4.2 PANTALLA EV3

La pantalla del Bloque EV3 es similar a la de su predecesor, y se muestra en la Figura 2.1-17.

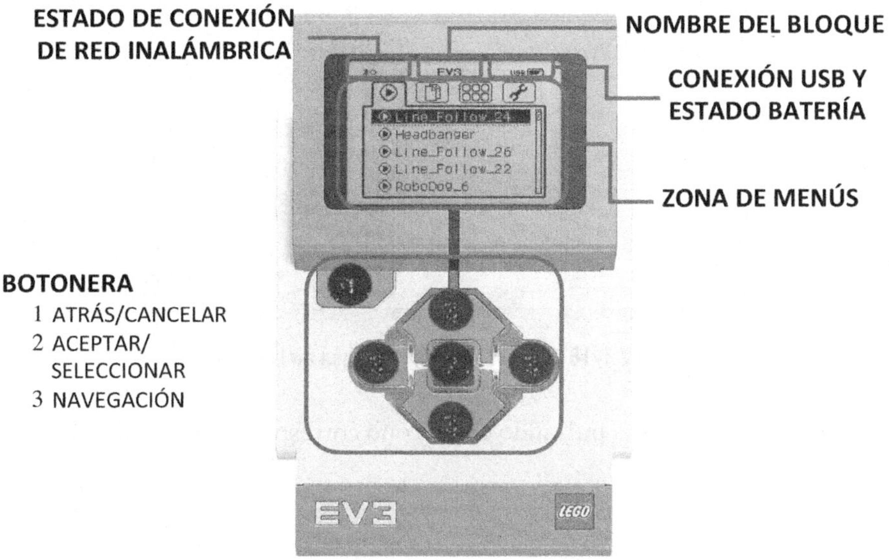

Figura 2.1-17. Elementos del bloque de EV3

2.1.5 Programación NXT

Para programar los robots construidos mediante los kits NXT se puede utilizar el entorno de programación por bloques Lego Mindstorms NXT[1], un entorno de programación gráfica basada en un sistema muy utilizado en la industria llamado LabVIEW, según se muestra en la Figura 2.1-18.

Este entorno resulta muy intuitivo y permite programar todas las funcionalidades que añaden los distintos elementos de Lego Mindstorms.

1 Disponible de forma gratuita en *http://www.lego.com/es-es/mindstorms/downloads.*

Figura 2.1-18. Lego Mindstorms se basa en LabVIEW

Al abrir el programa pulsando en el icono correspondiente se abre la ventana de inicio:

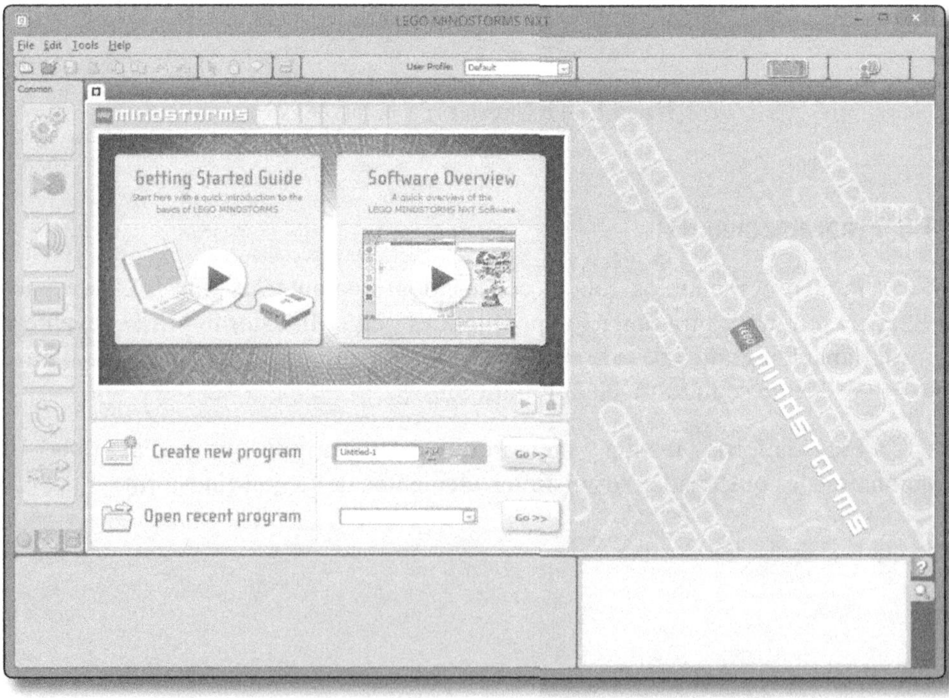

Figura 2.1-19. Ventana de inicio del software Lego Mindstorms NXT 2.0

Pulsamos directamente en ***Go*** para crear un nuevo programa y se abre una nueva ventana de diseño en la que se realizan las tareas de programación:

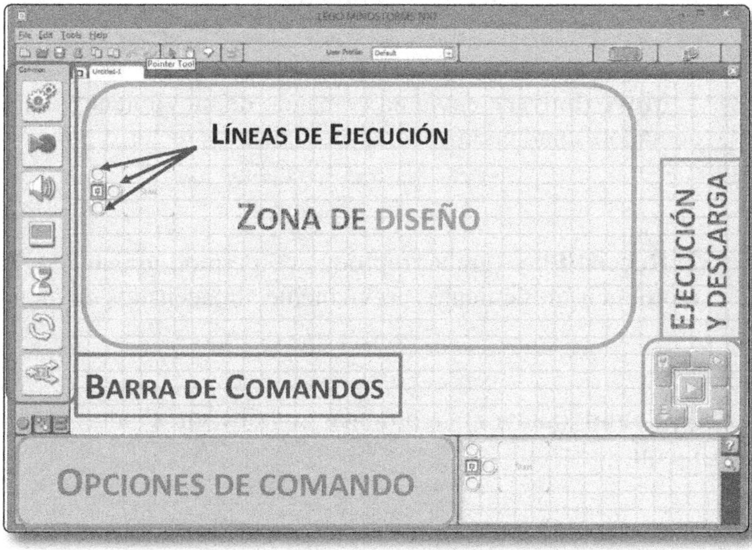

Figura 2.1-20. Ventana de programación del software NXT 2.0

2.1.5.1 COMANDOS

Los comandos son bloques que se arrastran a la **zona de diseño** y se conectan con otros mediante las **líneas de ejecución**.

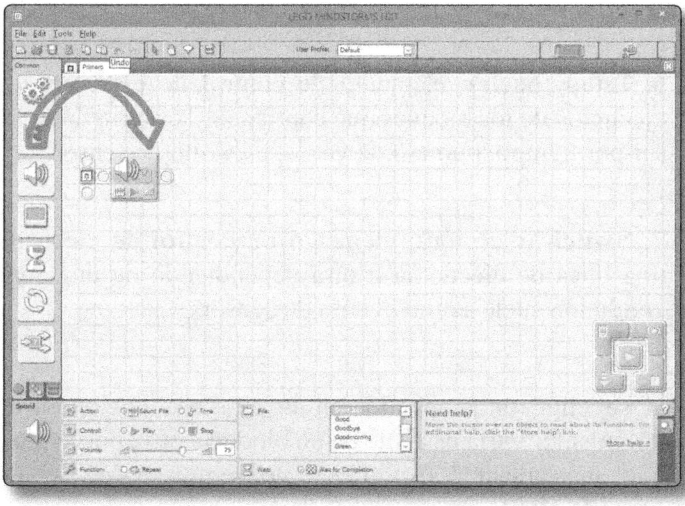

Figura 2.1-2. La programación se realiza arrastrando bloques de la barra de comandos a la zona de diseño

Un programa ejecuta comandos hasta que llega al final de una línea de ejecución. Cada comando tiene una función específica, por ejemplo utilizar el altavoz. Los bloques que aparecen en la **barra de comandos** ('*Common*') son los siguientes:

1. Move (mover): envía un comando de movimiento a uno o varios actuadores pudiendo generar movimientos rectos o giros.

2. Record/Play (grabar/reproducir): permite grabar movimientos o reproducir movimientos previamente almacenados en un fichero.

3. Sound (altavoz): reproduce sonidos en el altavoz interno del bloque.

4. Display (pantalla): muestra imágenes de bits o mensajes de texto en la pantalla del bloque.

5. Wait (espera): espera durante un tiempo determinado o hasta que se produce un evento de sensor.

6. Loop (bucle): elemento de control de ejecución que repite la ejecución de los bloques que contiene. El criterio de repetición puede ser por tiempo, número de veces, o evento de sensor.

7. Switch (elección): elemento de control de ejecución que elige una línea de ejecución u otra dependiendo de una condición. Esta condición suele ser un evento de sensor.

Cuando se elige un comando, en la zona de opciones nos aparece la configuración del mismo. Varía bastante de un bloque a otro, por lo que se explicarán mediante ejemplos más adelante. Como ejemplo, se muestra en la Figura 2.1-22 las opciones del comando **Wait** para un sensor de luz.

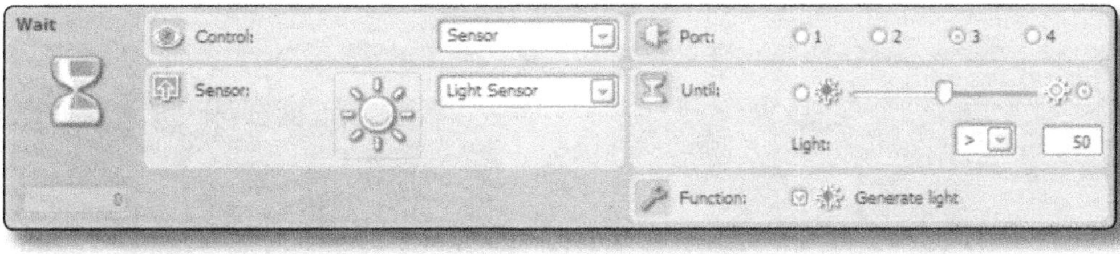

Figura 2.1-22. Opciones disponibles para el bloque Wait en modo evento de sensor de luz

2.1.5.2 EJECUCIÓN Y DESCARGA

En la ventana aparece una botonera (véase Figura 2.1-23) con opciones relativas a la carga y reproducción de programas en el bloque. Los botones que contiene son los siguientes:

Figura 2.1-23. Botonera de ejecución y descarga de programas en el brick de NXT.

1. **NXT Window**: información sobre el estado del bloque.
2. **Download and run selected**: descarga y ejecuta la parte del programa de la zona de diseño que se haya seleccionado.
3. **Download and run**: descarga y ejecuta el programa que haya en la zona de diseño.
4. **Download**: descarga el programa a un fichero en el bloque.
5. **Stop**: detiene la ejecución del programa en el bloque.

2.1.6 Programación EV3

El otro entorno de programación que se describe, y que se utilizará principalmente a lo largo del texto es el Software EV3[2], necesario para programar los kits EV3 de Lego Mindstorms. La Figura 2.1-24 muestra la pantalla de inicio.

2 Disponible de manera gratuita en *http://www.lego.com/es-es/mindstorms/downloads*.

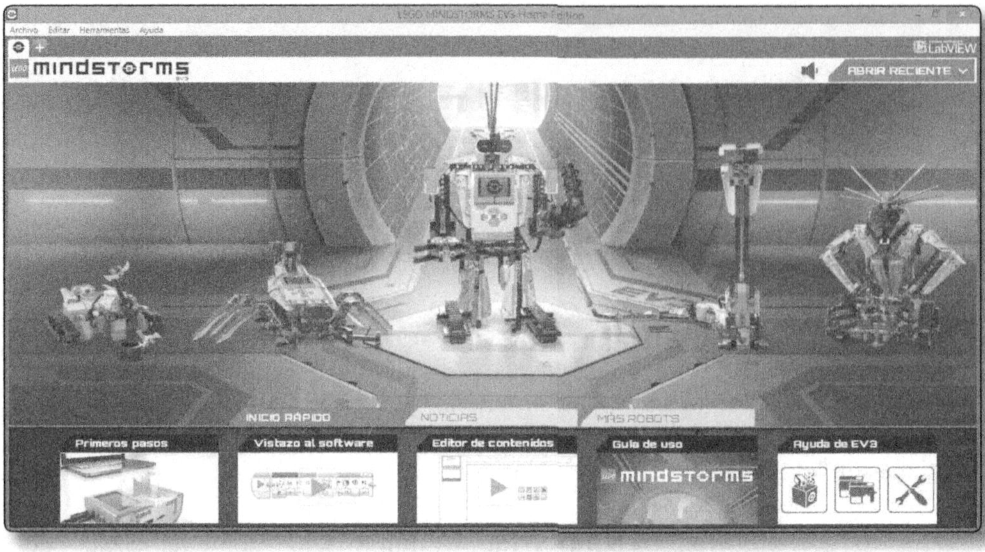

Figura 2.1-24. Ventana de inicio del software de Lego Mindstorms EV3

Pulsando en la pestaña "+" que hay en la parte superior izquierda entramos en la pantalla de programación que se muestra a continuación:

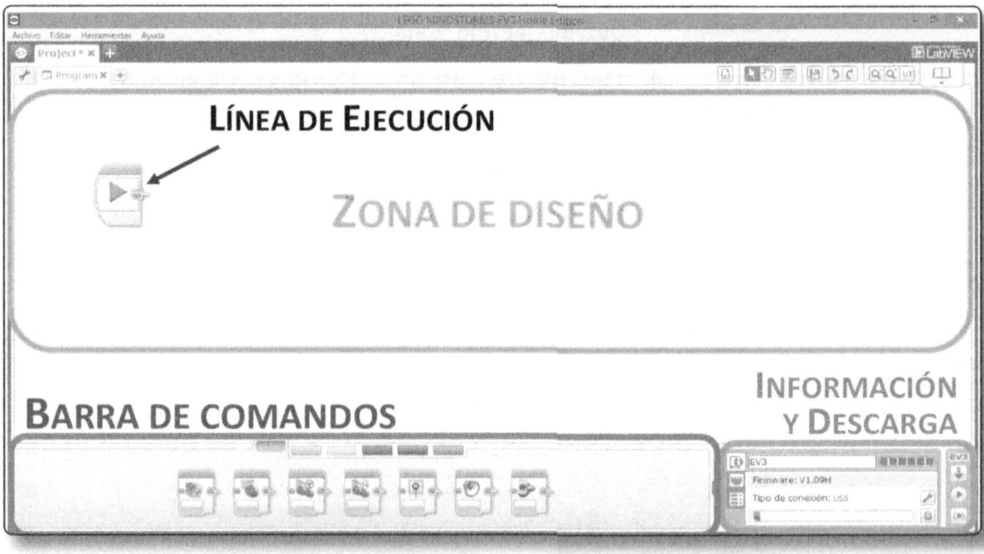

Figura 2.1-25. Ventana de programación del software EV3

Hay tres zonas principales:

- **Zona de diseño**: contiene el programa que se desea ejecutar, y que se encuentra descrito mediante una sucesión de comandos y bloques de control.
- **Barra de comandos**: contiene los bloques (comandos) de los que se constituyen los programas. Las opciones de los comandos están incluidas dentro de los bloques como veremos más adelante.
- **Información y descarga**: contiene información acerca del estado del bloque (si existe conexión, el firmware conectado, los actuadores/sensores conectados y sus puertos, etc.) y los botones de descarga y ejecución de programas a la derecha.

El método de programación es análogo al NXT: se arrastran los comandos a la zona de diseño y se colocan en el orden que se deseen ejecutar. Una vez terminado el programa se ejecuta mediante los botones de la zona inferior derecha o se descarga al bloque y se ejecuta mediante la botonera del bloque.

2.1.6.1 BARRAS DE COMANDOS

Las barras de comandos son distintas con respecto a NXT. Hay seis barras distintas que están agrupadas por colores, según la siguiente clasificación.

Acción (Verde)	
Control de flujo (Naranja)	
Sensor (Amarillo)	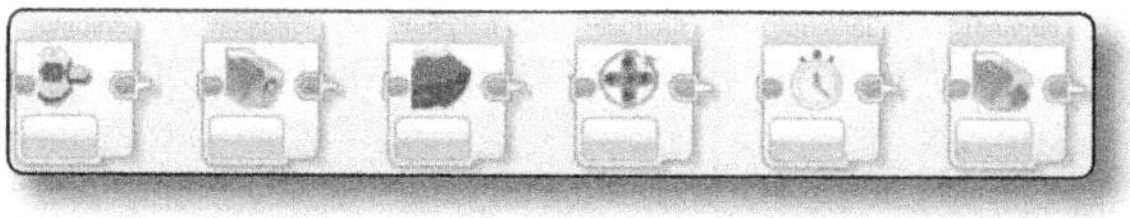

Operaciones con datos (Rojo)	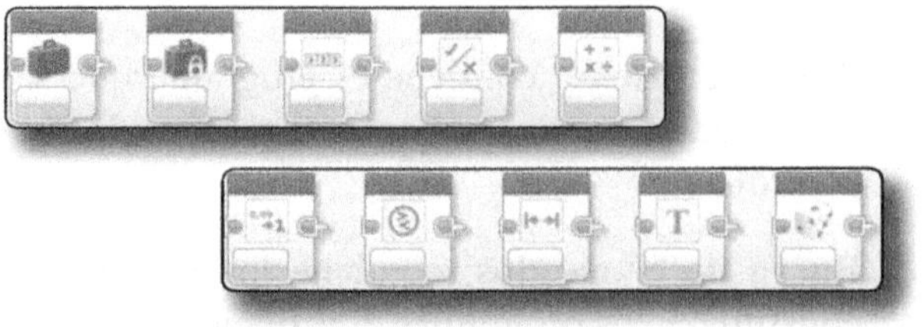
Avanzado (Azul)	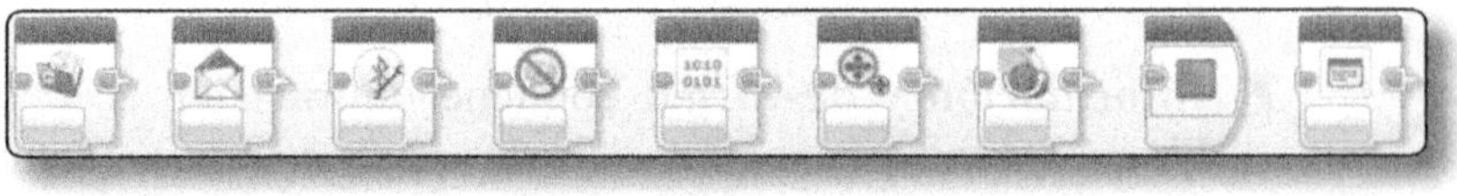
Mis Bloques (Turquesa)	Vacía

A continuación se describen brevemente cada una de las barras de comandos:

- **Acción**: contiene bloques para enviar órdenes a los actuadores existentes en el lego. De izquierda a derecha: motores, pantalla, altavoz, led de la botonera del bloque.
- **Control de flujo**: bloques que permiten controlar y cambiar el orden de ejecución de los comandos. De izquierda a derecha: inicio, espera, bucle, interruptor, detener bucle.
- **Sensor**: permite leer valores de los distintos sensores presentes en el sistema. De izquierda a derecha: botonera del bloque, sensor de color, sensor infrarrojo, encoder del motor, cronómetro, pulsador.
- **Operaciones con datos**: sirven para definir variables y constantes, realizar operaciones con ellas y generar números aleatorios.
- **Avanzado**: operaciones variadas para activar el bluetooth, enviar mensajes, detener la ejecución, etc.
- **Mis Bloques**: libre para personalizar con los bloques creados por el usuario.

Las opciones asociadas a cada uno de los comandos se indicarán en la actividad en que se utilicen por primera vez en este libro. Pero en general tienen los siguientes: **modo de funcionamiento**, **puerto**, **nombre de fichero**, **parámetros de entrada** y **parámetros de salida**.

2.1.6.2 COMANDOS ADICIONALES

Además de los comandos de sensor incluidos en la versión descargable del software (LEGO Mindstorms EV3 *Home Edition*), existen bloques para otra serie de sensores como los sensores adicionales que vienen incluidos en el kit de educación (*Educational Core Set*, 45544). Los bloques son los siguientes:

Sensores adicionales	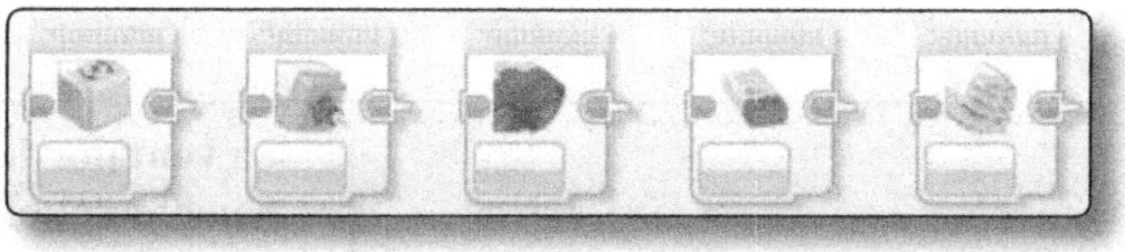

Los bloques adicionales corresponden a (de izquierda a derecha) girosensor, sensor de temperatura, sensor ultrasónico, medidor de energía y sensor de sonido.

Para instalar estos sensores, únicamente hay que descargar los bloques de la página web de Lego[3] y posteriormente ejecutar el **Asistente de importación de bloques** del menú de **Herramientas**, según se ve en la Figura 2.1-26. Una vez ahí, se accede al directorio en que se hayan descargado los ficheros '.ev3b', y se importan. Tras reiniciar el software, aparecerán los bloques en la barra de comandos **Sensores**.

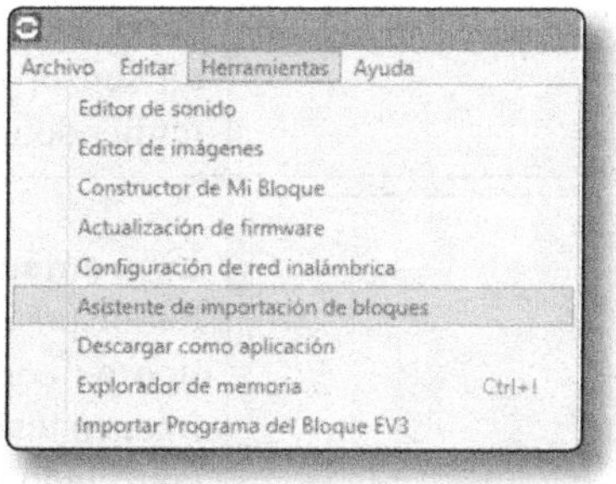

Figura 2.1-26. El software EV3 puede importar bloques adicionales

2.1.6.3 INFORMACIÓN DEL BLOQUE Y DESCARGA DE PROGRAMAS

En esta parte de la ventana se encuentran los botones encargados de enviar los programas al bloque y de ejecutarlos desde el PC. Además, tenemos una ventana en la que nos aparece información sobre el estado de la conexión PC-EV3, la memoria del bloque y los dispositivos que se hallan conectados a éste. A continuación se explican los iconos:

3 *http://www.lego.com/es-es/mindstorms/downloads.*

<table>
<tr><td>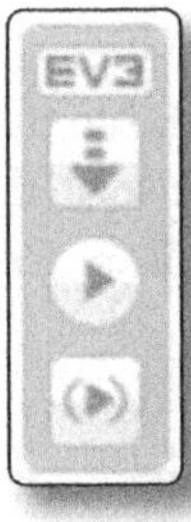</td><td>Descargar: Envía el programa que se encuentra en la zona de diseño a la memoria del bloque.
Descargar y ejecutar: Envía el programa al bloque y lo ejecuta.
Ejecutar los seleccionados: Ejecuta únicamente los bloques seleccionados en la zona de diseño.</td></tr>
<tr><td>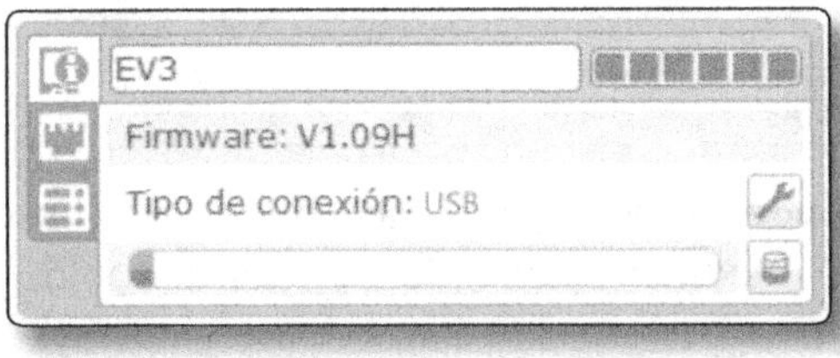</td><td>La ventana de información contiene el nombre del bloque (EV3), el estado de la batería (llena), la versión de firmware (1.09H), el tipo de conexión existente (USB), la ocupación de la memoria del bloque (casi vacía) y las opciones de configuración de la conexión WiFi.</td></tr>
<tr><td>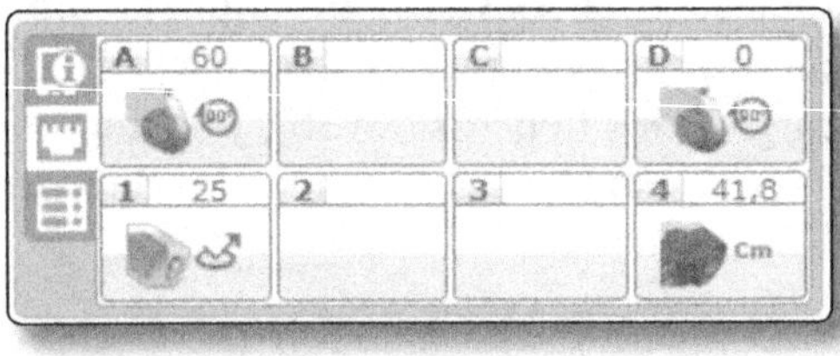</td><td>La ventana de puertos muestra la información de los sensores/actuadores conectados a los mismos. En el ejemplo tenemos dos motores conectados a los puertos A y D, el sensor de luz conectado al puerto 1, midiendo un valor de 25 y un sensor de ultrasonidos al puerto 4, midiendo una distancia de 41,8 cm.</td></tr>
<tr><td>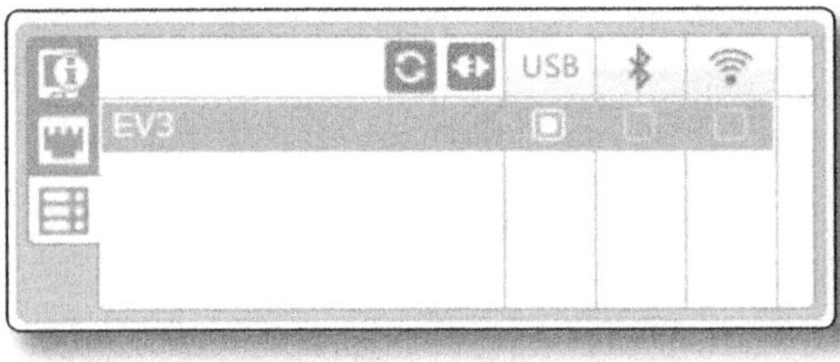</td><td>La ventana de conectividad indica los dispositivos conectados al PC y el tipo de conexión de los mismos. En la imagen tenemos el bloque llamado EV3 conectado mediante USB al PC.</td></tr>
</table>

Al respecto del bloque, es muy importante indicar que una de las grandes limitaciones del sistema NXT, que era la memoria disponible para programas y ficheros auxiliares, se ha solucionado ampliándola hasta 5 MB de espacio. Adicionalmente, existe la posibilidad de incorporar una memoria SD, con lo que el espacio disponible pasaría a ser del orden de GB.

2.1.6.3.1 Conexión Bluetooth entre el bloque EV3 y el ordenador

Se pueden descargar los programas en el bloque de manera inalámbrica mediante conexión Bluetooth. Para ello hay que seguir los siguientes pasos:

1. Se activa el Bluetooth del bloque en el menú **Opciones** (a la derecha del todo). Debe aparecer el símbolo en la esquina superior izquierda de la pantalla.
2. Se activa el Bluetooth del ordenador.
3. Cuando el ordenador encuentra el bluetooth del bloque, nos conectamos a él y aparece un mensaje en la pantalla del bloque.
4. Con la botonera del bloque elegimos cualquier código de cuatro dígitos (por defecto es 1234) y aceptamos.
5. Cuando el PC solicite el código para establecer la conexión, se introduce el que se haya puesto en el bloque.
6. En la ventana de conectividad ahora podremos seleccionar la conexión por Bluetooth con el bloque (si no está disponible, se recomienda reiniciar el Software EV3).

7. Para descargar programas al bloque se utilizan los botones de la derecha según se ha explicado previamente.

Este proceso sólo hay que realizarlo una vez para vincular los dispositivos. Una vez vinculados, pulsando en actualizar  con el robot encendido, podremos seleccionar la conexión bluetooth.

Esta conexión resultará especialmente cómoda cuando queramos programar movimientos del robot, puesto que no tenemos que desconectar y conectar el USB cada vez que el robot se vaya a mover o vayamos a reprogramarlo.

2.1.6.4 USO INDUSTRIAL DE LA PROGRAMACIÓN GRÁFICA

Aunque la programación gráfica no es la más habitual en entornos comerciales/profesionales, este software es una versión reducida de LabVIEW, entorno de programación por bloques de la compañía americana National Instruments muy utilizado en la industria (véase ejemplo en Figura 2.1-27) y clasificado como uno de los 50 hitos más importantes en la industria electrónica[4]. Por tanto, el aprendizaje de este paradigma de programación tiene aplicaciones reales y de ahí su importancia.

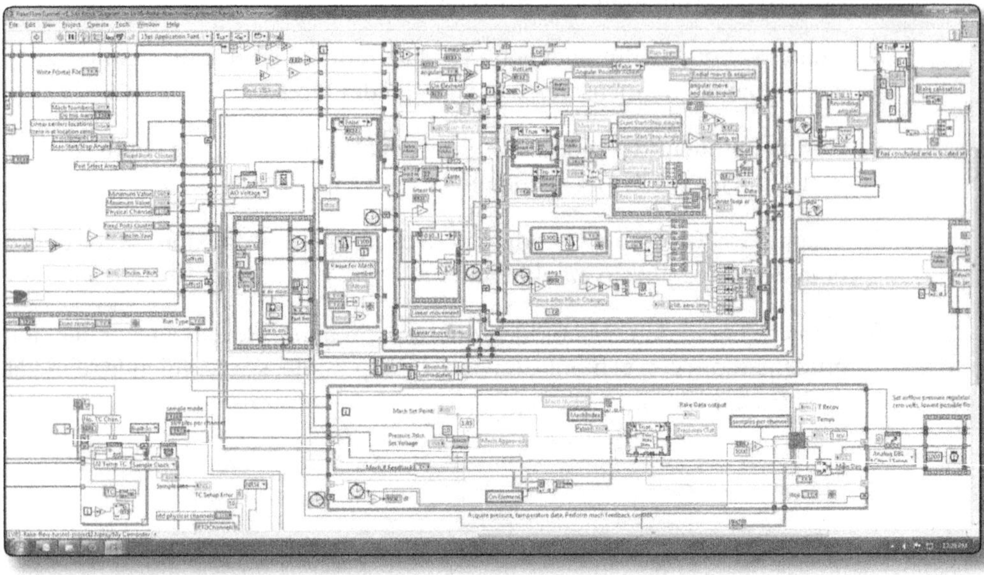

Figura 2.1-27. Ejemplo de programa realizado con LabVIEW

2.2 EJEMPLOS DE DISEÑO

En este apartado se detalla la construcción de los robots de Lego Mindstorms utilizados en el libro. Los diseños se han realizado pensando en que habrá lectores que dispongan de un kit NXT y otros lectores que tengan un kit EV3: son esencialmente compatibles y muy sencillos de adaptar.

2.2.1 Cubo de colores

Comenzamos las labores de construcción con un sistema muy sencillo: un cubo con paredes de colores que utilizaremos en algunas de las actividades.

4 Revista Electronic Design, Octubre 2002.

2.2.1.1 COMPONENTES

Necesitaremos las siguientes piezas de Lego EV3:

- 2x Base rectangular 7x5 (base7x5)
- 3x barra tamaño 3 amarilla (barra3am), azul (barra3az), roja (barra3ro) y verde (barra3ve)
- 12x conector negro de pin a pin (con-p-p)
- 8x conector azul de pin a dos pines (con-p-2p)

2.2.1.2 INSTRUCCIONES DE MONTAJE

Construimos dos partes, una superior y una inferior y las unimos para formar el cubo completo.

2.2.1.2.1 Parte inferior

- Colocamos los 8 con-p-2p por el lado corto en una base7x5.

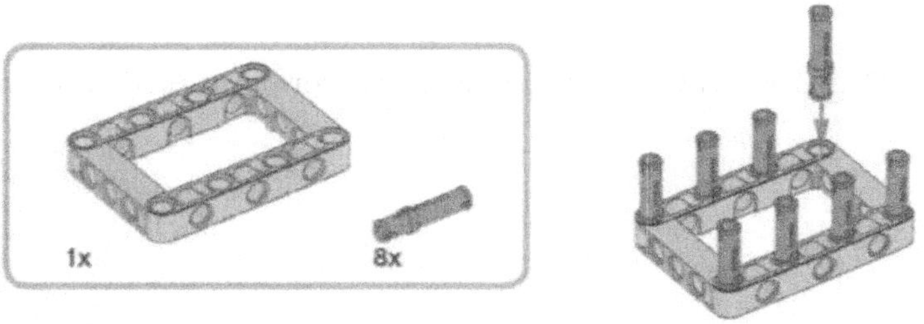

- Insertamos dos barras3 de cada color (verde, amarillo, rojo y azul) por cada dos con-p-2p.

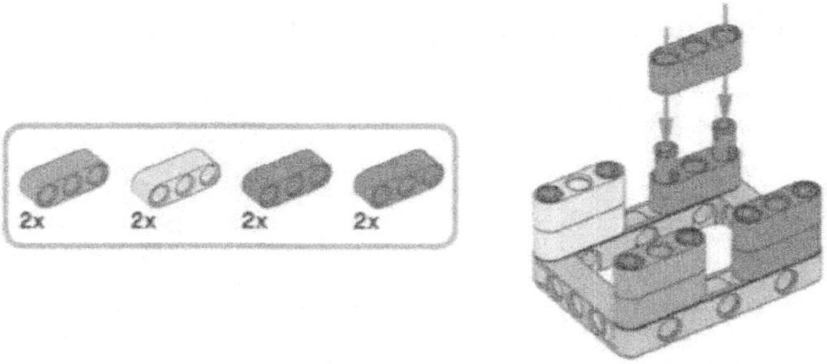

- En los pines libres de las barras3 insertamos los 4 con-p-p restantes.

2.2.1.2.2 Parte superior

- Colocamos 8 con-p-p en la otra base 7x5.

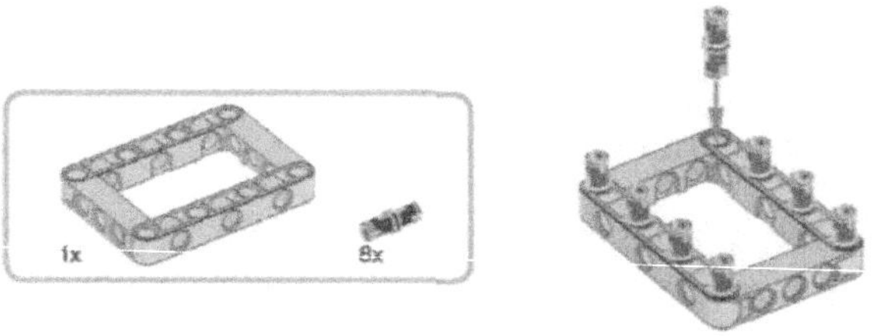

- Insertamos una barra3 de cada color por cada dos con-p-2p.

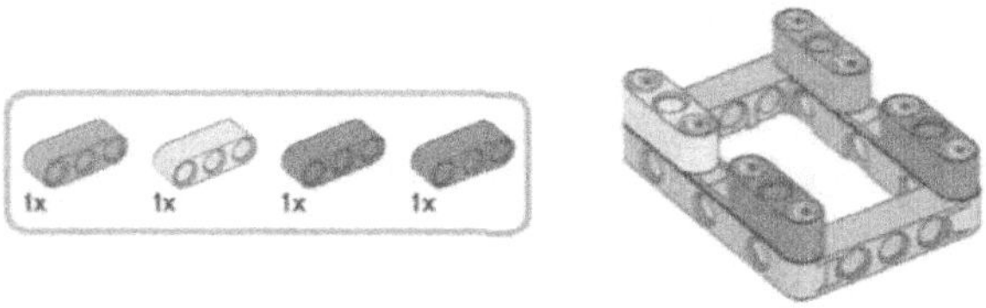

2.2.1.2.3 Ensamblado

- Unimos la parte superior con la inferior encajando los con-p-p en los pines libres de las barras de colores y tenemos el cubo completo.

2.2.2 Robot de sumo NXT

El robot está compuesto por:

- Tracción derecha
- Tracción izquierda
- Cuerpo
- Rueda delantera
- Detector
- Cabeza

Pasamos a describir los componentes de cada una de estas partes y su ensamblaje total.

2.2.2.1 TRACCIÓN

Cada una de las tracciones (necesitaremos el doble de componentes de los indicados) está compuesta por:

- 1x motor
- 1x rueda con llanta
- 2x conectores negros de pin a pin (con-p-p)
- 1x eje de tamaño 4 (eje4)
- 1x conector hembra de eje de tamaño 1 (hembra-e1)
- 1x barra gris de tamaño 11 (barra11)

La secuencia de pasos de la tracción derecha es la siguiente:

1. Los dos con-p-p se colocan en los agujeros 4 y 6 de la barra11.
2. Se inserta el eje4 en la salida del motor y se añade hembra-e1.
3. La rueda se conecta al eje4.
4. La barra se conecta al cuerpo del motor según se ve en la Figura 2.2-1.

Figura 2.2-1. Secuencia de conexión de la tracción derecha del robot de sumo NXT

Se repite el proceso para la tracción izquierda, que será simétrica a la derecha, según se ve en la figura.

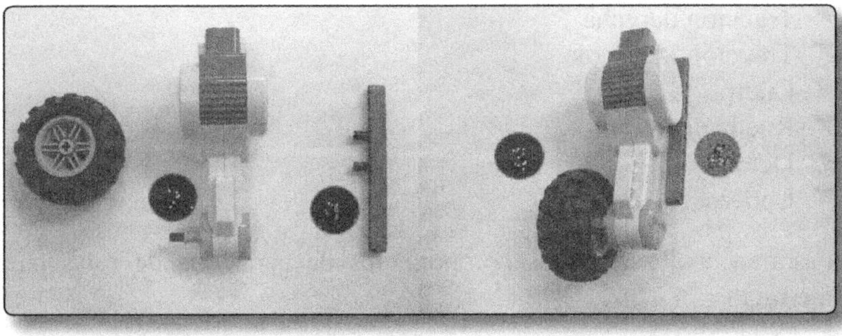

Figura 2.2-2. Tracción izquierda del robot de sumo NXT

2.2.2.2 CUERPO

Para el cuerpo del robot utilizaremos:

- 1x *brick* de Lego NXT
- 12x conectores negros pin a pin (con-p-p)
- 4x barras grises de tamaño 9 (barra9)

Los conectores se colocan de tres en tres en cada una de las barras según se muestra en la imagen, y posteriormente se unen al bloque colocando dos en cada lateral.

Figura 2.2-3. Cuerpo del robot de sumo NXT

A continuación se ensambla el cuerpo con las tracciones utilizando los conectores p-p que quedaban libres. El resultado debe ser el siguiente:

Figura 2.2-4. Ensamblaje de las tracciones derecha e izquierda con el cuerpo del robot

2.2.2.3 RUEDA DELANTERA

Para no tener que hacer equilibrismo sobre dos ruedas con el robot necesitamos un tercer apoyo. Para ello añadiremos una rueda pasiva (sin motor que la accione), también llamada rueda loca o rueda castor.

Elementos necesarios:

- 1x barra blanca de tamaño 15 (barra15)
- 6x conector negro pin a pin (con-p-p)
- 2x barra gris de tamaño 3 con 2 pines y un eje girado 90º (barra-e-2p90)
- 2x barra gris de tamaño 2 con un pin y un eje girado 90º (barra-e-p90)
- 1x eje gris de tamaño 5 (eje5)
- 2x eje gris de tamaño 3 (eje3)
- 2x tapón amarillo de eje (tapón)
- 2x llanta delgada (con su junta tórica si la tenemos)
- 2x escuadra gris a 90º de tamaño 3x5 (escuadra3x5)

El proceso de montaje es el siguiente:

- Pieza1: En primer lugar insertamos los 6 con-p-p en las posiciones 1, 5, 6, 10, 11 y 15 de la barra15, según se ve en la Figura 2.2-5.
- Pieza2: Después pasamos un eje3 por el pin de una barra-e-p90 y colocamos las llantas a ambos extremos del eje3.
- Pieza3: A continuación se coloca el tapón en un extremo del otro eje3 y se introduce por el pin de la barra-e-p90.

- Pieza4: El extremo libre del eje3 de la pieza 3 se inserta en el pin de la barra-e-p90 de la pieza 2.
- Pieza5: En el eje de la barra-e-p90 que está libre insertamos el eje5.
- Pieza6: en ambos extremos del eje5 de la pieza5 colocamos las barra-e-2p90 (en la imagen faltan las juntas tóricas en las llantas).

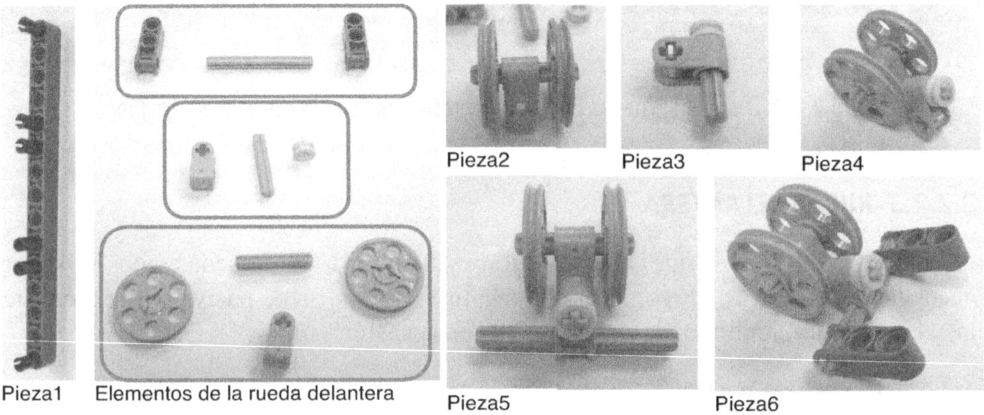

Figura 2.2-5. Montaje de la rueda delantera del robot de sumo NXT

Finalmente colocamos la pieza6 en el medio de la pieza1 y nos ayudamos de dos escuadra3x5 para reforzar la unión con el cuerpo central (bloque), como se ve en la Figura 2.2-6.

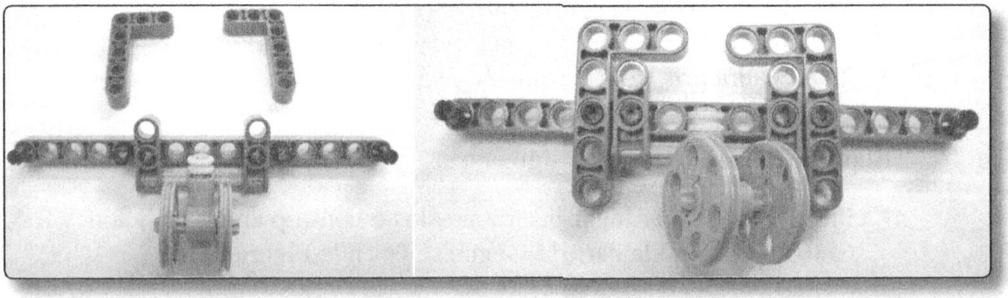

Figura 2.2-6. Piezas adicionales para unir la rueda delantera con el cuerpo del robot

Ahora, unimos esta pieza con el cuerpo del robot según se ve en la Figura 2.2-7. Los extremos de la barra15 se conectan a los pines de los motores, de modo que la estructura queda justo debajo de la pantalla del bloque.

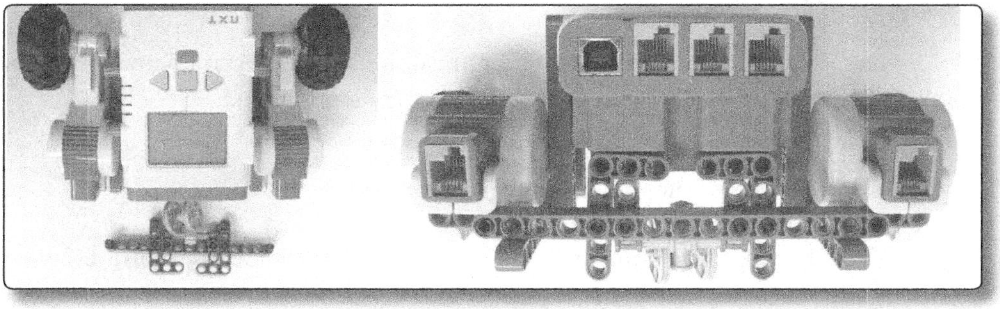

Figura 2.2-7. Ensamblaje de la rueda delantera con el cuerpo del robot

2.2.2.4 DETECTOR

Para detectar el borde del tatami utilizaremos un sensor de luz (o un sensor de color en su defecto). La estructura es muy sencilla. Necesitaremos:

- 1x sensor de luz
- 2x conector negro pin a pin (con-p-p)
- 2x conector azul de eje a pin (con-e-p)
- 1x barra gris de tamaño 2 con un pin y un eje girado 90º (barra-e-p90)

El montaje es el siguiente:

- Pieza1 (dos veces): se inserta el con-e-p en el eje de la barra-e-p90 y el con-p-p en el pin de la barra-e-p90. Se repite con la otra barra.
- Detector: Se conectan las dos barras a los pines del sensor de modo que los pines azules apunten hacia fuera del sensor.
- El detector se conecta en el centro de la barra15 de la rueda delantera con los LED del sensor apuntando hacia el suelo según se ve en la Figura 2.2-8.

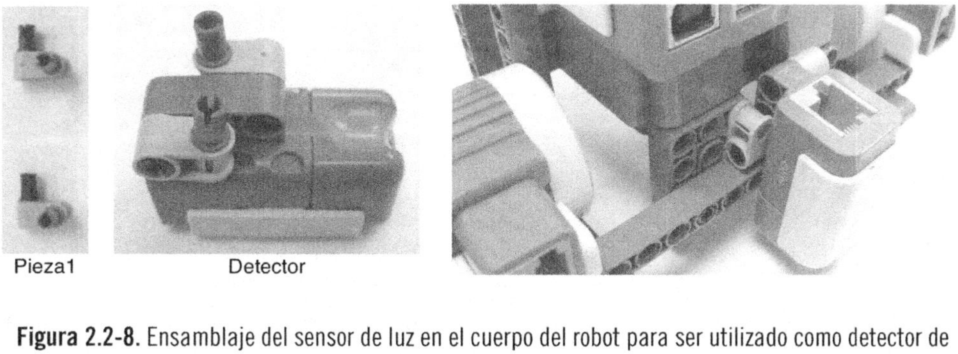

Figura 2.2-8. Ensamblaje del sensor de luz en el cuerpo del robot para ser utilizado como detector de blanco/negro en el suelo

2.2.2.5 CABEZA

La cabeza contendrá al sensor de ultrasonidos y nos servirá para detectar al oponente. Necesitaremos:

- 1x sensor de ultrasonidos
- 6x conectores negros de pin a pin (con-p-p)
- 4x conectores azules de pin a eje (con-e-p)
- 2x barra gris de tamaño 3 con 2 pines y un eje girado 90º (barra-e-2p90)
- 1x barra gris de tamaño 11 (barra11)

Los pasos para crear la estructura, ilustrados en la Figura 2.2-9, son:

- Pieza1 (dos veces): se colocan dos con-p-p y un con-e-p en cada barra-e-2p90.
- Las dos piezas1 se colocan a los lados de la pantalla de modo que los conectores p-e (azul) sobresalgan hacia arriba.
- La barra11 se inserta en los con-e-p de modo que queden en los pines extremos (en la imagen se usa una barra13, por lo que se inserta en los pines 2 y 12).
- Pieza2 (dos veces): piezas análogas a la pieza1 del detector.
- Cabeza: Se conectan las piezas2 a los pines del sensor de ultrasonidos de modo que los con-e-p sobresalgan.
- Se insertan los con-e-p en el centro de la barra11, con el sensor dirigido hacia delante (hacia fuera del *brick*).

Figura 2.2-9. Ensamblaje del sensor de ultrasonidos al cuerpo del robot para funcionar como detector de objetos

2.2.2.6 CABLEADO

Finalmente necesitamos añadir los cables de alimentación y señal de los motores y los sensores. Necesitaremos:

- 2x cable RJ12 Lego de 25 cm para los sensores
- 2x cable RJ12 Lego de 35 cm para los actuadores

Cada sensor se puede colocar a cualquiera de los puertos numéricos, mientras que cada actuador se puede conectar a cualquiera de los puertos con letra. Para este robot se conectarán los siguientes puertos:

- Motor izquierdo: puerto A.
- Motor derecho: puerto B.
- Sensor de luz: Puerto 3.
- Sensor de ultrasonidos: Puerto 4.

2.2.3 Robot de sumo EV3

Este robot tiene las mismas partes que el del apartado anterior, pero algunas piezas son considerablemente diferentes (detector y rueda delantera, principalmente), por lo que se incluye el montaje total del robot para mayor claridad.

2.2.3.1 TRACCIÓN

Cada una de las tracciones (necesitaremos el doble de componentes de los indicados) está compuesta por:

- 1x motor
- 1x rueda con llanta
- 2x conectores negros de pin a pin (con-p-p)
- 1x eje negro de tamaño 4 (eje4)
- 1x conector gris hembra de eje de tamaño 1 (hembra-e1)
- 1x barra gris de tamaño 11 (barra11)

La secuencia de pasos de la tracción derecha es la siguiente:

1. Se inserta el eje4 en la salida del motor y se añade hembra-e1.
2. Los dos con-p-p se colocan en los agujeros 4 y 6 de la barra11.
3. La rueda se conecta al eje4.
4. La barra se conecta al cuerpo del motor según se ve en la Figura 2.2-10.

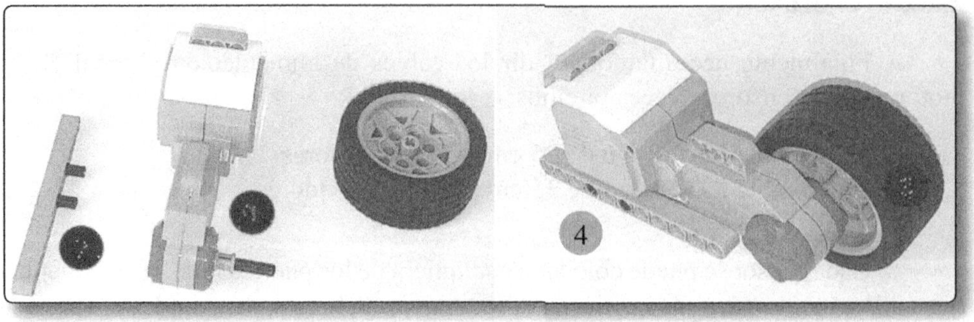

Figura 2.2-10. Montaje de la tracción izquierda del robot de sumo EV3

Se repite el proceso para la tracción izquierda, de modo que obtenemos un conjunto simétrico al de la Figura 2.2-10.

2.2.3.2 CUERPO

Para el cuerpo del robot utilizaremos:

- 1x bloque EV3
- 12x conectores negros pin a pin (con-p-p)
- 4x barras grises de tamaño 9 (barra9)

El proceso es sencillo:

1. Los conectores se colocan de tres en tres en cada una de las barra9 según se muestra en la Figura 2.2-11.
2. Posteriormente se unen al bloque EV3 colocando dos en cada lateral.

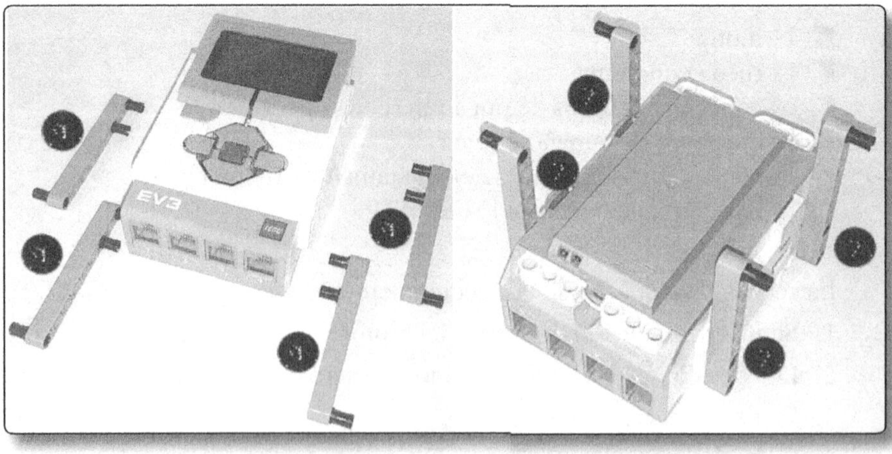

Figura 2.2-11. Montaje del cuerpo del robot de sumo EV3

A continuación se ensambla el cuerpo con las tracciones utilizando los con-p-p que quedaban libres según se muestra en la Figura 2.2-12. Hay que hacerlo con cuidado porque la estructura es bastante débil aún.

Figura 2.2-12. Ensamblaje de las tracciones con el cuerpo del robot de sumo EV3

2.2.3.3 APOYO DELANTERO

Para no tener que hacer equilibrios sobre dos ruedas necesitamos un tercer apoyo para el robot. Para ello añadiremos la rótula que incorpora el kit (bola de acero omnidireccional), ya que se comporta mejor que la rueda castor utilizada en NXT, puesto que puede girar en cualquier dirección de manera instantánea.

Elementos necesarios:

- 1x rótula con bola de acero
- 4x conector negro de pin a pin (con-p-p)
- 4x conector azul de eje a pin (con-e-p)
- 2x conector azul de pin a 2 pines (con-p-2p)
- 1x barra negra de tamaño 3 (barra3)
- 1x barra negra de tamaño 3 con 2 ejes y un pin (barra-e-p-e)
- 1x barra blanca de tamaño 15 (barra15)
- 2x escuadra roja a 90º de tamaño 2x4 (escuadra2x4)

El proceso de montaje es el siguiente:

1. En primer lugar insertamos 4 con-p-p en las posiciones 1, 6, 10 y 15 de la barra15, según se ve en la Figura 2.2-13, y 2 con-e-p en las posiciones 4 y 12.
2. A continuación conectamos las dos escuadra2x4 con la barra15 haciendo coincidir los ejes con los con-e-p insertados anteriormente, de modo que formen una especie de T con un hueco de un pin en medio.
3. En las esquinas de las escuadra2x4 insertamos los con-e-p restantes y, sobre ellos la barra-e-p-e.
4. En los extremos libres de las escuadra2x4 insertamos los con-p-2p.
5. Conectamos la bola a los con-p-2p de manera que quede debajo de la barra15.
6. Conectamos la barra3 con los extremos libres de los con-p-2p de modo que reforcemos la estructura.

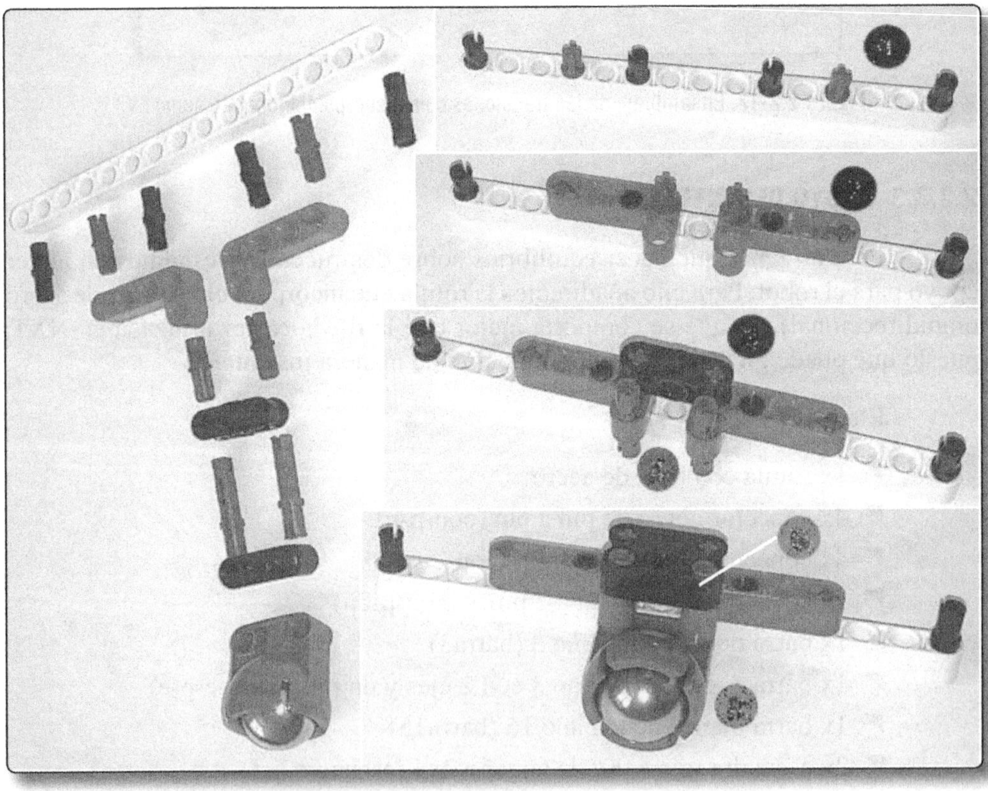

Figura 2.2-13. Montaje del apoyo delantero (rótula) del robot de sumo EV3

Ahora, unimos esta pieza con el cuerpo del robot. Los extremos de la barra15 se conectan a los pines de los motores, de modo que la estructura queda justo debajo de la pantalla del bloque, tal y como se muestra en la Figura 2.2-14.

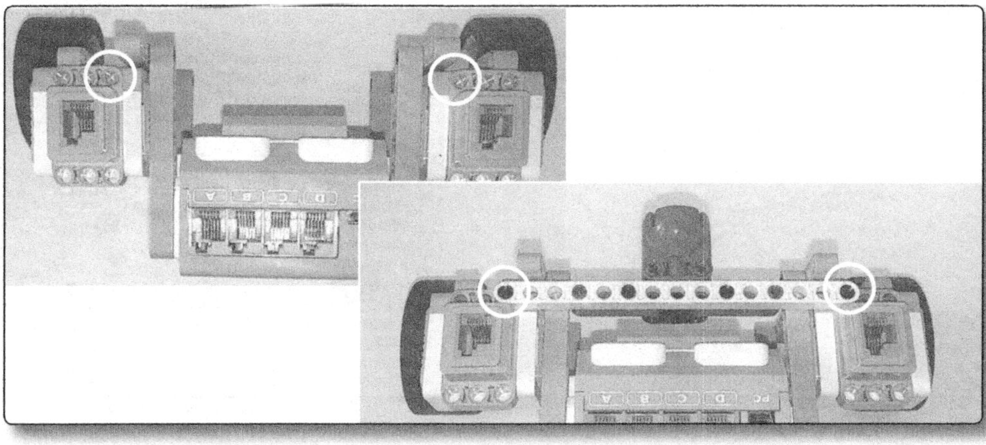

Figura 2.2-14. Ensamblaje del apoyo delantero con el cuerpo del robot

2.2.3.4 DETECTOR

Para detectar el borde del tatami utilizaremos un sensor de luz (o un sensor de color en su defecto). La estructura es muy sencilla. Necesitaremos:

- 1x sensor de luz
- 2x conector negro de pin a pin (con-p-p)
- 2x conector azul de eje a pin (con-e-p)
- 1x barra gris de tamaño 2 con un pin y un eje girado 90º (barra-e-p90)

El montaje es el siguiente:

1. Pieza1 (dos veces): se inserta el con-e-p en el eje de la barra-e-p90 y el con-p-p en el pin de la barra-e-p90. Se repite con la otra barra.
2. Detector: Se conectan las dos barras a los pines del sensor de modo que los pines azules apunten hacia fuera del sensor.
3. El detector se conecta en el centro de la barra15 del apoyo delantero (rótula) con los LED del sensor apuntando hacia el suelo.

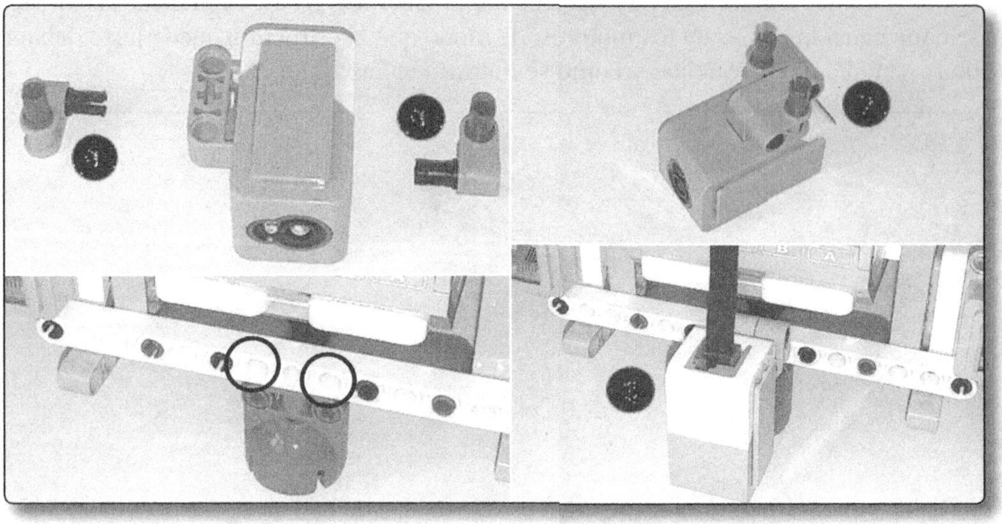

Figura 2.2-15. Ensamblaje del sensor de luz en el cuerpo del robot para detectar si el suelo es blanco o negro

2.2.3.5 CABEZA

La cabeza contendrá al sensor de ultrasonidos y nos servirá para detectar al oponente. Necesitaremos:

- 1x sensor de ultrasonidos
- 8x conectores negros de pin a pin (con-p-p)
- 2x conectores azules de pin a eje (con-e-p)
- 2x hembra amarilla de eje de tamaño ½ (tapón)
- 2x eje gris de tamaño 3 (eje3)
- 2x barra gris de tamaño 2 con un pin y un eje girado 90º (barra-e-p90)
- 2x barra gris de tamaño 3 con 2 pines y un eje girado 90º (barra-e-2p90)
- 1x barra gris de tamaño 5 (barra5)
- 1x barra gris de tamaño 9 (barra9)
- 2x escuadra roja a 90º de tamaño 2x4 (escuadra2x4)

Los pasos para crear la estructura y ensamblarla con el resto del robot se ilustran en la Figura 2.2-16, y son los siguientes:

1. Se insertan cada barra-e-2p90 en un lateral del bloque EV3 mediante dos con-p-p cada una.
2. En el pasante de eje de cada escuadra2x4 se inserta un eje3 y un tapón.
3. En los pines del lado corto de cada escuadra2x4 y en el pin junto al eje se colocan con-p-p sobresaliendo por el lado contrario al tapón.
4. Se coloca la barra9 sobre los lados largos de cada escuadra2x4, de modo que se alinean y queda un espacio entre escuadras de 3 pines.
5. Se coloca la barra 5 uniendo los con-p-p que quedaban libres.
6. El conjunto se inserta mediante cada eje3 en las barra-e-2p90 de los laterales del bloque EV3.
7. Por otro lado se usan las barra-e-p90, dos con-p-p y dos con-e-p junto con el sensor de ultrasonidos para crear una pieza igual a la del Detector.
8. La pieza de ultrasonidos se conecta a la barra5 en los pines centrales.

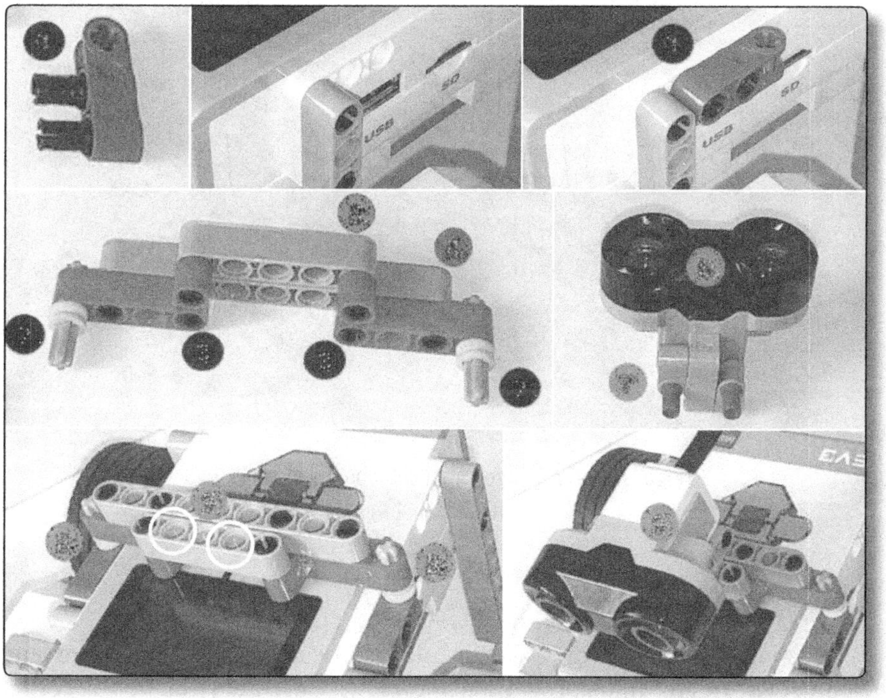

Figura 2.2-16. Construcción de la cabeza del robot para detección de enemigos y ensamblaje con el cuerpo

2.2.3.6 CABLEADO

Finalmente necesitamos añadir los cables de alimentación y señal de los motores y los sensores. Necesitaremos:

- 2x cable RJ12 Lego de 25 cm para los sensores
- 2x cable RJ12 Lego de 35 cm para los actuadores

Cada sensor se puede colocar a cualquiera de los puertos numéricos, mientras que cada actuador se puede conectar a cualquiera de los puertos con letra. Para este robot se conectarán los siguientes puertos:

- Motor izquierdo: puerto A
- Motor derecho: puerto D
- Sensor de luz: Puerto 3
- Sensor de ultrasonidos: Puerto 4

Finalmente, el robot debe parecerse al que se muestra en la Figura 2.2-17.

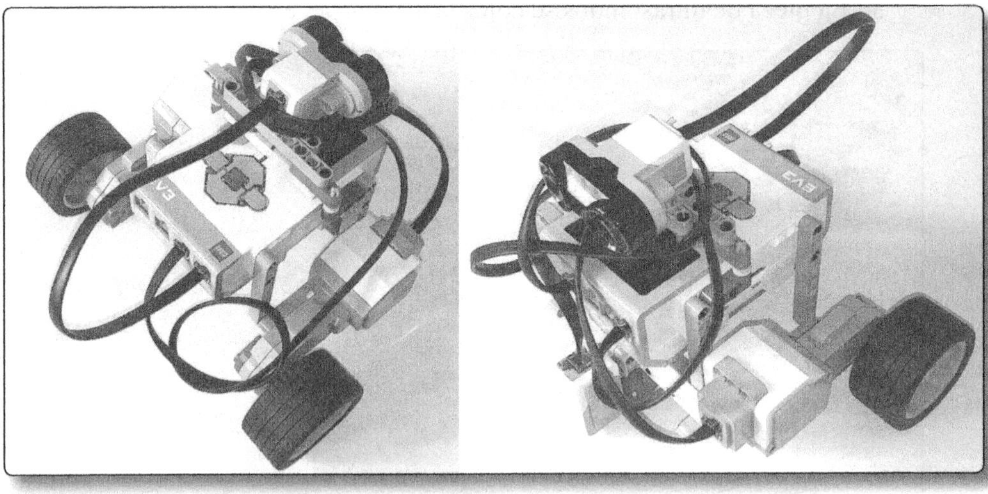

Figura 2.2-17. Imagen final del robot de sumo de EV3

2.2.4 Robot Educator

Las instrucciones para construir este robot están incluidas en el manual que viene con el Kit Lego Mindstorms Education EV3 Core Set (Ref. 45544) por lo que sólo se dará la lista de componentes completas y algunas indicaciones útiles sobre cada elemento.

Se divide en las siguientes partes:

- Base móvil
- Sensor táctil
- Ultrasonidos
- Giróscopo
- Brazo móvil
- Sensor de luz
- Sensor de color

2.2.4.1 BASE MÓVIL

La base móvil necesita las piezas de la Figura 2.2-18.

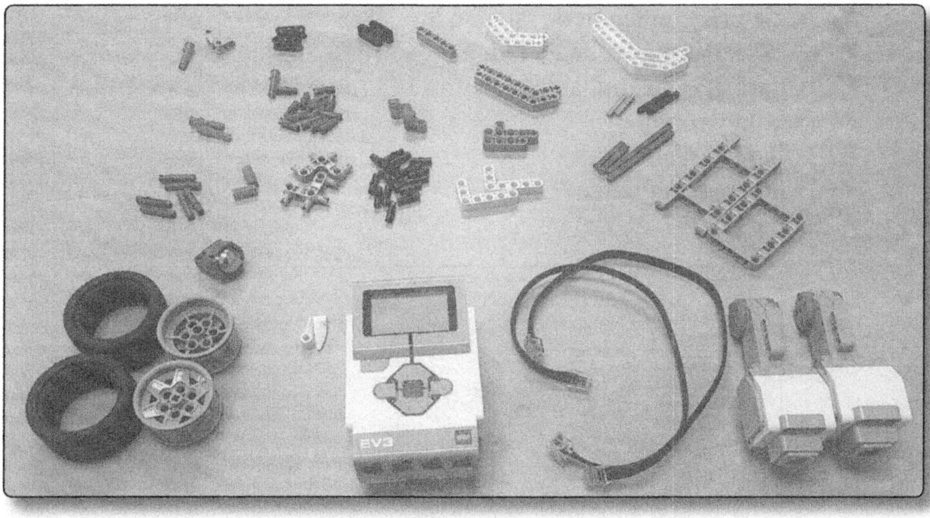

Figura 2.2-18. Piezas necesarias para construir la base móvil del robot Educator

La lista completa de piezas es la siguiente:

- 2x Motor grande
- 1x bloque con batería
- 2x cable RJ12
- 12x conector azul de eje a pin (con-e-p)
- 18x conector negro de pin a pin (con-p-p)
- 2x conector rojo hembra de eje a eje (hembra-e-e)
- 7x conector azul de pin a dos pines (con-p-2p)
- 4x conector rojo de eje a dos pines (con-e-2p)

- 2x conector rojo en L con pin, pin y pin (conector-p-p-p)
- 2x conector gris en L de dos pines a dos pines (con-2p-2p-L)
- 2x barra gris de tamaño 2 con un eje y un pin rotados (barra-e-p90)
- 2x barra negra de tamaño tres con eje, pin y eje (barra-e-p-e)
- 2x barra negra de tamaño 3 (barra3)
- 1x barra gris de tamaño 5
- 2x escuadra blanca a 45º de tamaño 4x4 (escuadra45-4x4)
- 2x escuadra gris a 45º de tamaño 7x3 (escuadra45-7x3)
- 2x escuadra roja a 90º de tamaño 4x2 (escuadra 4x2)
- 2x escuadra gris a 90º de tamaño 5x3 (escuadra5x3)
- 2x escuadra blanca achaflanada de tamaño 7x3 (chaflán)
- 2x eje gris de tamaño 3 (eje3)
- 2x eje negro tamaño 4 (eje4)
- 2x eje gris con tapón de tamaño 4 (eje4t)
- 2x eje gris con tapón de tamaño 8 (eje8t)
- 1x base gris cuadrada de tamaño 7x5 (base7x5)
- 1x base gris cuadrada de tamaño 11x5 (base11x5)
- 1x bola y rótula
- 2x llanta grande
- 2x neumático grande
- 2x pico

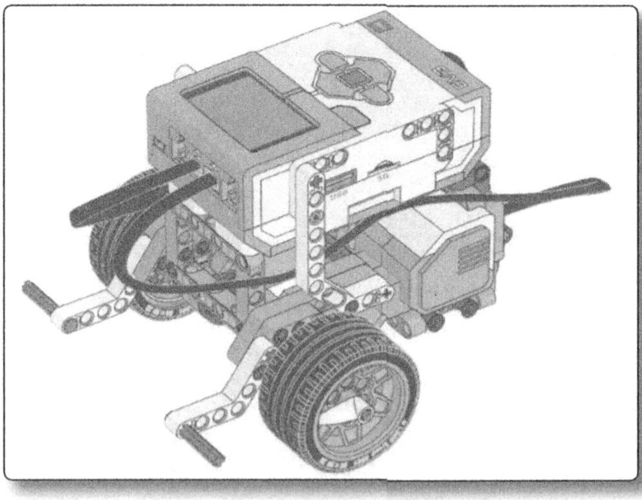

Figura 2.2-19. Base móvil del robot Eduacator

Siguiendo las primeras 44 páginas del manual de Lego EV3 Core Set, tendremos la base a la que se pueden incorporar distintos sensores, que debe tener un aspecto muy similar al de la Figura 2.2-19.

2.2.4.2 SENSOR TÁCTIL

Para esta construcción necesitamos:

- 1x sensor táctil
- 1x conector negro de pin con dos ejes (manivela)
- 1x barra gris de tamaño 2 con un eje y un pin (barra-e-p)
- 1x eje gris de tamaño 3 (eje3)
- 1x Cable RJ12 Lego

Se coloca en uno de los eje4t delanteros, de manera que detecte choques frontales del robot. Quedará como se muestra en la Figura 2.2-20. Se pueden utilizar el doble de piezas (tenemos dos pulsadores en el kit) y colocar un segundo pulsador al otro lado del robot. De hecho, podría ser interesante colocar una barra pivotante delante de los dos sensores, de modo que, sea cual sea el punto frontal del robot que choque con un objeto, los pulsadores lo detecten.

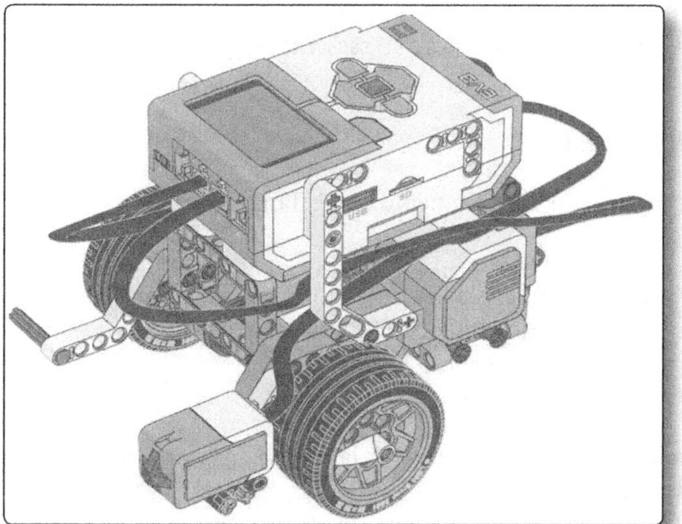

Figura 2.2-20. Robot Educator con sensor de contacto delantero

2.2.4.3 SENSOR TÁCTIL TRASERO

Este sensor se ha diseñado para detectar choques traseros del robot. Necesitaremos:

- 1x sensor de contacto
- 2x conectores negros de pin a pin (con-p-p)

- 1x conector gris en L de dos pines a dos pines (con-2p-2p-L)
- 1x barra gris de tamaño 5 (barra5)
- 1x Cable RJ12 Lego

Conectamos los con-p-p en los pines 1 y 2 de la barra5, y, por el otro lado, el con-2p-2p-L a la misma barra. El sensor se coloca en los pines libres del con-2p-2p.

Finalmente, la pieza construida se conecta con la barra5 trasera de la base móvil, de modo que el sensor quede centrado y dirigido hacia afuera, como se observa en la Figura 2.2-21.

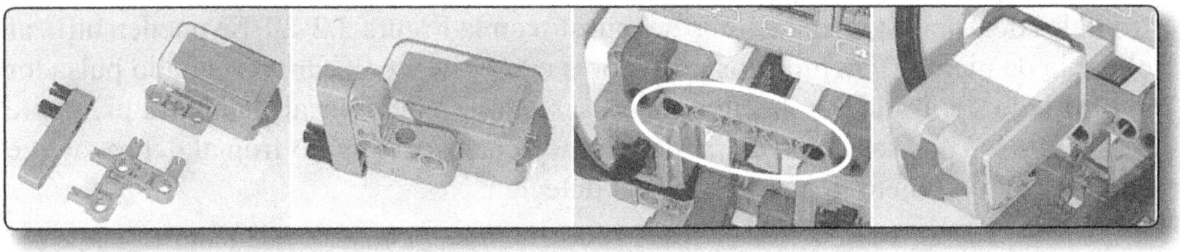

Figura 2.2-21. Montaje y ensamblaje del sensor de contacto trasero para el robot Educator

2.2.4.4 SENSOR DE LUZ

Para incorporar este elemento necesitamos:

- 1x sensor de luz
- 1x conector negro de pin con dos ejes (manivela)
- 1x barra gris de tamaño 2 con un eje y un pin (barra-e-p)
- 1x eje gris de tamaño 3 (eje3)
- 1x Cable RJ12 Lego

Se coloca en uno de los eje4t delanteros, dirigido hacia abajo, de manera que detecte cambios de intensidad de luz reflejada en el suelo. Quedará como se muestra en la Figura 2.2-22. Este sensor se puede utilizar para detectar lugares de interés en el suelo, evitar salirse de un tatami o incluso para realizar un seguidor de líneas.

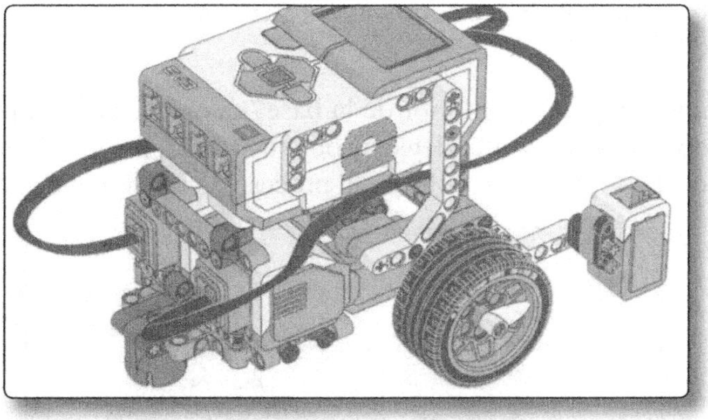

Figura 2.2-22. Imagen del robot Educator con el sensor de luz colocado en modo rastreador

2.2.4.5 SENSOR DE COLOR

Exactamente igual al de luz salvo porque tenemos que colocar el sensor dirigido hacia delante, de modo que podamos detectar el color de los objetos que encontremos. La diferencia de colocación se ilustra en la Figura 2.2-23.

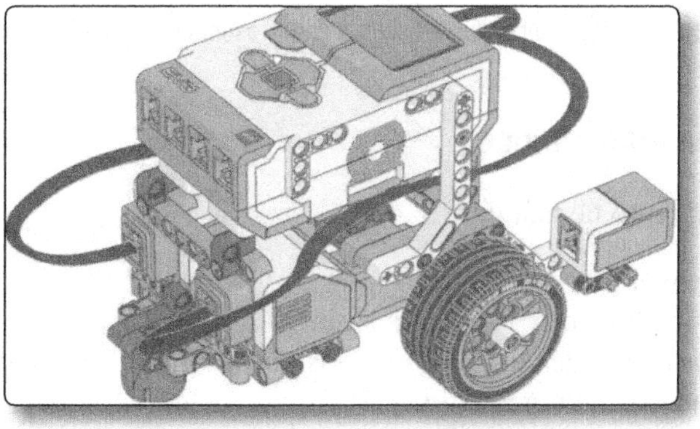

Figura 2.2-23. Robot Educator con sensor de color incorporado

2.2.4.6 SENSOR ULTRASÓNICO

Para incorporar este elemento necesitamos:

- 1x sensor ultrasónico
- 4x conector negro de pin a pin (con-p-p)
- 2x conector azul de pin a dos pines (con-p-2p)
- 1x barra gris de tamaño 7 (barra7)

- 2x escuadra negra en forma de T (escuadraT)
- 1x Cable RJ12 Lego

Se coloca en la parte inferior de la base7x5 colocada en la parte frontal del robot, de modo que nos permita detectar objetos frente al robot y evitar colisiones con los mismos. La Figura 2.2-24 ilustra el proceso de ensamblaje con la base móvil.

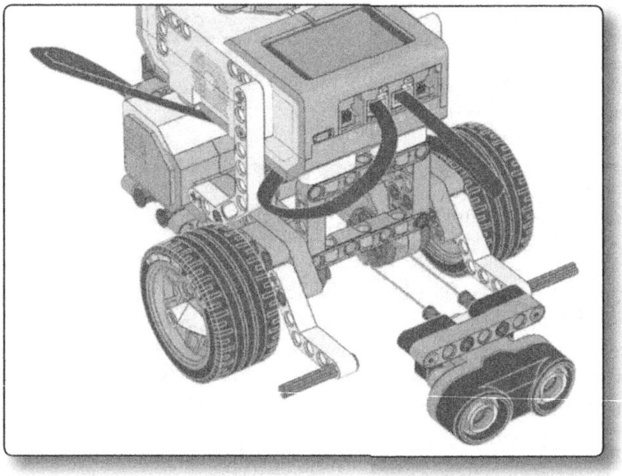

Figura 2.2-24. Colocación del sensor de ultrasonidos en el robot Educator

2.2.4.7 SENSOR GIROSCÓPICO

Este elemento consta de:

- 1x sensor giroscópico
- 2x conector rojo de eje a dos pines (con-e-2p)
- 2x barra gris de tamaño 3 con dos pines y un eje rotado 90º (barra-e-2p90)
- 4x eje gris de tamaño 3 (eje3)
- 3x escuadra blanca a 45º de tamaño 4x4 (escuadra45-4x4)
- 1x Cable RJ12 Lego

Se coloca en la parte trasera unido a la barra5 con el sensor dirigido hacia delante, de modo que el dibujo quede en la parte superior, tal y como se observa en la Figura 2.2-25. De este modo el sensor podrá medir giros alrededor del eje Z (eje perpendicular al suelo), es decir, el giro en la orientación del robot, lo que nos permite conocer la dirección de movimiento en todo momento.

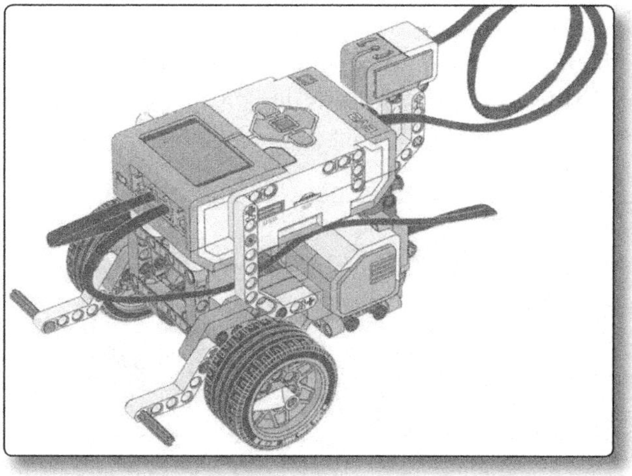

Figura 2.2-25. Robot Educator con sensor giroscópico

2.2.4.8 SENSOR DE SONIDO NXT

Este es el componente más sencillo de realizar. Necesitamos:

- 1x sensor de sonido NXT
- 2x conectores azules de pin a 2 pines (con-p-2p)
- 1x barra (cualquier color) de tamaño 3 (barra3)
- 1x Cable RJ12 Lego

Se conectan la barra3 y los pines del sensor de sonido mediante los con-p-2p. A continuación se coloca en un lateral del bloque EV3, según se muestra en la Figura 2.2-26, y dirigido hacia arriba para captar el sonido ambiental.

Figura 2.2-26. Ensamblaje del sensor de sonido NXT en el robot Educator

2.2.4.9 BRAZO ROBÓTICO

Este elemento es más complejo que los sensores anteriormente incorporados a la base móvil. Este elemento consta de las piezas que se muestran en la Figura 2.2-27.

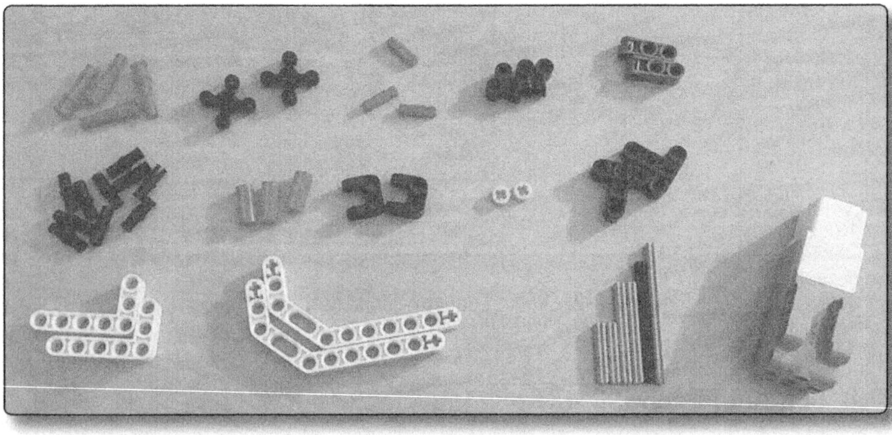

Figura 2.2-27. Piezas necesarias para construir el brazo robótico del robot Educator

La lista completa de piezas es la siguiente:

- 1x motor mediano
- 10x conector negro de pin a pin (con-p-p)
- 2x tapón amarillo de eje (tapón)
- 3x conector rojo de eje a eje (con-e-e)
- 3x conector hembra rojo de eje a eje (hembra-e-e)
- 4x conector rojo de eje a dos pines (con-e-2p)
- 2x engranaje negro de cuatro dientes (eng4d)
- 2x barra negra en T de tamaño 2 con eje superior girado 90º (barraTe-2p)
- 2x barra negra en T de tamaño 2 con 2 ejes superiores girados 90º (barraT2e-2p)
- 2x barra gris de tamaño 3 con dos pines y un eje rotado (barrae-2p90)
- 2x escuadra negra en forma de T (escuadraT)

- 2x escuadra blanca a 90º de tamaño 5x3 (escuadra5x3)
- 2x escuadra blanca achaflanada de tamaño 7x3 (chaflán)
- 2x eje gris de tamaño 3 (eje3)
- 1x eje gris de tamaño 5 (eje5)
- 2x eje negro de tamaño 6 (eje6)
- 1x eje gris de tamaño 7 (eje7)
- 1x Cable RJ12 Lego

Se coloca en el hueco que deja la base7x5 en el centro del frontal del robot tal y como aparece en la Figura 2.2-28. Este mecanismo incorpora dos engranajes para cambiar la dirección del giro del motor, de modo que puede controlar la inclinación del brazo construido por las escuadras achaflanadas y el eje delantero. Ese movimiento nos permite atrapar objetos con el brazo y trasladarlos a otro lugar. Este mecanismo es incompatible con la utilización del sensor ultrasónico según se dispone en la Sección 2.2.4.6.

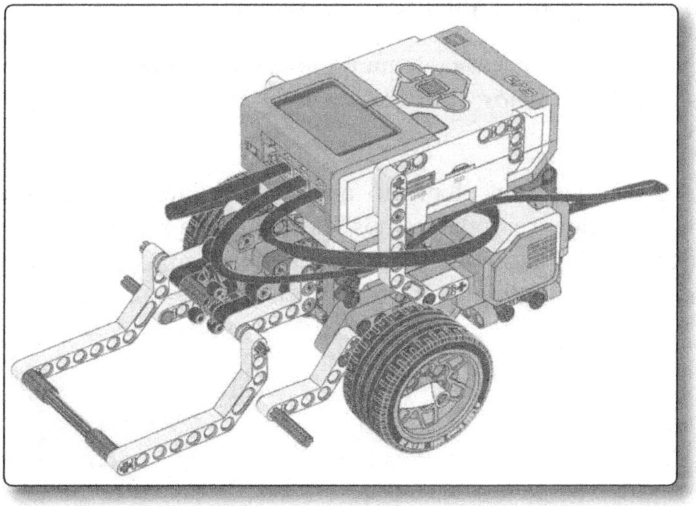

Figura 2.2-28. Robot educator con brazo articulado mediante el motor mediano

2.3 ACTIVIDADES LEGO

A continuación se indican una serie de actividades que se pueden realizar para ir descubriendo, mediante la práctica, los distintos componentes de nuestro robot lego. Recuerda que podrás descargar los programas de las actividades de nuestra página: *www.automaticayrobotica.es/recursos/robótica-educativa/libro-de-robótica-actividades/*. Te recomendamos que aunque las descargues, no dejes de seguir el libro, con él aprenderás mucho mejor.

Comenzaremos aprendiendo cómo cargar en la memoria del bloque un programa para después ir presentando cada uno de los sensores y actuadores que vienen habitualmente con los kits de Lego. Estas actividades servirán como preparación para acometer los proyectos de la Sección 2.3.8.

Dentro de las actividades se irán incluyendo los bloques del lenguaje de programación EV3-G y los componentes de un lenguaje de programación como las condiciones lógicas, las entradas/salidas de un bloque, los bucles, o las sentencias de decisión o interruptores lógicos.

2.3.1 Mi primer programa: Nuestro robot habla

Vamos a realizar la carga de un programa en el bloque. Para hacerlo lo más sencillo posible, *utilizaremos exclusivamente el microcontrolador*, sin ningún tipo de elemento adicional.

Vamos a utilizar un elemento que ya está incorporado en el bloque: el altavoz. Concretamente, reproduciremos los sonidos de saludo y despedida con una espera de dos segundos entre uno y otro. Para ello creamos el programa de la figura y lo guardamos con el nombre `'MiPrimerPrograma.ev3'`.

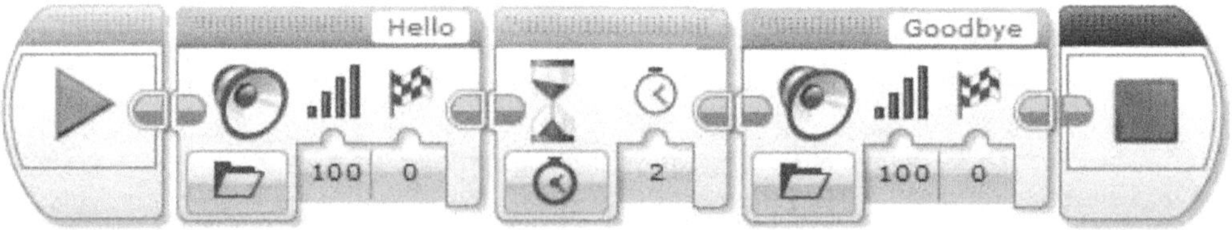

Programa 1. Uso del altavoz 'MiPrimerPrograma.ev3' para Lego EV3

2.3.1.1 DESCRIPCIÓN DE LOS BLOQUES

Analizamos los bloques que se utilizan en el programa:

<table>
<tr><td></td><td>**Ejecutar programa**: indica el punto de comienzo de ejecución del programa. Alternativamente, pulsando sobre el triángulo se ejecuta y se descarga el programa y los archivos adicionales.</td></tr>
<tr><td colspan="2">**Sonido**: reproduce un sonido. Tres modos de funcionamiento **(1)**: archivo, tono o nota.</td></tr>
<tr><td>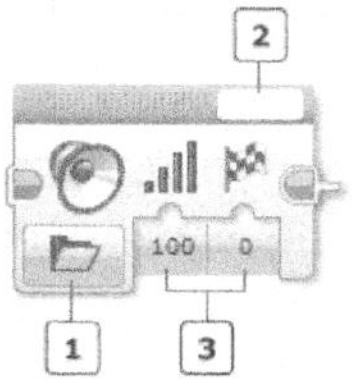
</td><td>**Modo archivo**. Permite seleccionar el nombre de archivo **(2)**, p.ej. 'Hello' o 'Goodbye'. Los parámetros de entrada **(3)** son: ***volumen*** (porcentaje 0-100) y ***tipo de reproducción*** (0, esperar hasta finalizar sonido; 1, continuar programa; y 2, reproducir en bucle).</td></tr>
<tr><td>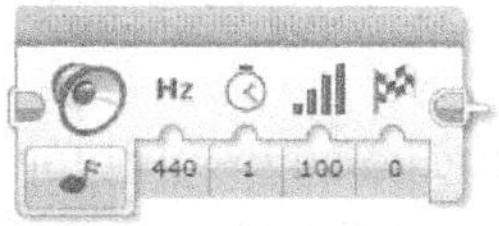
</td><td>**Modo tono**. Parámetros de entrada: ***frecuencia*** (en Hercios), ***duración*** (en segundos), ***volumen*** y ***tipo de reproducción***.</td></tr>
<tr><td>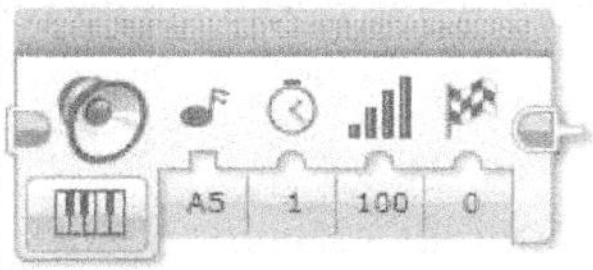
</td><td>**Modo nota**. Parámetros de entrada: iguales a modo tono, pero se cambia la frecuencia por el ***nombre de la nota*** en formato americano (letra**A-G**<+#para medios tonos>+escala**4-6**).</td></tr>
<tr><td colspan="2">**Esperar:** espera hasta que se produce un evento. El tipo de evento **(1)** puede ser de botonera, comparar sensor, cambio de sensor, mensaje o tiempo. Cada evento tiene distintos parámetros de entrada/salida **(2)**.</td></tr>
<tr><td>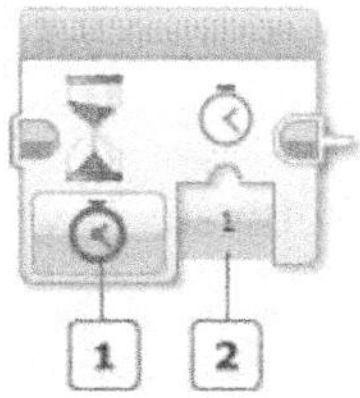
</td><td>**Evento de tiempo**. Parámetros de entrada: duración (número real que representa el tiempo que está esperando el programa en este bloque antes de ejecutar el siguiente).</td></tr>
<tr><td></td><td>**Detener programa**. Detiene la ejecución del programa. Este bloque es, generalmente, opcional, ya que el resultado es el mismo que si la línea de ejecución llega hasta un bloque que no tiene otro a continuación.</td></tr>
</table>

El proceso de descarga/ejecución es el siguiente:

1. Creamos/cargamos el programa en la aplicación de Lego Mindstorms, de modo que esté contenido en la zona de diseño de la ventana activa.

2. Conectamos el robot al PC utilizando el cable USB[5] que viene en el kit[6].

3. Para ejecutar el programa tenemos dos opciones:

   - Desde el PC:

     - Pulsamos en ***Download and Run*** . El programa se ejecutará automáticamente. Cuando deseemos detener la ejecución pulsamos *Stop*.

     - Presionamos en el triángulo del bloque **Ejecutar programa** . Automáticamente el programa se cargará en el bloque y se ejecutará.

   - Desde el bloque:

     - Pulsamos en ***Download*** . El programa se descarga al bloque con el nombre que le hayamos dado.

     - En el bloque nos movemos al menú ***Play*** y presionamos el botón de acción (botón gris cuadrado) sobre ***Program***. Automáticamente se ejecutará el último programa descargado. Para detener la ejecución volvemos a presionar el botón de acción.

Para el programa que hemos realizado, lo más cómodo es ejecutar desde el PC, puesto que no hay movimientos que puedan causar problemas con el cable USB. Si todo ha salido correctamente, escucharemos cómo el robot nos saluda con '*Hello*', espera un par de segundos y nos despide con '*Goodbye*'. ¡Enhorabuena! ¡Ya sabes programar el cerebro del Lego Mindstorms!

2.3.1.2 VERSIÓN SOFTWARE NXT

Si en lugar de utilizar el software EV3-G utilizas el software NXT-G el programa resultante tiene una estructura muy parecida:

---

5 Alternativamente se puede utilizar la conexión Bluetooth si nuestro ordenador dispone de ella. Para establecer dicha conexión, consultar la Sección 2.1.6.3.1.

6 La primera vez que se conecta el bloque a un PC, éste necesita instalar una serie de drivers (de forma automática). Esta operación puede tardar unos minutos.

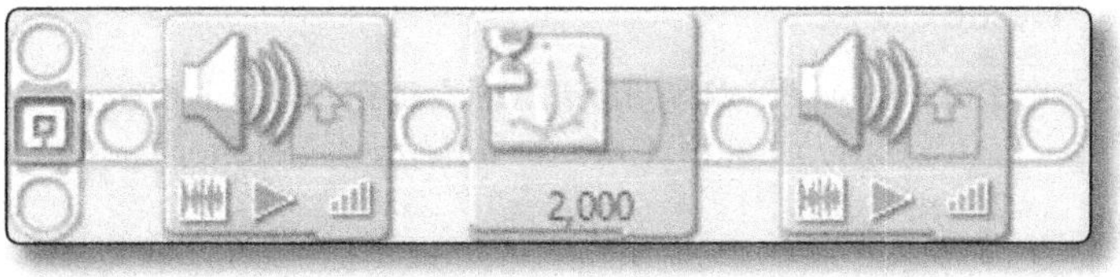

Programa 2. Uso del altavoz 'MiPrimerPrograma.rbt' para Lego NXT

Las opciones de los bloques, de izquierda a derecha, son:

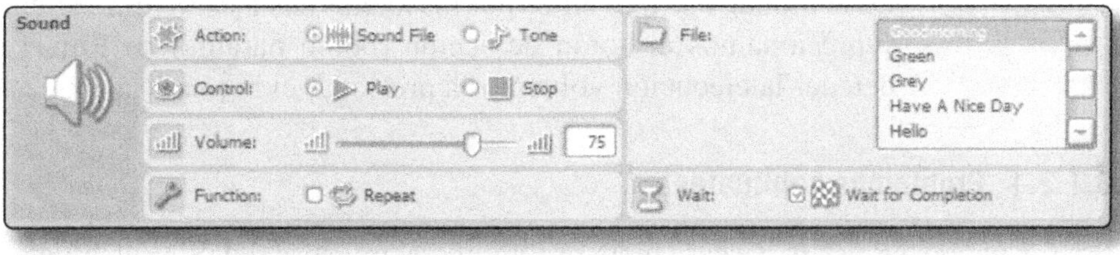

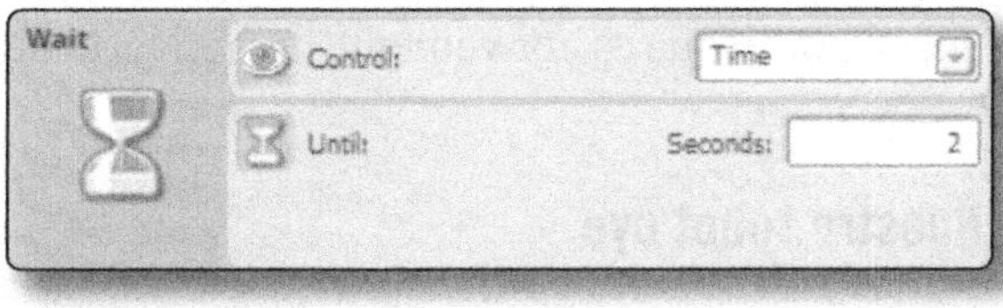

El proceso de descarga/ejecución es el siguiente:

1. Creamos/cargamos el programa en la aplicación de Lego Mindstorms, de modo que esté contenido en la zona de diseño de la ventana activa.

2. Conectamos el robot al PC utilizando el cable USB que viene en el kit[7].

3. Para ejecutar el programa tenemos dos opciones:

7 La primera vez que se conecta el bloque a un PC, éste necesita instalar una serie de drivers (de forma automática). Esta operación puede tardar unos minutos.

- Desde el PC:
  - Pulsamos en ***Download and Run*** . El programa se ejecutará automáticamente. Cuando deseemos detener la ejecución pulsamos *Stop*.
- Desde el bloque:
  - Pulsamos en Download . El programa se descarga al bloque con el nombre que le hayamos dado.
  - En el bloque nos movemos por los menús hasta encontrar el fichero y presionamos el botón de acción (botón naranja) en Run. Para detener la ejecución volvemos a presionar el botón de acción.

2.3.1.2.1 Problemas habituales

Cuando se están descargando programas a través del USB, el bluetooth puede causar problemas, por lo que es conveniente desactivarlo durante este proceso.

2.3.2 Micrófono: Nuestro robot oye

El sensor de sonido o micrófono nos permite percibir el nivel de ruido que hay en el ambiente. La imagen muestra el micrófono de Lego NXT. Este sensor se puede utilizar con ambos sistemas, tanto NXT como EV3.

2.3.2.1 OBJETIVOS DE LA ACTIVIDAD

Vamos a aprender a:

- Utilizar sensores analógicos
- Cambiar el comportamiento del robot cuando detecte un ruido fuerte como una palmada o un grito.
- Utilizar el bloque de espera con eventos de comparación de sensores.

2.3.2.2 COMPONENTES NECESARIOS

En esta actividad necesitaremos:

- Bloque Lego Mindstorms (EV3 o NXT).
- Sensor de sonido (Lego NXT solamente).
- Cable RJ12 de Lego.

2.3.2.3 CONSTRUCCIÓN Y CONEXIONADO

Conectamos el cable RJ12 al sensor del sonido y al puerto 1 del bloque de Lego. Además, deberemos conectar el USB para realizar la descarga del programa.

2.3.2.4 PROGRAMACIÓN

Vamos a realizar un programa para que, cuando el sensor de sonido detecte un ruido fuerte, el robot comience a animar (con el altavoz, claro). El sensor de sonido es de tipo analógico, lo que significa que puede tener muchos valores distintos en función de la magnitud que mide. Concretamente, este sensor devuelve un valor entre 0 y 100, según el porcentaje de ruido que detecta. Vamos a añadir una condición para que espere sin hacer nada hasta que el ruido supere un determinado porcentaje, que llamaremos umbral. Para ello creamos el siguiente programa:

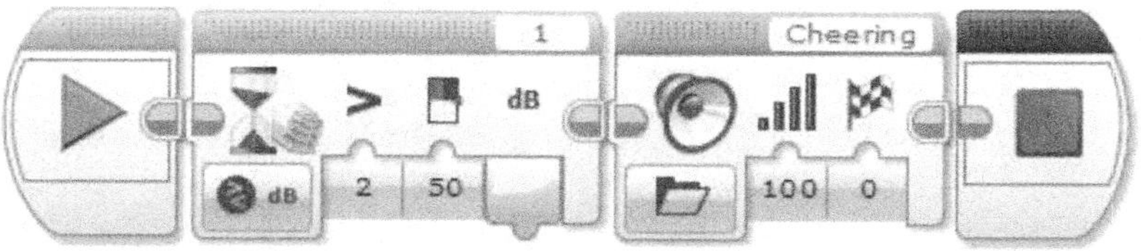

Programa 3. Uso del micrófono 'AplaudePaolo.ev3'

2.3.2.5 DESCRIPCIÓN DE LOS BLOQUES

Para la explicación del bloque **Sonido**, ver Sección 2.3.1.1.

Además hemos utilizado el comando **Esperar** (barra de comandos **Control de Flujo**) en modo **Comparar Sensor**:

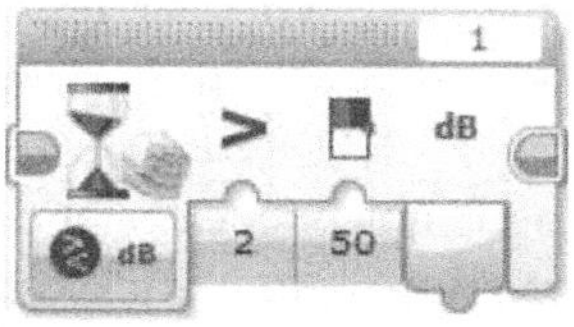	**Evento de comparación**. *Parámetros de entrada*: tipo de comparación **2** (mayor que), valor umbral **50** (nivel de intensidad de sonido con que se compara, rango [0,100]). *Parámetro de salida*: valor de intensidad medido (porcentaje rango [0,100]).

Este programa espera hasta que el *sensor de sonido* colocado en el puerto *1* detecta un ruido *superior* al *50%* de intensidad de sonido máximo. Cuando esto sucede, la ejecución continúa y se reproduce una vez el sonido '*Cheering*'.

Puedes probar a cambiar los parámetros de entrada del comando **Esperar**:

1. ¿Qué ocurre si en lugar de poner un 2 en el tipo de comparación seleccionas un 1?
2. ¿Qué ocurre si cambias el umbral a 95?

También puedes cambiar los valores del bloque **Sonido**:

1. Prueba a modificar el segundo parámetro a 1 (de este modo no esperará a terminar la reproducción para pasar al siguiente bloque). ¿Qué ocurre?

Para aprender más acerca de los micrófonos lee la Sección 4.7.

2.3.2.6 VERSIÓN SOFTWARE NXT

A continuación mostramos el programa en su versión NXT.

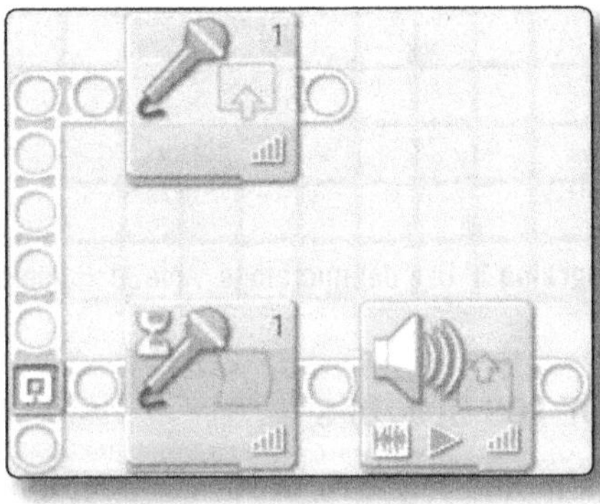

Programa 4. Uso del micrófono 'AplaudePaolo.rbt'

Hemos colocado un *bloque de espera* asociado al sensor de sonido (naranja) y a continuación un *bloque altavoz* para reproducir los aplausos. Además, en otra línea de ejecución, hemos añadido un *bloque sensor de sonido* que nos permite visualizar el valor leído por el sensor (debemos mantener el USB conectado). Aunque no es necesario para ejecutar el programa, este bloque nos puede servir para calibrar el valor de umbral que debemos utilizar en el bloque de espera. Para sacar el bloque sensor, debemos poner la barra de bloques en modo ***Complete***, seleccionar el icono amarillo (***Sensor***) y el micrófono (***Sound Sensor***) del desplegable que aparece (véase Figura 2.3-1).

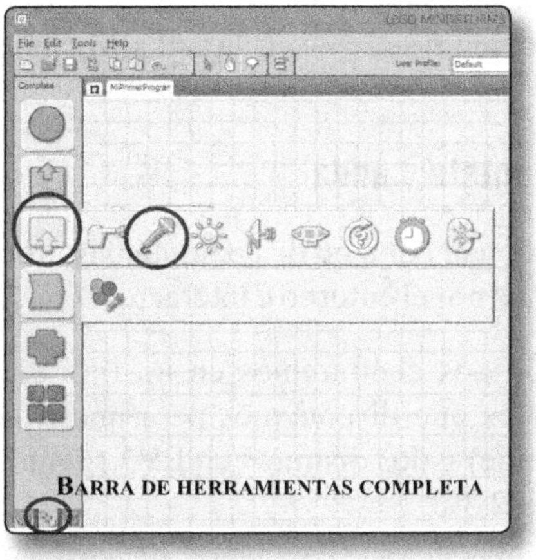

Figura 2.3-1. Desplegable de la barra de herramientas que nos permite seleccionar el bloque sensor que queremos usar

Por último, se indican las opciones seleccionadas para cada bloque.

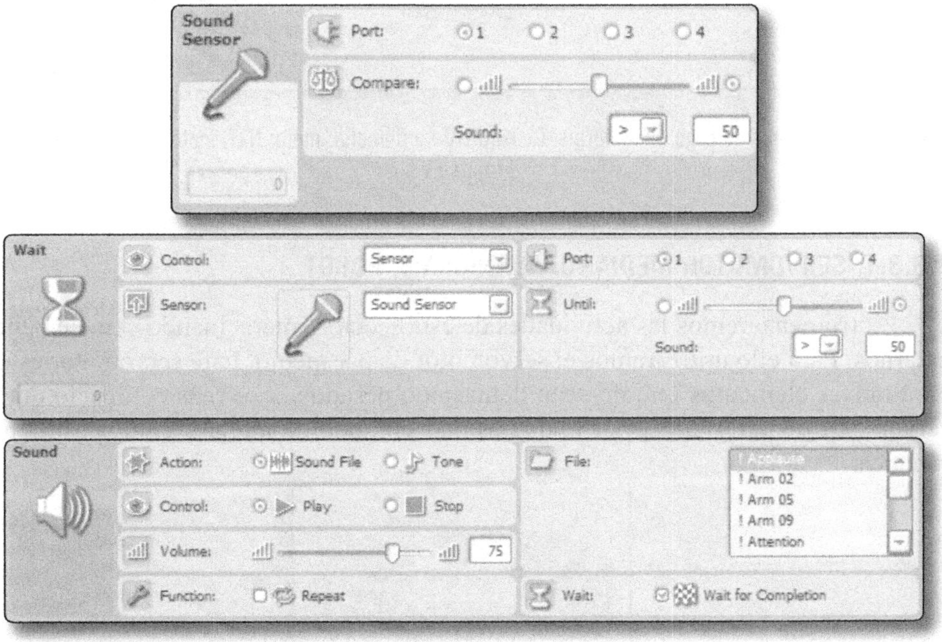

Figura 2.3-2. Opciones de los distintos bloques utilizados en el Programa 4 Uso del micrófono 'AplaudePaolo.rbt'

En los subsiguientes ejemplos no se utilizará el lenguaje NXT, puesto que el microcontrolador del Lego NXT puede ser programado directamente desde el Software EV3 y éste es bastante más versátil (además de ser gratuito y de descarga libre a través de la página de Lego). Por tanto se aconseja la actualización al Software EV3.

2.3.3 Actuadores: Levántate y anda

Los actuadores son el corazón de cualquier sistema robótico. Los actuadores nos permiten desplazarnos por el entorno e interactuar con los objetos que nos rodean.

En este apartado nos centraremos en un tipo concreto de actuadores: los servomotores, que son los que disponemos para nuestros kits de Lego. Existe un único tipo en NXT (grande) y dos distintos en EV3 (grande y mediano). Todos ellos se muestran en la Figura 2.3-3.

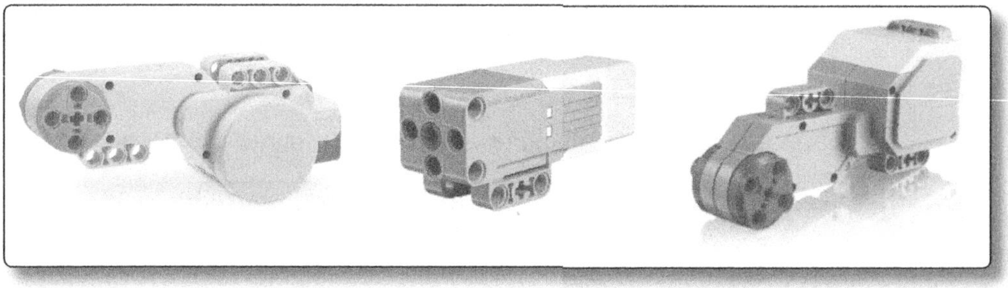

Figura 2.3-3. Motores de Lego Mindstorms. De izquierda a derecha: motor NXT, motor mediano EV3, motor grande EV3

2.3.3.1 SERVOMOTOR MEDIANO: ABANÍCAME, ROBOT

Comenzaremos las actividades de esta sección interactuando con elementos externos. Para ello utilizaremos el servomotor de par medio. Este servomotor es útil para mover elementos que no sean demasiado pesados, y es más compacto que el servomotor de par grande, por lo que es más cómodo de integrar en una estructura robótica.

2.3.3.1.1 Objetivos de la actividad

Vamos a aprender a:

- Utilizar un servomotor.
- Utilizar bucles infinitos.
- Utilizar un *encoder* (codificador de posición).
- Usar entradas y salidas de los bloques.

2.3.3.1.2 Componentes necesarios

En esta actividad necesitaremos:

- Bloque Lego Mindstorms (EV3 o NXT).
- Motor Mediano (EV3).
- Sensor de sonido[8] (NXT).
- 2x Cable RJ12 de Lego.
- Piezas Lego:
  - 4x Escuadra blanca a 45º de 5 pines y 2 ejes (escuadra45º)
  - Eje gris tamaño 5 (eje5).

2.3.3.1.3 Construcción y conexionado

Se colocan las cuatro escuadras45º en el eje5 en forma de abanico (giradas 90º con respecto a la siguiente). Se inserta el eje5 en la salida del motor mediano.

Conectamos un cable RJ12 al motor mediano y al puerto B del bloque de Lego. Conectamos un cable RJ12 al sensor de sonido (o al sensor de luz). Además, deberemos conectar el USB para realizar la descarga del programa.

2.3.3.1.4 Programación

Vamos a realizar un programa que realice un giro completo del motor, espere 1 segundo y vuelva a girar. El programa es el siguiente:

8 En caso de no disponer de los sensores NXT se puede sustituir por un sensor de luz midiendo intensidad reflejada. Para más información sobre el sensor de luz, ver Sección 2.3.6.

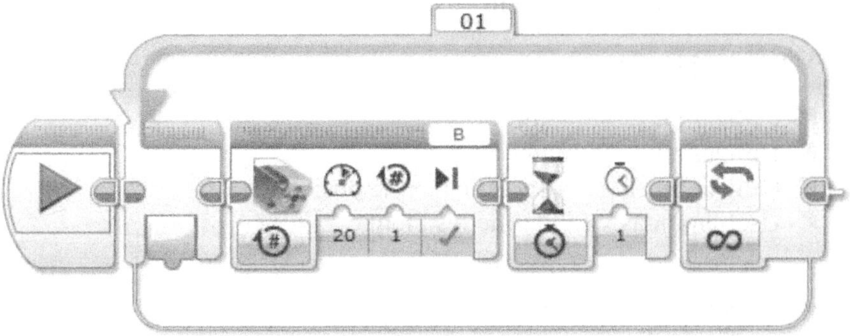

Programa 5. Uso del motor mediano 'Molinillo.ev3'

2.3.3.1.5 Descripción de los bloques

Para la explicación del bloque **Esperar**, ver Sección 2.3.1.1.

El bloque del **Motor mediano** tiene una buena cantidad de opciones. En primer lugar debemos elegir el puerto **(1)** en que lo tenemos conectado. A continuación el modo **(2)** de operación, que puede ser Apagado, Encendido (movimiento ininterrumpido), Encendido por segundos (tiempo limitado), Encendido por grados (gira hasta que completa un giro de unos grados concretos) o Encendido por rotaciones (gira un número concreto de veces). En función del modo tendremos unas entradas u otras **(3)**.

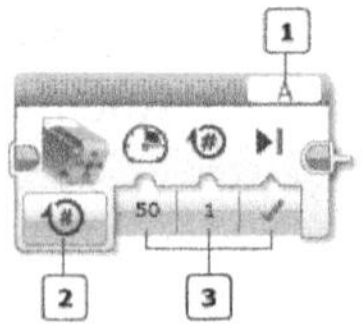	**Motor mediano.** *Puerto del motor*: **B**. *Modo de operación*: ***Encendido por rotaciones***. *Parámetros de entrada*: potencia **20** (rango [-100,100]), número de rotaciones **1** (número real), detener al final **verdadero** (valor lógico).

Cada modo de operación tiene unos parámetros de entrada distintos. A continuación se indican las características que tienen:

- **Potencia**: Valor entre -100 y 100. Si el valor es positivo, el giro es en sentido horario. Si es negativo, el giro es en sentido antihorario. Cuanto mayor es el valor absoluto, más rápido es el giro.

- **Número de grados/rotaciones**: número real (no tiene por qué ser entero). Si el valor es positivo el giro es horario, si el valor es negativo, el giro es antihorario.

- **Detener al final**: valor lógico. Si es verdadero se frena en seco al motor una vez se termina el movimiento. Si es falso, se corta la potencia al motor y este termina de moverse cuando pierde el impulso que llevaba (más suave pero menos preciso).

Otro bloque de gran importancia es el **Bucle**, que repite la ejecución de una parte del programa (la que está englobada entre el principio y el final del bloque). El selector de modo **(1)** nos permite controlar de qué forma se repetirá el bucle y qué condición hará que el bucle se termine. Las opciones son: Ilimitado, Conteo, Lógica, Tiempo y Sensores. Dependiendo del modo, tendremos unas entradas u otras **(2)**. Los bloques dentro del bucle pueden utilizar el índice del bucle **(3)**, que contiene el número de veces que se ha repetido el bucle. Cada bucle tiene un nombre **(4)** que lo identifica y debe ser único.

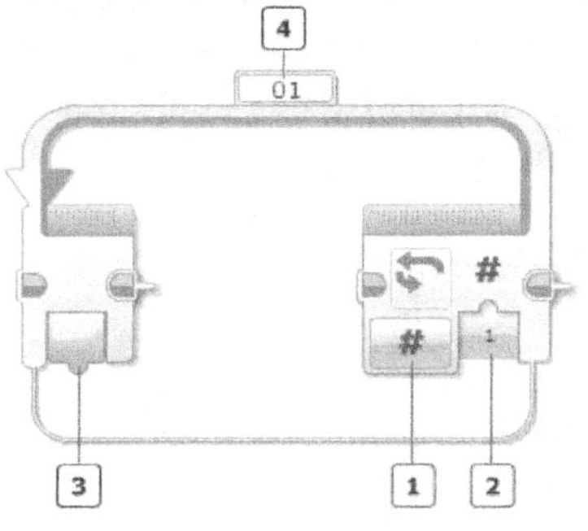	**Bucle**. El bucle de la figura es de tipo **Conteo** y se repite solamente una vez, (argumento de entrada) y su nombre es '**01**'. El índice del bucle no se utiliza. En el Programa 5 se utiliza un bucle de modo **Ilimitado**, lo que quiere decir que se repite sin cesar hasta que detenemos el programa en el bloque o el entorno del Software EV3.

Esta es la segunda de las estructuras de control de flujo que veremos a lo largo de las actividades (la primera fue **Esperar** en la Sección 2.3.1.1) y tiene una gran importancia y repercusión en la programación de cualquier sistema.

En este programa no hemos utilizado el bloque de **Detener ejecución** puesto que el bucle es se repite de manera infinita. Para detener la ejecución deberemos pulsar el botón de acción del bloque o el símbolo de stop del Software EV3.

2.3.3.1.6 Actividades propuestas

1. Eliminar el bloque **Esperar**. ¿Qué hace el molinillo? ¿Y si cambias 'Detener al final' a falso?
2. Cambia el modo de ejecución a Encendido. ¿Se comporta igual que en la cuestión anterior? ¿Estás seguro?

2.3.3.2 SERVOMOTOR GRANDE: UN PASITO AL FRENTE, ROBOT

Los servomotores grandes tienen más potencia y por lo tanto son muy adecuados para proporcionar movimiento a la estructura robótica completa. Para ello se suelen colocar en distintas configuraciones como *diferencial*, la más sencilla, con dos ruedas motoras y un tercer apoyo para dar estabilidad en reposo, o *tanque*, en la que se colocan cuatro ruedas, dos a cada lado, y cada lado se mueve mediante el motor y un tren de engranajes. La configuración de tanque (llamada *skid-steer* en inglés) tiene el problema de que causa deslizamiento en las ruedas cuando se va a realizar un giro, pero a cambio es más sencilla de construir.

2.3.3.2.1 Objetivos de la actividad

Vamos a aprender a:

- Coordinar dos servomotores para producir movimiento en un robot.
- Entender el concepto de entrada de un bloque (entrada de una función).

2.3.3.2.2 Componentes necesarios

En esta actividad necesitaremos construir un robot con la configuración de luchador de sumo de la Sección 2.2.2. No obstante, el detector y la cabeza son opcionales, puesto que no los utilizaremos aún hasta haber visto cómo funcionan los respectivos sensores que incorporan.

2.3.3.2.3 Construcción y conexionado

Las instrucciones de construcción se indican en la mencionada Sección 2.2.1. Se recomienda conectar los motores en los puertos indicados en la construcción para así poder utilizar los programas sin modificarlos.

2.3.3.2.4 Programación

Vamos a realizar un programa que mueva hacia delante el robot durante dos segundos y cuando termine, lo mueva hacia atrás otros dos segundos. El programa es el siguiente:

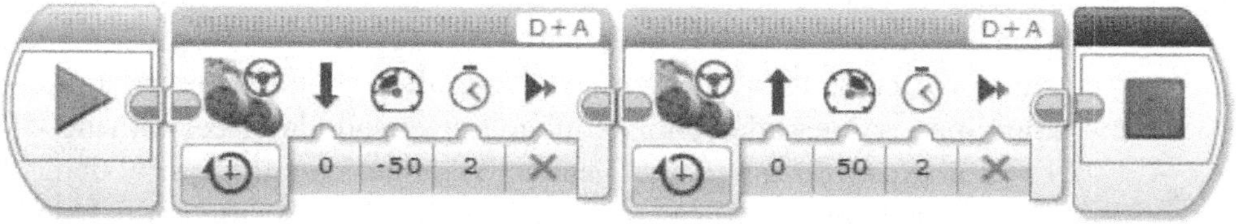

Programa 6. Uso de los motores grandes 'DelanteDetras.ev3'

2.3.3.2.5 Descripción de los bloques

Para controlar los motores grandes se pueden utilizar varios bloques: **Motor grande**, **Mover la dirección** y **Mover tanque**.

Las opciones de **Motor grande** son exactamente iguales a las de Motor mediano, cambiando únicamente la potencia que representa el valor de 100% que es mayor en el motor grande. Por tanto no se volverá a explicar.

En el programa hemos usado el bloque **Mover la dirección**, que se puede usar cuando se utiliza una configuración de movimiento diferencial: cada rueda está activada por un motor y tenemos un tercer punto de apoyo que aporta estabilidad. Dependiendo de la velocidad relativa (y del sentido de giro) de cada motor podemos describir movimientos en línea recta, arcos de circunferencia o giros sobre el eje del robot.

El bloque **Mover la dirección** tiene muchas opciones similares a **Motor mediano**: un selector de puertos **(1)**; mismos modos **(2)** de operación: Apagado, Encendido (movimiento ininterrumpido), Encendido por segundos (tiempo limitado), Encendido por grados (gira hasta que completa un giro de unos grados concretos) o Encendido por rotaciones (gira un número concreto de veces); y unos parámetros de entrada **(3)** parecidos. En primer lugar debemos elegir el puerto **(1)** en que lo tenemos conectado. A continuación el modo **(2)** de operación. En función del modo tendremos unas entradas u otras **(3)**.

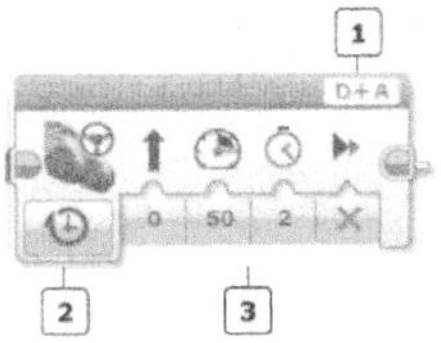

Mover la dirección. *Puertos de los motores*: **D (izquierdo)+A (derecho)**. *Modo de operación*: ***Encendido por tiempo***. *Parámetros de entrada*: dirección **0** (avanzar), potencia **50** (rango [-100,100]), tiempo de movimiento **2** (número real positivo), detener al final **falso** (valor lógico).

Tenemos un parámetro de entrada nuevo con respecto a los de **Motor mediano**:

- **Dirección**: Valor entre -100 y 100. Si el valor es negativo el robot rotará hacia la izquierda, de modo que, cuanto más negativo el valor, más cerrada será la rotación. Para lograr esa rotación del robot, el motor izquierdo girará menos que el derecho, de modo que cuando la dirección vale -50, el motor izquierdo estará completamente quieto mientras que el derecho avanza a la potencia indicada. Si disminuimos la dirección por debajo de -50 el motor izquierdo empezará a girar en sentido inverso al del derecho, de modo que, para un valor de -100, el robot rotará hacia la izquierda sobre su propio eje. Este razonamiento es equivalente para valores positivos de la dirección, salvo por que la rotación del robot será hacia la derecha.

Valor de la dirección	Tipo de rotación
-100	Rotación a izquierdas sobre su eje
-50	Pivotaje a izquierdas (rotación sobre la rueda izquierda)
0	Avance en línea recta
50	Pivotaje a derechas (rotación sobre la rueda izquierda)
100	Rotación a derechas sobre su eje

Para desplazarnos en línea recta hacia atrás o para girar hacia atrás, todo lo que debemos hacer es elegir un valor negativo de potencia.

2.3.3.2.6 Actividades propuestas

1. Invierte el movimiento para que se mueva primero hacia atrás y después hacia delante.
2. Cambia el signo de la entrada de potencia y comprueba qué ocurre.

2.3.3.3 SERVOMOTOR GRANDE: GIRAMOS CON CONOCIMIENTO

Al disponer de dos motores, podemos realizar tanto movimientos lineales como curvos en un plano. Además, con la configuración diferencial, estos movimientos no provocarán deslizamiento en las ruedas. Vamos a ver cómo trabajar con los giros.

2.3.3.3.1 Objetivos de la actividad

Vamos a aprender a:

- Realizar giros con la configuración diferencial del robot.
- Utilizar interruptores lógicos (sentencias de decisión).

2.3.3.3.2 Componentes necesarios

En esta actividad seguiremos utilizando la configuración de luchador de sumo de la Sección 2.2.2. De nuevo, el detector y la cabeza son opcionales, puesto que no los utilizaremos aún hasta haber visto cómo funcionan los respectivos sensores que incorporan.

2.3.3.3.3 Construcción y conexionado

Las instrucciones de construcción se indican en la mencionada Sección 2.2.1. Se recomienda conectar los motores en los puertos indicados en la construcción para así poder utilizar los programas sin modificarlos.

2.3.3.3.4 Programación

Vamos a realizar un programa que describa un movimiento en forma de cuadrado cuando escuche una palmada[9].

---

9 En caso de no disponer de él, el sensor de sonido se puede sustituir por un sensor de contacto que se explica en la Sección 2.3.4. En este caso se recomienda mirar dicha sección previamente a realizar esta actividad.

El programa es el siguiente:

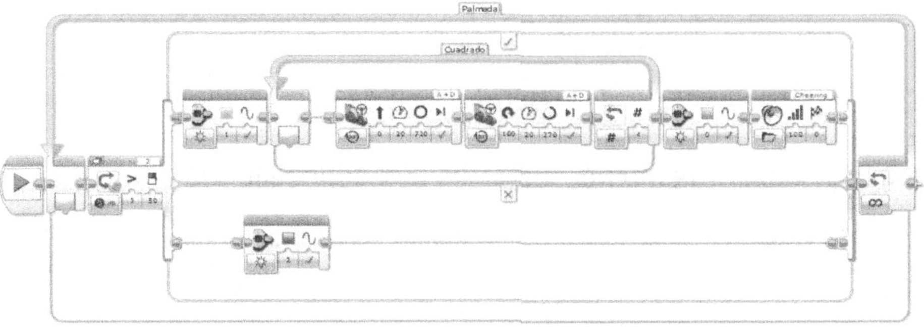

Programa 7. Uso de giros e interruptores 'CuadradoPalmada.ev3'

2.3.3.3.5 Descripción de los bloques

En este programa utilizamos varios bloques que ya hemos visto (**Bucle**, **Mover la dirección** y **Sonido**) y dos que son nuevos: la secuencia de control **Interruptor** y el bloque **Luz de estado**.

Aunque el programa parece mucho más complicado que los que hemos realizado hasta ahora, vamos a analizarlo por partes y vamos a ver que es muy sencillo de comprender. Realizaremos el análisis desde dentro hacia fuera, comenzando por el bucle más interno.

Bucle Cuadrado

El código del bucle se detalla en el siguiente programa:

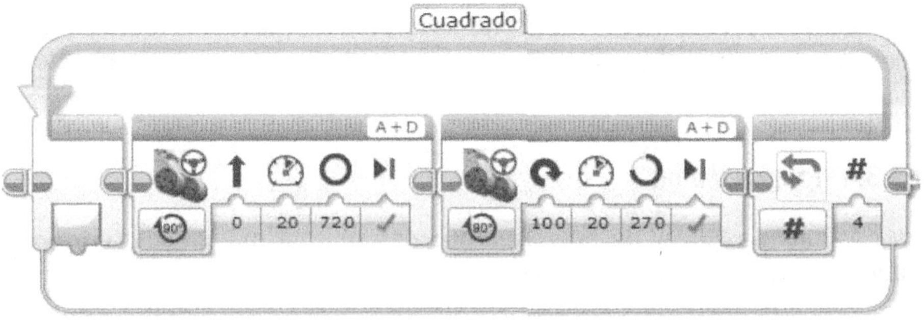

Programa 8. Cómo describir una trayectoria cuadrada 'Cuadrado.ev3'

Para realizar el cuadrado, lo que debemos hacer es avanzar en línea recta y girar 90º en el sentido que queramos. Repitiendo 4 veces esta operación realizamos la trayectoria cuadrada y volvemos al punto inicial. El primer bloque del bucle está claro:

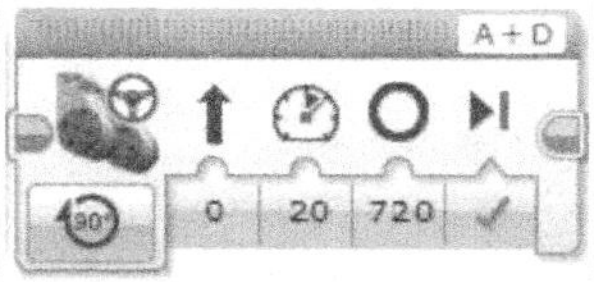	**Mover la dirección**. *Puertos de los motores*: **A (izquierdo)+D (derecho)**. *Modo de operación*: ***Encendido por grados***. *Parámetros de entrada*: dirección **0** (avanzar), potencia **20** (rango [-100,100]), grados **720** (número real), detener al final **verdadero** (valor lógico).

Lo más difícil en este caso es conseguir realizar un giro exacto de 90º del robot. Para tener un buen control del giro que va a realizar seleccionamos el modo **Encendido por grados**. Es muy importante advertir que los grados girados por el motor NO NECESARIAMENTE se corresponden con los grados girados por el robot. Dependerá de varios factores, como la distancia entre ruedas. Por ello, lo que tenemos que hacer es probar cuánto gira el robot para un determinado giro de los motores, e ir ajustándolo. Para el robot de sumo:

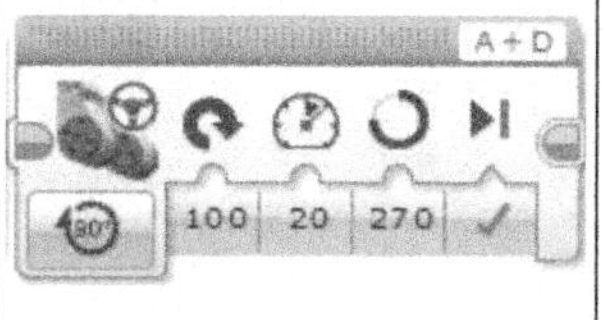	**Mover la dirección**. *Puertos de los motores*: **A (izquierdo)+D (derecho)**. *Modo de operación*: ***Encendido por grados***. *Parámetros de entrada*: dirección **100** (giro derecha), potencia **20** (rango [-100,100]), grados **270** (número real), detener al final **verdadero** (valor lógico).

Estos dos bloques los hemos incluido dentro de un **Bucle** en modo **Conteo** que repite esta secuencia 4 veces.

Bloques personalizados: Mi bloque Cuadrado

Para entender más fácilmente el código, se pueden crear bloques personalizados que simplifiquen el diagrama. Por ejemplo, esta parte del programa la podemos sustituir por un bloque personalizado que se llame por ejemplo 'Cuadrado.ev3b', y que contenga el bucle y las dos acciones de movimiento. Para ello seleccionamos los contenidos que queramos encapsular y pinchamos en *Herramientas* → *Constructor de Mi Bloque* (véase Figura 2.3-4).

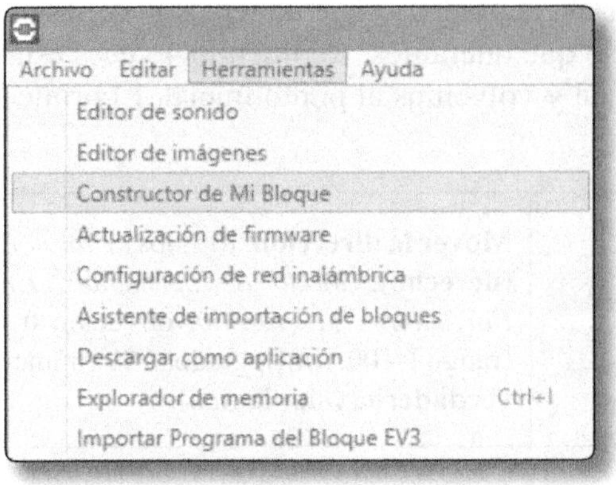

Figura 2.3-4. Selección de creación de bloques propios

Al seleccionar la opción se abre otra ventana donde podemos elegir el nombre del bloque, el icono que lo representa, y los parámetros de entrada que tiene. Para este bloque añadiremos un parámetro que represente el número de cuadrados que queremos describir. En la Figura 2.3-5 se muestran los parámetros a introducir.

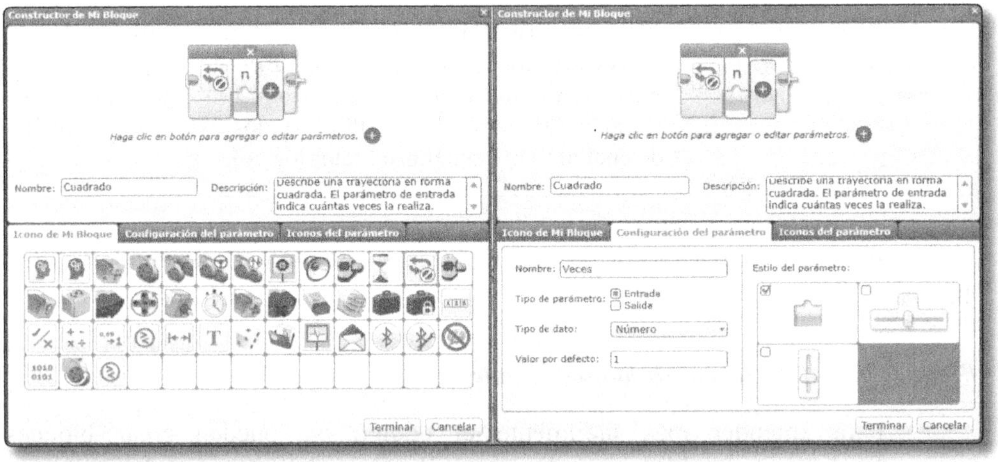

Figura 2.3-5. Parámetros que se pueden definir al crear bloques personalizados: nombre, icono, parámetros de entrada/salida...

Pulsamos en Terminar y automáticamente se sustituye el bucle por el bloque creado, con lo que se reduce el tamaño aparente del programa:

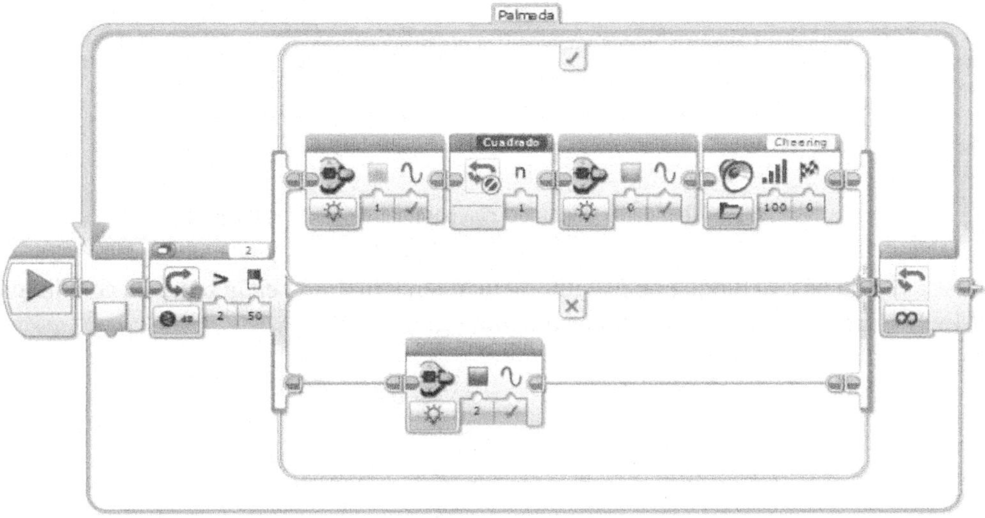

Programa 9. Simplificación de programas con bloques personalizados

Nos aparece una ventana nueva con el contenido del bloque, en la cual podemos utilizar el parámetro de entrada como nos convenga. Al haberlo definido como el número de cuadrados a realizar, multiplicamos ese valor por 4 y así tenemos el número de veces que hay que repetir el bucle (1 vuelta → 4 veces, 2 vueltas → 8 veces …).

Para ello utilizamos un bloque **Matemática**[10] en modo de multiplicación, donde una entrada proviene de la entrada de nuestro bloque (n), y la otra vale 4 (el número por el que debemos multiplicar). La salida se conecta al número de repeticiones del bucle Cuadrado, y está terminado.

10 No se detalla el bloque **Matemática** puesto que es bastante intuitivo. En caso de duda, véase la ayuda del Software EV3.

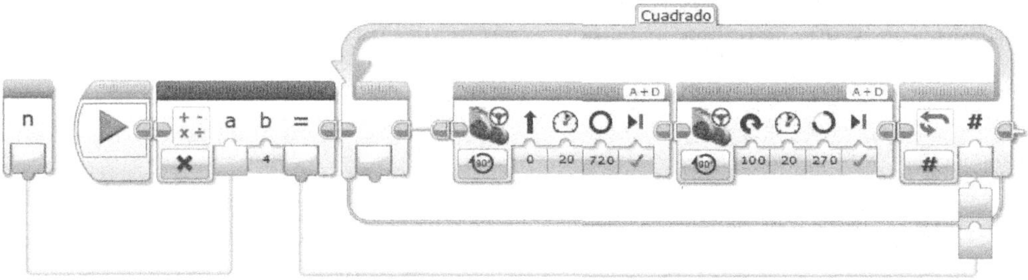

Programa 10. Bloque 'Cuadrado' con parámetro de entrada 'vueltas'

Además, el bloque queda automáticamente incluido en la barra de comandos Mis Bloques que se muestra en la siguiente figura.

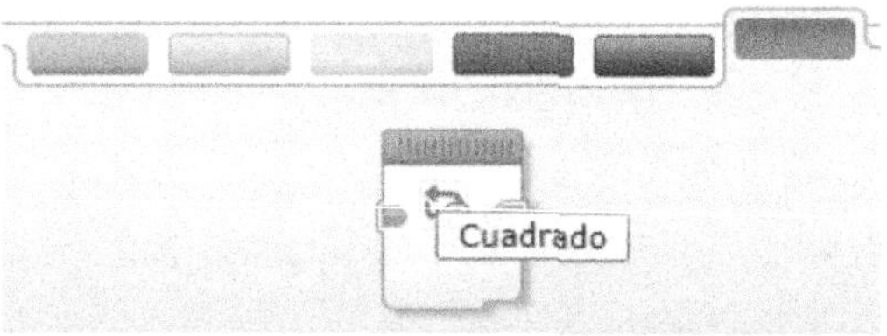

Figura 2.3-6. Barra de comandos 'Mis Bloques' tras crear el bloque 'Cuadrado'

Interruptor

Esta sentencia de control es muy importante, puesto que nos permite decidir qué vamos a hacer dependiendo de una condición, con lo que podemos adaptar el comportamiento de nuestro robot en base a la información que obtenga a través de los sensores.

Este bloque tiene numerosas opciones. Aquí se indican las opciones básicas, mientras que algunas más avanzadas se detallarán más adelante. El bloque posee tres parámetros ajustables. El selector de modo **(1)** nos permite elegir en base a qué condición ejecutaremos un comportamiento u otro: **modo comparar sensor** si se cumple la condición (la comparación es verdadera) se ejecuta la línea de programa marcada con tick ( ), mientras que en caso contrario se ejecuta la línea de programa marcada con una equis ( ); **modo comparar dato**, donde se puede comparar un valor lógico, numérico o de texto obtenido anteriormente en el programa; y **modo bluetooth**, donde se compara un valor recibido por bluetooth (lógico, numérico o texto). El selector de puerto indica en qué puerto está conectado el sensor que se utiliza en la condición. Las entradas **(3)** son las habituales en otros bloques: tipo de comparación y umbral de comparación para modo comparar sensor y variable de entrada en modo comparar dato y modo bluetooth.

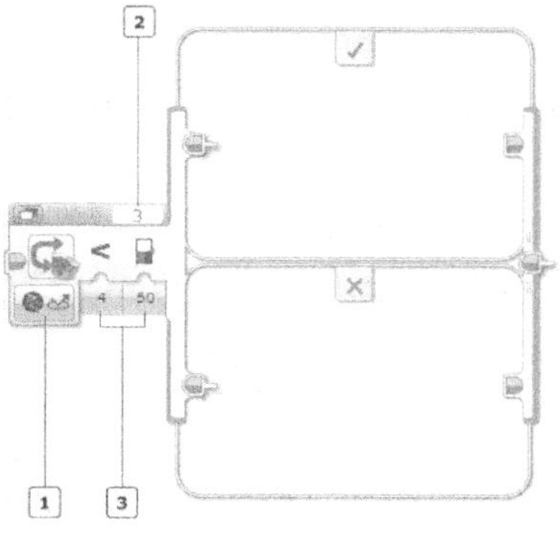	**Interruptor**. En el interruptor de la figura se selecciona el modo comparar sensor con el sensor de luz conectado en el puerto 3. La ejecución prosigue en función de la condición: si la intensidad lumínica captada por el sensor es menor (valor 4) que el umbral (valor 50), se ejecutará la línea superior del programa (✓); y en caso contrario se ejecuta la línea inferior del programa (✗).
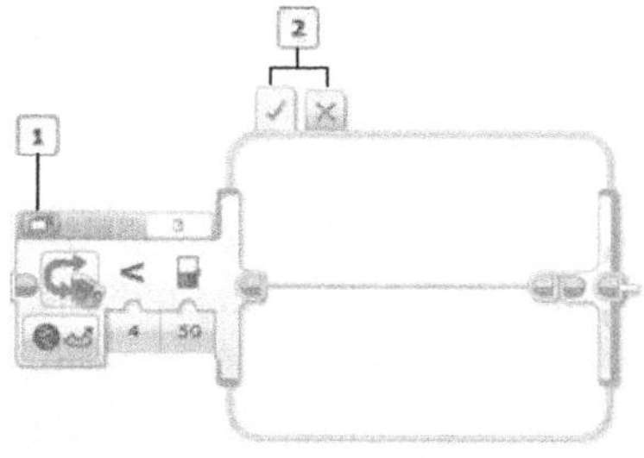	***Visualización***. Existe otra manera de ver los contenidos del **Interruptor**. Pulsando en **(1)** cambiamos de modo de visualización: ahora sólo se muestra el camino del programa que esté seleccionado en **(2)**. Así ahorramos espacio al mostrar el programa en pantalla. Para volver a la visualización anterior, volvemos a pulsar en **(1)**.

En el Programa 7, el interruptor funciona en modo **comparar sensor** con el sensor de sonido NXT. Si detecta un sonido fuerte ejecuta la línea superior (Cuadrado), si no, ejecuta la línea inferior (pone en rojo la botonera).

El otro bloque nuevo es el de **Luz de estado**, que nos permite cambiar el color de la luz que emite la botonera del bloque para, por ejemplo, dar información sobre el estado del programa. El **selector de modo (1)** nos permite elegir: *Encendido*, *Apagado* o *Reiniciar* (vuelve al estado estándar de ejecución de programas: verde intermitente). Los **parámetros de entrada (2)** son: el *color* (verde, amarillo o rojo) y *pulso* (si es verdadero la luz parpadea y si es falso se mantiene fija).

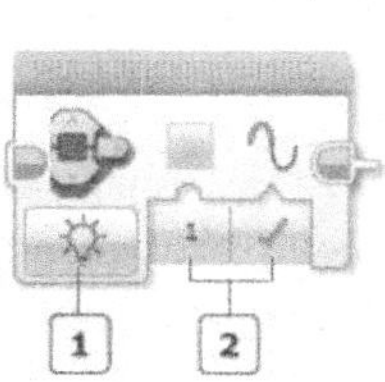	**Luz de estado**. *Modo de operación*: ***Encendido***. *Parámetros de entrada*: color **1** (amarillo), pulso **verdadero** (intermitente).

En el Programa 7, la luz del bloque estará en rojo cuando esté esperando, en amarillo cuando esté describiendo el cuadrado y en verde justo cuando termine.

2.3.3.3.6 Actividades propuestas

1. Escribir un programa que realice la misma tarea reemplazando el bloque de **Interruptor** por uno de **Esperar** (necesitarás realizar más cambios).
2. Modificar el programa para describir el cuadrado en sentido contrario realizando el menor número de cambios con respecto al Programa 9.
3. Describir un movimiento circular de radio 20 cm con el robot.

Si quieres saber algo más acerca de cómo funcionan los servomotores lee la Sección 4.1.

2.3.4 Pulsadores: el tacto de nuestro robot

A continuación vamos a probar el sensor de contacto *(Touch Sensor)* o pulsador (*bumper*), el cual se usa para detectar un choque con otro elemento, bien del robot o del entorno, como una pared u otro robot. Este sensor es de tipo digital, a diferencia del micrófono, que es analógico. Los sensores digitales devuelven un valor entre dos posibles, generalmente cero ó uno.

2.3.4.1 EL ROBOT QUE SUBÍA LA MORAL

Los pulsadores se pueden utilizar para producir eventos o interrupciones. Podríamos detener el movimiento del robot, por ejemplo, o detectar un choque contra una pared y volver hacia atrás para evitar daños. A continuación realizaremos una aplicación básica para trabajar con bucles y el sensor de tacto.

2.3.4.1.1 Objetivos de la actividad

Vamos a aprender a:

- Utilizar un sensor digital.
- Utilizar bucles sencillos con contadores.

2.3.4.1.2 Componentes necesarios

En esta actividad necesitaremos:

- Bloque Lego Mindstorms (EV3 o NXT).
- Sensor de contacto (EV3 o NXT).
- Cable RJ12 de Lego.

2.3.4.1.3 Construcción y conexionado

Conectamos el cable RJ12 al sensor de contacto y al puerto 2 del bloque de Lego. Además, deberemos conectar el USB para realizar la descarga del programa.

2.3.4.1.4 Programación

Vamos a realizar un programa que, cuando se pulse el sensor de contacto reproduzca un sonido felicitando nuestro trabajo ('*Goodjob*'). Este proceso se repetirá 3 veces y después se detendrá la ejecución. Para ello creamos el siguiente programa.

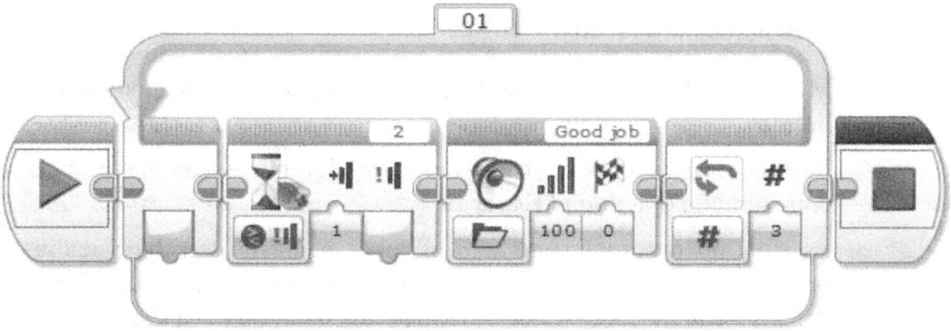

Programa 11. Uso del pulsador 'PulsaPulsa.ev3'

2.3.4.1.5 Descripción de los bloques

Para la explicación del bloque **Sonido**, ver Sección 2.3.1.1.

Aparte de éste, hemos utilizado el comando **Esperar**. Como el comando es digital no nos permite seleccionar mayor o menor que un umbral, sino no pulsado (valor **0**), pulsado (valor **1**) o pulsar y soltar (valor **2**), es decir, se termina la espera al soltar el pulsador.

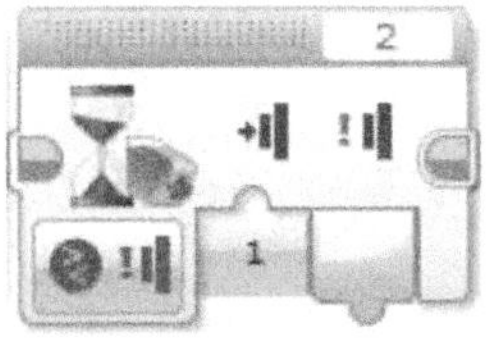	**Esperar.** Modo seleccionado: **Evento de comparación.** Parámetro de entrada: *tipo de comparación* (1 para **pulsar**). Parámetro de salida: *valor de pulsación* (0 sin pulsar, 1 pulsado).
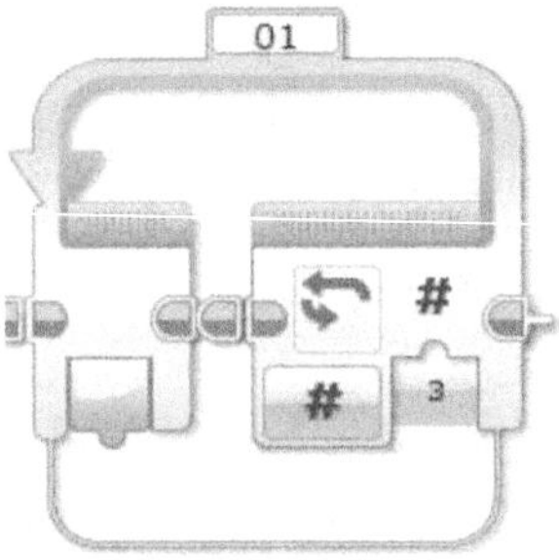	**Bucle**. Modo seleccionado: **Conteo**. Argumentos de entrada: *número de repeticiones* **3**. Nombre del bucle: **'01'**. El índice del bucle no se utiliza.

2.3.4.1.6 Actividades propuestas

1. Modificar el selector de modo para que el número de iteraciones sea infinito.
2. Modificar para que en cada iteración del bucle cambie el tipo de comparación del bloque **Esperar**.
3. Escribir un programa que rote el robot hacia la derecha mientras se presione un pulsador y, si el pulsador está liberado, mueva el robot hacia delante. *Nota*: Puedes tratar de realizar el cuadrado de la sección anterior utilizando este programa: ¡dependerá de tu habilidad!
4. Escribir un programa que convierta el pulsador en un interruptor: el robot comienza moviéndose hacia delante y, cuando se presiona el pulsador se cambia el comportamiento y se mueve hacia detrás; al volver a pulsar debe volver a desplazarse hacia delante.

Si quieres ampliar la información acerca de los interruptores, lee la Sección 4.8.

2.3.5 Sensor giroscópico: para no marearse

Un sensor giroscópico (Girosensor en Lego Mindstorms) permite medir la velocidad de rotación a la que está sometido y la orientación (ángulo) que posee. Colocado sobre el robot, nos permite saber a qué velocidad gira el robot y en qué dirección está 'mirando' en el eje indicado en la imagen de la figura. Este sensor es de tipo analógico al igual que el de sonido, ya que nos proporciona un valor dentro de un rango de valores posibles.

2.3.5.1 VALORES MEDIDOS POR UN SENSOR Y CÓMO REPRESENTARLOS

El primer programa que realizaremos nos servirá para aprender a obtener los valores numéricos que representan una magnitud medida mediante un sensor. Además aprenderemos a representar esos valores en la pantalla del bloque.

2.3.5.1.1 Objetivos de la actividad

Vamos a aprender a:

- Obtener medidas de un sensor.
- Utilizar un sensor giroscópico.
- Interactuar con la pantalla del bloque.

2.3.5.1.2 Componentes necesarios

En esta actividad necesitaremos:

- Bloque Lego Mindstorms (EV3 o NXT).
- Girosensor (EV3).
- Cable RJ12 de Lego.

2.3.5.1.3 Construcción y conexionado

Conectamos el cable RJ12 al sensor giroscópico y al puerto 3 del bloque de Lego. Además, deberemos conectar el USB o activar la conexión Bluetooth para realizar la descarga del programa.

2.3.5.1.4 Programación

Vamos a realizar un programa que utilice el sensor giroscópico para medir la razón de rotación y el ángulo actual y muestre gráficamente la información en la pantalla del bloque mediante barras de magnitud. El programa es el siguiente:

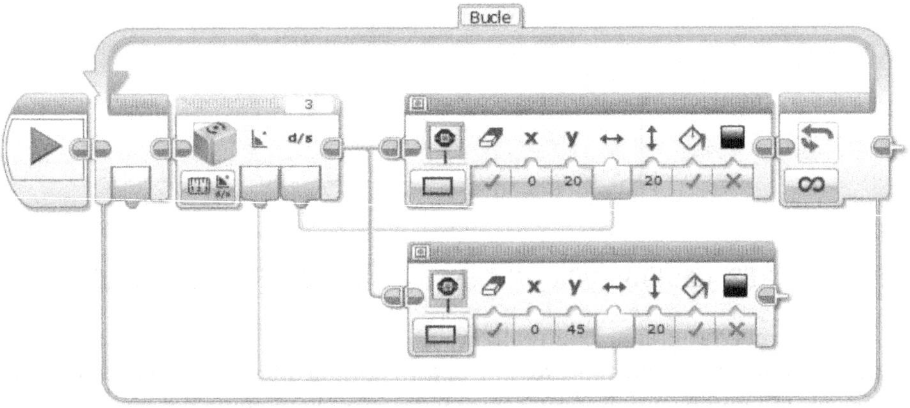

Programa 12. Medidas del Girosensor 'MedidorGiro.ev3'

Sobre el programa, es interesante destacar que hay dos líneas de ejecución paralelas: una dibuja la barra superior (velocidad de giro), mientras que la otra dibuja la barra inferior (ángulo). Esto se podría colocar en serie en la misma línea y el funcionamiento sería casi idéntico, (se deja al alumno la modificación como un ejercicio adicional), pero de este modo vemos una característica nueva del Software EV3: nuestro programa puede tener más de una línea de ejecución simultánea.

Además, este programa utiliza las salidas del sensor como entradas de la pantalla mediante conectores. Esto es algo muy habitual en programación gráfica, y es un concepto de gran importancia.

Cuando ejecutamos el programa podemos ver cómo aparecen unas barras en la pantalla representando la magnitud de las variables medidas en tiempo real. Es importante recordar que la tasa de giro sólo aparecerá cuando estemos moviendo el sensor, mientras que el ángulo (medido con respecto a la posición inicial) aparecerá aunque lo dejemos quieto.

2.3.5.1.5 Descripción de los bloques

Para la explicación del bloque **Bucle**, ver Sección 2.3.3.1.5. Los bloques que se utilizan por primera vez son el **Girosensor** y la **Pantalla**.

El **Girosensor** lo utilizaremos con un bloque sensor (se puede utilizar en bloques de **Esperar**, **Bucle** o **Interruptor** como el resto de sensores) para mostrar las medidas que obtiene. El **selector de modo** permite elegir *Medida* (muestra los valores medidos), *Comparar* (compara con un umbral y da como salida un valor lógico) o *Reiniciar* (selecciona el ángulo actual como el ángulo de referencia de 0º). Las entradas aparecen sólo en modo Comparar, y son *Comparador* (tipo de comparación) y *Umbral* (valor de comparación). Por otro lado las salidas pueden ser: *Ángulo* (ángulo girado en grados desde el último reinicio), *Razón de cambio* (velocidad de giro en grados/segundo) y *Resultado de la comparación* (valor lógico resultado de la comparación del valor medido con el umbral).

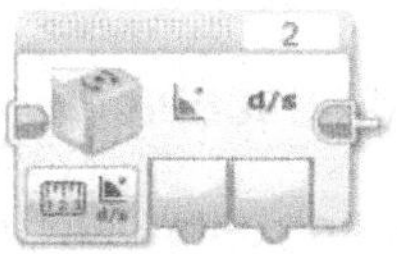	**Girosensor.** Modo seleccionado: **Medida**. Parámetro de entrada: ninguno. Parámetros de salida: *ángulo* (valor medido en grados desde el último reinicio), *razón de cambio* (valor en grados/segundo).

La **Pantalla** nos mostrará interactivamente los valores medidos con el sensor en forma de barras: cuanto mayor sea el valor medido, mayor será la longitud de la barra. En este bloque, el selector de modo **(1)** nos permite elegir entre *Texto*, *Formas*, *Imagen* y *Reiniciar Pantalla*. Si elegimos Imagen, nos aparece el selector de archivo **(2)**. Cada modo tiene unas entradas distintas **(3)**, como *posición* (*x*,*y*) con respecto a la esquina superior izquierda de la pantalla (valores enteros entre 0-177 para *x* y entre 0-127 para *y*), *borrar pantalla* (valor lógico, si es verdadero borra la pantalla antes de dibujar, si no, mantiene lo que hubiese y dibuja encima) o *tamaño de texto*. Hay bastantes opciones, por lo que se deja al alumno investigar sobre ellas.

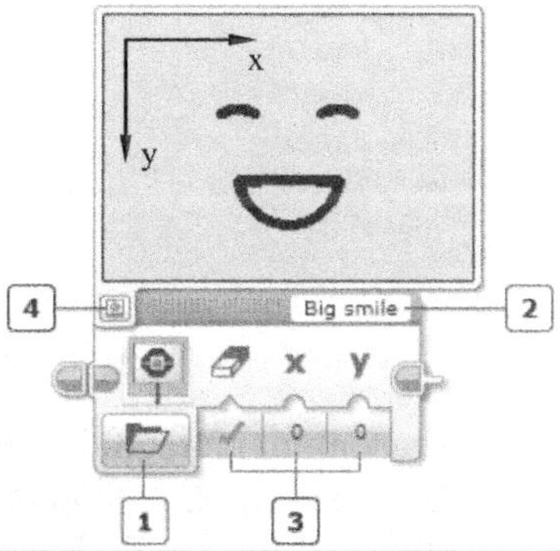	**Pantalla** (ejemplo). Modo seleccionado: **Imagen**. Nombre del fichero: 'Big smile' Argumentos de entrada: *borrar pantalla* **verdadero**, *posición x* **0**, *posición y* **0**. Visualización previa activada. En Programa 12, el modo seleccionado es **Forma** (Rectángulo). Las entradas son: *borrar pantalla* **verdadero**, *posición x* **0**, *posición y* **20**, *ancho* **conector** (medida razón de giro), *alto* **20**, *rellenar* **verdadero**, *color* **falso** (negro, si es verdadero sería blanco). Dependiendo del valor del conector, la barra será más o menos larga.

2.3.5.1.6 Actividades propuestas

1. Coloca en serie los dos bloques de pantalla (uno a continuación del otro) y observa la diferencia en las medidas. ¿Qué ocurre? Ahora cambia a falso el borrado de pantalla del segundo bloque. ¿Cómo cambia el comportamiento del programa?
2. El programa que hemos realizado sólo muestra en la pantalla valores positivos tanto de tasa de giro como de ángulo. Arréglalo para que la barra sea proporcional al valor absoluto de la medida.
3. (Complicado) Modifica el dibujo de la pantalla para que represente tanto valores positivos como negativos: coloca el comienzo de la barra en el centro de la pantalla y si el valor es negativo dibuja la barra hacia la izquierda (en realidad la barra siempre se dibuja hacia la derecha, por lo que tendrás que ver dónde debes comenzar a dibujar la barra de modo que llegue siempre hasta el centro de la pantalla).

2.3.5.2 CONTROLANDO EL MOVIMIENTO MEDIANTE EL SENSOR GIROSCÓPICO

En la Sección 2.3.3.3 se explicó cómo realizar un movimiento controlado de los motores para describir una trayectoria cuadrada. En ese caso nos basamos en el *encoder* interno de los motores. En muchas ocasiones los motores no incorporan dicho sensor, o no es muy fiable, por lo que se utilizan sensores de orientación y/o posición externos al motor. Vamos a ver cómo utilizar el giróscopo para controlar los motores.

2.3.5.2.1 Objetivos de la actividad

- Controlar el ángulo de giro del robot con un sensor externo al motor.

2.3.5.2.2 Componentes necesarios

En esta actividad necesitaremos:

- Robot sumo (Sección 2.2.2)
- Girosensor (EV3).
- Cable RJ12 de Lego.
- Piezas de LEGO: Ninguna adicional

2.3.5.2.3 Construcción y conexionado

Para este montaje necesitaremos tener la cabeza (ultrasonidos) integrada con el robot de sumo y sustituir el sensor de ultrasonidos por el sensor giroscópico. Conectamos el cable RJ12 al sensor giroscópico y al puerto 3 del bloque de Lego.

Además, deberemos conectar el USB o activar la conexión Bluetooth para realizar la descarga del programa.

2.3.5.2.4 Programación

Vamos a realizar un programa que utilice la medida del sensor giroscópico para girar el robot hasta alcanzar una cambio de 90° con respecto a la orientación inicial. El programa es el siguiente:

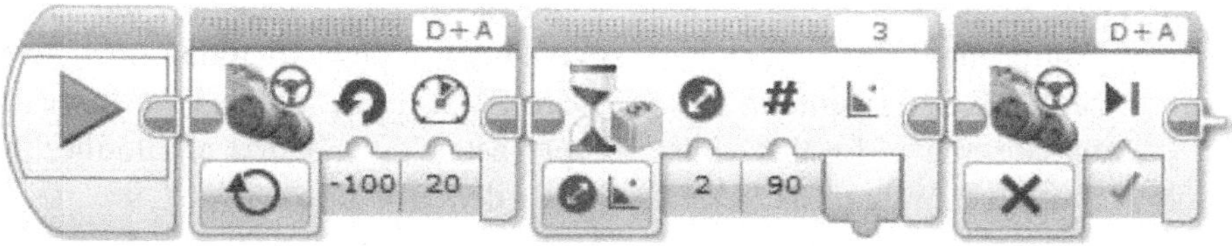

Programa 13. Control del giro mediante el sensor giroscópico 'Gira90Giroscopo.ev3'

2.3.5.2.5 Descripción de los bloques

Todos los bloques se han utilizado con anterioridad:

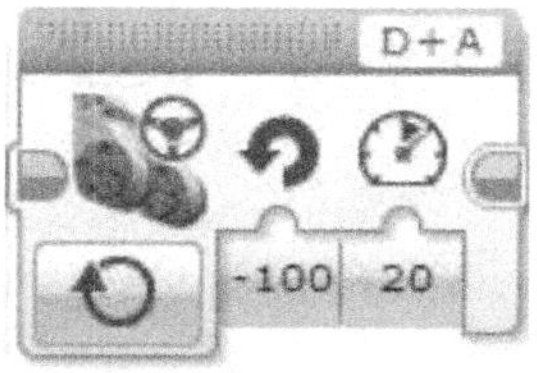	**Motor grande**. *Puertos de los motores*: **D** (izquierdo) + **A** (derecho). *Modo seleccionado*: **Encendido** (pone consigna en los motores y se mantiene hasta nueva orden). *Parámetros de entrada*: dirección **-100** (giro izquierda), potencia **20**.
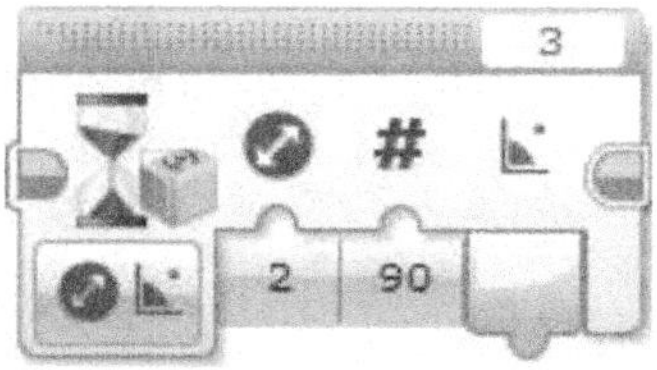	**Esperar.** *Modo seleccionado*: **Cambiar sensor** (girosensor). *Parámetros de entrada*: sentido de cambio **2** (en ambos sentidos), valor de cambio **90°**. Parámetros de salida: *ángulo* (valor medido en grados desde el último reinicio).
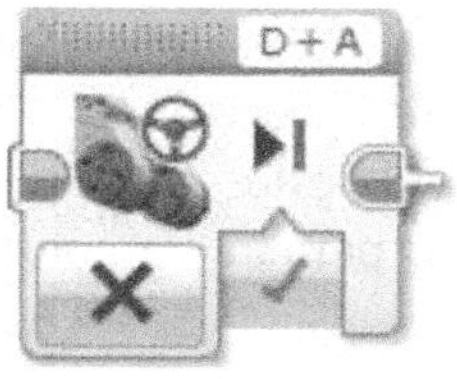	**Motor grande**. *Puertos de los motores*: **D** (izquierdo) + **A** (derecho). *Modo seleccionado*: **Apagado** (detiene los motores). *Parámetro de entrada*: detener al final **verdadero** (frenado en seco).

La novedad consiste en que ahora utilizamos el bloque **Motor grande** para poner una consigna de velocidad (giro hacia la izquierda) y dejamos el robot moviéndose hasta que se termina el evento **Esperar**. Éste evento acaba cuando se ha cambiado 90º la orientación del sensor giroscópico. En ese momento otro bloque **Motor grande** detiene el giro.

2.3.5.2.6 Actividades propuestas

1. Prueba a cambiar la potencia para ver cómo de preciso es deteniéndose. ¿Se te ocurre cómo conseguir que se detenga exactamente en 90º? Compruébalo en la ventana Vista del puerto, de la zona de Información y descarga de la ventana del Software EV3, donde puedes ver los valores actuales de todos los sensores que estén conectados al bloque. ¿Qué ocurre si cambiamos *Detener al final* de verdadero a falso?

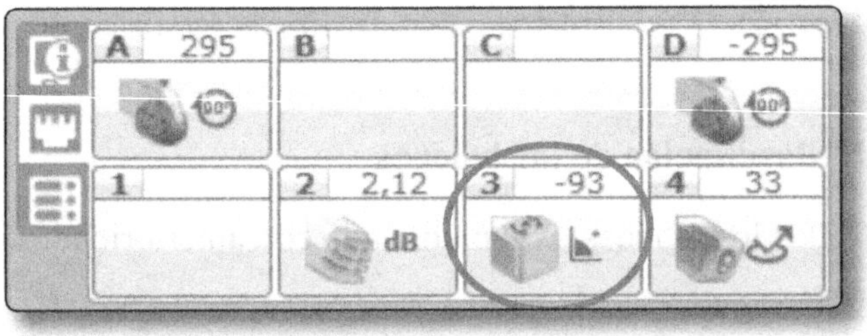

Figura 2.3-7. Ventana de vista de puertos con los valores actuales de los sensores del robot

2. Modifica el programa del cuadrado para describirlo basándonos en el sensor giroscópico.

Si quieres aprender más a cerca de los giróscopos, no dejes de leer la Sección 4.9.

2.3.6 Sensor de luz: ¿voy bien por aquí?

El sensor de luz que incorpora Lego Mindstorms EV3 es muy versátil, puesto que puede funcionar como sensor de luz o como sensor de color. En Lego NXT, sin embargo tenemos un sensor distinto para cada uno de estos propósitos: el sensor de infrarrojos para medir luz reflejada y el sensor RGB para medir color. Los tres sensores se pueden ver en la siguiente imagen.

2.3.6.1 BUSCANDO LA LÍNEA

Una de las aplicaciones más clásicas de los robots educativos es la del seguimiento de líneas en un circuito. Para ello necesitamos un robot que tenga un sistema de locomoción y un sensor de luz reflejada adecuadamente colocado. Veamos cómo hacerlo.

2.3.6.1.1 Objetivos de la actividad

Vamos a aprender a:

- Utilizar el sensor de luz.
- Cerrar un lazo de control para seguir líneas negras.

2.3.6.1.2 Componentes necesarios

En esta actividad necesitaremos:

- Robot sumo (Sección 2.2.2)
- Sensor de color (EV3) o sensor de infrarrojos (NXT). En adelante se indicará sensor de luz refiriéndonos a cualquiera de ellos.
- Cable RJ12 de Lego.

2.3.6.1.3 Construcción y conexionado

Para este montaje necesitaremos tener el detector (sensor de luz) colocado en el robot de sumo (da igual si tenemos colocada la cabeza). Conectamos el cable RJ12 al sensor de luz y al puerto 4 del bloque de Lego. Además, deberemos conectar el USB o activar la conexión Bluetooth para realizar la descarga del programa.

2.3.6.1.4 Programación

Vamos a realizar un programa que avance con el robot hasta que encuentre una línea negra y trate de seguirla una vez la encuentre. El programa es el siguiente:

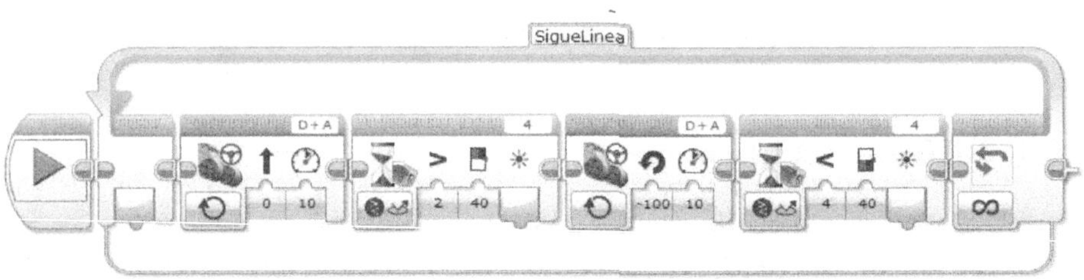

Programa 14. Seguimiento de líneas sencillo 'SigueLineasBasico.ev3'

El programa avanza mientras que el sensor de luz vea poca intensidad reflejada ('negro') y cuando detecta una intensidad por encima del umbral, lo que significa que vemos blanco y nos hemos salido de la línea, gira hacia la izquierda hasta que vuelve a detectar negro. Este bucle se repite indefinidamente.

Es posible que, dependiendo de la luz ambiental, y de la distancia del sensor al suelo sea necesario modificar los valores de umbral.

2.3.6.1.5 Descripción de los bloques

Todos los bloques se han utilizado con anterioridad:

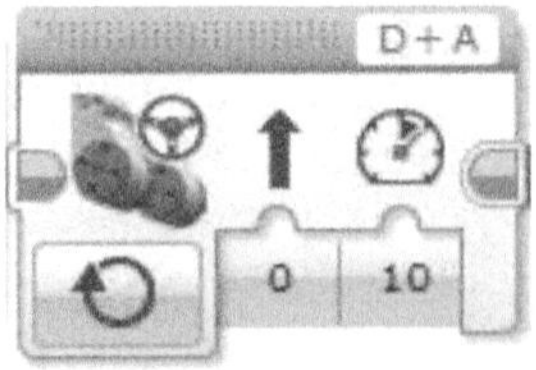	**Motor grande**. *Puertos de los motores*: **D** (izquierdo) + **A** (derecho). *Modo seleccionado*: **Encendido**. *Parámetros de entrada*: dirección **0** (avanzar), potencia **10**.

<table>
<tr>
<td>
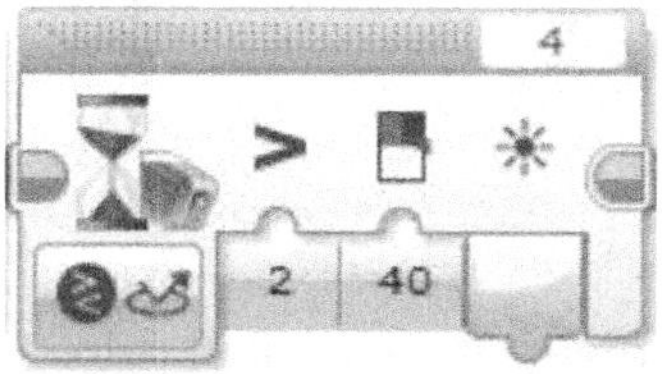

</td>
<td>Esperar. Modo seleccionado: Comparar sensor (luz reflejada). Parámetros de entrada: tipo comparación 2 (mayor que), umbral 40. Parámetros de salida: intensidad de luz reflejada (no utilizado).</td>
</tr>
<tr>
<td>
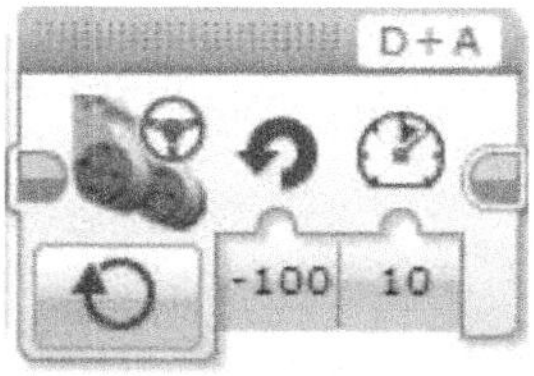

</td>
<td>Motor grande. Puertos de los motores: D (izquierdo) + A (derecho). Modo seleccionado: Encendido. Parámetros de entrada: dirección -100 (giro izquierda), potencia 10.</td>
</tr>
<tr>
<td>
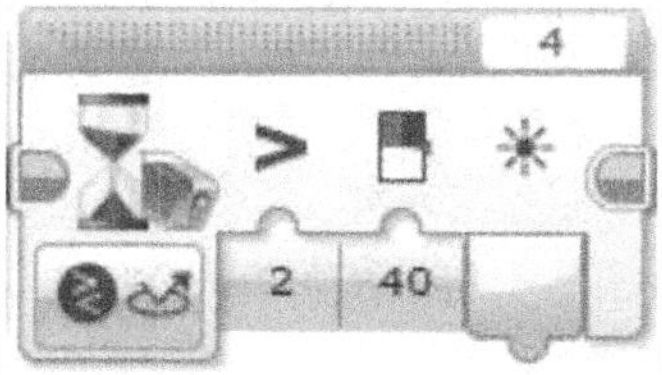

</td>
<td>Esperar. Modo seleccionado: Comparar sensor (luz reflejada). Parámetros de entrada: tipo comparación 4 (menor que), umbral 40. Parámetros de salida: intensidad de luz reflejada (no utilizado).</td>
</tr>
</table>

Si dibujamos un círculo negro en el suelo, este programa recorrerá el borde de dicho círculo hacia la izquierda. Sin embargo no es muy bueno siguiendo curvas hacia la derecha (al girar hacia la izquierda para buscar la línea negra terminaría volviendo hacia atrás), por lo que no podríamos utilizarlo para recorrer cualquier circuito.

Generalmente se utilizan dos sensores de luz para hacer seguimiento de líneas, como puedes ver en la Sección 1.2.14. Con un solo sensor, para asegurar que nos desplazamos hacia delante, deberíamos realizar un pequeño cabeceo del robot para detectar la línea una vez la hemos perdido (ver actividad propuesta 2).

2.3.6.1.6 Actividades propuestas

1. Si el robot comienza en una zona de suelo blanco, giraría indefinidamente. Modifica el programa para que avance por una zona blanca hasta encontrar una línea negra antes de comenzar el bucle de seguimiento de líneas.

2. Para evitar que giremos hasta dar la vuelta, cuando perdamos la línea negra de vista tenemos que girar unos grados en un sentido y, si no la encontramos, girar en el contrario el doble de grados. Escribe un programa que reproduzca este comportamiento (este programa es largo y necesita de **Bucles** e **Interruptores**).

3. Utiliza el sensor en modo intensidad ambiental para que el robot se mueva sólo cuando las luces de la habitación están apagadas.

2.3.6.2 ¿QUÉ COLOR ES ESTE?

En esta actividad vamos a utilizar el sensor de color para detectar el color de una pared. Además utilizaremos una variación de la estructura Interruptor.

2.3.6.2.1 Objetivos de la actividad

Vamos a aprender a:

- Detectar colores mediante el sensor de color.
- Utilizar la estructura Interruptor con casos múltiples (estructura *switch-case*).

2.3.6.2.2 Componentes necesarios

En esta actividad necesitaremos:

- Bloque de Lego Mindstorms (EV3 o NXT).
- Sensor de color (EV3) o sensor RGB (NXT). En adelante se indicará sensor de color.
- Sensor de tacto (EV3 o NXT).
- 2x Cable RJ12 de Lego.
- Estructura cuadrada con paredes de colores (instrucciones de construcción en Sección 2.2.1) o cualesquiera elementos de los colores: rojo, verde, azul y amarillo.

2.3.6.2.3 Construcción y conexionado

Conectamos un cable RJ12 al sensor de color y al puerto 4 del bloque de Lego. El otro cable lo conectamos al sensor de tacto y al puerto 1 del bloque de Lego. Además, deberemos conectar el USB o activar la conexión Bluetooth para realizar la descarga del programa.

2.3.6.2.4 Programación

Realizaremos un programa que utilice la información del sensor de luz para decir al usuario qué color es el que está viendo dicho sensor. El código será el siguiente:

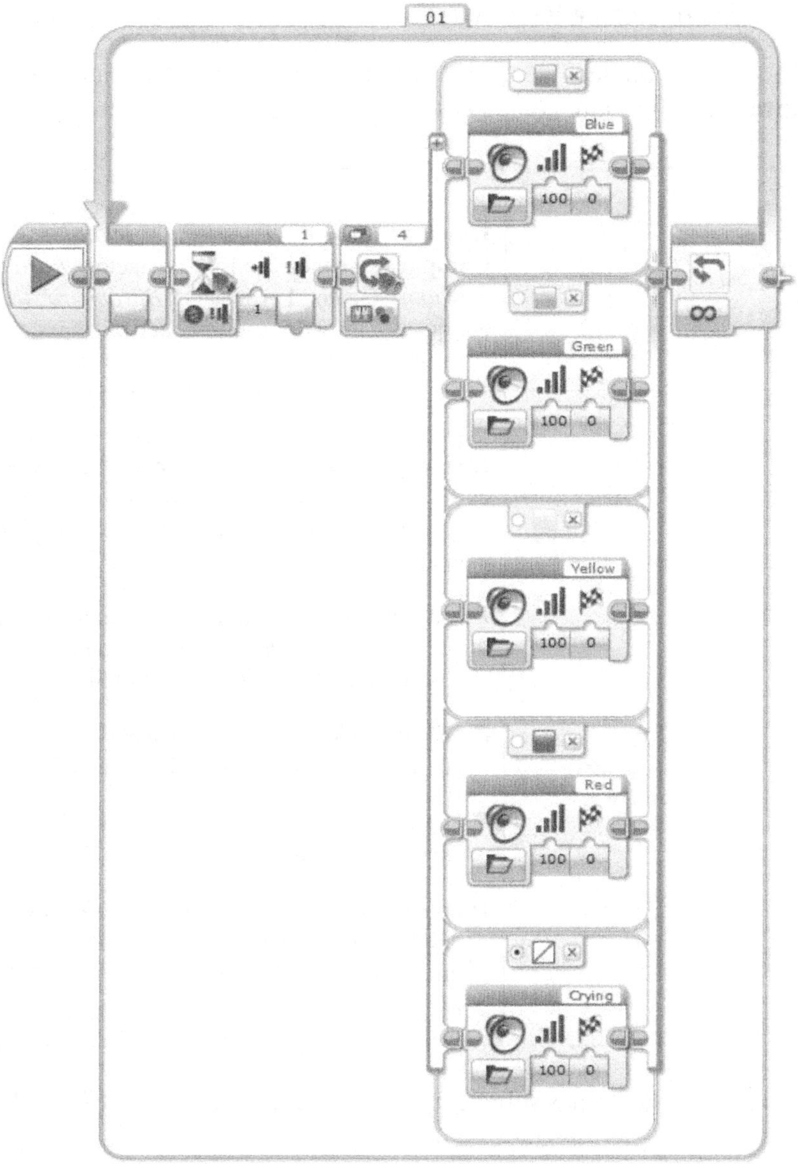

Programa 15. Detección de colores 'Colores.ev3'

Para evitar que el programa reproduzca sonidos continuamente (puede ser muy molesto), utilizamos un sensor de tacto para que sólo detecte color cuando nosotros se lo indiquemos presionando el pulsador. Este bloque no es necesario, pero sí conveniente.

2.3.6.2.5 Descripción de los bloques

Todos los bloques se han utilizado con anterioridad, aunque el bloque **Interruptor** se utiliza aquí con un caso de selección múltiple (sensor de color).

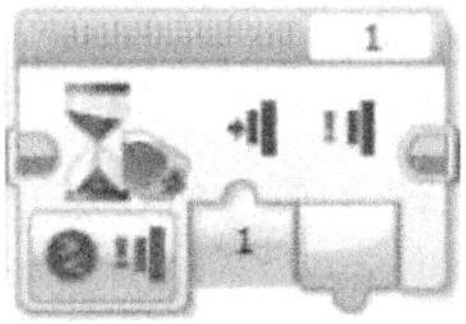	**Esperar**. *Puerto del sensor*: **1**. *Modo seleccionado*: **Comparar sensor** (sensor de tacto). *Parámetro de entrada*: estado **1** (pulsar). *Parámetro de salida*: medida del pulsador (no utilizado).
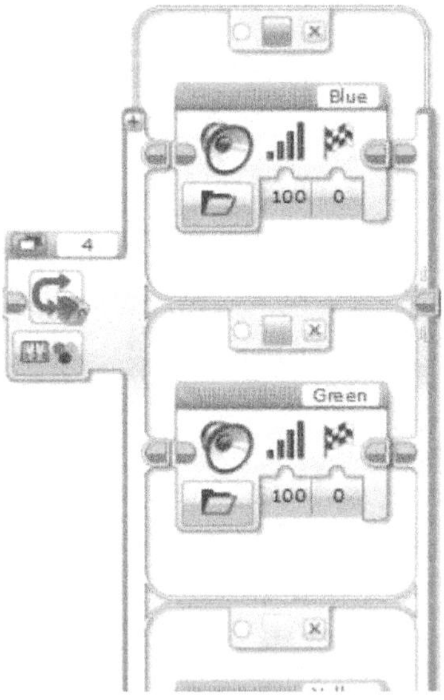 . . .	**Interruptor con casos múltiples**. Se pueden añadir casos nuevos pulsando el botón con el signo +. Cada caso tiene un identificador del tipo: ○ ■ ✕. Con tres elementos: ▶ El círculo sirve para seleccionar el caso por defecto (se activa cuando la medida del sensor no es ninguno de los otros casos indicados). ▶ El cuadrado del centro indica el valor del caso. Este caso se ejecutaría cuando la medida fuese azul. ▶ La equis de la derecha sirve para eliminar el caso si no es necesario. **Interruptor**. *Modo seleccionado*: **Medida** (sensor de color). *Puerto del sensor*: **4**. *Número de casos*: **5** (azul, verde, amarillo, rojo, caso por defecto).

Si quieres saber más sobre cómo funciona un sensor de luz visita la Sección 4.10.

2.3.7 Sensor de ultrasonidos: la vista del murciélago

El sensor de ultrasonidos o sensor ultrasónico son los ojos del robot, ya que nos permite conocer las distancias a las que se encuentran los objetos que rodean el robot hasta una distancia de 250 cm. Es un sensor de gran importancia para evitar colisiones.

2.3.7.1 HASTA LA PARED, PERO SIN TOCAR

Vamos a realizar un programa que acerque el robot hacia una pared que tenga enfrente. A medida que nos acerquemos a la pared iremos decelerando de manera proporcional a la distancia.

2.3.7.1.1 Objetivos de la actividad

Vamos a aprender a:

- Utilizar el sensor de ultrasonidos.
- Cambiar la velocidad de los motores en función de una medida.
- Terminar bucles mediante condiciones lógicas.

2.3.7.1.2 Componentes necesarios

En esta actividad necesitaremos:

- Robo sumo (Sección 2.2.2).
- Sensor de ultrasonidos.
- Cable Lego RJ12.

2.3.7.1.3 Construcción y conexionado

Para este montaje necesitaremos tener colocada la cabeza (sensor de ultrasonidos) en el robot de sumo (da igual si tenemos o no el detector). Conectamos el cable RJ12 al sensor de ultrasonidos y al puerto 4 del bloque de Lego. Además, deberemos conectar el USB o activar la conexión Bluetooth para realizar la descarga del programa.

2.3.7.1.4 Programación

Vamos a realizar un programa que se mueva hacia delante hasta que se acerque a 5 centímetros de la pared y después detenga al robot. El programa es el siguiente:

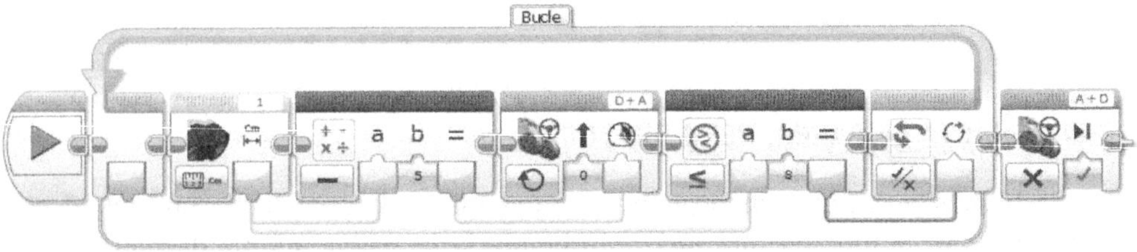

Programa 16. Decelerando hasta la pared 'ArrimatealaPared.ev3'

El robot avanza hacia la pared con una potencia proporcional a la distancia, de modo que a 5 cm la potencia sería 0 y se detendría, puesto que calculamos el valor de potencia mediante un bloque **Matemática** que resta 5 a la distancia actual a la pared.

El bucle termina cuando la distancia a la pared es menor que 8 cm, comparación que se realiza en un bloque **Comparar** que recibe como entrada la medida del sensor ultrasónico.

Esta diferencia se ha incluido porque el robot no llega a acercarse a 5 cm: con una potencia igual a 2 no se mueve (este valor puede variar en función del motor y del tipo de suelo por el que se mueva el robot) debido al rozamiento de Coulomb, o fricción estática, dentro del motor. Por ello hemos dado un margen de seguridad de 3 unidades para terminar el bucle.

2.3.7.1.5 Descripción de los bloques

Los bloques utilizados han sido los siguientes:

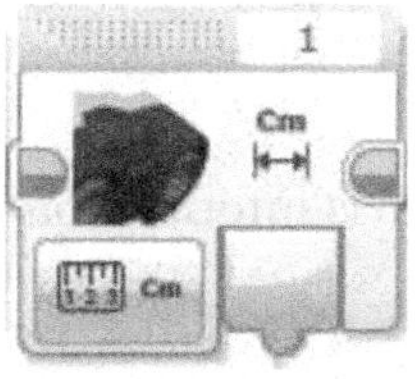	**Sensor ultrasónico**. *Puerto del sensor*: **1**. *Modo seleccionado*: **Medida**. *Parámetro de salida*: Distancia en centímetros (utilizado en bloque **Matemática** y bloque **Comparar**)
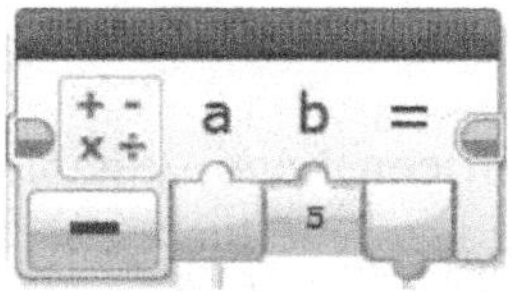	**Matemática.** *Modo seleccionado*: **Sustraer**. *Parámetros de entrada*: a (medida de ultrasonidos), b **5**. *Parámetros de salida*: Resultado (valor real, utilizado en bloque **Motor grande**).
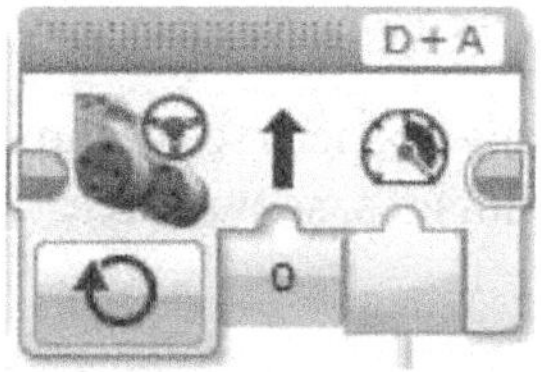	**Motor grande**. *Puertos de los motores*: **D** (izquierdo) + **A** (derecho). *Modo seleccionado*: **Encendido**. *Parámetros de entrada*: dirección **0** (avanzar), potencia **resultado de bloque Matemática**.
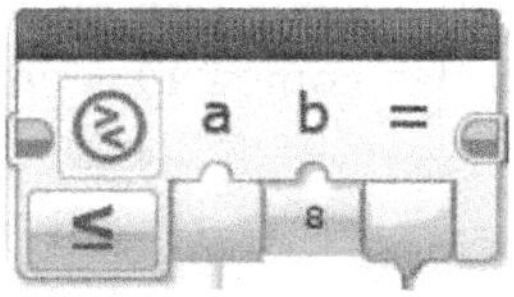	**Comparar**. *Modo seleccionado*: **Menor o igual**. *Parámetros de entrada*: a (medida de ultrasonidos), b **8**. *Parámetros de salida*: Resultado (valor lógico, utilizado en bloque **Bucle**).
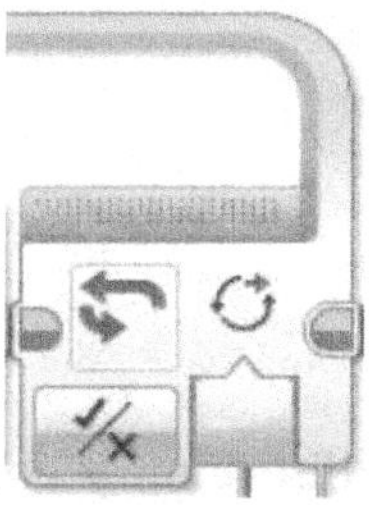	**Bucle**. *Modo seleccionado*: **Comparación lógica**. *Parámetro de entrada*: resultado del bloque **Comparar** (termina la ejecución cuando la variable lógica es verdadera)
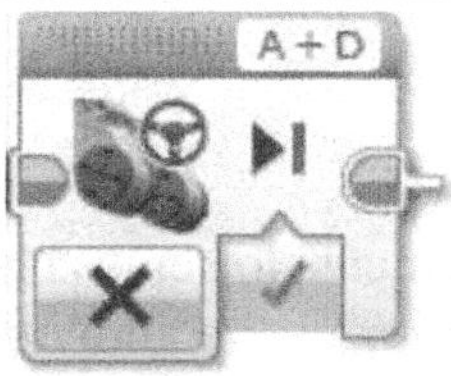	**Motor grande**. *Puertos de los motores*: **D** (izquierdo) + **A** (derecho). *Modo seleccionado*: **Apagado**. *Parámetros de entrada*: detener al final **verdadero**.

2.3.7.1.6 Actividades propuestas

1. Girar el robot hasta encontrar un objeto a una distancia por debajo de un umbral, por ejemplo 40 cm. Si encuentra ese objeto avanzar hacia él para detenerse a 5 cm. Si deja de detectarlo volver al principio.

En el apartado de Anexos (Sección 4.4) encontrarás más información acerca del sensor de ultrasonidos.

2.3.8 Proyecto: Rebotador

Tras explicar los fundamentos de la programación con Lego, y habiendo realizado un buen número de actividades sencillas (y no tan sencillas), se van a proponer algunos proyectos para consolidar los conocimientos y dar respuesta a problemas que necesitan de la utilización de varios conceptos en un mismo programa.

Se aconseja intentar realizar los proyectos por uno mismo, pero se acompañan de una posible solución para que, en caso de encontrar dificultades, se pueda resolver el problema y verlo aplicado.

Para este primer proyecto necesitamos la base móvil *Robot Educator* descrita en la Sección 2.2.4.1. Además supondremos que tenemos (al menos) un pulsador colocado según se indica en 2.2.4.2, o alguna variante de las comentadas en esa sección para poder detectar choques frontales.

2.3.8.1 COMPONENTES PRINCIPALES

- Sensor táctil.
- Motores grandes.

2.3.8.2 OBJETIVOS

- Mantener el robot continuamente en movimiento.
- En caso de colisión, cambiar adecuadamente de dirección y continuar con el movimiento.

2.3.8.3 PROGRAMACIÓN

Este es el proyecto más sencillo de realizar y prácticamente lo hemos llevado a cabo en las actividades anteriores. El programa consistirá en un movimiento continuo hacia delante y una espera hasta que se produzca el choque. Al chocar, para poder continuar moviéndose, el coche retrocederá, cambiará de dirección y continuará avanzando.

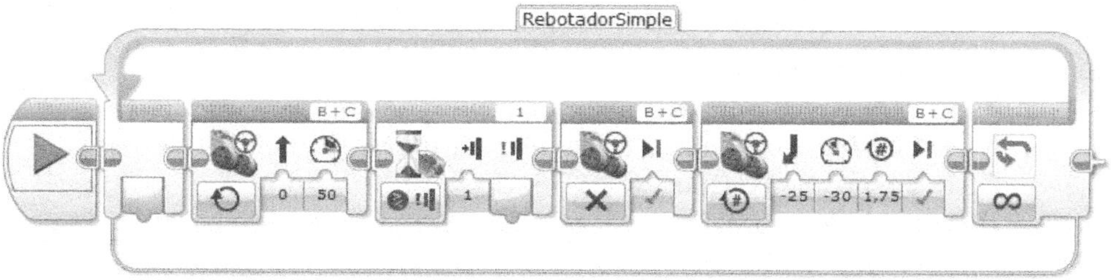

Programa 17. Coche rebotador sencillo 'RebotadorSimple.ev3'

En esta solución hemos realizado el retroceso y el cambio de dirección de manera conjunta describiendo un arco de círculo hacia atrás, pero se podría haber hecho por separado, primero un bloque Mover la dirección para moverse hacia atrás y después otro para girar en el sitio. El número de vueltas que se gira se obtiene experimentalmente, debiendo probar en cada robot cuantas rotaciones son necesarias para girar aproximadamente 90º.

2.3.8.4 VARIANTES PROPUESTAS

1. Cambiar el comportamiento cuando choque para que gire aleatoriamente a izquierda o a derecha antes de continuar el movimiento. *Pista: tendrás que usar el bloque rojo **Aleatorio** para hacerlo.*

2. Añadir el segundo sensor de contacto en la parte trasera y el sensor de sonido (si no se dispone de él, se puede hacer mediante el pulsador trasero) y hacer que, cuando el robot escuche un ruido fuerte, cambie de dirección de movimiento, es decir que vaya hacia atrás y cuando vuelva a escuchar un ruido fuerte recupere el comportamiento normal.

2.3.9 Proyecto: Detector de color

En robótica es muy habitual trabajar con cámaras para obtener información del entorno. Las cámaras proporcionan una gran cantidad de información, y parte de ella es el color de los objetos que hay alrededor. Esos colores pueden servir para dar instrucciones al robot, o para que sepan en qué habitación de un edificio se encuentran (sistema de localización global).En este proyecto utilizaremos el cubo de colores construido en la Sección 2.2.1. El robot estará compuesto por la base móvil del *Robot Educator* (Sección 2.2.4.1) junto con el brazo de la Sección 2.2.4.9. Además es necesario colocar el sensor de color justo debajo del motor mediano para utilizar la detección de color de objetos. Para ello necesitaremos los siguientes elementos:

- 1x sensor de color
- 1x conector gris de dos pines a dos pines (con-4p)
- 2x barra gris de tamaño 2 con un pin y un eje girado 90º (barra-e-p90)
- 1x eje gris de tamaño 3 (eje3)
- 1x cable RJ12 Lego

En uno de los lados del con-4p, conectamos las dos barra-e-p90. Alineamos los ejes de las dos barra-e-p90 con el eje del sensor de color y los unimos con el eje3. Finalmente conectamos el con-4p con los dos pines libres de la base7x5 de la parte delantera inferior del robot, con el sensor dirigido hacia el frente del robot.

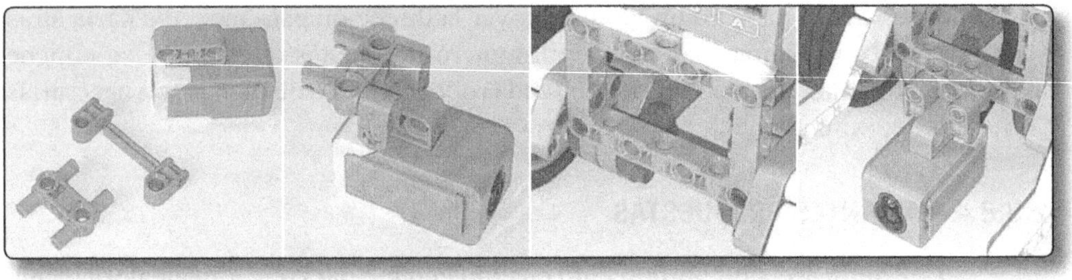

Figura 2.3-8. Montaje y ensamblado del sensor de color en el robot Educator

2.3.9.1 COMPONENTES PRINCIPALES

- Sensor de color.
- Motor mediano.
- Motores grandes.

2.3.9.2 OBJETIVOS

- Cambiar la reacción del robot dependiendo del color del objeto detectado:
  - Si el objeto es rojo, debe atraparlo y retroceder.
  - Si el objeto es verde, debe atraparlo, girar 90º y avanzar.
  - Si el objeto es azul, debe esquivarlo.
  - Si el objeto es amarillo, debe empujarlo hacia delante.
  - Si no sabe de qué color es el objeto, debe llorar amargamente.

2.3.9.3 PROGRAMACIÓN

Comenzaremos la programación haciendo un único caso para ver cómo se comporta el motor mediano y cuál es su sentido positivo de giro. Mediante los engranajes de 4 dientes, hemos construido un mecanismo de cambio de dirección de giro, pero el ángulo girado por el motor será exactamente igual al girado por el brazo del robot, ya que ambos engranajes tenían el mismo número de dientes.

2.3.9.3.1 El caso del color rojo

Probaremos el caso rojo: atrapamos el objeto y nos movemos hacia detrás. Para ello lo que haremos será movernos hacia delante hasta que veamos el objeto rojo y, en ese momento activar el motor mediano para bajar el brazo y retroceder. El programa es el siguiente:

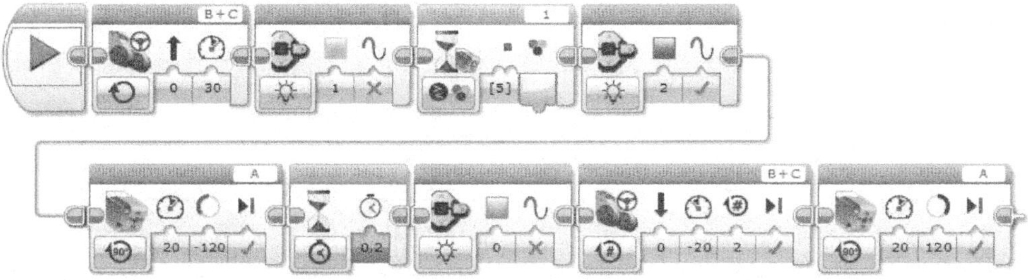

Programa 18. Algoritmo que atrapa objetos rojos 'Rojoquetecojo.ev3'

Hemos basado el accionamiento del motor mediano en un evento de color: cuando el sensor de color ve rojo, bajamos el brazo y retrocedemos. Hemos comprobado que, para mover el motor en el sentido de bajar el brazo, hay que girar un ángulo negativo.

Para que el programa funcione correctamente, el brazo debe encontrarse levantado al comienzo de la ejecución. Dependiendo de cómo de levantado esté, tendremos que girar más o menos el motor mediano. Al final del todo, volvemos a levantar el brazo para comenzar de nuevo el programa (si queremos) en el mismo punto.

Los colores en la botonera del bloque EV3 son opcionales, puesto que no aportan nada al comportamiento. El bloque **Esperar** se ha añadido porque en ocasiones el comienzo del movimiento hacia atrás era demasiado inmediato y no atrapaba bien el objeto.

2.3.9.3.2 Todos los comportamientos

Ahora que ya tenemos claro cómo controlar el motor mediano para mover el brazo, programamos el resto de los comportamientos. Es bastante sencillo, pero el programa es bastante grande al haber varios casos. Lo vemos a continuación:

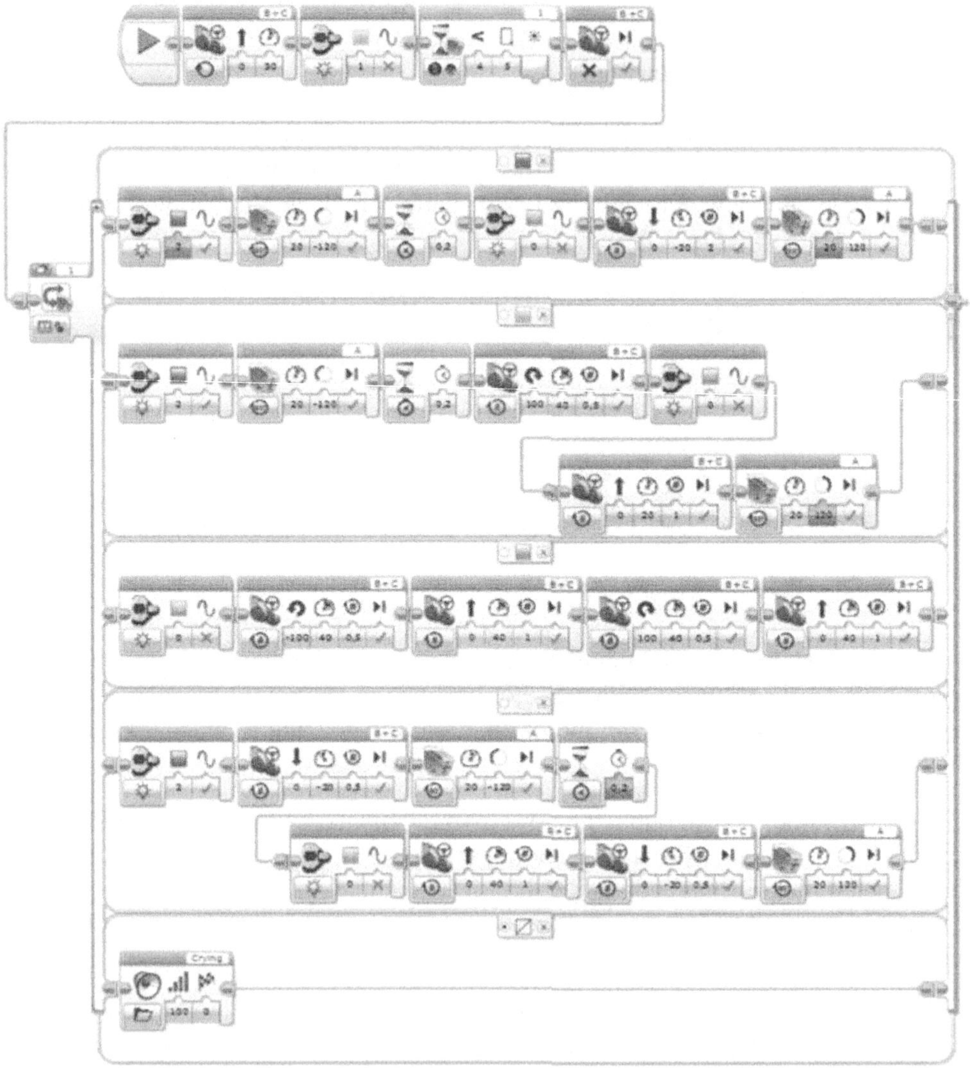

Programa 19. Comportamiento en base al color del objeto encontrado 'Colorterapia.ev3'

En este código hay una modificación interesante. En el apartado anterior, sabíamos que el objeto que buscábamos era rojo, por lo que hemos colocado el evento **Esperar** directamente con ese color. Sin embargo ahora existen varias posibilidades, por lo que no podemos esperar un color. En cambio, lo que vamos a hacer es detectar el objeto primero y, una vez que está delante, ver qué color tiene.

Para ello lo que hacemos es medir la intensidad de luz ambiental medida por el sensor de color. Cuando disminuya considerablemente (el umbral que hay que utilizar dependerá en gran medida del ambiente lumínico en que se ejecute el programa), significará que tenemos un objeto tapando el sensor, y podremos medir el color directamente con un bloque de **Interruptor** con casos múltiples.

2.3.10 Proyecto: Luchador de sumo

Una lucha de sumo consiste en dos oponentes tratando de sacarse el uno al otro de un recinto circular llamado tatami. Este tipo de luchas se han hecho muy populares en ambientes de robótica móvil, llegando a haber campeonatos a nivel internacional.

Este proyecto utiliza el robot diseñado en la Sección 2.2.2 y lo programa para que empuje al contrario fuera del tatami, que estará representado en el suelo mediante un círculo negro sólido.

2.3.10.1 COMPONENTES PRINCIPALES:

- Sensor de luz.
- Sensor de ultrasonidos.
- Motores grandes.

2.3.10.2 OBJETIVOS

- Empujar a otro robot fuera del tatami.
- Evitar que nuestro robot salga del tatami accidentalmente o empujado por el otro robot.

2.3.10.2.1 Posibles estrategias

- ¡A la carga! Buscamos al enemigo y le arrasamos.
- ¡No me pillas! Cuando el enemigo viene hacia nosotros, nos desplazamos hacia un lado y después le empujamos.
- ¡Dadme un punto de apoyo! Añadimos un elemento de tipo rampa (puede ser pasivo, pero si es activo será más interesante) que nos permita voltear al enemigo.

2.3.10.3 PROGRAMACIÓN

En este ejemplo vamos a utilizar la primera de las estrategias posibles: atacar directamente al robot enemigo. Para ello vamos a realizar dos tareas de modo simultáneo:

1. Buscar al enemigo y cargar contra él
2. Detectar cuándo vamos a salirnos del tatami y rectificar el movimiento para evitarlo

2.3.10.3.1 A por el enemigo

Para buscar al enemigo utilizaremos el sensor de ultrasonidos colocado en la cabeza del robot. Puesto que el sensor sólo mide distancias en la dirección en que mira, utilizaremos el cuerpo del robot para girar y buscar en todas direcciones, y cuando el robot sensor detecte al enemigo, avanzaremos frontalmente hacia él reproduciendo un sonido de ataque. Esta parte del código quedará como sigue:

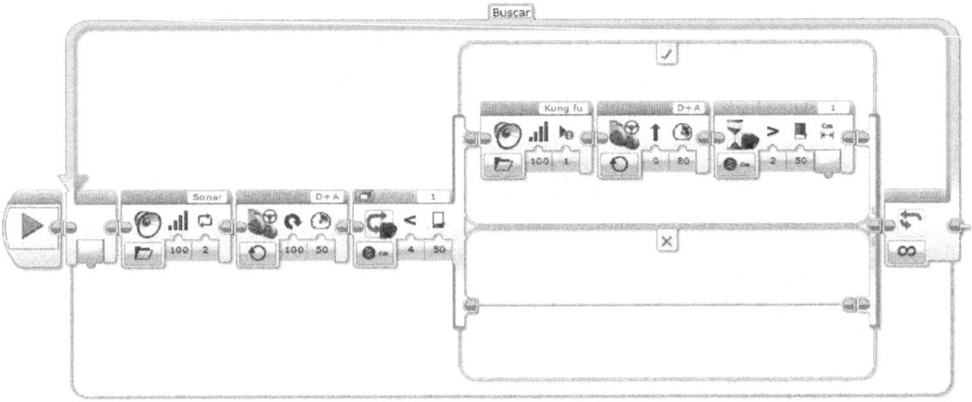

Programa 20. Búsqueda y ataque del enemigo de sumo 'Buscataca.ev3'

Se puede jugar con la potencia de giro para llegar a un compromiso entre buscar rápido y con precisión, y con la potencia de ataque para frenar antes en caso de dejar de detectar al enemigo. Además podríamos colocar un bloque de **Motor grande** en modo **Apagado** después del bucle 'Atacar' para detener los motores cuanto antes si dejamos de ver al otro robot.

2.3.10.3.2 Manteniéndose en el tatami

Con el sensor de luz dirigido hacia el suelo, puesto que el tatami es un círculo negro, sabemos que el robot está fuera de peligro si el sensor detecta un bajo índice de luz reflejada, mientras que deberemos corregir el movimiento si detecta color blanco bajo sus pies. El código de esta parte quedaría como:

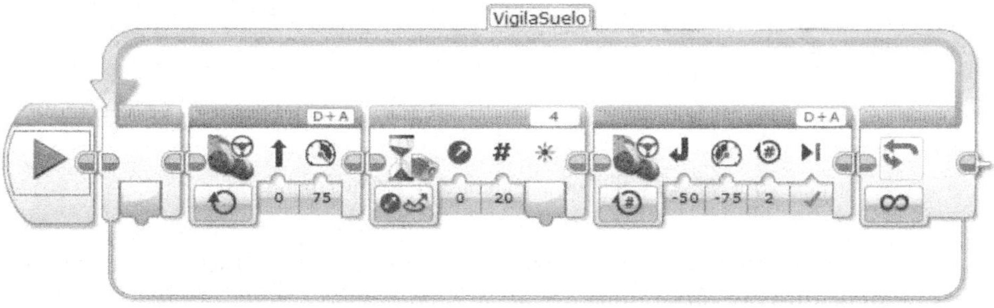

Programa 21. Comprueba si se está saliendo del tatami y lo corrige 'Eneltatami.ev3'

2.3.10.3.3 Programa completo

Ahora debemos unir ambas partes del programa de modo que se sincronicen. Los eventos de espera ya no son recomendables, porque hacen que el robot se quede a la espera de que ocurra un evento, mientras que no comprueba el resto de las variables involucradas: podría detenerse en el bloque **Esperar** hasta que deje de ver al oponente y no darse cuenta de que se está saliendo del tatami al no comprobar el sensor de luz.

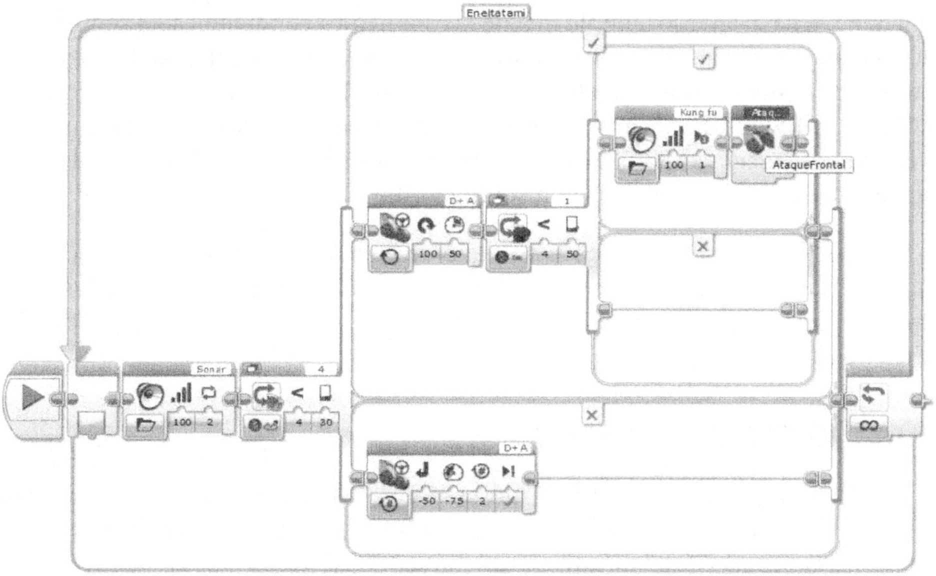

Programa 22. Programa completo 'SumoBasico.ev3'

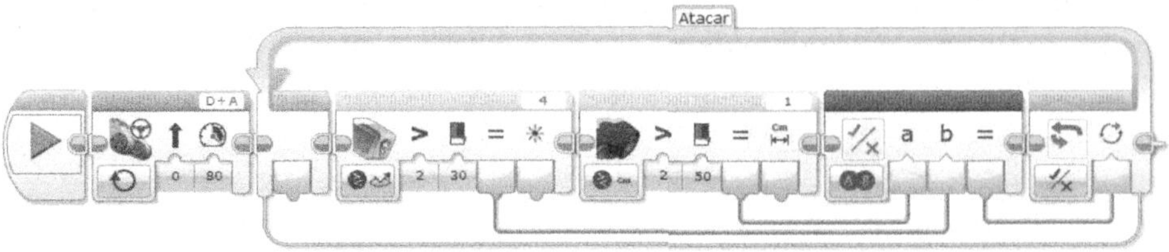

Programa 23. Bloque personalizado 'AtaqueFrontal.ev3'

Este programa muestra una posible solución basada en bloques **Interruptor**. Este es el algoritmo del programa:

1. Comienza comprobando si estamos dentro del tatami mediante el sensor de luz.
   - Si el robot está dentro, gira para buscar al enemigo con los ultrasonidos.
     - Si lo detecta, realiza un **AtaqueFrontal** (se comenta más adelante).
     - En caso contrario no hace nada (volvemos a 1).
   - Si está fuera, rectifica la posición para evitar salirse completamente del tatami girando hacia atrás y vuelve al punto 1.

Puesto que el programa era muy grande, se ha creado un bloque personalizado **AtaqueFrontal** para que quepa completo en la imagen. Este bloque mueve el robot hacia delante hasta que se cumple una de las siguientes condiciones: el sensor de luz detecta blanco o el sensor de ultrasonidos deja de detectar al contrario. En cualquiera de esos dos casos dejamos de atacar directamente. En esta parte del código hemos sustituido el bloque **Esperar**, que sólo comprobaba la posición del enemigo, por un **Bucle** que puede comprobar más de un evento a la vez mediante un bloque de **Lógica**, añadiendo la comprobación sobre la salida del tatami.

Este programa es básico y no tiene en cuenta la posición de comienzo del robot en el tatami. Además, los umbrales de comparación deben ser ajustados para la competición, ya que la cantidad de luz reflejada por el tatami puede depender de si éste es mate o satinado, por ejemplo.

2.3.10.4 VARIANTES PROPUESTAS

1. Desacoplar el movimiento del cuerpo del robot con respecto al movimiento del sensor de ultrasonidos mediante el motor mediano para poder realizar la búsqueda del otro robot sin mover el cuerpo.

2. Aplicar una de las otras estrategias de victoria propuestas o una diseñada por el alumno.

3

ROBÓTICA CON ANDROID

3.1 PROGRAMACIÓN DE DISPOSITIVOS ANDROID CON APPINVENTOR

En estas páginas aprenderemos a programar para dispositivos Android con AppInventor.

AppInventor es una aplicación WEB o "WEBAPP" creada por el reconocido *Massachusetts Institute of Technology* (MIT) de Cambridge, Massachusetts, Estados Unidos de América. Está recogida bajo licencia CC BY 3.0 (*Creative Commons Attribution 3.0 Unported license*) que básicamente indica que se puede emplear de forma gratuita.

Todo funciona desde los servidores que la empresa "Google Inc." ha puesto a disposición de la institución que lo ha creado, por lo que se garantiza la compatibilidad con Google Chrome y es necesaria una cuenta Google para poder acceder.

Además de lo que aquí explicamos, en nuestra web (*http: //www. automaticayrobotica.es*) hemos metido material adicional que podrá servirte para hacer aplicaciones en Android aún más chulas.

3.1.1 Entorno de Programación

Antes de empezar a trabajar, tienes que tener:

- **Cuenta de Google:** puedes hacerte una registrando un correo-electrónico con GMAIL. (*https://mail.google.com/*)

- **Google Chrome:** como navegador compatible desde el que acceder a AppInventor, si bien no hemos detectado problemas con Mozilla Firefox.
- ***AI2Companion:*** Las aplicaciones que crees en APPinventor podrás descargártelas en tu dispositivo Android de las siguientes maneras:
  - Instalándote la aplicación, como cuando te instalas una aplicación desde el *Google Play.*
  - Utilizando la App *AI2Companion* para sincronizar tu ordenador con tu dispositivo Android.

Nosotros te recomendamos que uses AI2Companion. Por eso, antes de seguir, métete en el *Google play* de tu móvil o Tablet Android e instálate dicha aplicación. Cuando la ejecutes te saldrá una ventana como esta en tu dispositivo:

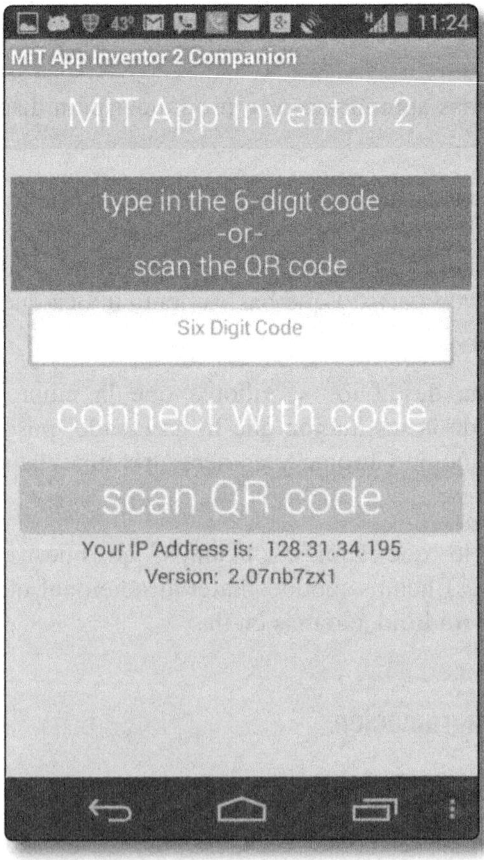

Figura 3.1-1. Aplicación AI2Companion ejecutándose en un dispositivo Android

Una vez que tienes todo lo necesario podemos comenzar:

- Inicia tu sesión Google en Chrome o Firefox.
- Desde la barra de direcciones introduce: *http://appinventor.mit.edu/explore/* (Véase Figura 3.1-2)

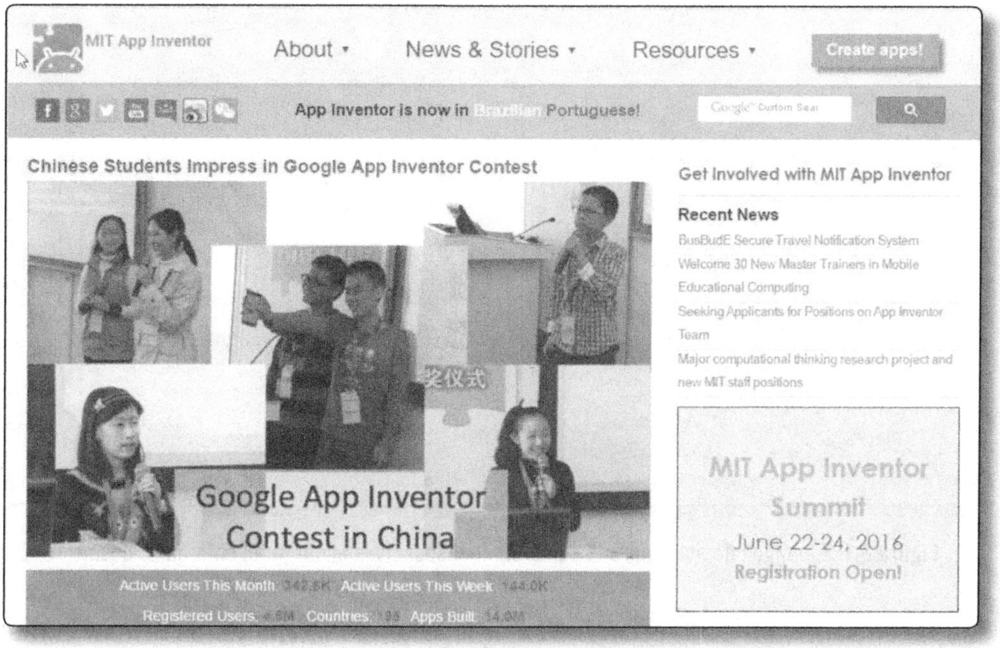

Figura 3.1-2. Pantalla de entrada de desarrollo de App Inventor

- Para obtener ayuda selecciona dentro de *Resources* o *Documentation* o *Tutorials*.
- Para empezar a programar, pulsa sobre *Create apps!:*
  - Si es la primera vez que entras, te pedirá consentimiento para acceder con la cuenta de Google que tienes abierta, tras eso, aparecerá el siguiente mensaje de bienvenida (véase Figura 3.1-3). Simplemente pulsa en *Continue* y después en el botón *Start New Project*. Tras darle nombre al proyecto (sin caracteres extraños ni espacios), te carga el entorno de desarrollo.

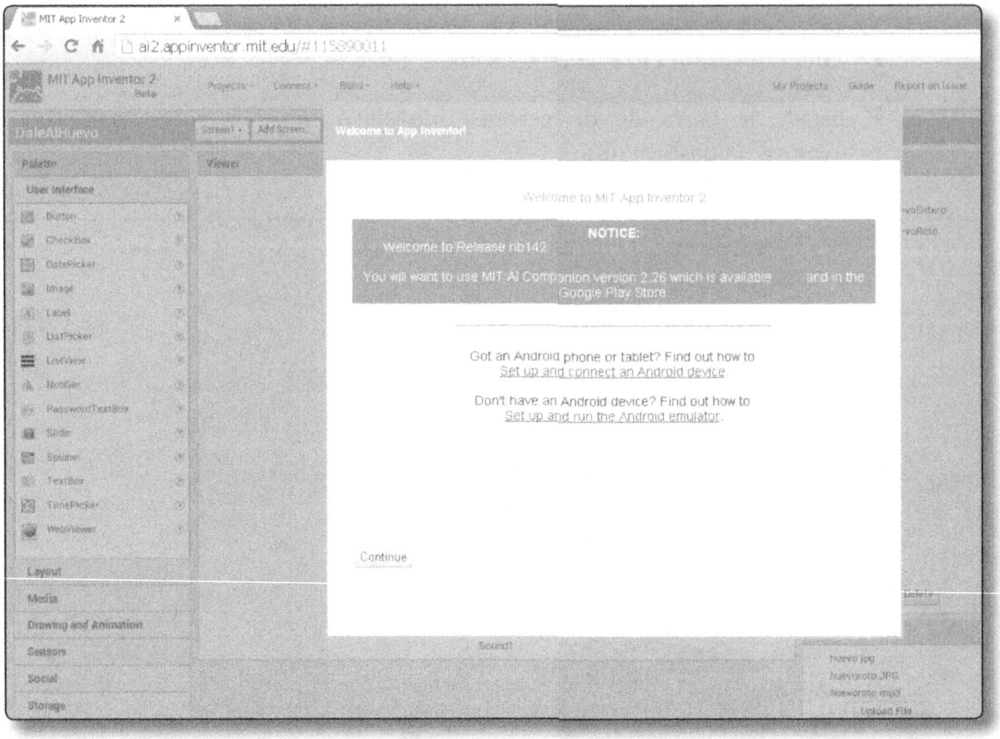

Figura 3.1-3. Imagen de aviso para la conexión de dispositivos al cargar el entorno de desarrollo

- Si no es la primera vez, aparecerá el entorno de desarrollo con el proyecto que estabas editando por última vez.

AppInventor está disponible en varios idiomas, entre ellos el español. Al acceder a la página, el idioma es el inglés, seleeccionona el que prefieras como mostramos en la Figura 3.1-4.

Las partes del entorno de desarrollo son:

- ***Designer***(Diseñador): Sirve para diseñar las pantallas de la aplicación tal y como las verá el usuario final (véase la Figura 3.1-4).
- ***Blocks***(Bloques): Sirve para programar las instrucciones y los datos que empleará el programa junto con los elementos colocados en la pantalla Designer (véase la Figura 3.1-5).

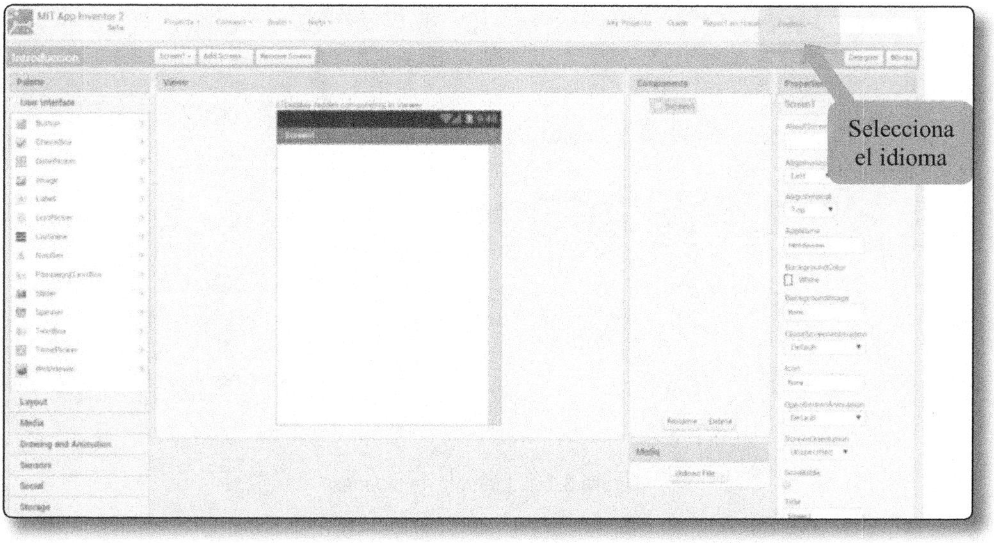

Figura 3.1-4. Imagen de la pantalla de desarrollo al entrar en App Inventor

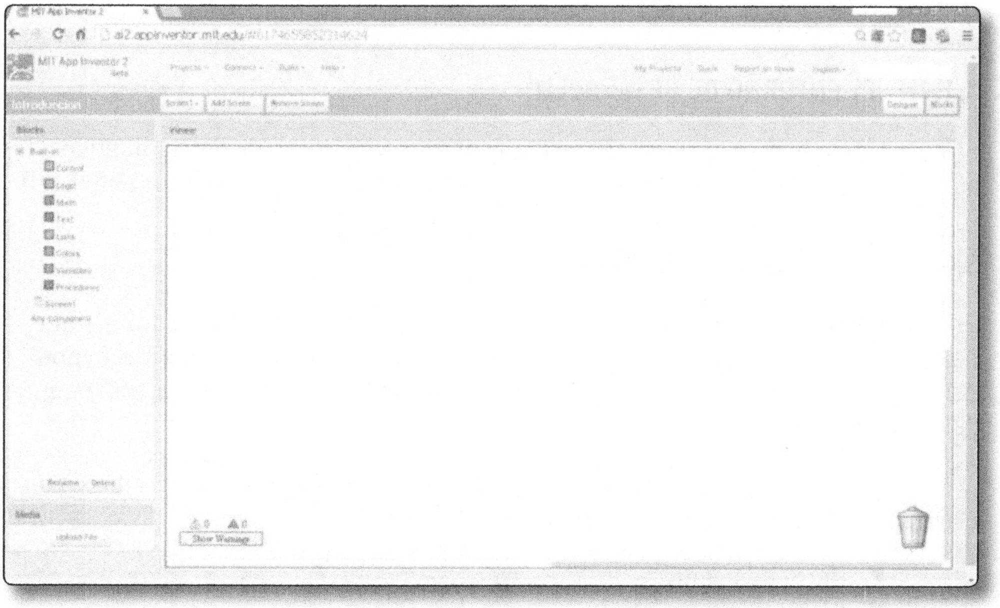

Figura 3.1-5. Pantalla de bloques al iniciar App Inventor

En vez de emplear código textual escrito, para programar emplearemos bloques que se van acoplando como vemos en la Figura 3.1-6.

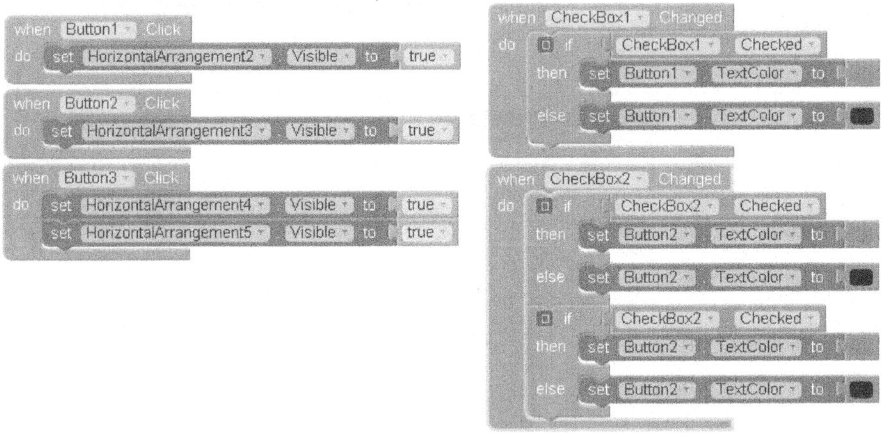

Figura 3.1-6. Ejemplo de bloques

En este capítulo sólo se muestra una parte de la capacidad de esta WebAPP. Nos centraremos en la comunicación con microcontroladores vía Bluetooth como Arduino o Lego Mindstorms.

3.1.1.1 EL ENTORNO DE DESARROLLO

Como hemos visto en el apartado anterior, el entorno de desarrollo tiene dos partes bien diferenciadas (*designer y blocks*) que a continuación veremos en detalle.

3.1.1.1.1 "Designer" (Diseñador)

En la ventana *Designer* deberemos introducir todos los elementos visibles, o no, que va a llevar la aplicación. Por lo tanto, estableceremos tanto el aspecto gráfico del programa como los servicios (Bluetooth, Web, Sensores, etc.) que utilizaremos del dispositivo Android.

Como vemos en la Figura 3.1-7, esta ventana consta de cinco zonas claramente diferenciadas:

- Barra de menús.
- Paleta de componentes.
- Visor.
- Componentes del programa.
- Propiedades del componente seleccionado.

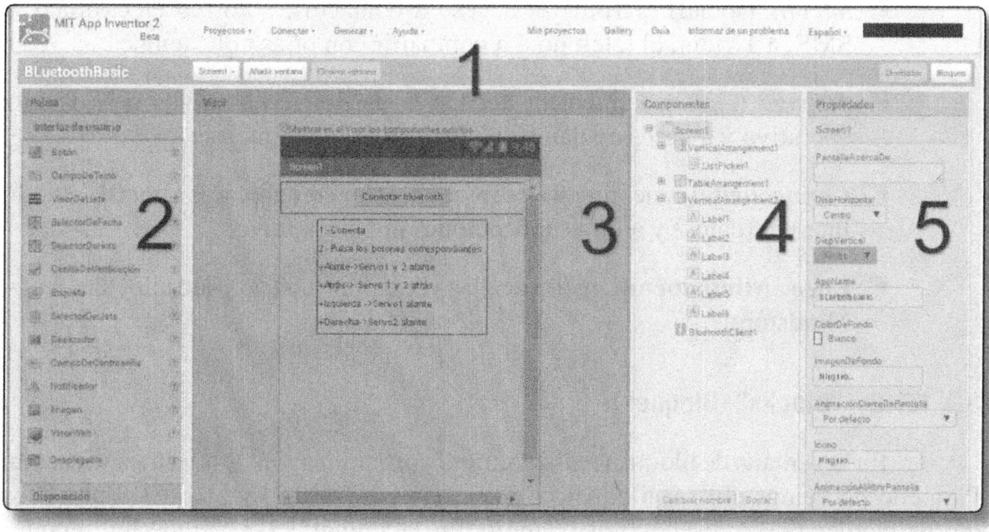

Figura 3.1-7. Zonas del "Diseñador": Barra de menús (1), Paleta (2), Visor (3), Componentes (4) y Propiedades (5)

Los elementos que compondrán el programa los seleccionaremos de la parte de la "**Palette**" (Paleta) y arrastraremos a la zona "**Viewer**" (Visor). Pudiendo modificar sus características en la zona de "**Properties**" (Propiedades).

Los elementos que ofrece, se encuentran agrupados en:

- ***User Interface*** (interfaz de usuario): con elementos que encontraríamos en cualquier formulario: botones, casillas de verificación, listas desplegables, imágenes, etiquetas, campos de texto...
- ***Layout*** (disposición): contiene las formas de agrupar los elementos para su disposición en pantalla: elementos en horizontal, en vertical o tipo tabla.
- ***Media*** (medios): recoge todo lo relacionado con la cámara del dispositivo y el sonido.
- ***Drawing and animation*** (dibujos y animación): tiene los elementos básicos para el diseño gráfico de los programas.
- ***Sensors*** (sensores): se pueden encontrar los sensores más habituales que traen los dispositivos como son el sensor de orientación, de proximidad, de ubicación (GPS), acelerómetro, señal de reloj, FNC o lector de código de barras.

- ***Socials*** (social): permite el acceso a contactos, a correo electrónico, a SMS, a Twitter, al teléfono o a compartir con otras aplicaciones.
- ***Storage*** (almacenamiento): accede a sistema de archivos del sistema operativo y a bases de datos del dispositivo y de Internet.
- ***Connectivity*** (conectividad): ofrece acceso y comunicación por Bluetooth, Internet (datos) y a otras aplicaciones del dispositivo.
- **Lego Mindstorms**: permite la conexión con el ladrillo de Lego Mindstorms.

3.1.1.1.2 "Blocks" (Bloques)

En la ventana de bloques realizaremos la programación de nuestra aplicación. Para ello podremos utilizar bloques comunes (véase Tabla 1) y bloques específicos de los elementos de diseño (por ejemplo, en la Figura 3.1-8 vemos los bloques disponibles que han aparecido al añadir varios componentes en la ventana de diseño mostrada en la izquierda).

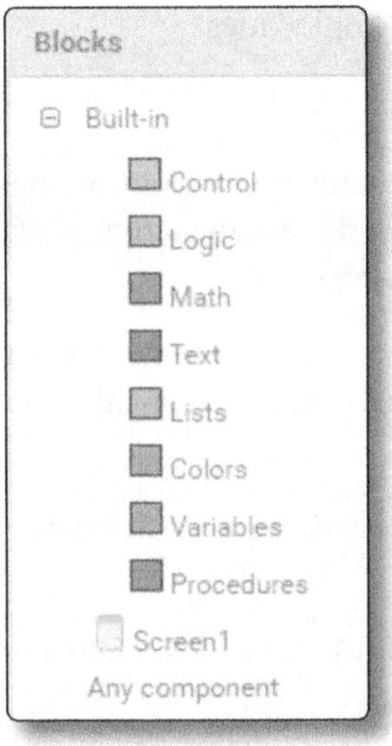

Control: permite, entre otras opciones, introducir condiciones (si ocurre esto → haz eso), cerrar la aplicación o pasar a otra pantalla (Screen).
Logic: engloba las operaciones lógicas ("Y", "O", igual, distinto) así como las dos opciones True (verdadero) y False (falso).
Math: tiene las operaciones matemáticas que no se incluyen en "Logic", de aquí sacaremos también el bloque numérico. 
Text: encontrarás todo lo relacionado con cadena de caracteres.
Lists: para crear listas de datos (vectores, registros…), añadir elementos, extraerlos, etc.
Colors: aparece una lista de colores para seleccionar.
Variables: permite añadir variables globales que se pueden utilizar desde cualquier parte del programa.
Procedures: o procedimientos, son porciones de programa que pueden ser llamadas desde cualquier parte de la aplicación.
Screen1: son opciones de la pantalla de inicio del programa.

Tabla 1. Bloques comunes

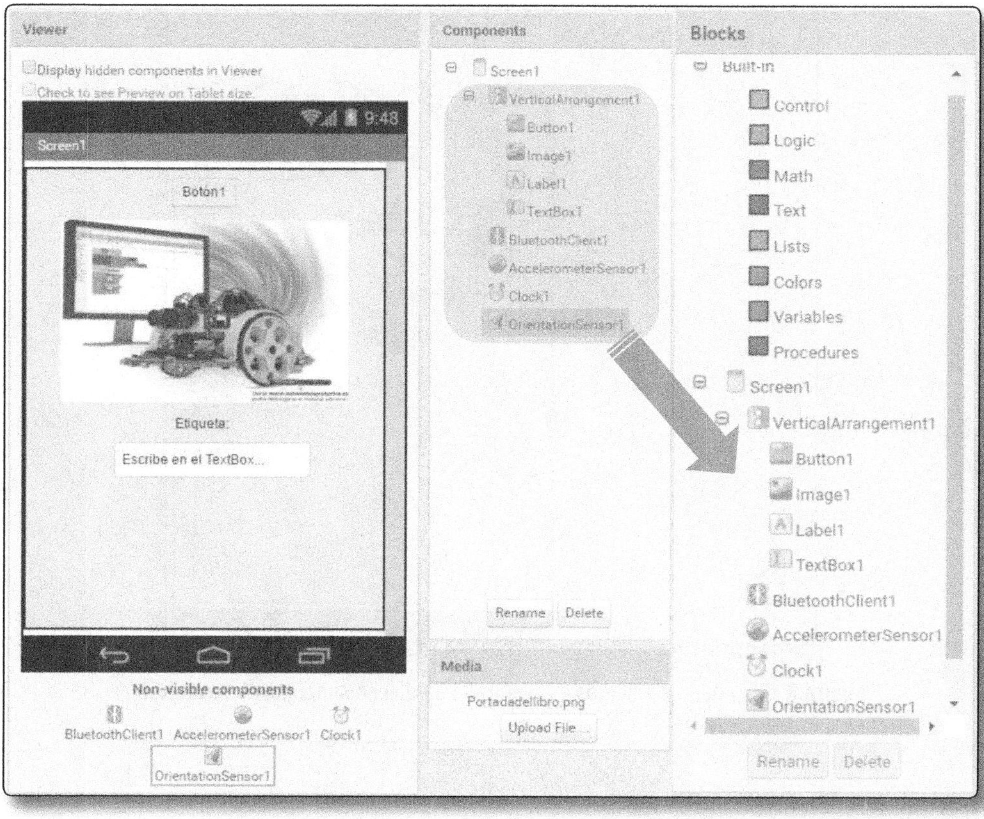

Figura 3.1-8. Ejemplo de menu de bloques que aparecen en función de los elementos colocados en la zona del Diseñador

3.1.1.2 PROCEDIMIENTO

El procedimiento a seguir cuando se comienza un nuevo proyecto es empezar por la parte de diseño de las pantallas, en la parte *Designer*, arrastrando los elementos sobre el visor (véase Figura 3.1-9), para, después, establecer el programa en sí con los bloques *Blocks*, simplemente pulsando sobre ellos (véase Figura 3.1-10).

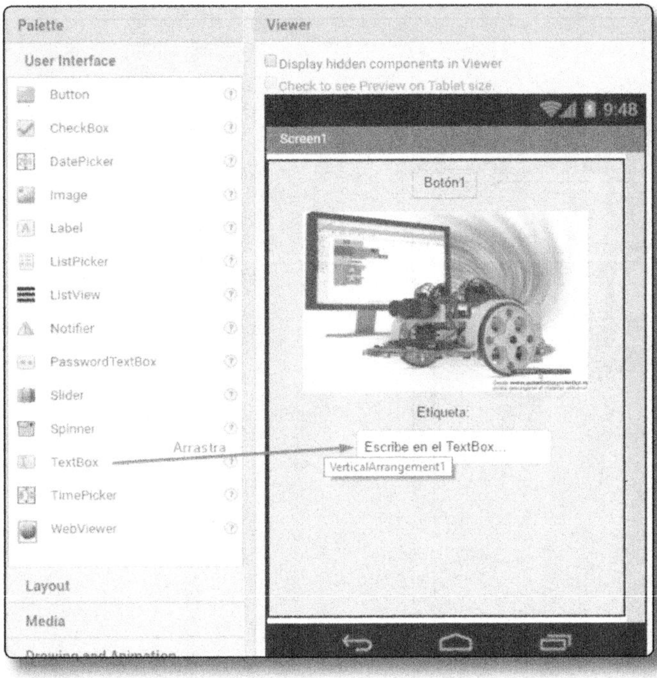

Figura 3.1-9. Añade elementos a la pantalla de diseño simplemente arrastrando

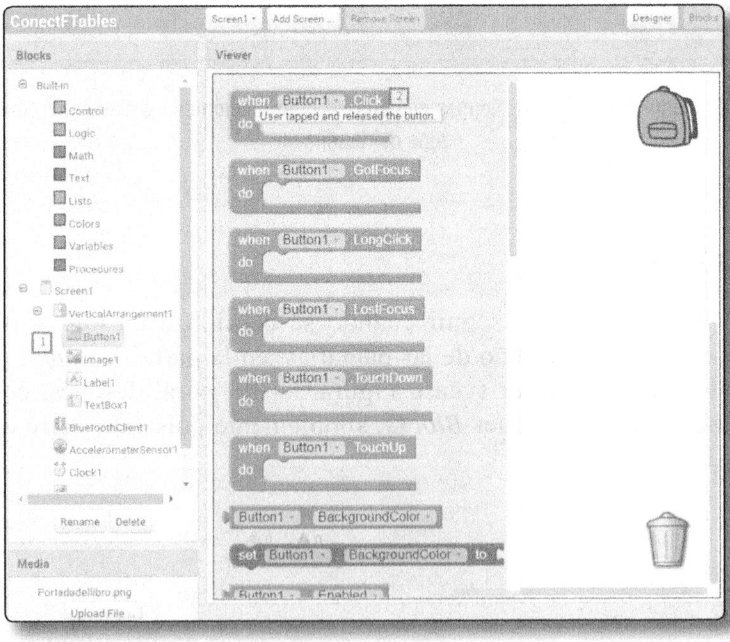

Figura 3.1-10. Para escoger un bloque, pincha primero en el elemento y después en el bloque

Una vez que has visto lo básico, empecemos a programar. Recuerda que podrás descargar los programas de las actividades de nuestra página: *www. automaticayrobotica.es*. Te recomendamos que aunque las descargues, no dejes de seguir el libro, con él aprenderás mucho mejor.

3.1.2 Tu primer programa. « Hola Gatito »

Vamos a realizar tu primer programa en Appinventor. Será una aplicación muy sencilla con la que aprenderás los fundamentos de AppInventor (verás que todos los programas que hagamos después, aunque un poquito más complicados, se basan en el mismo procedimiento). También aprenderás a subir las aplicaciones que hagas a tu dispositivo Android.

Este primer programa lo vamos a hacer con el APPInventor en idioma español para que sea más sencillo de seguir, pero en la siguientes actividades te recomendaremos que aprendas a utilizarlo en Ingles puesto que la mayoría de los lenguajes de programación tienen su sintaxis en inglés.

Empecemos. Lo primero que tienes que hacer es descargarte (desde nuestra página) en tu ordenador estos dos archivos (guárdalos en *mis documentos* o en la carpeta que tú quieras de tu ordenador):

- miau.mp3
- gatito.jpg

Abre tu navegador y entra en la página web de Appinventor como te hemos explicado en apartados previos. Pincha en *Comenzar un proyecto nuevo* dentro del menú de *Proyectos (véase* Figura 3.1-11).

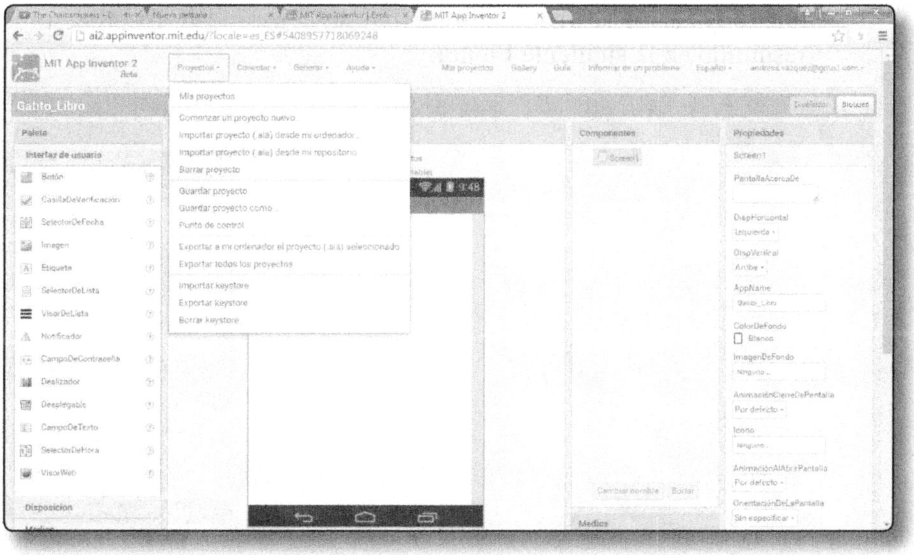

Figura 3.1-11. Menú para crear un nuevo proyecto

Al crear un nuevo proyecto automáticamente entramos en la ventana de diseño. Bueno, pues vamos a diseñar el aspecto que tendrá la aplicación en nuestro dispositivo Android:

- Primero debes añadir un botón arrastrándolo desde el menú *Interfaz de usuario* de la *Paleta* al menú *visor* como mostramos en la Figura 3.1-12:

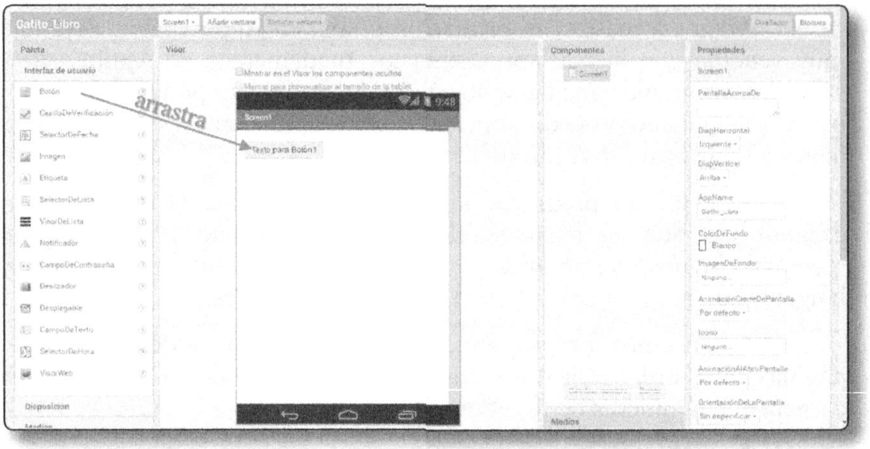

Figura 3.1-12. Proceso de añadir un botón a la aplicación

- Una vez que lo tienes añadido vete a la ventana *propiedades* del botón y pincha sobre *imagen*. Te aparecerá un recuadro con los archivos disponibles. Dale a *subir archivo* y selecciona el archivo *gatito.png* que te habías descargado al principio de la actividad. El proceso queda resumido en la siguiente Figura:

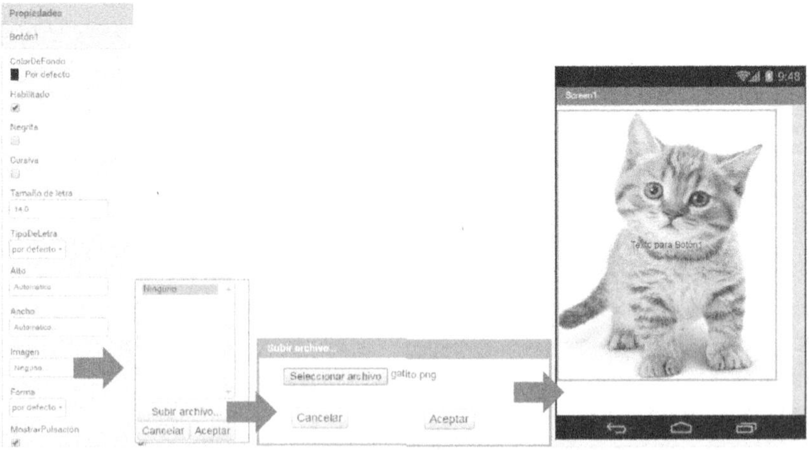

Figura 3.1-13. Proceso para añadir una imagen a un boton

- Ahora vamos a añadir un componente no visible que permita reproducir un archivo de sonido. Pincha sobre *Medios* de la ventana *Paleta*. Te aparecerán nuevos componentes como aparece en la Figura siguiente. Arrastra *Reproductor* a la ventana *Visor*.

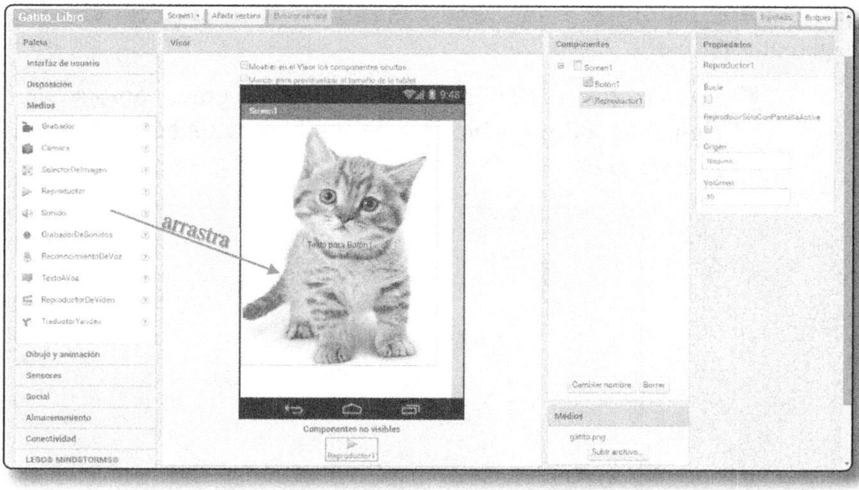

Figura 3.1-14. Proceso para insertar un sonido en la aplicación

Ya tenemos diseñada la aplicación. Ahora vamos a programarla. Pincha sobre el botón *bloques* de la esquina superior derecha. Te aparecerá la ventana siguiente:

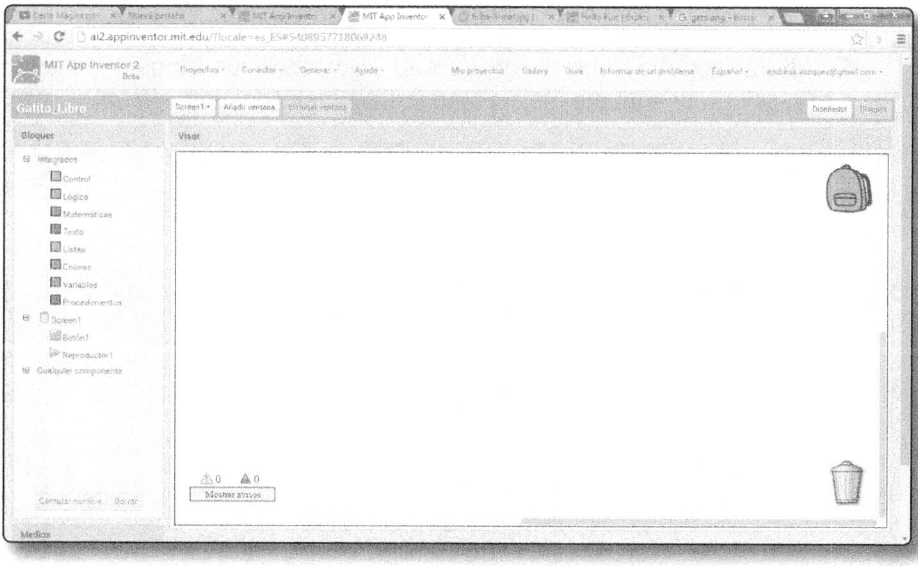

Figura 3.1-15. Ventana de bloques de nuestra aplicación

Como ves, tienes disponibles bloques comunes (llamados *integrados*) y bloques procedentes de los componentes que hemos añadido en el diseño (el botón y el reproductor).

Vamos a programar lo siguiente: **cuando toquemos el gatito (es decir, pulsemos el botón) se reproducirá el sonido de miau**. Para ello seguiremos los siguientes pasos:

- Primero haz clic sobre *Boton1*. Te aparecerán, como se ve en la Figura siguiente, todos los bloques disponibles de un botón. Selecciona *Cuando Boton1.clic*

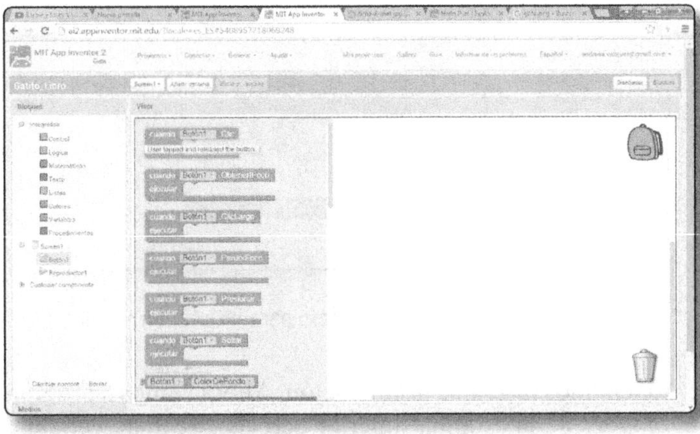

Figura 3.1-16. Bloques disponibles del componente botón

- Ahora haz clic sobre *Reproductor1*. De todos los bloques disponibles (ver Figura siguiente) selecciona llamar *Reproductor1.iniciar*

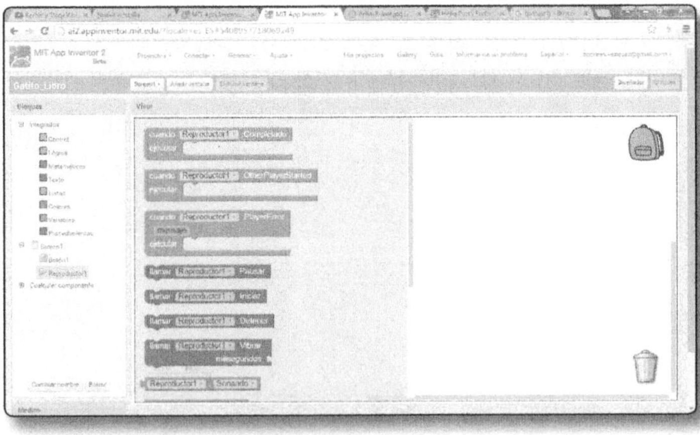

Figura 3.1-17. Bloques disponibles del elemento Reproductor

- Este bloque lo colocaremos dentro del bloque de botón que habíamos añadido antes como se ve en la siguiente Figura:

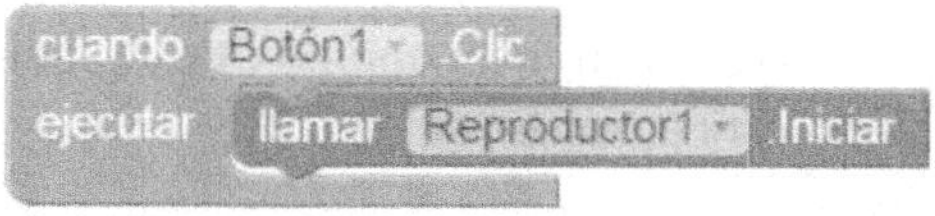

Figura 3.1-18. Programa por bloques que reproduce un sonido cuando se pulsa sobre un botón

¡Ya tenemos la aplicación terminada!. Sólo queda probarla en nuestro dispositivo Android. Para ello vamos a enseñarte las dos maneras posibles:

- **Utilizando AI2Companion**. Pincha en el menú *Conectar* la opción *AI Companion* Te aparecerá un código QR como el de la Figura inferior que deberás escanear desde la opción *Scan with QR Code* de la aplicación *AI2Companion* en tu dispositivo Android. Con esta opción sincronizarás tu ordenador con tu dispositivo por lo que cada cambio que hagas en el diseño o en los bloques de tu aplicación se reflejará en el dispositivo Android (es decir, esta opción es útil mientras estés desarrollando la aplicación).

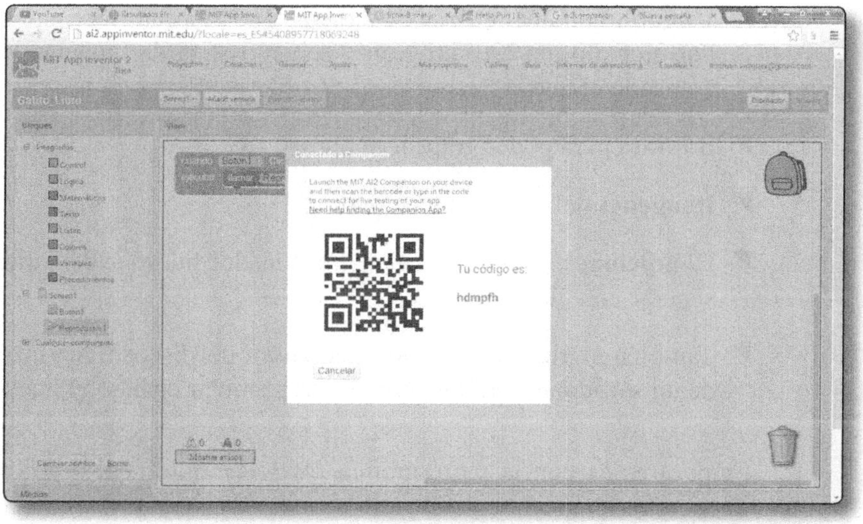

Figura 3.1-19. Mensaje para sincronizar tu ordenador con tu Android mediante AI2Companion

- **Descargándote la APP** e instalándotela en tu dispositivo. Para ello vete al menú *Generar* y elige generar un código QR para descargarte la aplicación desde tu móvil. Con esta opción la APP se quedará instalada en tu móvil (es decir, esta opción es útil cuando ya hayas decidido que tu aplicación está terminada).

3.1.3 «Dale al Huevo»

Te proponemos ahora un programa un poco más complejo que consiste en dar golpes a un huevo que aparece en la pantalla hasta que este se rompe. Para esta ocasión te recomendamos que te descargues la aplicación, a medio hacer, de nuestra web. Una vez tengas el archivo descargado en tu ordenador súbela a Appinventor dirigiéndote al menú *Proyectos* y pinchando sobre *Importar archivo (.aia) desde mi ordenador.*

Como avisamos en la actividad anterior, a partir de ahora utilizaremos el idioma inglés en Appinventor. Esto te servirá para aprender algo de inglés y sobre todo para familiarizarte con términos muy comunes en sintaxis de los lenguajes profesionales de programación como C o Java.

Con esta aplicación aprenderemos algunos elementos como:

- **Variables** donde guardamos datos que pueden ser numéricos o no. Por ejemplo, en este programa debemos guardar cuantas veces hemos golpeado el huevo.
- **Botones** para poder golpear al huevo.
- **Imágenes** del huevo entero y roto.
- **Condiciones** para cambiar la imagen del huevo entero por el roto al superar un valor de golpeos.
- También emplearemos el motor **vibrador** del dispositivo y la reproducción de un **sonido** en formato ".mp3" para emular cuando el huevo se rompe.

Empezaremos con la parte gráfica *Designer* que incorpora los elementos multimedia con los que vamos a trabajar:

En la Figura superior mostramos el aspecto que tiene esta aplicación en la ventana de diseño.

En la aplicación hay varios elementos visibles (botones, imágenes y textos) y uno *no visible* ("Sound1").

En concreto, para realizar la aplicación hemos introducido 2 botones:

Uno con imagen de huevo entero y con el texto que invita a darle un toque. Hemos hecho que este botón sea visible marcando la casilla correspondiente en el apartado de *Propiedades*.

El otro con imagen de huevo roto con la invitación a comenzar de nuevo cuando se ha terminado. En este caso hemos hecho este botón *no visible*, desmarcando la casilla de verificación correspondiente en la ventana de *Propiedades*.

El programa de bloques de la versión incompleta que te bajes de Internet verás que es el siguiente:

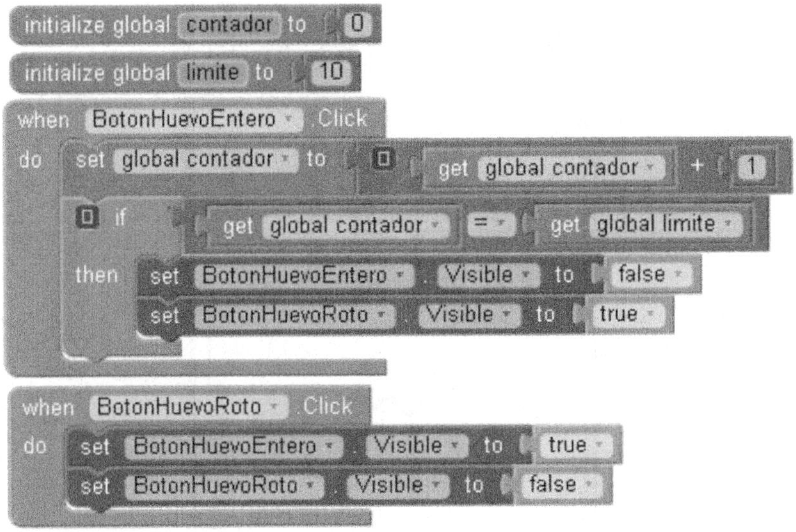

Figura 3.1-20. Programa de bloques incompleto de la aplicación "Dale al huevo"

Prueba el programa ¿Qué problema presenta? Efectivamente, después de dar al huevo roto para reiniciar, vuelve el huevo entero y no somos capaces de volverlo a romper. La causa es que el contador ya ha llegado al límite y no lo hemos reiniciado.

Para solucionarlo hay que reiniciar la variable "contador" a cero.

¿Cómo se hace eso?

Dentro de *when BotonHuevoRoto.click* (es decir, *cuando se hace click en el botonHuevoRoto)*, deberemos introducir un nuevo bloque, de los de *Variables*, que se denomina *set variable*. Seleccionar "contador" y añadirle un bloque matemático con un cero como se muestra a la Figura 3.1-21. Comprueba que ya funciona.

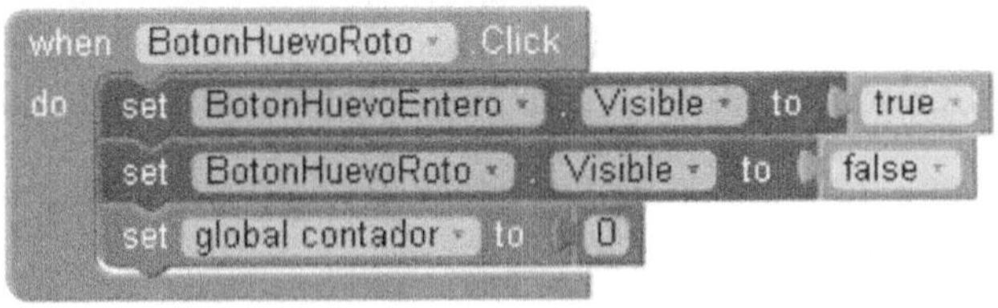

Figura 3.1-21. Modificación para arreglar el programa de "Dale al huevo"

3.1.4 Mejoras

Ahora que ya sabes cómo funciona, modifica el programa para que el huevo sea:

- Más difícil de romper (aumentando el valor de la variable "limite")
- Más fácil de romper (disminuyendo el valor de la variable "limite")
- Añadiendo vibración. Para hacer vibrar el dispositivo se emplea lo siguiente:
  - En la ventana ***Designer*** añadimos el componente *Sound* de la paleta *Media* (debes arrastrarlo a la parte de pantalla de diseño como hicimos en la actividad anterior).
  - En la ventana ***Blocks*** añadimos el bloque *call Sound1.vibrate* y estableces en milisegundos un tiempo de vibración como mostramos en la Figura 3.1-22.

Figura 3.1-22. Bloque "call Sound.vibrate"

¿Dónde colocarías el bloque para que vibrase al romperse el huevo? Hay varias soluciones posibles, piensa. Una de ellas es después de indicar que visualice el huevo roto.

Si, además, queremos oír un sonido cuando se rompe, emplearemos otra propiedad de "Media" que es reproducir sonidos. Para ello, al igual que hicimos con el sonido miau de la actividad anterior, deberemos subir en *Properties* → *Source* el archivo "huevo roto.mp3" que puedes encontrar en nuestra web.

Se puede colocar antes o después de la vibración. Por lo tanto, el programa quedaría:

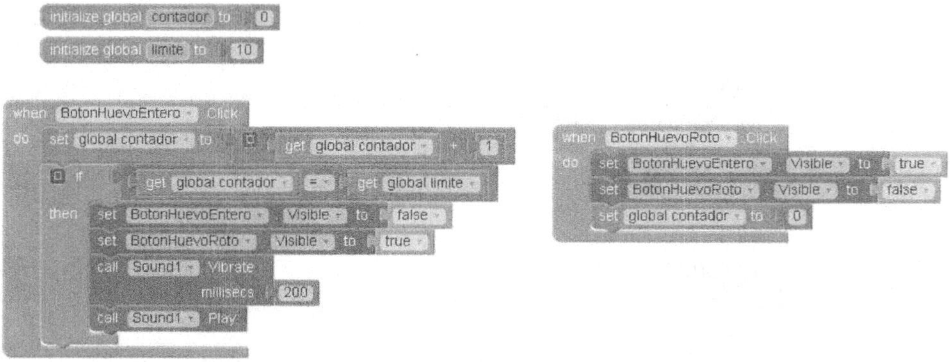

Figura 3.1.4-2. Programa de bloques completo de la aplicación "Dale al huevo"

3.1.5 Los sensores y sus aplicaciones

Con los primeros programas aprendimos a usar botones, imágenes, el motor vibrador del dispositivo y a reproducir sonidos. En estas páginas, se describe el funcionamiento de los sensores que incorporan teléfonos y tabletas ya que nos serán muy utilices para nuestras aplicaciones robótica. Para familiarizarnos, realizaremos tres programas sencillos con el fin de comprender el funcionamiento de:

- Sensor de Orientación (brújula e inclinación).
- Acelerómetro (aceleración en dirección de los tres ejes de coordenadas: X, Y y Z).
- Localización (GPS).

3.1.6 Sensor de orientación

El sensor de orientación tiene su base en combinar un sensor magnético (brújula electrónica) con varios gravitatorios (inclinómetros), con esto conseguimos tener una medida de la orientación magnética, la inclinación lateral y el cabeceo (véase Figura 3.1-24).

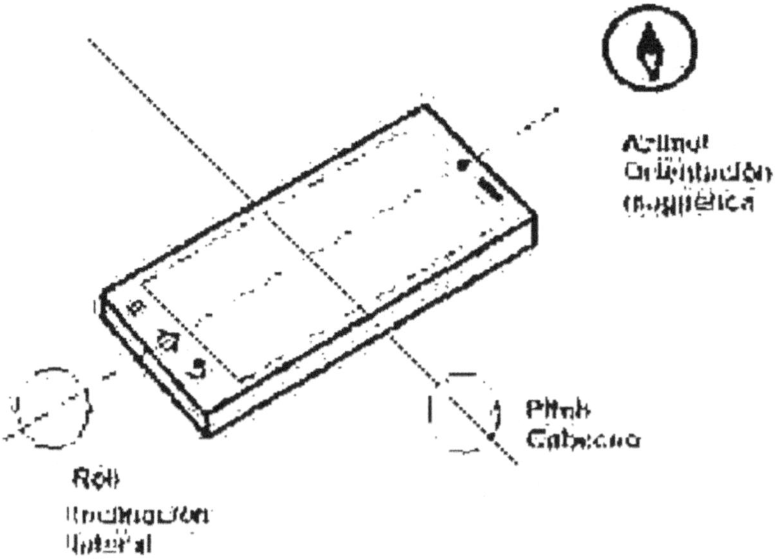

Figura 3.1-24. Medidas de orientación en un móvil o tablet

La mayoría de teléfonos móviles y algunas Tablets disponen de este tipo de sensor, pero no los SmartTV.

> **NOTA**
>
> No debemos confundir este sensor con el que se asocia a la rotación de la pantalla cuando giramos el dispositivo. Se trata de sensores diferentes.

Puedes descargar el programa accediendo a nuestra web. Una vez en tu ordenador impórtalo a tu appInventor utilizando la opción *importar archivo aia* del menú proyecto.

En este programa, simplemente, vamos a visualizar los datos del sensor.

- A nivel de diseño (*Designer*) es muy sencillo. Podemos ver en la Figura inferior que hemos utilizado seis "*Label*" o etiquetas (arrastradas del apartado de *User Interface* dentro de *Palette*) y un elemento no visible que es el sensor de orientación.

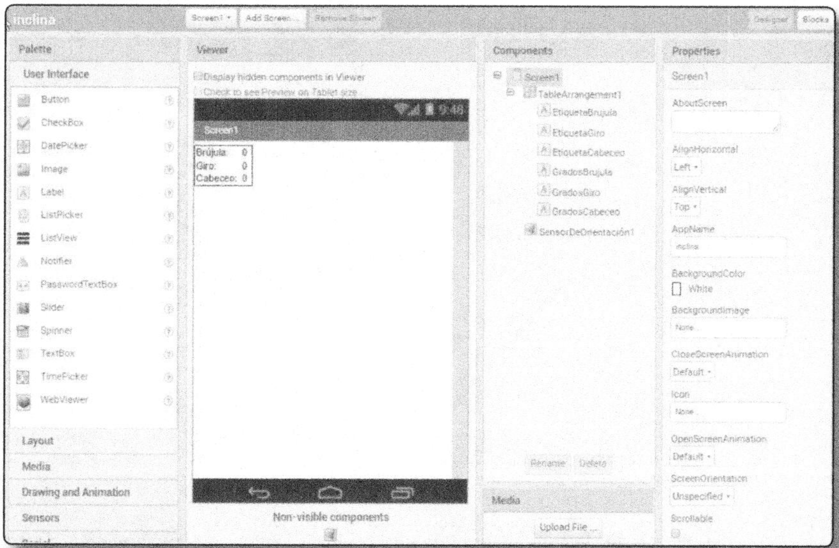

Figura 3.1-25. Diseño de la aplicación para mostrar los datos del sensor de orientación

- En la parte de bloques, el programa se reduce a cambiar la propiedad *texto* de las etiquetas correspondientes como se muestra en la Figura inferior.

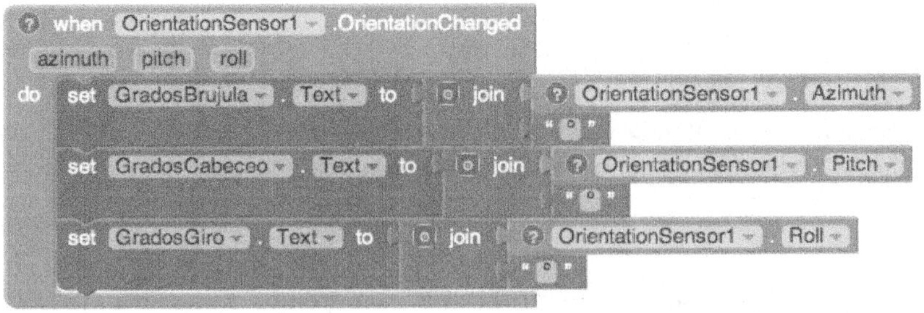

Figura 3.1-26. Programa por bloques para mostrar los valores del sensor de orientación

3.1.7 Acelerómetro

El acelerómetro da valores de aceleración, es decir, de cambios de velocidad en el dispositivo, en la dirección de los tres ejes medida (véase Figura 3.1-27) en el Sistema Internacional de Unidades (m/s^2).

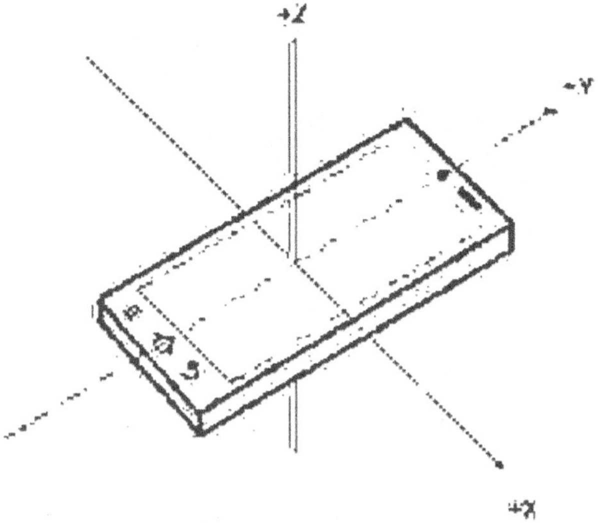

Figura 3.1-27. Ejes de medida de un acelerómetro en un dispositivo móvil o tablet

Con este programa, vamos a monitorizar los valores que registra el sensor en los tres ejes. Puedes descargarte el programa (para importarlo en tu appinventor como en actividades anteriores) de nuestra web.

- La parte de diseño tiene de nuevo seis etiquetas visibles y un elemento no visible que es el acelerómetro como se muestra en la Figura 3.1-28.

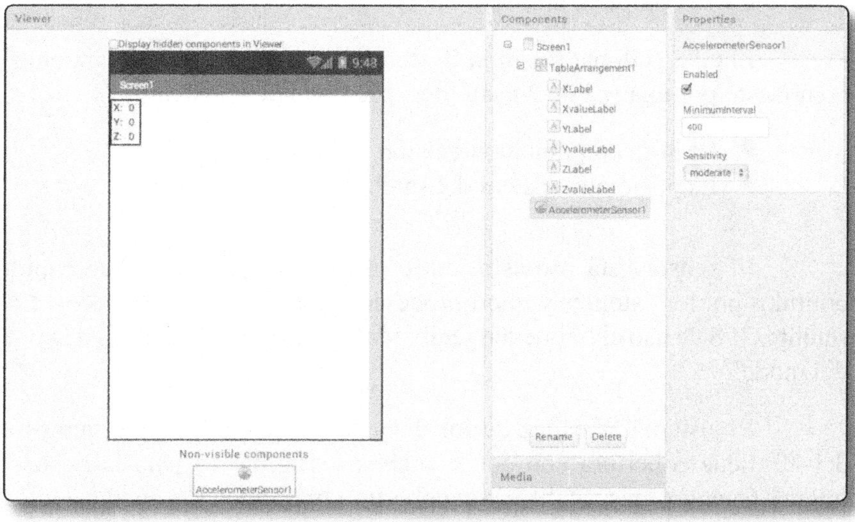

Figura 3.1-28. Pantalla de diseño de la aplicación de lectura del Acelerómetro

- La parte de programación tiene los siguientes bloques que, básicamente, asignan a las variables texto de las etiquetas el valor de cada uno de los ejes del acelerómetro:

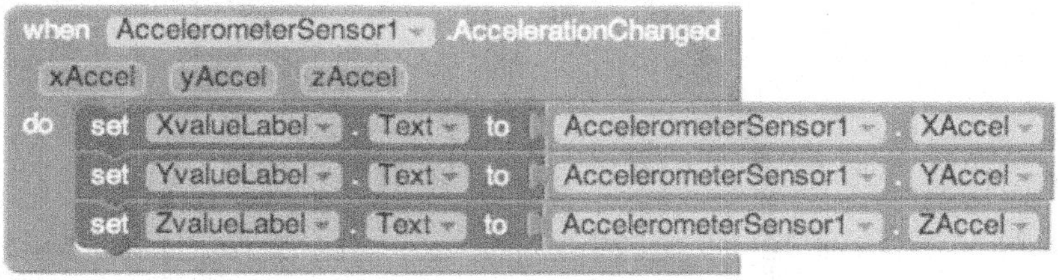

Figura 3.1-29. Parte del programa de bloques: Asignación de los valores del acelerómetro

3.1.8 Localización GPS

Una de las herramientas más interesantes a la hora de adquirir un dispositivo móvil es la capacidad de mostrar la ubicación del mismo y, como consecuencia, la de trazar rutas o navegar hacia un destino. Por ello hay una gran cantidad de teléfonos y tablets que lo incorporan.

El funcionamiento con AppInventor es bastante sencillo, así como su interacción con Google Maps y Google Navigate pero, sin embargo, con Google StreetView se complica un poco.

El GPS (Global Position System, o sistema de posicionamiento global) está compuesto por una red de 24 satélites, cada uno de ellos emite:

- La hora con mucha precisión
- La posición espacial del satélite

El sensor está provisto, entre otros, de una antena que captura los datos emitidos por los satélites y microprocesador que realiza los cálculos. Los receptores satélite GPS de uso civil pueden recibir datos de hasta 12 satélites a la vez, en función del modelo.

El sistema es capaz de localizar la situación si, como vemos en la Figura 3.1-30, tiene cobertura con por lo menos 4 satélites (3 para la posición+1 para la altura). Cuantos más satélites con cobertura más precisión en el cálculo.

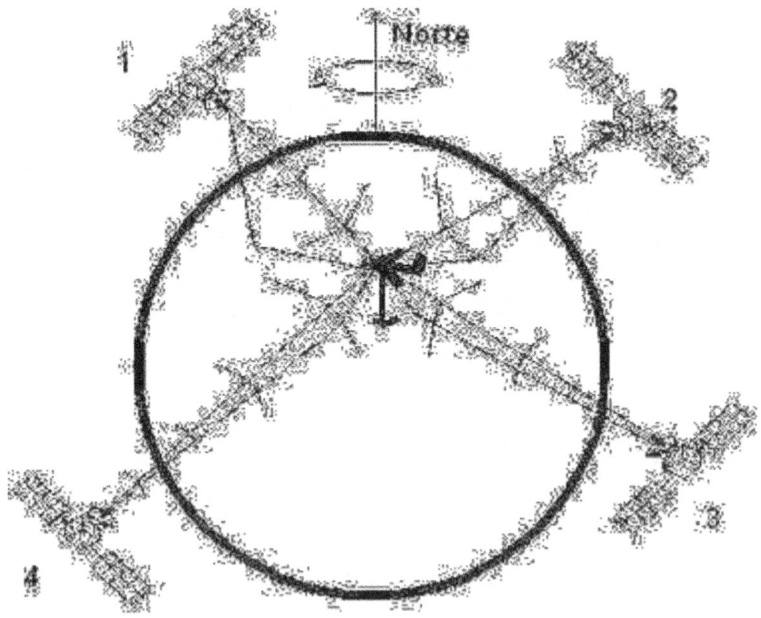

Figura 3.1-30. Sistema de localización GPS

El sensor del dispositivo móvil ofrece los datos de:

- **Latitud:** distancia entre la posición actual y el Ecuador medida sobre el meridiano que pasa por dicho punto. Se mide en grados sexagesimales de 0 a 90° en función del hemisferio Norte (+) o Sur (-).
- **Longitud:** distancia entre la posición actual y el Meridiano de Greenwich medida sobre el paralelo que pasa por dicho punto. Se mide en grados sexagesimales de 0 a 180° en función de si el Meridiano de Greenwich está al este (+) o al Oeste (-)
- **Altitud:** altura de la posición actual sobre el nivel medio del mar en metros (necesita un 4° satélite).

Vamos a realizar una aplicación que indique la posición en la que nos encontramos (Latitud, Longitud y Altitud). Puedes descargarte el archivo de proyecto aia de nuestra web.

En la pantalla de Diseño tendremos lo siguientes componentes:

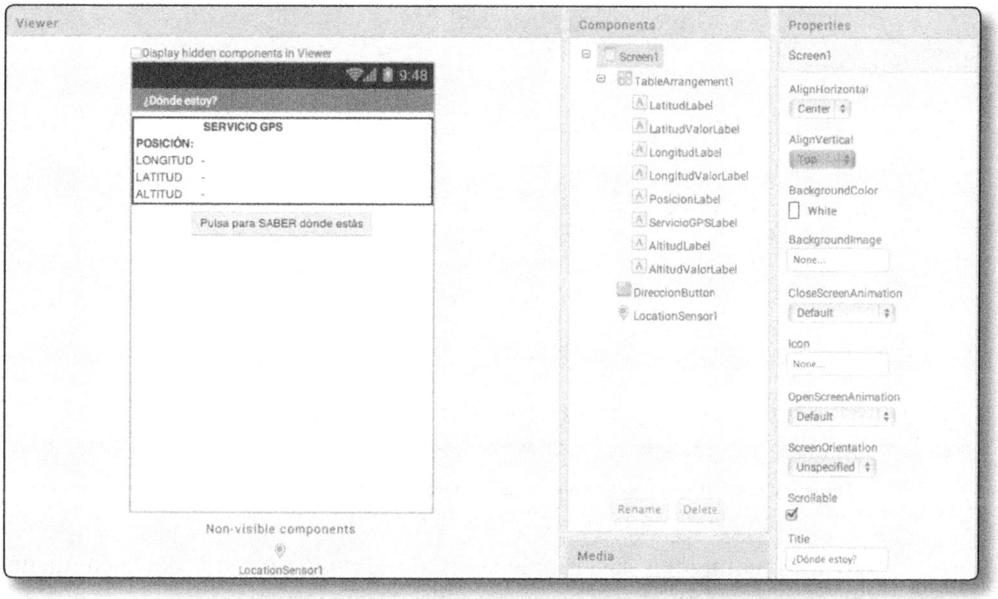

Figura 3.1-31. Pantalla de diseño de la aplicación de lectura del GPS

- En la pantalla de Bloques (programación), tendremos los siguientes bloques:

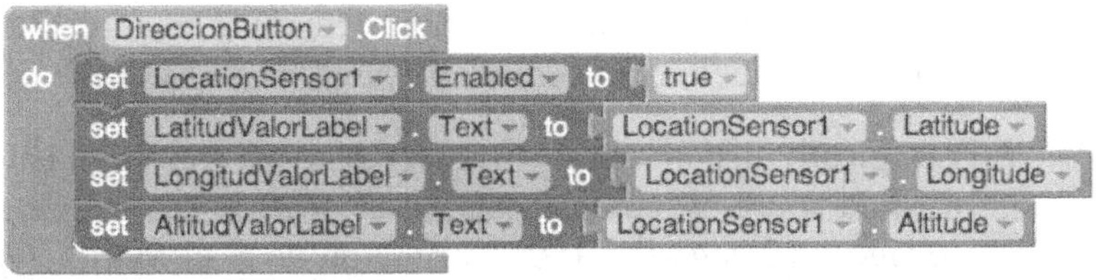

Figura 3.1-32. Programa de bloques de la aplicación de lectura del GPS

Podemos encontrar utilidad en mostrar en el mapa esta información, para ello debes tener instalado Google Maps en el dispositivo. Si añadimos un botón que arranque la aplicación de mapas con la ubicación, tenemos el diseño de la Figura 3.1-33:

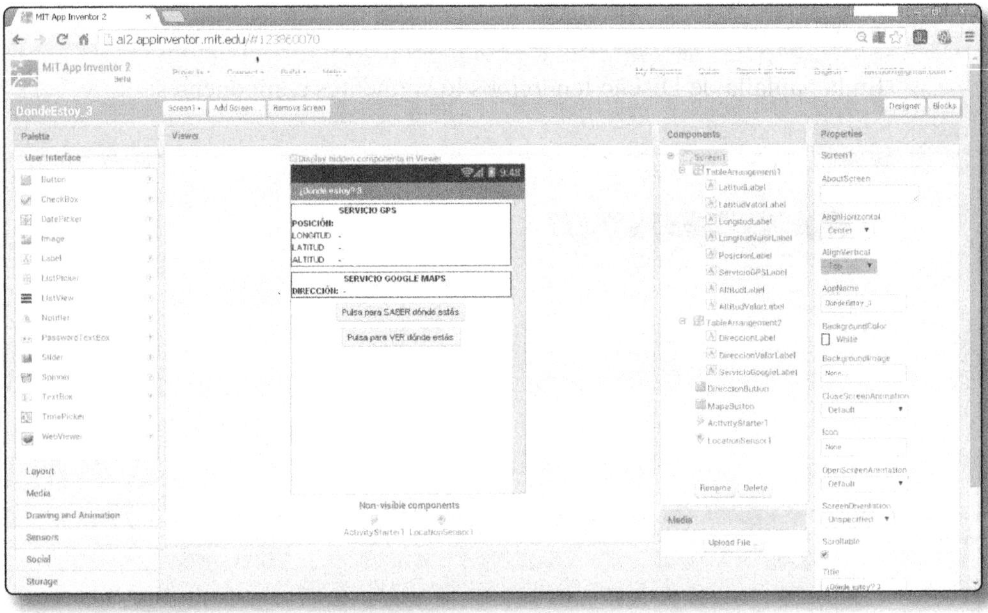

Figura 3.1-33. Diseño de la aplicación incorporando la opción de Google Maps

Debemos completar las propiedades de *ActivityStarter1* de la siguiente manera (ten cuidado en mantener las mayúsculas y minúsculas):

- *Action* → android.intent.action.VIEW
- *ActivityClass* → com.google.android.maps.MapsActivity
- *ActivityPackage* → com.google.android.apps.maps

El programa por bloques que nos permitirá ver nuestra posición en Google Maps es el siguiente:

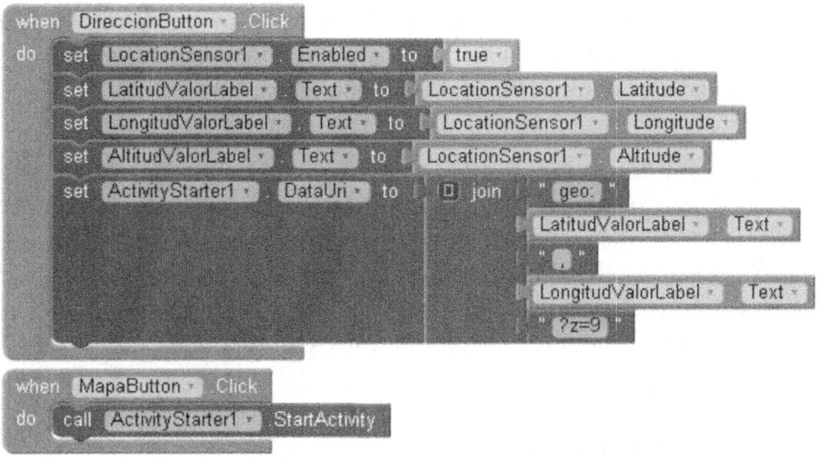

Figura 3.1-34. Programa de bloques para mostrar nuestra posición en Google Maps

3.2 ARDUINO CON ANDROID

Podemos ampliar las capacidades de nuestra placa Arduino o compatible utilizando un dispositvo externo, como puede ser un PC, Tablet o dispositivo móvil. En este libro aprenderemos cómo conectar nuestro robot basado en Arduino a un dispositivo Android (Tablet o móvil).

3.2.1 Configurar el Bluetooth de Arduino

Lo primero que debemos hacer para poder utilizar en Arduino un Bluetooth, es configurarlo. Esta configuración tendrá los siguientes pasos:

1. Configurar el nombre del dispositivo. Al igual que nuestro móvil tiene un nombre que es visible a otros móviles, nuestro robot también deberá tener el suyo.

2. Configurar el Pin de acceso. Este Pin será el que deberemos introducir para vincular nuestro robot con otro dispositivo Bluetooth (por ejemplo, nuestro móvil o tablet Android).

3. Configurar la velocidad de conexión. Al igual que ocurre en la comunicación serie (u otras comunicaciones como el ADSL de casa) la velocidad de conexión puede cambiar. Por ejemplo, la mayoría de los módulos de Bluetooth utilizados en Arduino pueden transmitir hasta velocidades de 1382400 baudios aunque lo normal es que se utilicen velocidades entre 9600 y 115200 baudios.

La mayoría de los kits y placas para comunicación en Bluetooth integran chips parecidos por lo que su configuración es similar: se utilizan comandos que se denominan "AT" que pueden ser enviados desde una terminal serie hacia el Bluetooth. Si el Bluetooth está en modo programación, aceptará los comandos y se reprogramará. En las siguientes actividades vamos a ver cómo configurar (es decir reprogramar) un par de módulos Bluetooth típicos en robótica.

3.2.2 Arduino con HC05 externo

Los módulos HC05 (véase Figura 3.2-1 (izquierda)), que están basados en el chip BC417, son utilizados en una gran cantidad de proyectos electrónicos o en kits de robótica como el de la Figura 3.2-1 (derecha) o el Kit de Robótica Educativa Freaduino de BQ (Figura 3.2-2).

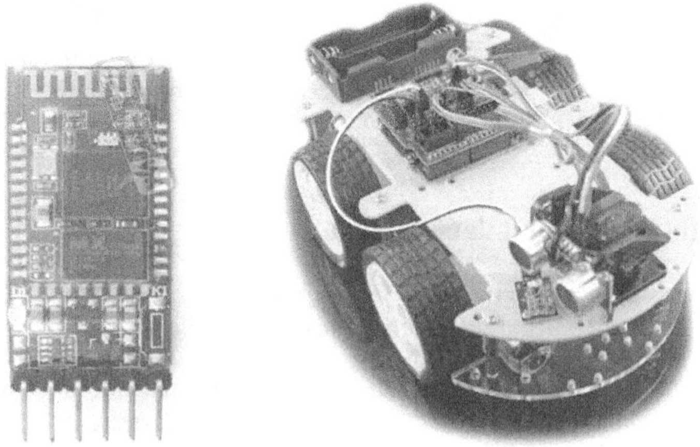

Figura 3.2-1. (Izquierda) Módulo Bluetooth HC05 basado en el chip BC417. (Derecha) Robot basado en Arduino vendido en multitud de páginas en internet que incluye el módulo HC05

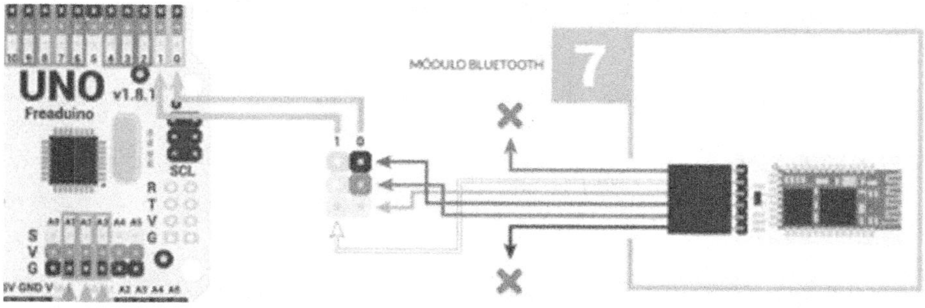

Figura 3.2-2. Módulo Bluetooth y conexión a la placa compatible con Arduino UNO del Kit de Robótica de BQ (basado en Freaduino y módulos Octopus)

Los programas siguientes te servirán para reprogramar este tipo de módulos. Debes seguir los siguientes pasos:

- Abrimos el programa de abajo desde la IDE de Arduino.
- Asignamos el NOMBRE de nuestro Bluetooth (por ejemplo: "robot_paquito") y le damos un número PIN.
- Subimos el programa a nuestro Arduino con el Bluetooth desconectado.
- Desconectamos el cable usb del Arduino.
- Conectamos el módulo bluetooth (conectando también el cable key a VCC).
- Alimentamos el Arduino con las pilas.
- Le damos al reset.
- Esperamos a que el LED del Arduino se apague.
- Apagamos el Arduino (quitándole las pilas)
- Desconectamos el cable Key (esto hará que no sea posible reprogramarlo sin quererlo).
- Ya podemos encender de nuevo el Arduino (conectando las pilas).
- Buscamos el dispositivo Bluetooth con nuestro dispositivo ANDROID y lo vinculamos (habrá que ponerle el número pin).
- ¡Listo para ser usado!

El programa de configuración del módulo HC05 de la Figura 3.2-1 (izquierda) es el siguiente:

```
const int LED_PIN = 13;
int randomValue = 0;
int cmdDelay = 1000;
// CAMBIA ESTE NUMERO PIN
int pin = 4444;
// CAMBIA ESTE NOMBRE
char* name = "XXXXXX";

void setup()
{
pinMode(LED_PIN, OUTPUT);
digitalWrite(LED_PIN, HIGH);
Serial.begin(9600);
delay(cmdDelay);
Serial.print("AT");
delay(cmdDelay);
Serial.print("AT+PIN");
Serial.print(pin);
delay(cmdDelay);
Serial.print("AT+NAME");
Serial.print(name);
delay(cmdDelay);
digitalWrite(LED_PIN, LOW);
}

void loop() {
if (Serial.available()) {
   Serial.read();
   randomValue = random(10,20);
   Serial.println(randomValue);
}
}
```

Para el Bluetooth del Kit de BQ que trae la placa Freaduino, utiliza el siguiente código:

```
#include <SoftwareSerial.h>
const int LED_PIN = 13;
int randomValue = 0;
int cmdDelay = 1000;
// CAMBIA ESTE NUMERO PIN
int pin = 1234;
// CAMBIA ESTE NOMBRE
char* name = "XXXXXX";
SoftwareSerial mySerial(2, 3);
void setup()
```

```
{
pinMode(LED_PIN, OUTPUT);
digitalWrite(LED_PIN, HIGH);
mySerial.begin(38400);
delay(cmdDelay);
mySerial.println("AT");
delay(cmdDelay);
mySerial.print("AT+PIN=");
mySerial.print(pin);
delay(cmdDelay);
mySerial.print("AT+NAME=");
mySerial.println(name);
delay(cmdDelay);
digitalWrite(LED_PIN, LOW);
}

void loop() {
if (mySerial.available()) {
   mySerial.read();
   randomValue = random(10,20);
   mySerial.println(randomValue);
}
}
```

3.2.3 Configurar el bluetooth de la ZUMBT

La placa ZUM BT-328 está provista de un módulo Bluetooth que, dependiendo del modelo, se encuentra añadido (véase Figura 3.2-3-izquierda) o integrado (véase Figura 3.2-3-derecha). En ambos casos, la conexión puerto serie se realiza mediante USB (multiplexada) directamente al módulo UART del microcontrolador ATmega. El módulo Bluetooth viene con una configuración de fábrica, pero su reconfiguración está disponible para el usuario a través de tres conmutadores.

- **Conmutador 1:** Marcado con una P de "Power", apaga y enciende el módulo Bluetooth.
- **Conmutadores 2 y 3:** Marcados como AT. Cuando están conectados, crean una derivación entre el puerto serie del USB y el puerto serie del módulo Bluetooth, permitiendo el acceso directo a la configuración del Bluetooth desde el USB. (Ver más en: *http://diwo.bq.com/zum-bt-328-configuracion-del-bluetooth-mediante-comandos-at/#sthash.V59NI6yF.dpuf*)

- Para su uso normal el conmutador 1 debe estar ON y el 2 y el 3 en OFF

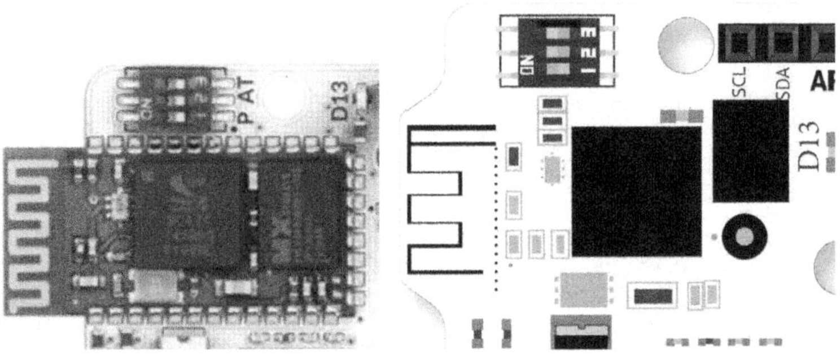

Figura 3.2-3. (izquierda) Modelo ZUM BT con Bluetooth añadido (derecha) Modelo ZumBT con Bluetooth integrado

El procedimiento para poder cambiarle el nombre al Bluetooth de estas placas es el siguiente:

1. Pon todos los conmutadores en **ON** y conecta la placa al ordenador mediante el cable USB.
2. Para el modelo de la izquierda: Dentro de la IDE de Arduino, abre un *Monitor Serial* a una velocidad de comunicación de **19200 baudios** y en el modo ***Ambos NL & CR*** (nueva línea y retorno de carro).

   Para el modelo de la derecha: **19200 baudios** y en el modo **retorno de carro**.
3. Comprueba la comunicación con el módulo Bluetooth enviando por la línea de comandos, el texto *AT.*

   Para el modelo de la izquierda: El módulo Bluetooth debería responder con un ***"OK"***.

   Para el modelo de la derecha: Este módulo responderá con un ***"Hello! I'm the ZUM Bluetooth module!"***.
4. Para el modelo de la izquierda: Si quieres **cambiar el nombre que tu módulo Bluetooth** muestra a otros dispositivos, envía por puerto serie el comando ***AT+NAME####*** donde #### es el nombre que quieras.

   Para el modelo de la derecha: ***AT+NAME=####*** donde #### es el nombre que quieras.

Tienes más información en: http://diwo.bq.com/zum-bt-328-configuracion-del-bluetooth-mediante-comandos-at/#sthash.V59NI6yF.dpuf

3.2.4 Enceder LED con AppInventor

En esta actividad vamos a enceder/apagar un LED de manera remota utilizando nuestra tablet o móvil Android. Al igual que haremos en todas las actividades, deberemos escribir un código para programar nuestro Arduino (mediante el Arduino IDE) y otro código para programar nuestro dispositivo Android (mediante App Inventor). Lo ideal es que hagas los códigos utilizando las instrucciones que encontrarás a continuación, pero también puedes bajártelos de nuestra web.

3.2.4.1 PROGRAMA PARA ANDROID (CÓDIGO DE BLOQUES EN APPINVENTOR)

Diseño

Abrimos App Inventor y le damos a crear nuevo proyecto. La aplicación que crearemos tendrá el mismo aspecto que podemos ver en la Figura 3.2-4. Los componentes que en ella aparecen son:

- Un *ListPicker*, que llamaremos *CONECT* y servirá para activar el cliente Bluetooth y conectarnos con un dispositivo de la lista de dispositivos disponibles.
- Un *botón*, que llamaremos *ON*, que mandará un mensaje al robot para encender el LED.
- Un *botón*, que llamaremos *OFF*, que mandará un mensaje al robot para apagar el LED.
- Un cliente bluetooth.

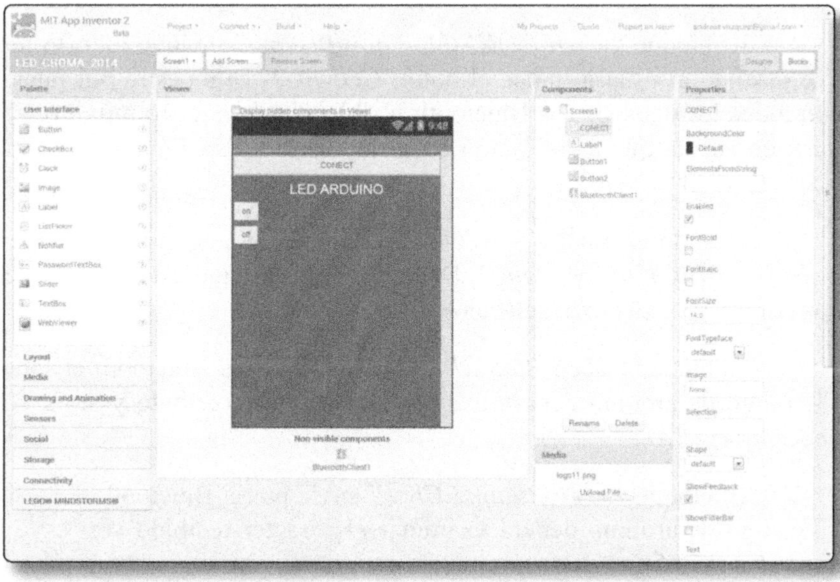

Figura 3.2-4. Diseño final de la aplicación de la actividad en App Inventor

Programación

La programación en bloques de nuestra aplicación será la que aparece en la Figura 3.2-5.

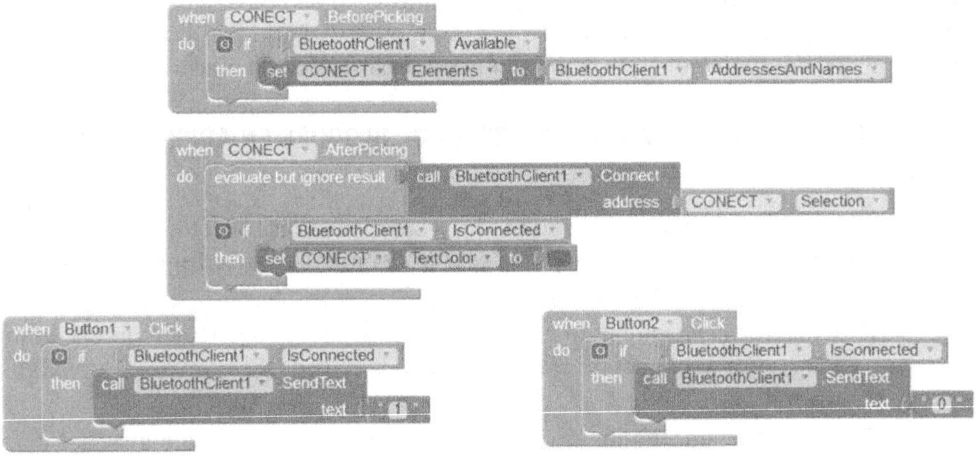

Figura 3.2-5. Programa en bloques en App Inventor de la actividad

El funcionamiento de la aplicación, desglosado por bloques, aparece a continuación:

El bloque "*when CONECT BeforePicking*" incluye todo lo necesario para que, cuando el usuario pulse el botón *CONECT*, se muestre por pantalla una lista con todos los dispositivos Bluetooth visibles desde nuestro móvil o tablet. Se debe tener en cuenta que dicho botón es el que en la figura Figura 3.2-4 aparece con el texto *"Conect"*.

Cuando el usuario selecciona un dispositivo de la lista, se activa el bloque "*when CONECT afterpicking*". Dentro de este bloque está todo lo necesario para conectarse al dispositivo seleccionado.

El bloque "*when Button1 Click*" envía por el Bluetooth el caracter 1 (uno). El código de arduino deberá examinar el carácter recibido y si es "1", se deberá encender el LED.

El bloque "*when Button2 Click*" envía por el Bluetooth el caracter 0 (cero). El código de arduino deberá examinar el carácter recibido y si es "0", se deberá encender el LED.

3.2.4.2 PROGRAMA EN ARDUINO (CON EL IDE DE ARDUINO)

El programa en Arduino que debemos crear abrirá una comunicación serie y permanecerá a la espera de cualquier mensaje que se mande desde la aplicación Android, creada en la Sección 3.2.4.1. El programa de Arduino estudiará el mensaje recibido y actuará en consecuencia, si recibe un "1" enciende el LED, si recibe un "0" lo apaga. El código que permite hacer todo esto es el que aparce a continuación. Ten en cuenta que este programa funcionará en cualquier placa ZUM-BT.

```
/*
conexion con appinventor. Para la zumbt con Bluetooth
integrado
*/
#include <SoftwareSerial.h>
char comando;
int led = 13;

void setup()
{
// Abrimos el Puerto serie
Serial.begin(19200);
pinMode(led, OUTPUT);
}
void loop()
{
if (Serial.available())
{
comando=Serial.read();
//Según el dato recibido
switch (comando){
   case ‘1’:
   digitalWrite(led, HIGH);
   break;
   case ‘0’:
   digitalWrite(led, LOW);
   break;
}
}
}
```

Si utilizas un Arduino UNO o compatible y un módulo HC05 como el de la Figura 3.2-1 o el de la Figura 3.2-2, deberás cambiar la configuración del puerto serie, modificando la velocidad a 9600 baud o 38400 respectivamente. También, deberás indicar los pines donde has conectado el RX y el TX del módulo. El código queda así:

```
#include <SoftwareSerial.h>
char comando;
int led = 13;
SoftwareSerial mySerial(4, 5); //en este ejemplo hemos conectado al pin 4 el tx y el rx al pin 5.

void setup()
{
pinMode(led, OUTPUT);
mySerial.begin(9600); //Si es el modulo de BQ pon aqui 38400
}
if (mySerial.available())
{
comando = mySerial.read();
//Según el dato recibido
switch (comando){
   case '1':
   digitalWrite(led, HIGH);
   break;
   case '0':
   digitalWrite(led, LOW);
   break;
}
}
```

> **ⓘ RECUERDA**
>
> Realizar estos cambios para configurar correctamente el puerto serie en el código de las siguientes actividades en función del módulo bluetooth que estés utilizando.

Como vemos, cuando hay datos en el puerto serie, nuestro Arduino los lee y los guarda en una variable que hemos llamado "comando". Si "comando" vale 1 entonces se enciende el LED, si "comando" es 0 (cero) lo apaga.

Para probar esta actividad sólo necesitas subir a tu móvil o Tablet el programa creado en App Inventor, tal y como explicamos en la Sección 3.1.2, y subir a tu tarjeta Arduino UNO o compatible el programa cliente. Recuerda que antes tienes que tener el bluetooth configurado (como vimos en la Sección 3.2.1) y vinculado con tu dispositivo Android.

3.2.5 Control por voz: Encender un LED

En esta actividad vamos a mejorar la actividad anterior permitiendo el uso del reconocedor de voz de Android para enceder por voz el LED de nuestro Arduino.

Figura 3.2-6. Control de un robot por voz

3.2.5.1 PROGRAMA PARA ANDROID (CÓDIGO DE BLOQUES EN APPINVENTOR)

Diseño

- Utilizamos como base el programa de encender/apagar el LED utilizado en la Sección 3.2.4.1.

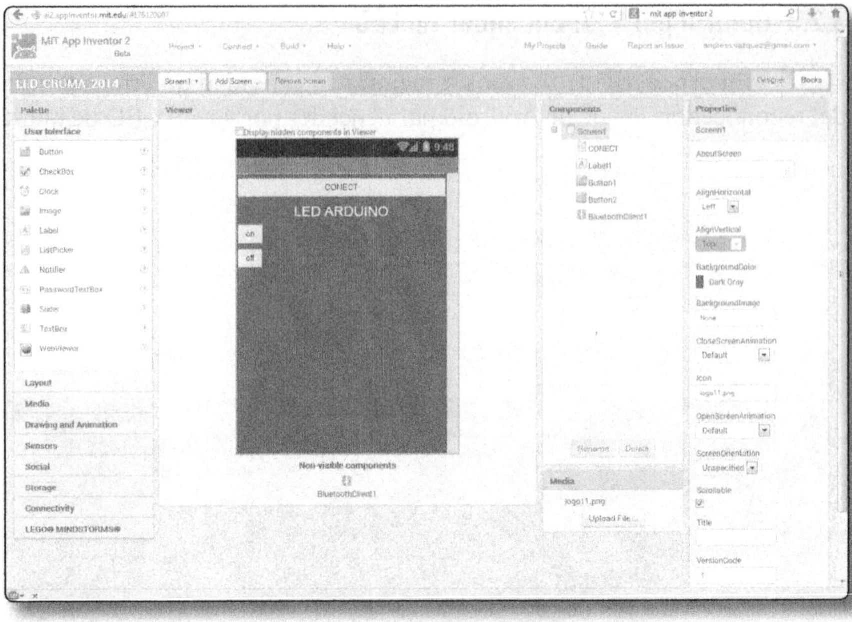

Figura 3.2-7. Diseño del que partimos

- Añadimos un nuevo botón (lo llamaremos VOZ) y una nueva caja de texto.
- Añadimos, de la pestaña “Media”, el SpeechRecognizer (reconocimiento de voz).

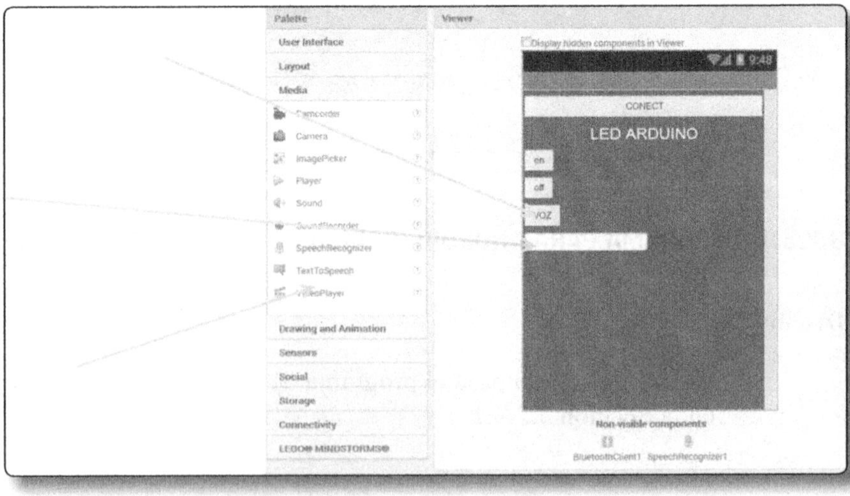

Figura 3.2-8. Diseño final de la aplicación de la actividad en AppInventor

Programación

- En la pantalla de bloques, añadimos el evento de "*click*" del boton VOZ.
- Dentro del evento "*click*" llamamos al reconocimiento de voz, de manera que éste se inicie cuando el usuario pulse el botón VOZ.

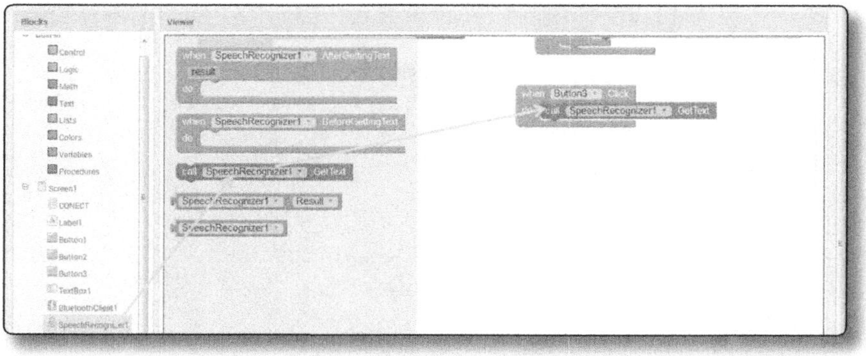

Figura 3.2-9. Evento "click" del botón VOZ

- Añadimos el código necesario para que en el cuadro de texto de nuestra aplicación se muestre el texto resultado del reconocimiento de voz. Si el texto es "*on*", entonces se enviará al Arduino un "1", mientras que si el texto es "*off*", el carácter enviado será un "0" (cero).

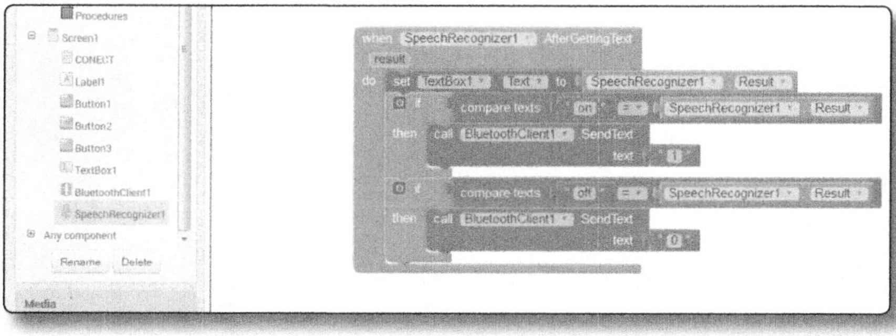

Figura 3.2-10. Procesamiento del texto obtenido con el sistema de reconocimiento de voz

3.2.5.2 PROGRAMA EN ARDUINO (CON EL IDE DE ARDUINO)

El código arduino es el mismo que el de la actividad anterior. Si la placa de control utilzada es una de las ZUM-BT, el programa queda así:

```
/*
conexion con appinventor. Para la zumbt con Bluetooth integrado
*/
#include <SoftwareSerial.h>
char comando;
int led = 13;

void setup()
{
// Abrimos el Puerto serie
Serial.begin(19200);
pinMode(led, OUTPUT);
}
void loop()
{
if (Serial.available())
{
comando=Serial.read();
//Según el dato recibido
switch (comando){
   case '1':
   digitalWrite(led, HIGH);
   break;
   case '0':
   digitalWrite(led, LOW);
   break;
}
}
}
```

3.2.6 Control por pantalla: Mover un robot

En esta actividad aprenderemos a utilizar la pantalla de nuestro dispositivo Android como si fuera un mando de radio control.

3.2.6.1 PROGRAMA PARA ANDROID (CÓDIGO DE BLOQUES EN APPINVENTOR)

Diseño

- Utilizamos como base el programa de encender/apagar el LED utilizado en la Sección 3.2.4.1.
- Quitaremos el botón de enceder el LED y en su lugar añadiremos 4 botones que llamaremos Boton_Avanza, Boton_Retrocede, Boton_Izquierda y Boton_derecha, quedando un diseño como el de la Figura 3.2-11

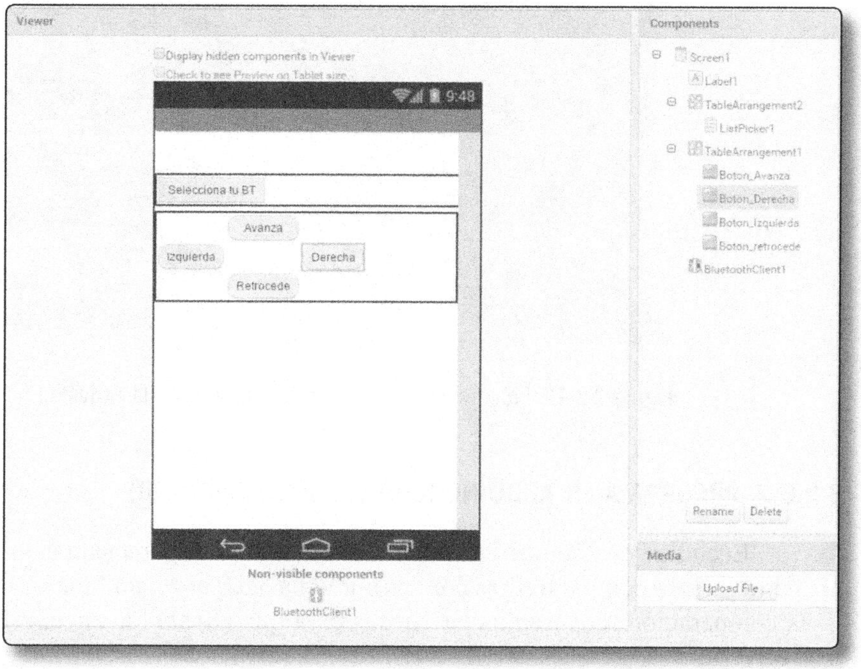

Figura 3.2-11. Diseño de la aplicación en App Inventor de la actividad para mover un robot con Android

Programación

Ahora, en lugar de mandar un "1" ó un "0" por el Bluetooth, como hacíamos en la actividad 3.2.4, mandaremos un "1" si queremos que el robot avance, un "2" si queremos que retroceda, un "3" para que gire a la izquierda, un "4" para que gire a la derecha y un "0" para que pare. Como vemos en la Figura 3.2-12, utilizamos los bloques TouchDown de los botones. Este bloque se activa mientras toquemos un botón. Además, también utilizamos el bloque TouchUp, que se activa cuando dejamos de pulsar el botón, para que cuando esto ocurra se le mande al robot un "0" y se pare.

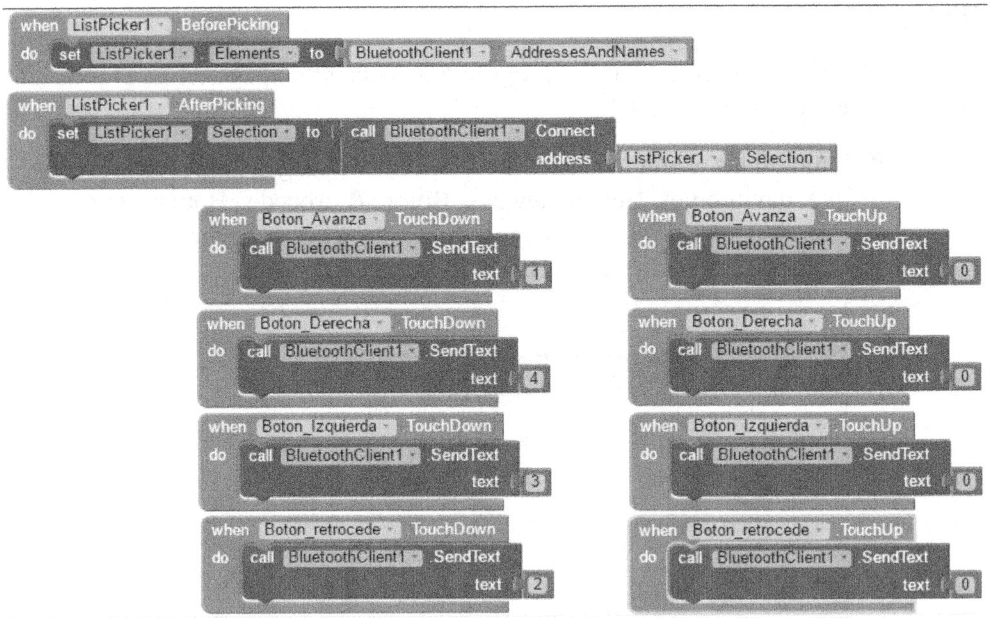

Figura 3.2-12. Programa en bloques en App Inventor de la actividad

3.2.6.2 PROGRAMA EN ARDUINO (CON EL IDE DE ARDUINO)

El código en Arduino es muy sencillo, cuando tengamos un dato recibido por el puerto serie lo compararemos con los números del 0 al 4 y en función del resultado de la comparación moveremos las ruedas para que el robot avance, retroceda, gire o se pare.

```
#include <Servo.h>

int input='0'; //variable para guardar la entrada por el serie (bluetooth)
Servo servo_continuo_izq;
Servo servo_continuo_der;


void setup() {

servo_continuo_izq.attach(10);
servo_continuo_der.attach(12);
Serial.begin(19200); //recuerda cambiar esto en funcion
```

```
del modulo
//bluetooth que tengas
}

void loop() {
///comprobamos si se ha recibido algo del puerto serie
if(Serial.available()>0)
{
input = Serial.read(); //si se ha recibido lo leemos
}
// avanza
if(input == ‘1’)
{
servo_continuo_der.write(180);
servo_continuo_izq.write(0);
}
//retrocede
else if(input == ‘2’)
{
servo_continuo_der.write(0);
servo_continuo_izq.write(180);
}
//derecha
else if(input == ‘3’)
{
servo_continuo_der.write(0);
servo_continuo_izq.write(0);
}
//izquierda
else if(input == ‘4’)
{
servo_continuo_der.write(180);
servo_continuo_izq.write(180);
}
//parar
else if(input == ‘0’)
{
servo_continuo_der.write(90);
servo_continuo_izq.write(90);
}
}
```

Ya sólo te queda subir los programas (a tu dispositivo Android y a tu placa de Arduino) y comprobar que eres capaz de controlar tu robot remotamente.

3.2.7 Control por voz: Mover un robot

Vamos a mejorar la actividad 3.2.5, de manera que ahora nuestro dispositivo Android envíe órdenes de movimiento al robot en función de lo que digamos con nuestra propia voz.

3.2.7.1 PROGRAMA PARA ANDROID (CÓDIGO DE BLOQUES EN APPINVENTOR)

Diseño

- Utilizamos como base el programa de encender el LED con la voz de la Actividad 3.2.5. No será necesario añadir ningún componente más, quedando por lo tanto, el diseño que se muestra en la Figura 3.2-13.

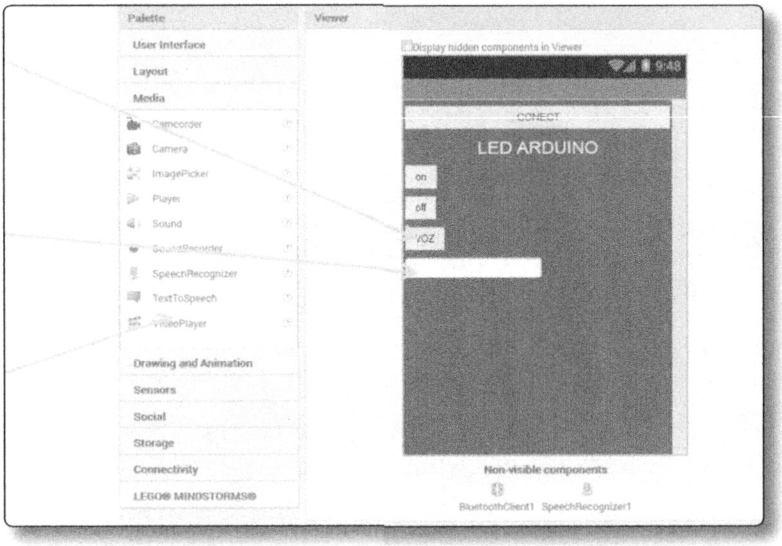

Figura 3.2-13. Diseño final de la aplicación de la actividad en App Inventor

Programación

Lo único que será necesario cambiar es que en este caso, la comparación de la palabra recibida por el reconocimiento de voz se hará con las palabras "avanza", "retrocede", "parar", "izquierda" y "derecha". En función del resultado de la comparación, se enviará a la placa de Arduino un número del 0 al 4, tal como hicimos en la actividad anterior. Por lo tanto, tendremos los mismos bloques de programación que en la actividad 3.2.5, modificando el bloque de reconocimiento de voz para que detecte las órdenes de movimiento, tal como aparece en la Figura 3.2-14.

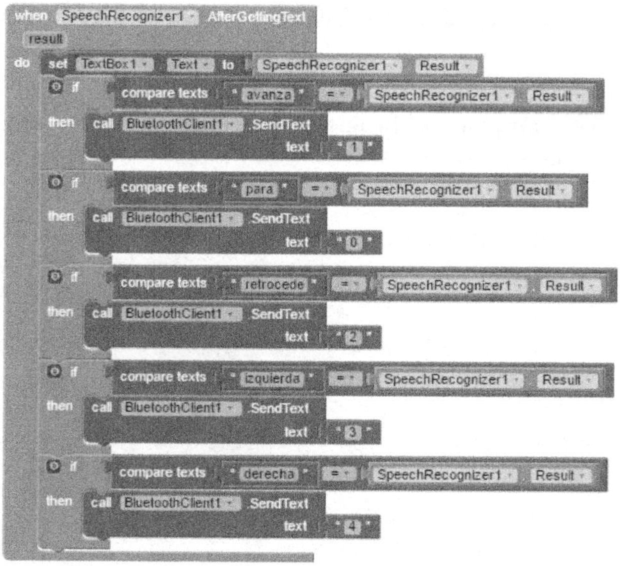

Figura 3.2-14. Programa en bloques en App Inventor de la actividad

3.2.7.2 PROGRAMA EN ARDUINO (CON EL IDE DE ARDUINO)

El código arduino será el mismo que el de la actividad anterior (3.2.6.2), ya que nuestro robot recibirá los mismos números, del 0 al 4, que le indican si debe avanzar, retroceder, girar o parar.

¡Prueba a subir los códigos a tu dispositivo Android y a tu Arduino UNO o compatible y ordena con tu voz que el robot se mueva!

3.2.8 Giróscopo: Mover un robot

Vamos a realizar una actividad que utilice el Giróscopo de un móvil o tablet para controlar los movimientos de un robot.

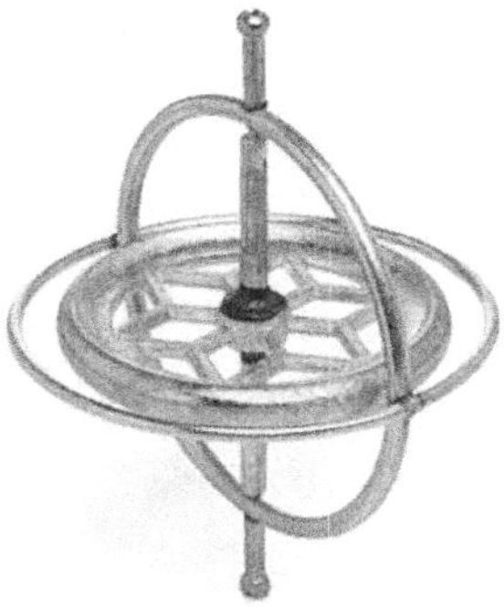

Figura 3.2-15. Ejemplo de giróscopo

3.2.8.1 PROGRAMA PARA ANDROID (CÓDIGO DE BLOQUES EN APPINVENTOR)

Diseño

- Utilizamos como base el programa de encender/apagar el LED utilizado en la Sección 3.2.4.1.

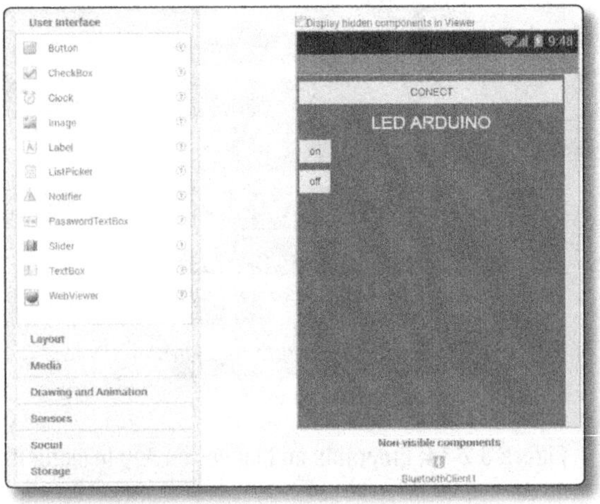

Figura 3.2-16. Diseño del que partimos

- Añadimos dos etiquetas (roll y pitch) y dos cuadros de texto para mostrar los valores del giróscopo.
- Añadimos el sensor *OrientationSensor*.

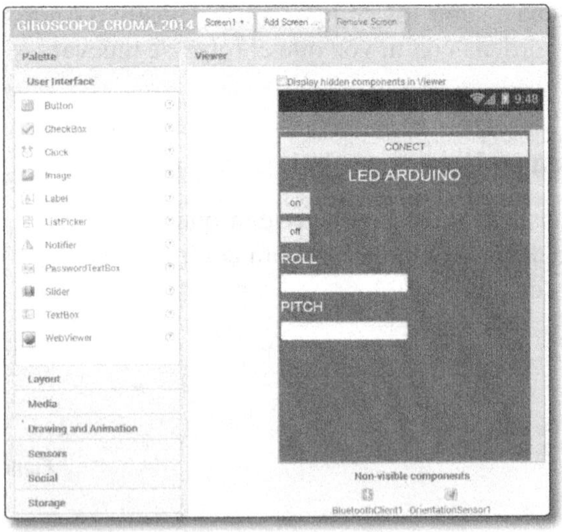

Figura 3.2-17. Diseño final de la aplicación de la actividad en AppInventor

Programación

- Enviamos por el bluetooth los datos roll y pitch cuando estos cambien. Para ello, añadimos un evento del sensor de orientación.

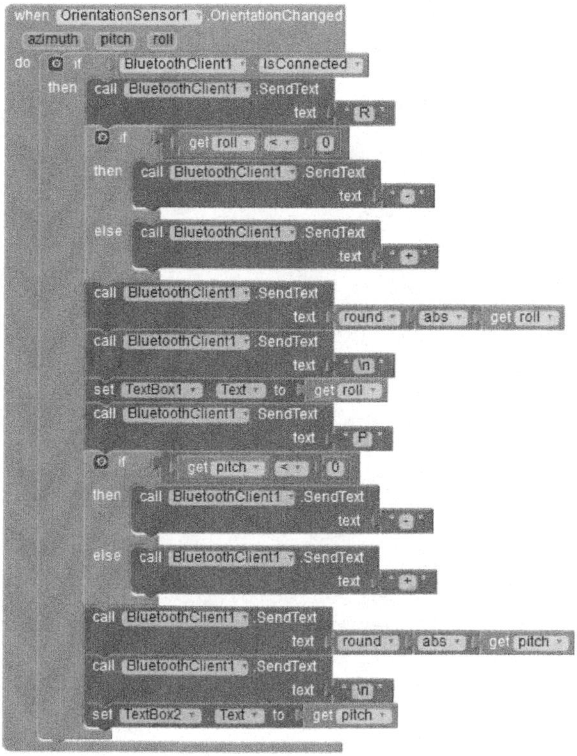

Figura 3.2-18. Programa en bloques en AppInventor de la actividad

3.2.8.2 PROGRAMA EN ARDUINO (CON EL IDE DE ARDUINO)

Utilizaremos un código basado en actividades anteriores, aunque incluyendo algunas modificaciones, como por ejemplo, la decodificación de la trama recibida:

R (+/-) dato, P (+/-) dato

- Si tenemos un valor de roll absoluto mayor que 10 grados giramos en el sentido que marca el signo de dicho valor.
- Si tenemos un valor de pitch absoluto mayor que 10 grados avanzamos o retrocedemos, según el signo.
- Si los valores son menores que 10º paramos.

Se propone modificar el código para que avance con mayor o menor velocidad según la inclinación que metamos.

```
#include <SoftwareSerial.h>
#include <Servo.h>
char comando;
int led = 13;
int int_roll;
int int_pitch;

//Parte Motores
Servo servo_6;
Servo servo_9;

void setup()
{
Serial.begin(19200);
pinMode(led, OUTPUT);
servo_6.attach(6);
servo_9.attach(9);
}

void loop() // run over and over
{
comando=Serial.read();
//Según el dato recibido
switch (comando){
   case 'P':
   procesar_entrada_giroscopo_pitch();
   break;
   case 'R':
   procesar_entrada_giroscopo_roll();
   break;
   case 'H':
   digitalWrite(led, HIGH);
   break;
   case 'L':
   digitalWrite(led, LOW);
   break;

default:
   break;
}
//para comprobacion roll
if (int_roll>0)
   digitalWrite(led, HIGH);
else
  digitalWrite(led, LOW);

```

```
if (abs(int_roll)>10){
if (int_roll>0)
   gira_izq(150);
else
   gira_dch(150);
}else {
if (abs(int_pitch)>10){
if (int_pitch>0)
   avanza(150);
else
   retrocede(150);
}else
detente();
}
void procesar_entrada_giroscopo_pitch()
{
int signo_pitch;
while(comando!='\n'){
if(Serial.available())
{
comando=Serial.read();
switch(comando){
case '\n':
break;
case '\+':
   signo_pitch=1;
break;
case '\-':
signo_pitch=-1;
break;
default:
int_pitch=Serial.parseInt();
break;
}
}
}
int_pitch=int_pitch*signo_pitch;
}
void procesar_entrada_giroscopo_roll()
{
int signo_roll;
int cont=0;

while(comando!='\n'){
if(Serial.available())
{
comando=Serial.read();
switch(comando){
case '\n':
```

```
break;
case '\+':
signo_roll=1;
   break;
case '\-':
   signo_roll=-1;
break;
default:
   int_roll=Serial.parseInt();
break;
}
}
}
int_roll=int_roll*signo_roll;
}
```

3.2.9 GPS: Robot Autónomo

Esta es la actividad más compleja de todo el libro. A continuación, expondremos unas ideas que te permitirán dotar a tu robot de una autonomía parecida a la que llevan los coches autónomos como el Google Car (véase Figura 3.2-19).

Figura 3.2-19. Google Car

Vamos a programar un robot para que se mueva en función de los valores GPS que le proporciona un móvil (lo ideal sería colocar el móvil encima del robot). Este será el procedimiento que seguiremos:

- Haremos que el robot vaya de su posición actual (latitud, longitud) a otra dada.
- La posición actual la dará el componente "*locationSensor*" del dispositivo Android.
- La posición destino la obtedremos manualmente en google maps.
- La brújula (azimut, en el "*orientation sensor*") nos servirá para dirigir al robot hacia su destino como se muestra en la Figura 3.2-20.

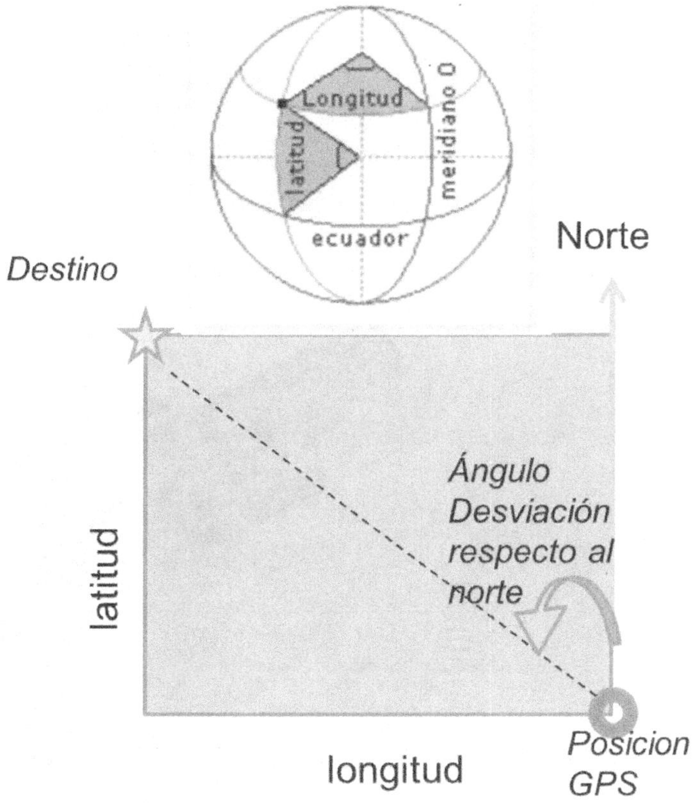

Figura 3.2-20. Cálculo de la desviciacón (ángulo que tiene que girar el robot) en function del valor de la brújula y del GPS

El Planificador de trayectorias que programaremos será el siguiente (resumido gráficamente en la Figura 3.2-21):

1. Obtenemos la posición actual del GPS.
2. Calculamos el ángulo de desviación respecto al norte por medio de la arcotangente entre punto destino y punto origen.
3. Giramos el robot para que su orientación respecto al norte coincida con el ángulo de desviación.
4. Avanzamos el robot un determinado tiempo.
5. Volvemos al punto 1.

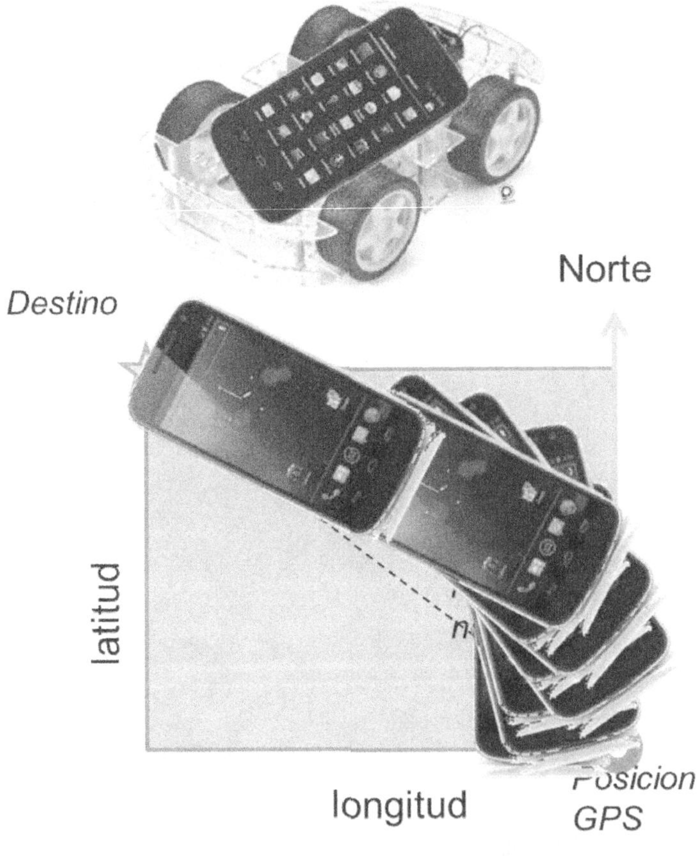

Figura 3.2-21. Robot con un móvil colocado encima (Imagen Superior) y trayectoria que realiza hasta llegar el destino (imagen inferior)

Te proponemos que hagas una aplicación en App Inventor que tenga el aspecto de la Figura 3.2-22. Debido a su tamaño, no vamos a explicar paso a paso todos los bloques que tienes que poner (te la puedes bajar de nuestra página web), pero sí vamos a explicar los componentes fundamentales que tienes que añadir:

- La app debe tener el *LocationSensor1* que hace uso del sistema de localización de nuestro móvil (normalmente GPS). Esta localización la mostraremos en los cuadros de texto de Longitud y Latitud actual.
- También tenemos que añadir unos cuadros de texto para que escribamos la longitud y la latitud a la que queremos que vaya nuestro robot (estas posiciones las puedes obtener de Google Maps como aparece en la Figura 3.2-23).
- Por ultimo añadiremos un *OrientationSensor1* que nos servirá de brújula. Está brújula nos dirá hacia que direccion Avanza nuestro robot). Por eso nos puede servir para, por medio de trigonometría básica, saber que ángulo debe girar nuestro robot para que apunte hacia la posición destino. Si volvemos a mirar la Figura 3.2-20, podemos pensar que la posicion destino es un vértice del triángulo, la posicion actual otro vértice, y el norte otro vértice. Entonces el ángulo que debe tomar la brújula (es decir la orientación del robot) deberá ser el arcotangente de la división entre las diferecias de latitud y altitud como se muestra en la Figura 3.2-24.

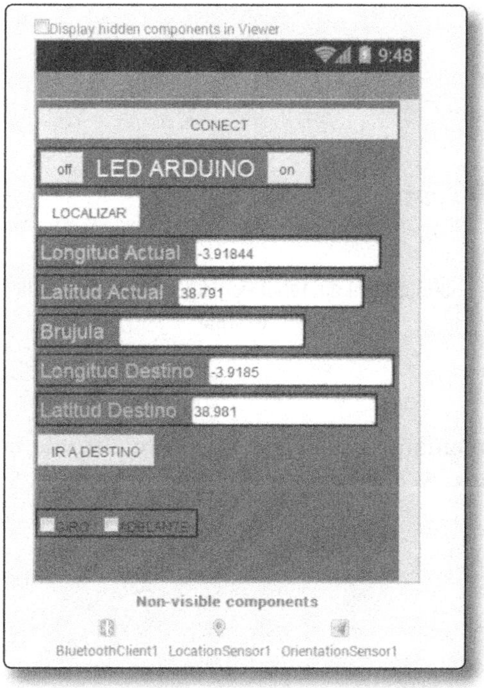

Figura 3.2-22. Diseño de la App en APP Inventor para la navegación autónoma de un robot

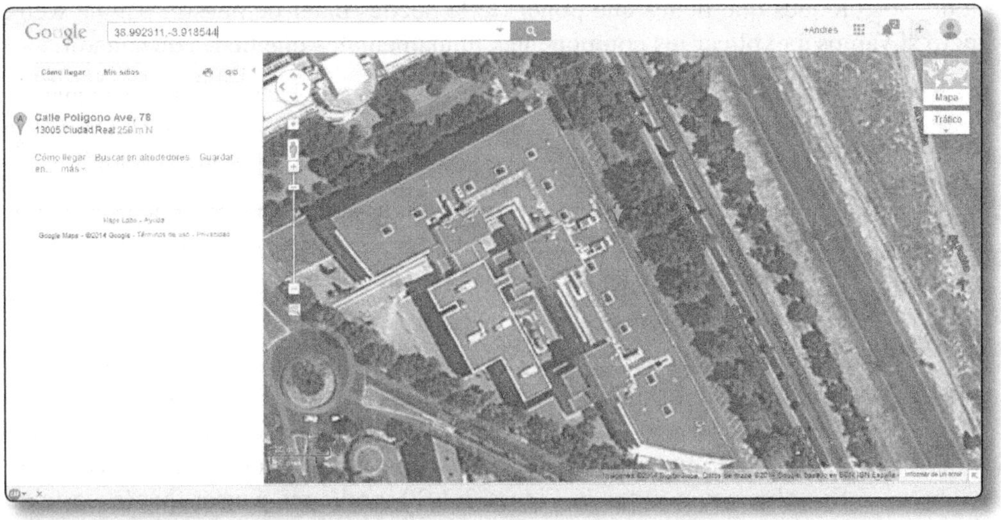

Figura 3.2-23. Obtencion de las coordenadas GPS a través de Google Maps

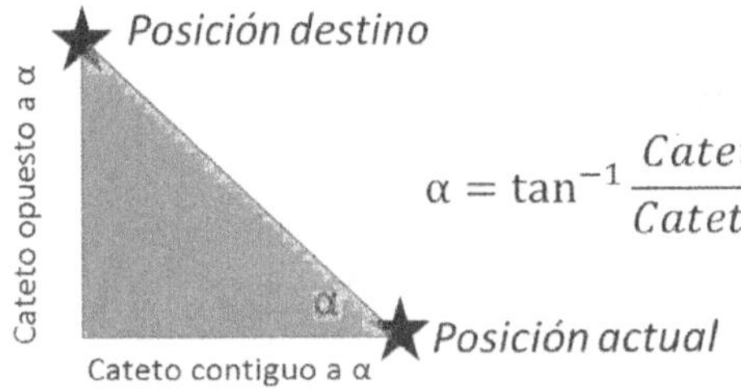

$$\alpha = \tan^{-1}\frac{Cateto\ Opuesto}{Cateto\ Contiguo} = \tan^{-1}\frac{Diferencia\ Latitud}{Diferencia\ Longitud}$$

Figura 3.2-24. Cálculo de la orientación del robot por trigonometría entre la posicion actual y la posición destino

Como te comentamos, esta aplicación require de bastante programación, por eso te la dejamos en nuestra web, pero los bloques fundamentales son los siguientes:

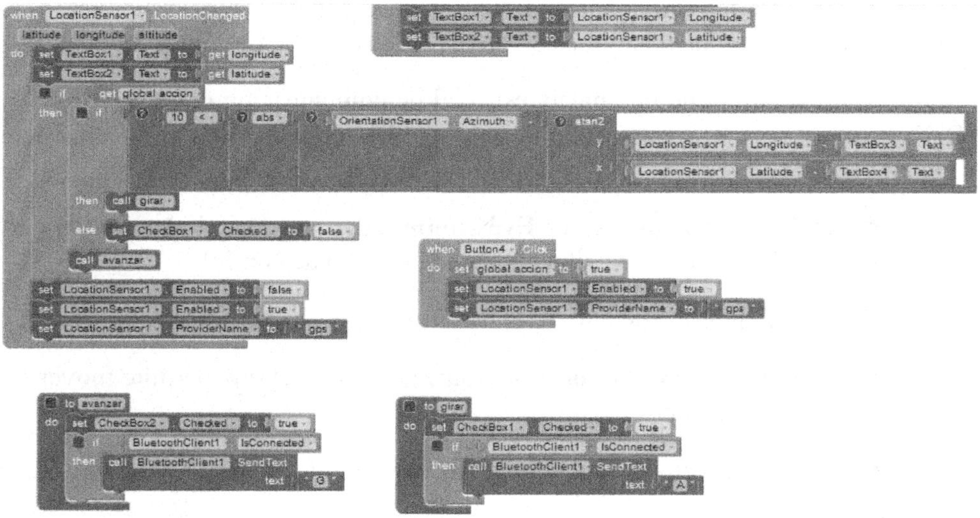

Como puedes ver el bloque superior hace el cálculo de la arcotangente para saber el ángulo que debe tomar el robot y lo compara con el dato de la brújula. Si el ángulo de la brújula coincide, le ordena al robot avanzar (enviando por el Bluetooth una A) y si es incorrecto hace girar el robot hasta que la orientación sea correcta (enviando por el Blueooth una G).

Deberemos tener un programa en Arduino como el de la actividad 3.2.6, que esté escuchando en el puerto serie (es decir, del Bluetooth) y en función de lo que reciba hacer que el robot avance o gire. Puedes bajarte este programa de nuestra web.

Existen muchas mejoras que se pueden realizar a este programa. Si has seguido todas las actividades del libro podrías añadirle, por ejemplo, sensores de ultrasonido para detectar obstáculos, y poder así planificar trayectorias locales que hicieran que el robot fuera evitando todos los obstáculos hasta llegar al destino. ¡Ahora te toca a ti probarlo y hacer tu robot lo más inteligente possible!

3.3 ANDROID CON LEGO MINDSTORMS

En esta sección te enseñaremos a utilizar la plataforma LEGO Mindstorm con APPIngventor, lo que te permitirá controlar tu robot LEGO mediante tu móvil o tablet Android. Te vamos a proponer algunas actividades. El código de estas actividades (proyectos .aia de AppInventor) puedes descargártelos en nuestra página web, pero si quieres aprender te recomendamos que intentes primero hacerlo siguiendo las instrucciones que aquí te mostramos o con los videos que hemos colgado en al web.

AppInventor tiene una paleta especial de comunicación con los ladrillo de NXT y Ev3. En concreto, esta paleta nos permite las siguientes opciones con ambas versiones de LEGO:

- **NXTDirectCommands / Ev3Commands:** interface de bajo nivel para transmitir comandos directamente al ladrillo de control.
- **Ev3UI:** Interfaz de alto nivel para utilizar la pantalla del Ev3.
- **NXTDrive / Ev3Motors:** interface de alto nivel que permite mover los motores del robot.
- **NXTColorSensor / Ev3ColorSensor:** permite recibir la señal del sensor de color.
- **NXTLightSensor:** devuelve la señal del sensor de luz. Este es el que se emplea para detectar líneas negras o blancas, por ejemplo.
- **NXTSoundSensor / Ev3Sound:** devuelve la señal del micrófono
- **NXTTouchSensor / Ev3TouchSensor:** indica si el sensor es presionado o no.
- **NXTUltrasonicSensor / Ev3UltrasonicSensor**: interface de alto nivel para acceder a los datos de los sensores.
- **Ev3GyroSensor**: Interface de alto nivel para utilizar el giróscopo del robot.

Antes de nada vamos a conectar el dispositivo móvil con el ladrillo NXT (puedes encontrar en la web instrucciones similares para hacerlo con un ladrillo Ev3).

Para esta conexión, debemos tener emparejado el teléfono o la tableta con el NXT. En nuestro ejemplo, el ladrillo de LEGO se llamará "TAVORA", este nombre se puede cambiar desde la aplicación del ordenador. La secuencia a seguir es el mostrado en la siguiente tabla:

<table>
<tr><th>NXT</th><th>Android</th></tr>
<tr>
<td>
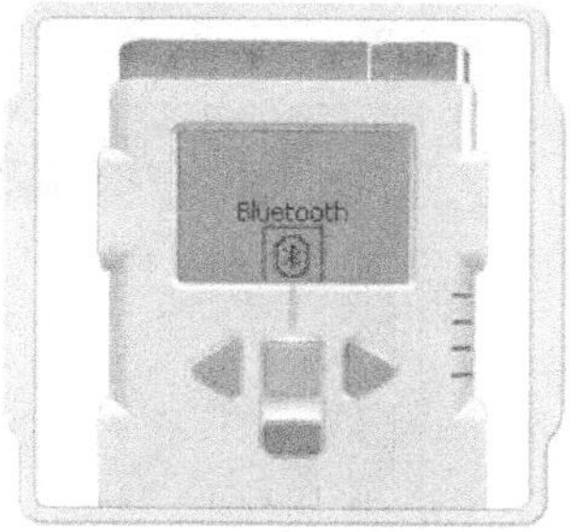

Con las teclas laterales, muévete por el menú hasta llegar al símbolo de Bluetooth.
<hr>
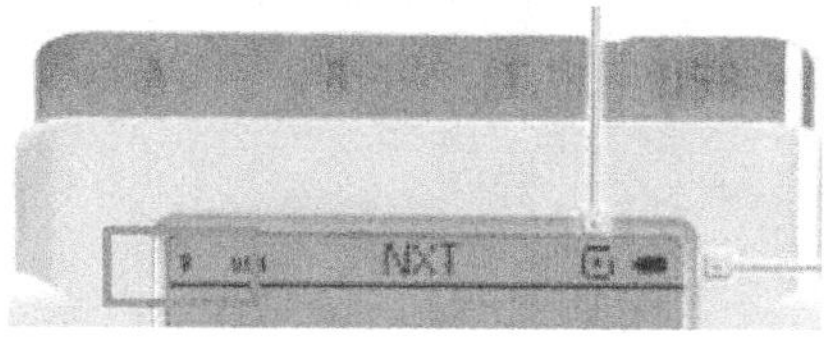

Comprueba que está activado, si no es así, actívalo
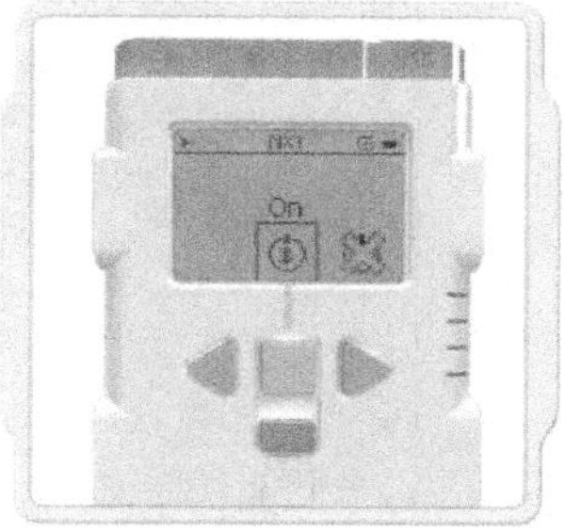

Moviéndote por el menú de Bluetooth, selecciona On
<hr>
Muévete y marca buscar dispositivos
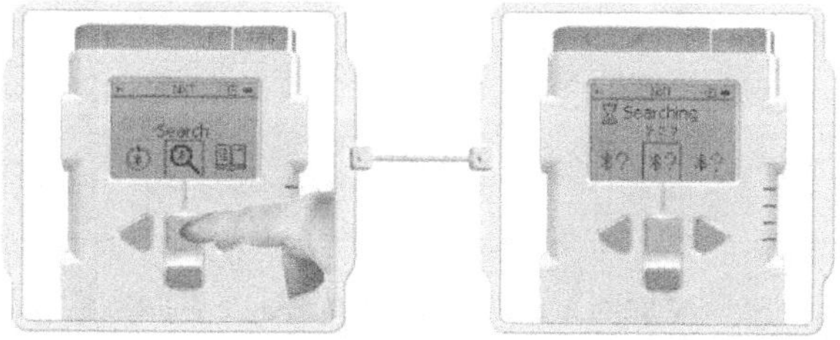

Una vez encontrado el teléfono, se selecciónalo con el botón naranja
</td>
<td>
Comprueba que esté activado el Bluetooth

Si no fuese así, ir a ajustes (Configuración) →Bluetooth.
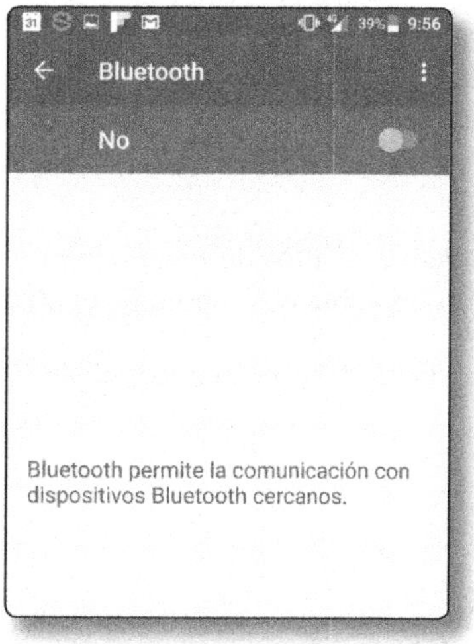

Pulsa al lado de "No", hasta que aparezca "Sí" y se pondrá a buscar los dispositivos disponibles.
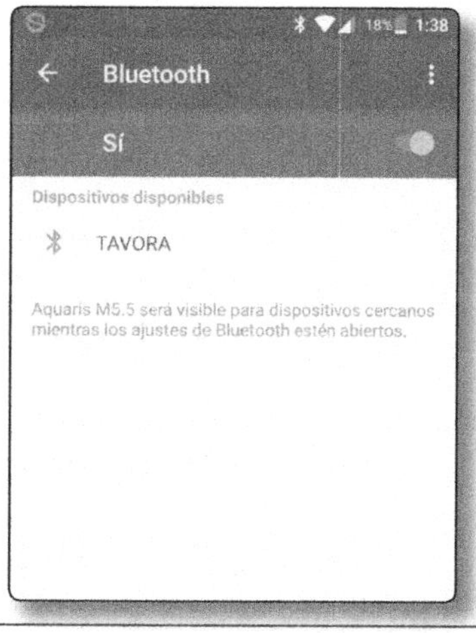

</td>
</tr>
</table>

<table>
<tr>
<td>
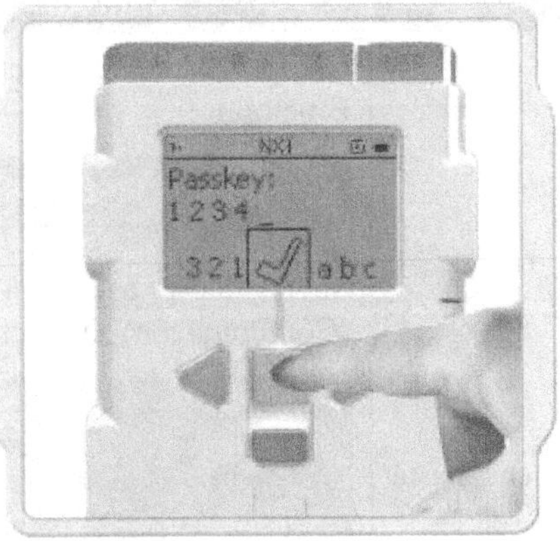

Pedirá el PIN de emparejamiento, aparece "1234" y pulsa sobre el símbolo de confirmar.

Ahora, debería aparecer el símbolo 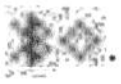.
</td>
<td>
Asignar el PIN de emparejamiento, se pone "1234" y pulsa en "Aceptar":

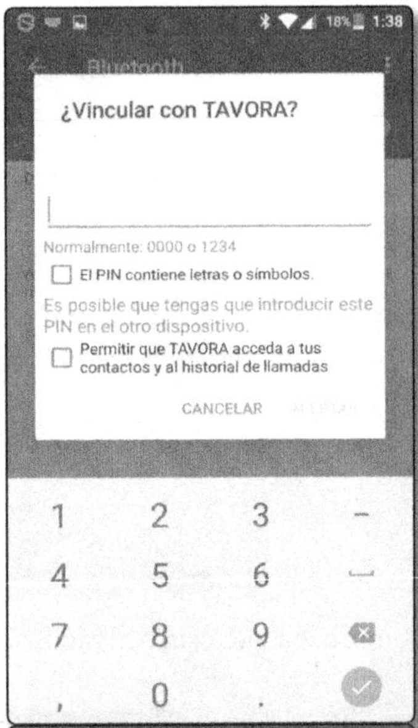

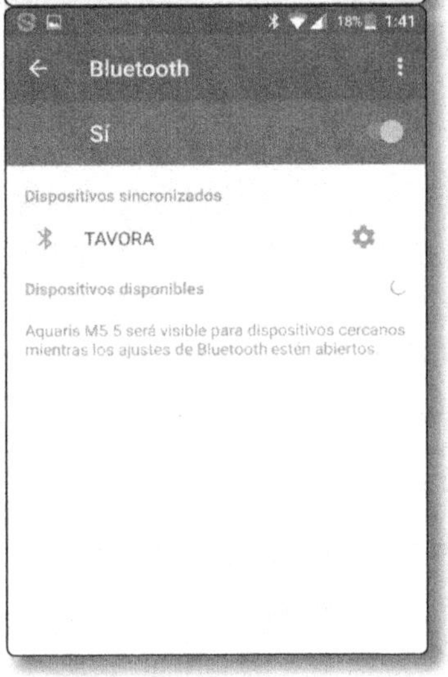

</td>
</tr>
</table>

Tabla 3.2.9-1. Vinculación del Ladrillo NXT con un dispositivo Android mediante Bluetooth

Una vez emparejados los dispositivos, ya pueden entenderse el robot y el Android.

3.3.1 Mira el sonido

Con este ejercicio aplicaremos la señal del *SoundSensor* y crearemos un gráfico circular en función de la intensidad de la misma. Aprenderemos de paso a comunicar por Bluetooth el robot a nuestro dispositivo Android. Recuerda que debes conectar:

- Sensor de sonido al puerto 4 del ladrillo NXT

La pantalla de diseño que tenemos que hacer en AppInventor para esta actividad debe quedar como se muestra en la Figura siguiente.

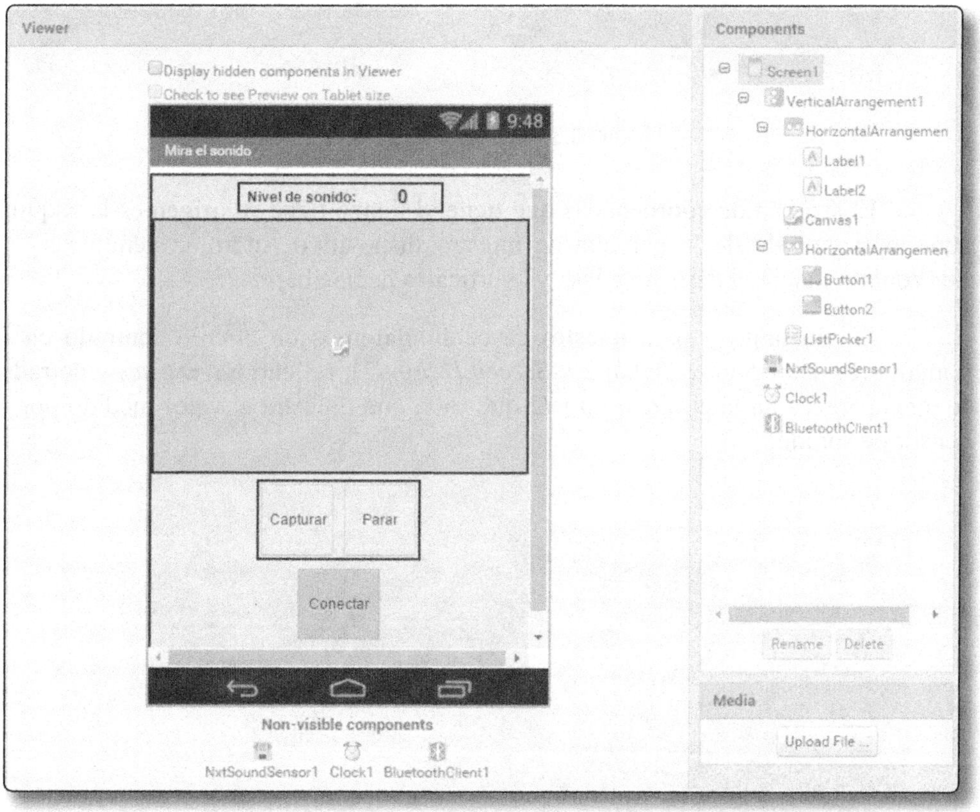

Figura 3.3-1. Vista de diseño del programa Mira el Sonido

Uno de los elementos incorporados es *Canvas1* 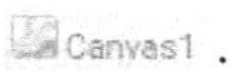

. Se trata de un lienzo gráfico en el que se pueden añadir elementos como puntos, líneas, círculos o imágenes con capacidad de movimiento (véase Figura siguiente).

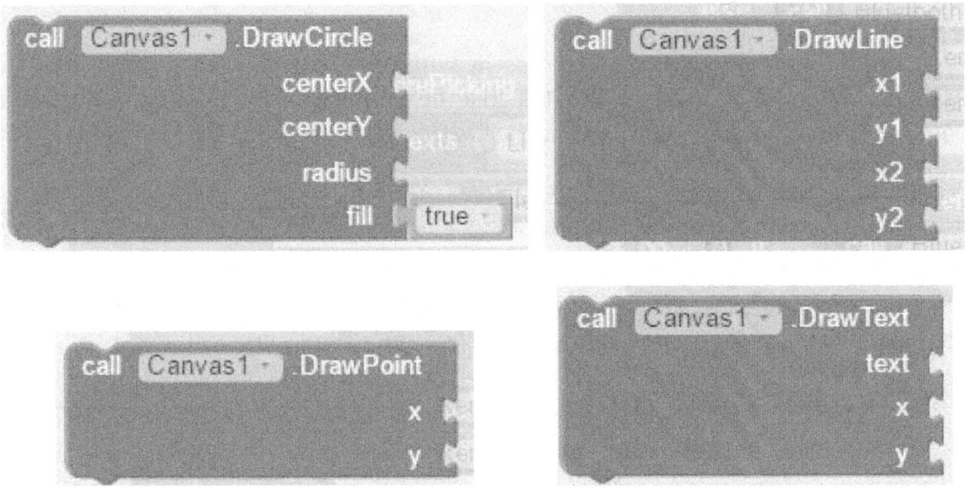

Figura 3.3-2. Elementos del Canvas

El sistema de coordenadas que tiene el lienzo tiene su origen es la esquina superior izquierda de la pantalla de nuestro dispositivo Android, siendo las "x" horizontales hacia la derecha y las "y" verticales hacia abajo.

Por lo tanto y para nuestro caso, dibujaremos un círculo centrado en la pantalla (es decir *Screen.Witdh*/2 y *Screen.Height*/2), relleno (*fill*→*true*) y de radio lo que aparezca en la etiqueta *Label2* que es la que muestra el valor medido por el sensor de sonido.

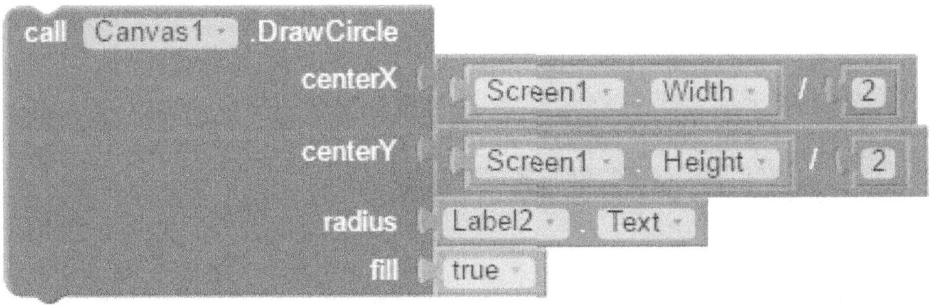

Figura 3.3-3. Bloque para dibujar un círculo

Observa que hemos añadido, y aparecen en *Non-visible components,* tanto un sensor *Clock*, un elemento de comunicaciones *BluetoothClient* y el de Mindstorms *NXTSoundSensor*.

Aquí tienes una breve explicación de lo que ves:

- *Button1* es el que empieza la captura de datos.
- *Button2* es el que permite parar de visualizar datos.
- *Label1* muestra el texto *Nivel de sonido:* y *label2* será el encargado de visualizar el valor del mismo.
- *BluetoothClient1*: conecta el servicio Bluetooth del dispositivo Android dentro de nuestro programa. Para ello, el Bluetooth del dispositivo debe estar activado.
- *Listpicker1*: tiene aspecto de botón, pero te dirige a la lista de dispositivos emparejados por Bluetooth con nuestro teléfono o tableta Android. Una vez que aparezca la lista, podemos seleccionar uno tocando la pantalla sobre su nombre (en este ejemplo "TAVORA").
- *NxtSoundSensor1*: carga la librería de comunicación con el sensor de sonido de LEGO Mindstorm. Permitirá que se entienda y convierta los datos transmitidos por Bluetooth con el citado sensor (ajusta sus propiedades como mostramos en la Figura 3.3-4).

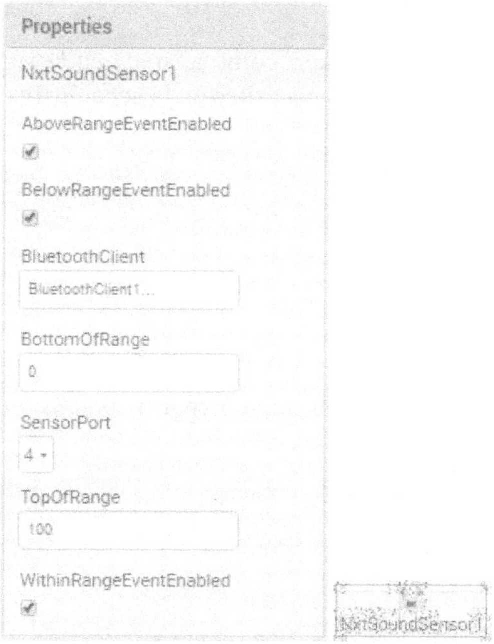

Figura 3.3-4. Propiedades del NxtSoundSensor1

Los bloques que definen la conexión (y que deberemos añadir a la pestaña de Bloques) son los que aparecen en secuencia siguiente:

1. En Listpicker1 Cogemos 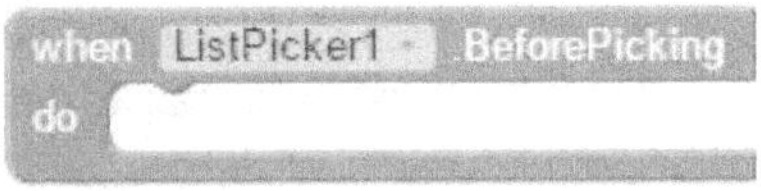

2. En Control, seleccionamos 

: y la colocamos dentro de la anterior.

3. Pinchamos en el cuadradito azul y añadimos *else* arrastrándolo dentro de este:

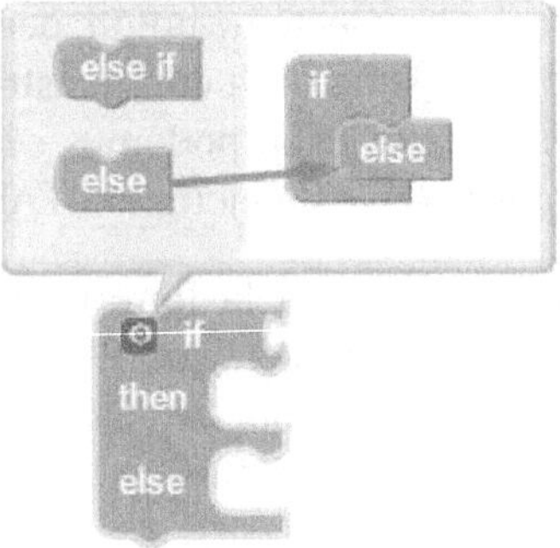

4. Rellenamos la condición *if* como aparece en la siguiente figura (puedes obtener los bloques que necesites en la sección Text de la paleta):

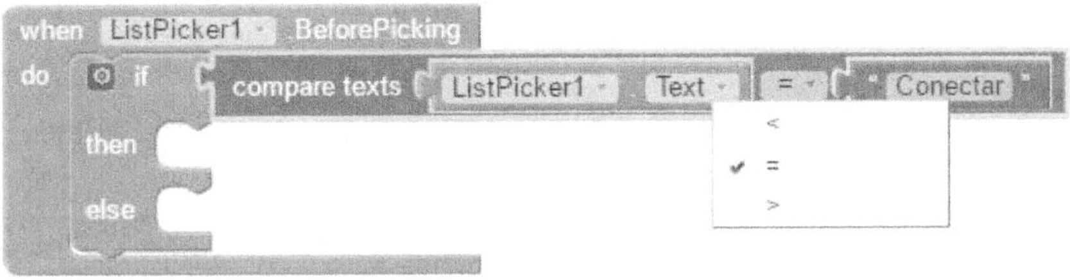

5. El resto del bloque tienes que rellenarlo con el siguiente código:

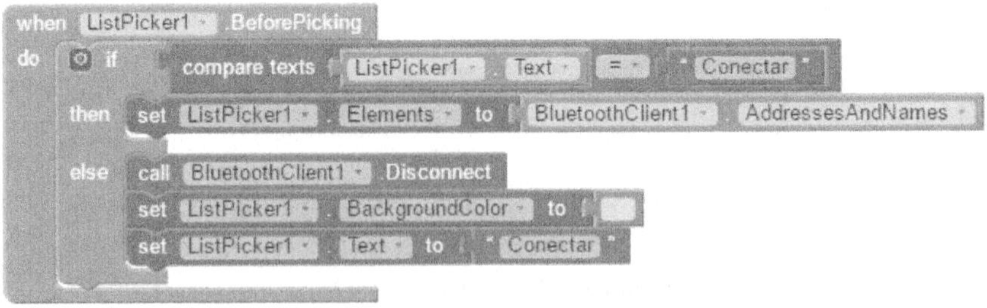

Estos bloques los puedes obtener de la *Paleta* de AppInventor para *ListPicker* y *BluetoothClient.* Básicamente, con este código se nos mostrará una lista de los dispositivos que están visibles por Bluetooth.

6. Añade el código que aquí te mostramos. Este código hará que se conecten nuestros dispositivos y que una vez hecho se resalte en verde el dispositivo conectado.

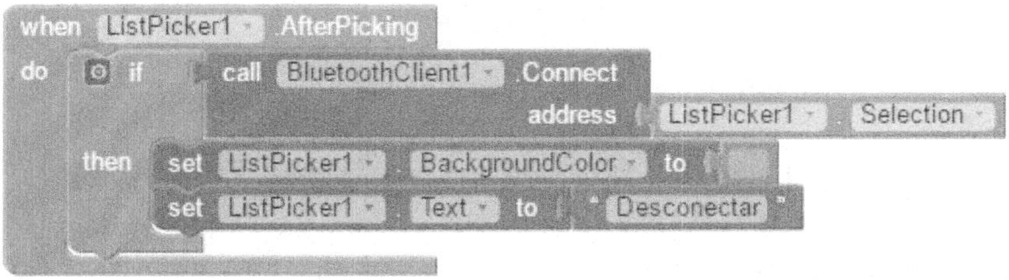

El programa tiene otro elemento, el reloj *Clock1.* Este elemento sirve para realizar una determinada acción cada vez que concluya un periodo de tiempo expresado en milisegundos, en nuestro caso hemos definido *TimerInterval 500ms.*

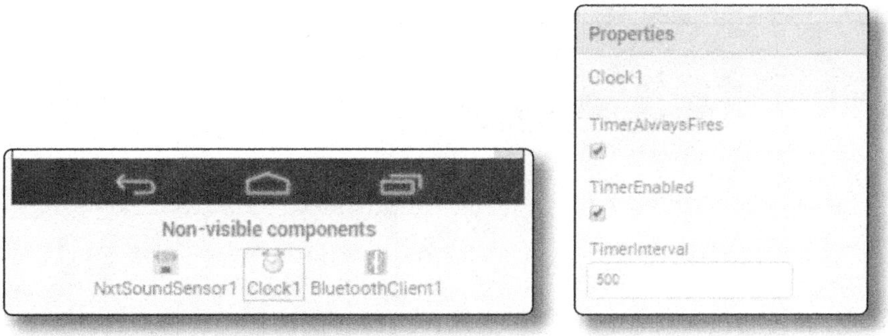

Figura 3.3-5. Propiedades de Clock 1

La acción que deberá realizar es precisamente la de dibujar en la pantalla círculos de radio proporcional al sonido detectado.

La Figura siguiente muestra el código final de nuestra aplicación. Como puedes ver, primero hemos definido una variable global "Activo". Luego hemos añadido los eventos clik a button1 y button2. Estos eventos pondrán a true o false la variable "Activo". Por último, hemos usado el método timer de Clock1 para que cada vez que ocurra el evento del reloj se dibuje el círculo.

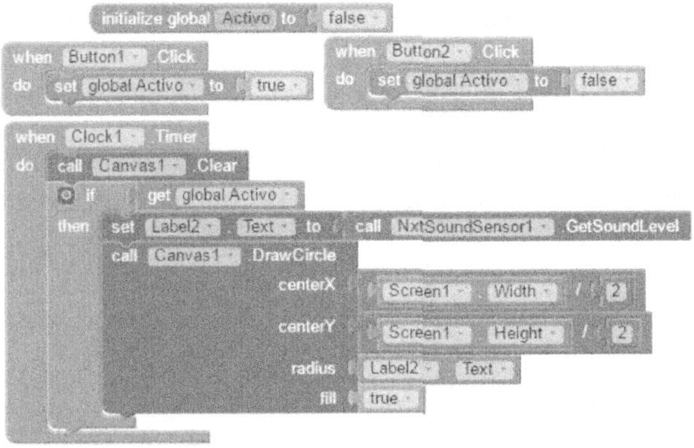

Figura 3.3-6. Vista de los bloques del programa "Mira el sonido"

3.3.2 Mide las distancias

Esta actividad es una variación de la anterior: en lugar de usar el micrófono usaremos el medidor de distancias por ultrasonidos. Por ello debes conectar:

- Sensor de ultrasonidos al puerto 2

La pantalla de diseño queda como se muestra en la imagen siguiente.

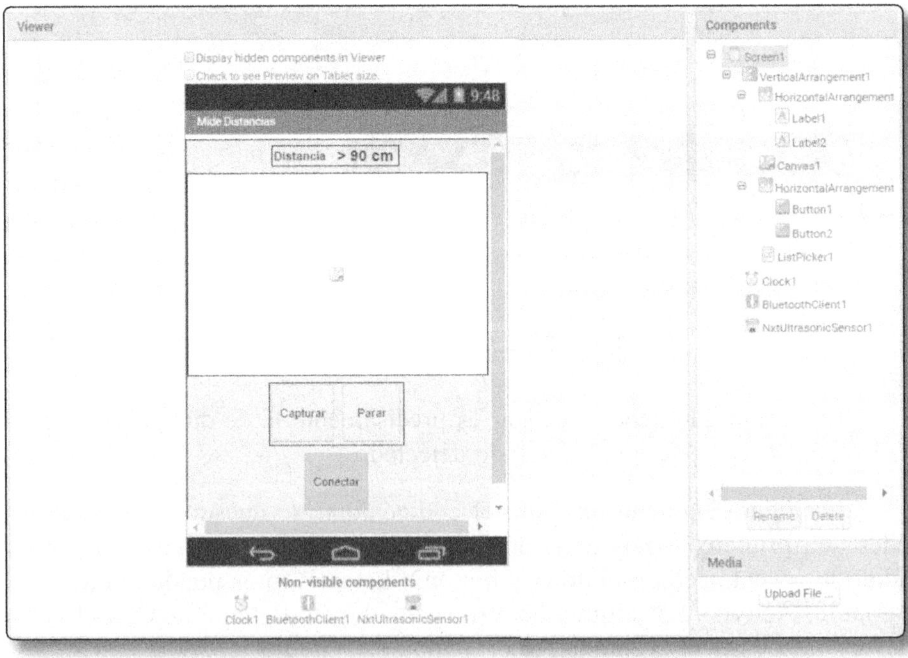

Figura 3.3-7. Pantalla de diseño de la actividad de lectura de distancias

El código de bloques es muy parecido a la actividad anterior. Por ejemplo, la parte de conexión por Bluetooth es exactamente igual que en el ejemplo anterior.

La única modificación hace referencia, además de emplear otro tipo de sensor, a que sólo se mostrarán distancias si están comprendidads entre 30 y 90 cm. Para ello se establece una condición *If* compleja dentro del sensor *Clock1* como podemos ver en el código final de la aplicación (véase Figura 3.3-8).

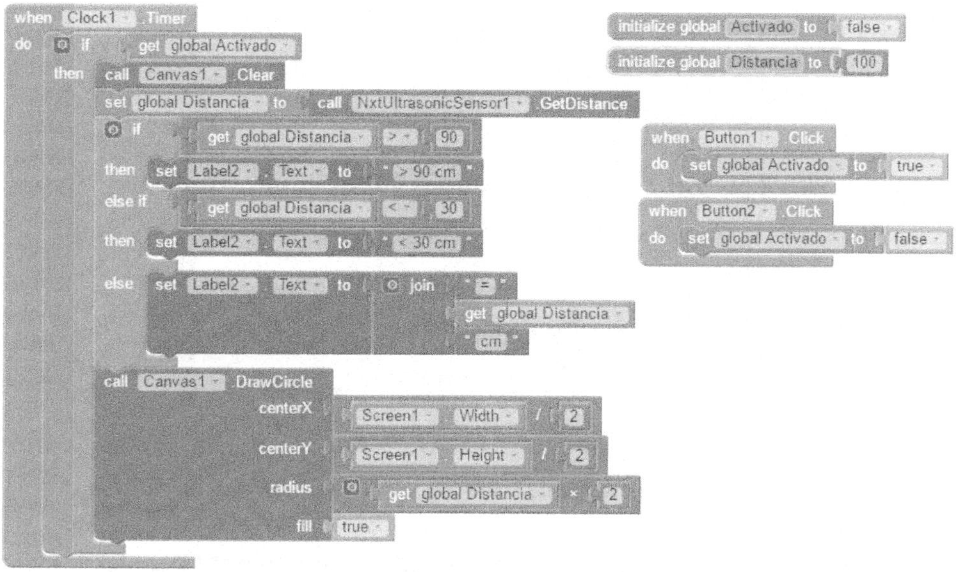

Figura 3.3-8. Código resultante de la aplicación de lectura de distancias

3.3.3 Control remoto del NXT

La última actividad que te mostramos (recuerda que puedes descargarte más en la web) consiste en controlar el movimiento de un robot basado en el LEGO NXT (como el que te proponemos en la Sección 2.2.2). Las conexiones que emplearemos corresponden sólo a dos motores:

- **Puerto B:** motor derecho.
- **Puerto A:** motor izquierdo.

Te proponemos que hagas la siguiente pantalla de diseño:

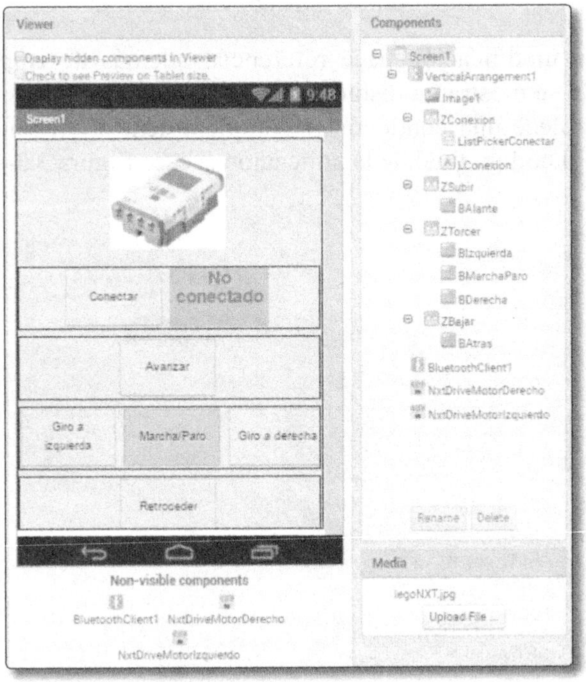

Figura 3.3-9. Pantalla de Diseño de la aplicación de control remoto de un robot nxt

La programación por bloques la dividimos en dos partes: conexión entre dispositivos y movimientos del robot.

- Parte de conexión entre dispositivos: La única modificación respecto a los programas anteriores es que la comprobación visual de una conexión exitosa se ha sacado del botón *ListPickerConectar*, poniendo el texto correspondiente así como el color en el *Label* "*LConexion*".

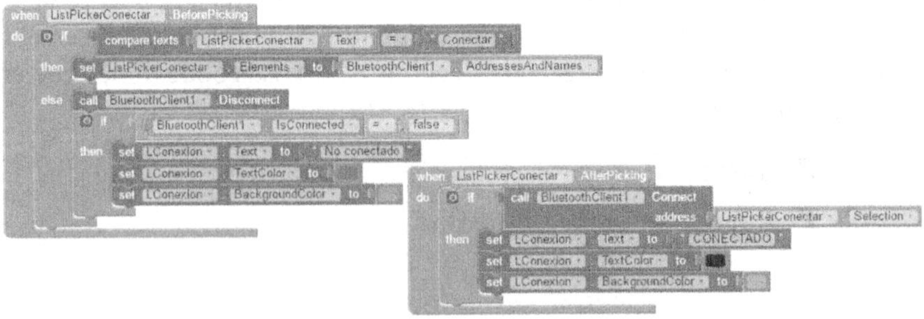

Figura 3.3-10. Bloques para la conexión de Android con el Brick de NXT

- Parte de programación de movientos: Hemos definido una variable *Marcha* donde guardaremos si el robot está en movimiento (*true)* o no (*false)*.

Además debemos tener los motores correctamente instalados y configurados. Para ello deberemos dar las siguientes propiedades a los bloques NxtDriveMotorDerecho:

Para mover el robot, usaremos los botones (avanzar, retroceder, etc) añadidos en la ventana de diseño. Por eso hemos programado los siguientes bloques que envían comandos de movimiento cuando se hace click en alguno de los botones:

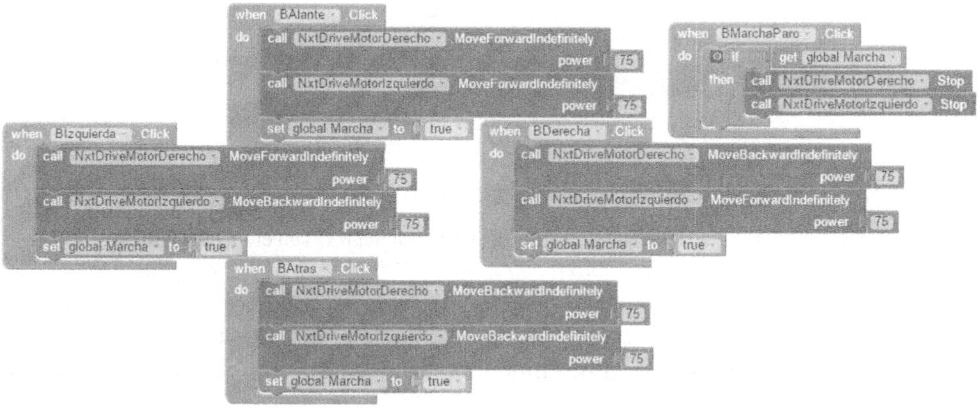

Figura 3.3-11. Bloques para mover el robot desde el dispositivo Android

3.3.3.1 MEJORAS

Ya que sabes cómo mover el robot con botones desde tu teléfono o tableta, puedes añadirle la interacción con el sensor de orientación, de manera que el robot se mueva en función de la inclinación que tenga el dispositivo.

La pantalla de diseño que debes hacer es la siguiente:

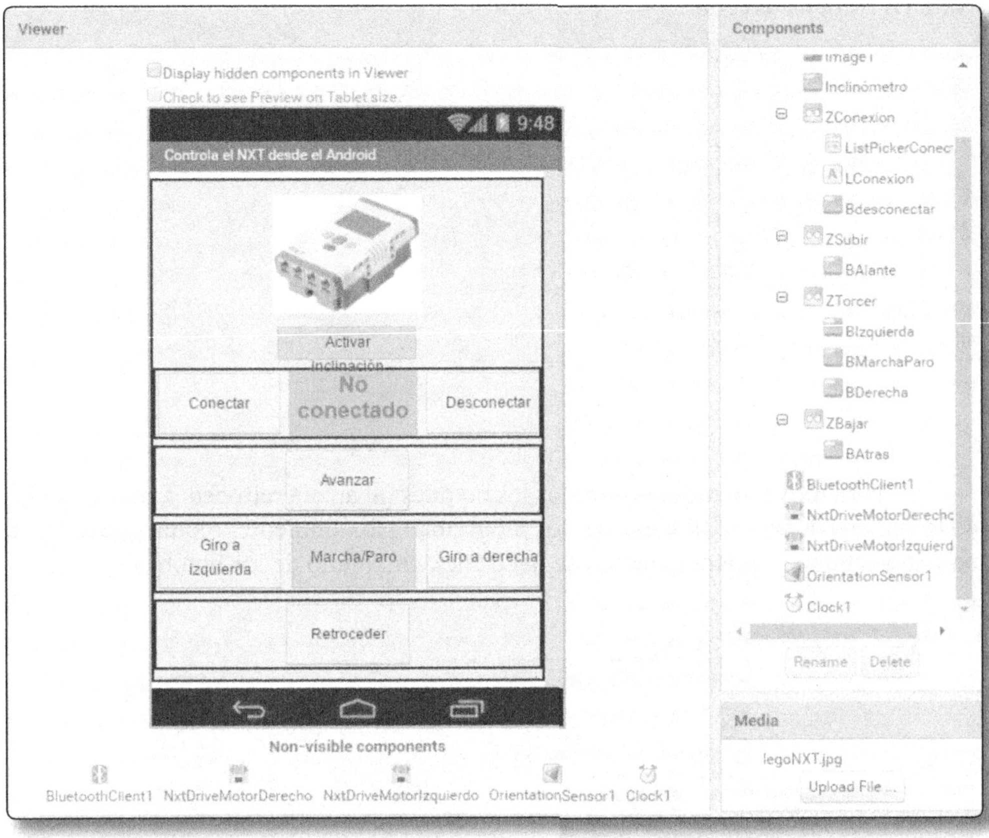

Figura 3.3-12. Pantalla de diseño del programa de Control del NXT con el inclinómetro de Android

Debes fijar en el "Screen" que la orientación sea "Portrait" para que no te gire la pantalla. El "Clock1", como mucho, a 50ms si quieres que te haga caso con rapidez.

Y la ampliación del programa de bloques sobre lo que teníamos antes es:

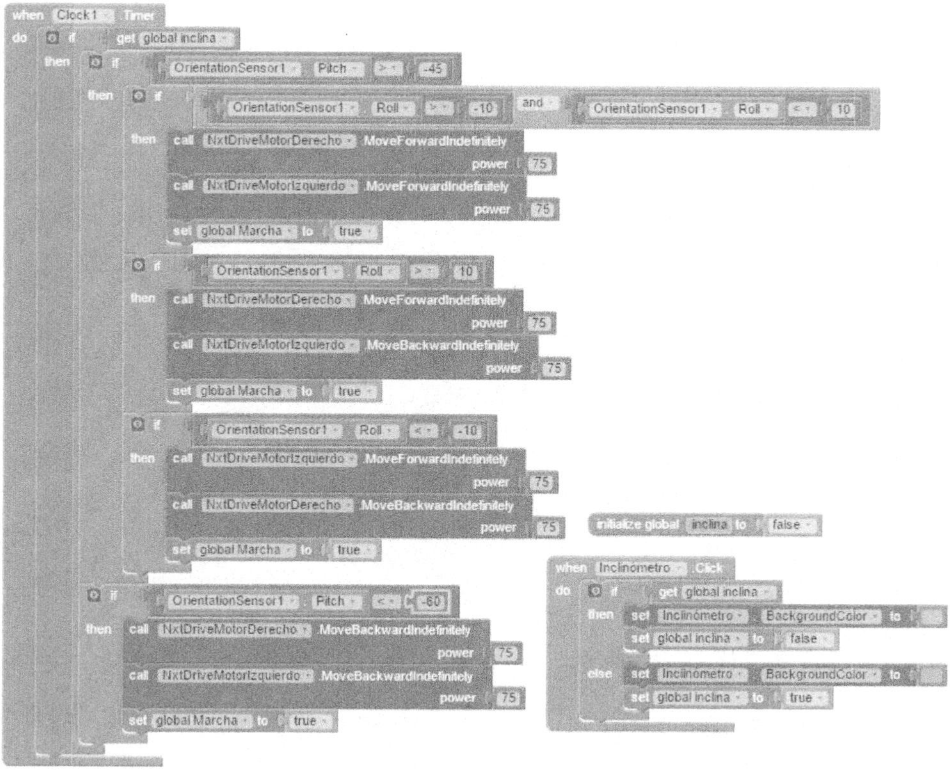

Figura 3.3-13. Bloques que hay que añadir al programa de control del NXT para el uso con el sensor de orientación

4

ANEXO: UN POCO DE TEORÍA

4.1 SEÑALES PWM: CONTROLANDO UN SERVOMOTOR

Las señales PWM (*Pulse Width Modulation*), o en castellano Modulación por ancho de pulsos, emplean una técnica en la que se modifica el ciclo de trabajo de una señal periódica para controlar la cantidad de energía que se envía en una señal.

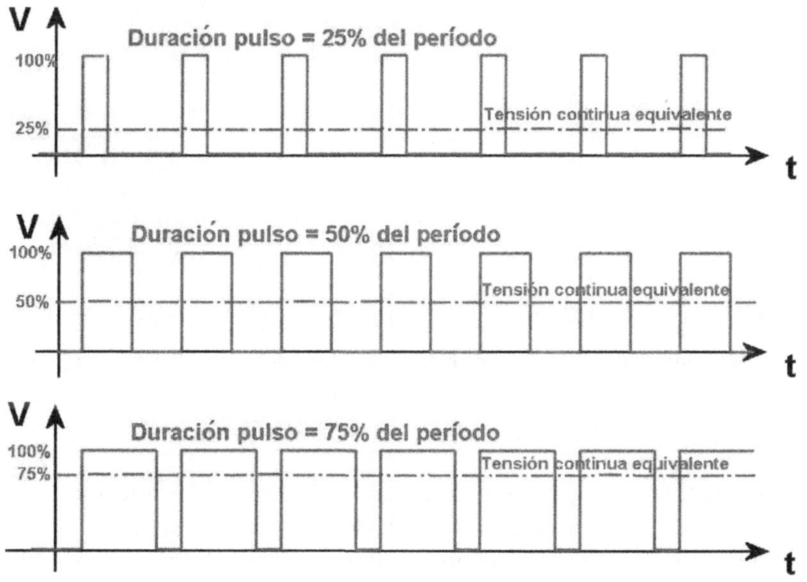

Figura 4.1-1. Señal PWM

La Figura 4.1-1 muestra este concepto de forma clara. Si tenemos una señal digital que cambia entre 1 y 0 muy rápido, conseguiremos una señal equivalente continua de tensión asociada al período de variación de la señal. Si se altera el período a lo largo del tiempo, la señal continua equivalente podrá variar a lo largo del tiempo.

4.1.1 Señales PWM para controlar servomotores

Un servomotor es un sistema que se compone de un motor de corriente continua, un tren de engranajes que nos permite transformar velocidad de giro en par (momento) en el eje de salida, un sensor de codificación de posición (*encoder*) y un sencillo sistema de control que permite seleccionar el ángulo al que queremos movernos y/o la velocidad a la que queremos que gire el motor. Suelen incluir un potenciómetro que sirve para calibrar la posición/velocidad cero del servo y un circuito electrónico llamado Puente H que proporciona la potencia que necesita el motor para girar. Todos esos componentes se observan en la Figura 4.1-2.

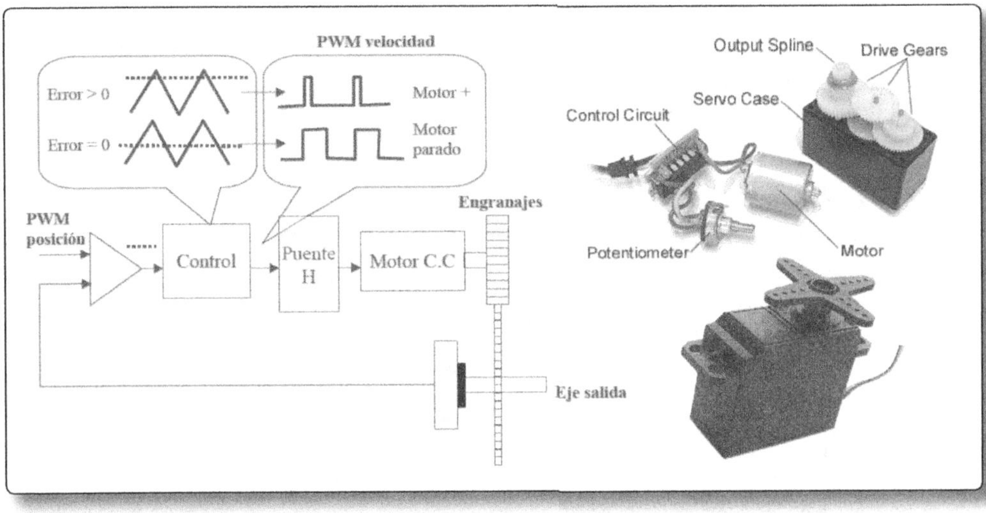

Figura 4.1-2. Funcionamiento de un servomotor. Izq.: esquema de control. Dch.: imagen real de un servo y sus componentes

La referencia de posición/velocidad se indica mediante una señal PWM. Antes hemos visto una expliación teórica de este tipo de señales, ahora vamos a explicarlo con un ejemplo. Supongamos que tenemos un servomotor controlado en velocidad. Supongamos también que el valor digital 0 representa una tensión de 0V y el valor digital 1 representa una tensión de 5V. Como el motor puede girar en ambas direcciones, consideraremos que el valor 0V continuo, V_{aM}, representa el giro a máxima velocidad en sentido antihorario, $-v_M$, mientras que el valor 5V continuo, V_{hM}, representa el giro a máxima velocidad en sentido horario, $+v_M$. Puesto que la relación entre la velocidad de giro y la tensión media de entrada es lineal, y suponiendo que las velocidades máximas son iguales en cada sentido, para que el servomotor se encuentre en reposo deberemos tener una tensión media de entrada de:

$$V_{reposo} = \frac{V_{aM} + V_{hM}}{2} = \frac{0V + 5V}{2} = 2{,}5V$$

Es decir, que el tren de ondas debe estar la mitad del tiempo a 0V y la otra mitad a 5V. Se dice entonces que tenemos un *ciclo de trabajo*, μ, del 50%. El ciclo de trabajo se define como el porcentaje del periodo del tren de onda cuadrado que la señal está a un valor lógico de 1 (en nuestro caso a 5V). Por tanto, podemos calcular la tensión media de entrada en función del ciclo de trabajo como sigue:

$$V_{motor} = \frac{\mu}{100} V_{hM} + \frac{100 - \mu}{100} V_{aM}$$

Así, con un ciclo de trabajo del 60%, la tensión media de entrada sería de 3V.

Variando este ciclo de trabajo, puesto que variamos la tensión media de entrada, podemos obtener cualquier velocidad entre $-v_M$ y $+v_M$ según la expresión:

$$v_{motor} = \frac{\mu}{100} v_M - \frac{100 - \mu}{100} v_M = \frac{2 \cdot \mu - 100}{100} v_M$$

Por ejemplo, si seleccionamos un ciclo de trabajo del 75%, la velocidad a la que estaremos moviendo el motor será de $+0.5v_M$.

4.1.1.1 PARA QUÉ SE UTILIZAN LOS SERVOMOTORES EN ROBÓTICA

Los servos de posición tienen multitud de aplicaciones en robótica, siendo las más vistosas las de tareas de manipulación mediante manos robóticas y las de movimiento de pequeños robots humanoides (Bioloid, Robobuilder...).

Generalmente son motores pequeños con poca potencia, por lo que no se utiliza este tipo de motores en el movimiento de los grandes robots industriales, sino que éstos utilizan motores trifásicos de gran potencia.

Por otro lado, los servos de rotación continua, como ya se ha comentado, son controlados en velocidad en lugar de en posición. Su aplicación más importante en robótica móvil consiste en generar un desplazamiento del robot por el entorno.

Los sistemas basados en patas son mucho más complejos y, salvo configuraciones muy particulares, necesitan incorporar varios servos por pata (generalmente entre 3 y 5, aunque hay configuraciones con 2 y hasta con 6 motores para un mayor realismo del movimiento).

4.1.1.2 CUESTIONES

1. Suponiendo que la máxima velocidad de giro del motor es de 100 revoluciones por minuto ($v_M = 100\, rpm$), calcule:
   - la velocidad a la que girará un motor si la PWM de referencia tiene un ciclo de trabajo de 30%.
   - ¿Con qué ciclo de trabajo el motor girará a +25 rpm?
2. Suponga ahora que las velocidades máximas de giro son distintas en uno y otro sentido, siendo -$v_M = -50\, rpm$ y $+v_M = 100\, rpm$, y repita las cuestiones 1 y 2.

4.2 MOTOR DE CORRIENTE CONTINUA

El **motor de corriente continua** (denominado también **motor de corriente directa**, **motor CC** o **motor DC**) es una máquina que convierte la *energía eléctrica* en *mecánica*, provocando un movimiento rotatorio, gracias a la acción que se genera mediante el campo magnético. Se compone de dos partes: el estátor y el rotor (ver Figura 4.2-1).

- El estátor es la parte mecánica del motor donde están los polos del imán.
- El rotor es la parte móvil del motor con devanado y un núcleo, al que llega la corriente a través de las escobillas.

Cuando la corriente eléctrica circula por el devanado del rotor, se crea un campo electromagnético. Este interactúa con el campo magnético del imán del estátor. Esto deriva en un rechazo entre los polos del imán del estátor y del rotor creando un par de fuerza donde el rotor gira en un sentido de forma permanente. Por lo tanto, la forma de controlar el motor será cambiando la corriente eléctrica que circula por el devanado, pudiendo así cambiar la velocidad de giro o la dirección.

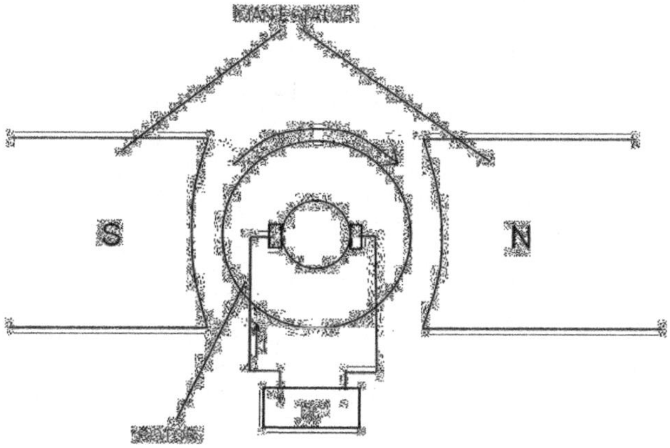

Figura 4.2-1. Esquema de un motor CC

Muchas placas de control, como por ejemplo Arduino, no proporcionanan suficiente corriente para mover este tipo de motores. Hace falta por lo tanto un circuito que amplifique la señal. El L298N es un integrado para controlar motores DC que usa el sistema puente en H. Los puentes en H se componen de 4 transistores que, además de proporcionar una alimentación externa superior a la de Arduino, se comportan como interruptores, cambiando la polarización del motor y por lo tanto su sentido de giro.

En la Figura 4.2-2 mostramos un ejemplo de puente en H. Si por ejemplo alimentamos el transistor *Q1* y *Q4* el motor girará hacía un sentido. Si por el contrario activamos el *Q3* y el *Q2* el motor girará al sentido contrario. Básicamente el circuito L298N lo que hace es conectar el pin *IN1* a los transistores *Q1* y *Q4* y el pin *IN2* a los transistores *Q3* y *Q2*.

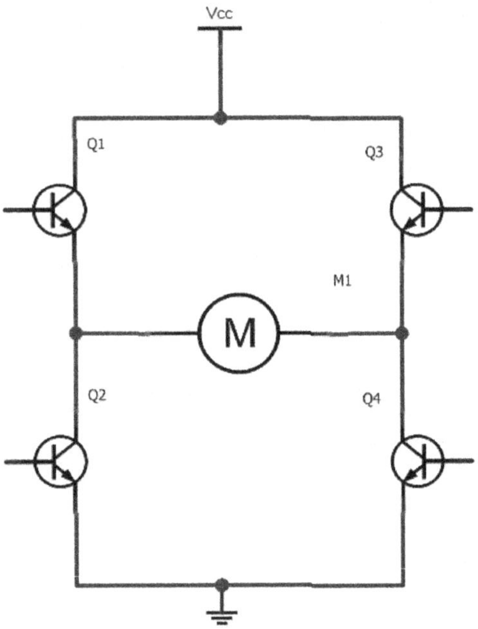

Figura 4.2-2. Puente en H para el control de un motor CC

4.3 SENSOR DE INFRARROJOS

Un sensor de infrarrojo es un sensor que puede ver la franja de luz infrarroja. Estos sensores pueden ser de diferentes tipos pero por lo general están compuestos por un emisor (led) de luz infrarroja y un receptor que detecta la reflexión de dicha luz en un objeto. Se pueden utilizar para detectar líneas negras o blancas (como los de la Figura 1.2-62).

Su funcionamiento se basa en que el color blanco refleja la luz infrarroja mientras que el negro absorbe la luz infrarroja (ver Figura 4.3-1), esto permite al receptor detectar una diferencia entre el color de la superficie donde se refleja la luz.

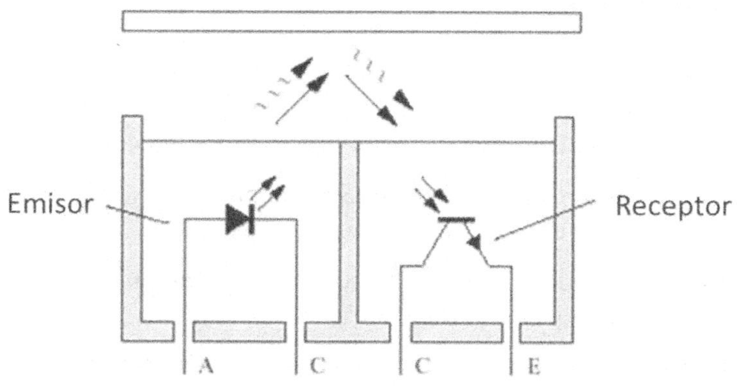

Figura 4.3-1. Principio de funcionamieto de un sensor infrarrojo

Hay otros sensores, como el de la Figura 4.3-2 (izquierda), en los que el foco de luz es más potente y se utilizan para detectar obstáculos y medir distancias. El principio de funcionamiento es muy parecido. Estos sensores detectan el reflejo de la luz, pero el receptor, como vemos en la Figura 4.3-2 (derecha), es una banda lineal que detecta el reflejo de la luz en un determinado punto de la misma. Esto permite realizar un proceso de triangulación para saber la distancia a la que se encuentra el objeto.

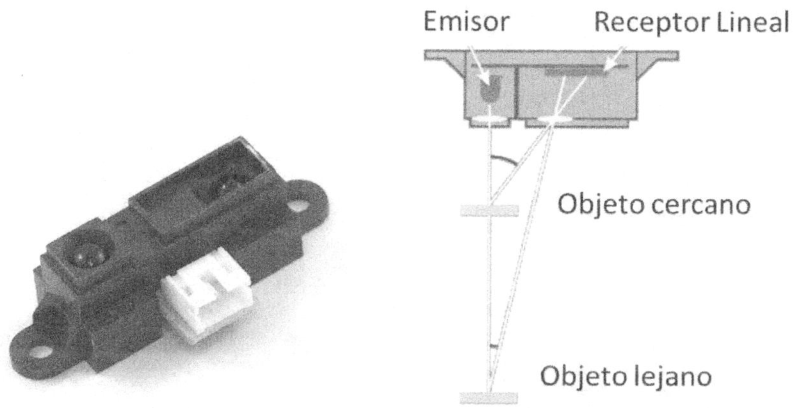

Figura 4.3-2. Sensor infrarrojo de distancia

4.4 SENSOR DE ULTRASONIDOS

Los sensores de ultrasonidos basados en el chip HC-SR04 tienen dos transductores: un altavoz (que emite el ultrasonido) y un micrófono (que recibe el eco). Su principio de funcionamiento, resumido en la Figura 4.4-1, es el siguiente:

- El envío de un pulso "1" de 10μS por el pin *Trigger* (disparador) le indica al sensor que debe empezar a emitir ultrasonidos.
- El sensor enviará 8 pulsos de 40kHz (ultrasonidos), y después colocará su salida *Echo* a nivel alto.
- La salida *Echo* se mantiene en alto hasta recibir el eco reflejado por el obstáculo. En este momento se termina de contar el tiempo.
- La distancia es proporcional a la duración del pulso de la salida *Echo* (tiempo de vuelo) y se puede calcular con las siguiente fórmula (utilizando la velocidad del sonido = 343m/s): Distancia (centímetros) = Tiempo medido x 0.017 (ya que la velocidad del sonido es 343 metros/segundo y es ida y vuelta -> distancia = tiempo / 343 * 1/2)

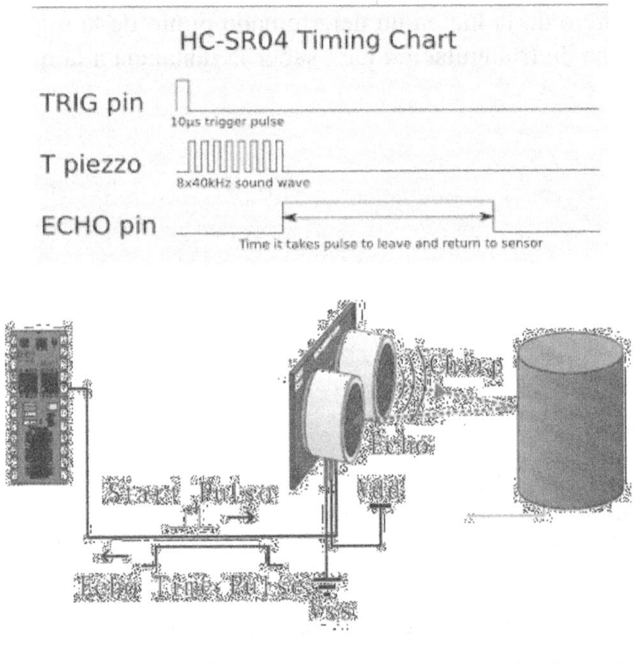

Figura 4.4-1. Principio de Funcionamiento de un sensor de ultrasonidos (de http://www.elecfreaks.com/wiki/index.php?title=BAT)

Hay varias cosas que se tienen en cuenta a la hora de obtener la distancia:

- La velocidad del sonido en el aire (a una temperatura de 20 °C) es de 343 m/s. (por cada grado centígrado que sube la temperatura, la velocidad del sonido aumenta en 0,6 m/s)
- Estos sensores no se ven afectados por la luz solar o por el color de los materiales como ocurre con los sensores infrarrojos (aunque acústicamente materiales suaves como telas pueden ser difíciles de detectar).

4.4.1 Para qué se utiliza en robótica

Estos sensores se utilizan para medir distancias por su bajo precio y aceptable precisión. Su principal aplicación es la evitación local de colisiones. Generalmente los robots móviles tienen un planificador de trayectorias de alto nivel que decide la ruta a seguir para ir de un punto a otro en base a un mapa predefinido. Sin embargo, el robot se puede encontrar en el camino con objetos no incluidos en el mapa, como elementos móviles o incluso personas. Un ejemplo relativamente novedoso de evitación local de obstáculos es el de los coches automáticos, por ejemplo el Google Car, que se mueven a gran velocidad por una carretera y detectan los objetos/personas que les rodean mediante un sensor láser 3D situado en el techo, actuando apropiadamente en caso de detectar un peligro potencial.

Figura 4.4-2. Izq.: Gráfico obtenido por un planificador local de evitación de obstáculos. Dch.: Imagen de Google Car

Otra aplicación fundamental de estos sensores es la construcción automática de mapas y la auto localización dentro de ellos (SLAM, *Simultaneous Location and Mapping*). A medida que un robot se desplaza por un entorno desconocido, puede ir utilizando los datos de los sensores de rango para ir definiendo el espacio que puede transitar y los obstáculos que se encuentran a su alrededor.

Un ejemplo cotidiano de aplicación de esta técnica la tenemos en algunos robots aspiradora domésticos, como Neato de la empresa Neato Robotics, que generan un mapa de la casa al desplazarse por ella para realizar una limpieza más rápida y eficiente. Estos robots también incluyen un algoritmo de evitación local de obstáculos, puesto que los elementos del mobiliario pueden cambiar de posición con el tiempo.

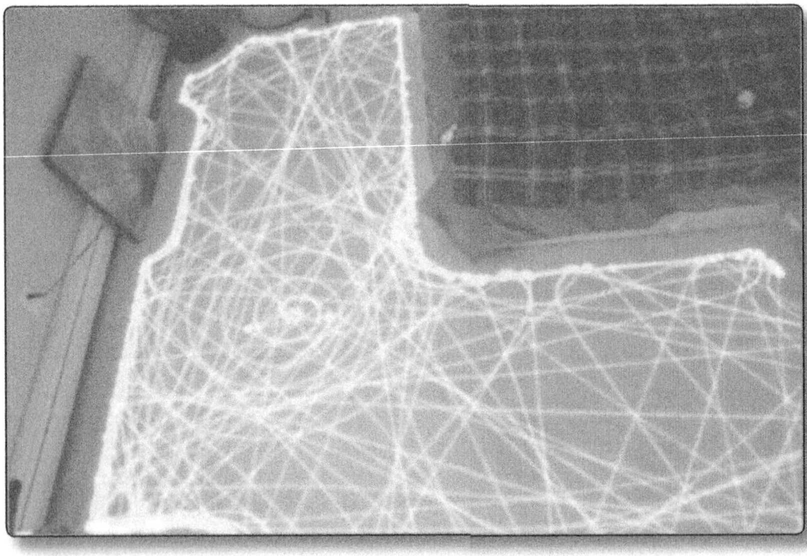

Figura 4.4-3. Ejemplo del recorrido de un robot aspiradora doméstico en un cuarto con geometría irregular

4.5 SEÑALES INFRARROJAS: PROTOCOLO DE TRANSMISIÓN

Como vemos en la Figura 4.5-1, en lugar de enviar un pulso en alto o en bajo, los emisores de infrarrojo transmiten la señal modulada en una frecuencia determinada (representado por barritas verticales en la Figura) para evitar interferencias naturales. Normalmente se usa 38khz ya que no hay señales naturales a esa frecuencia.

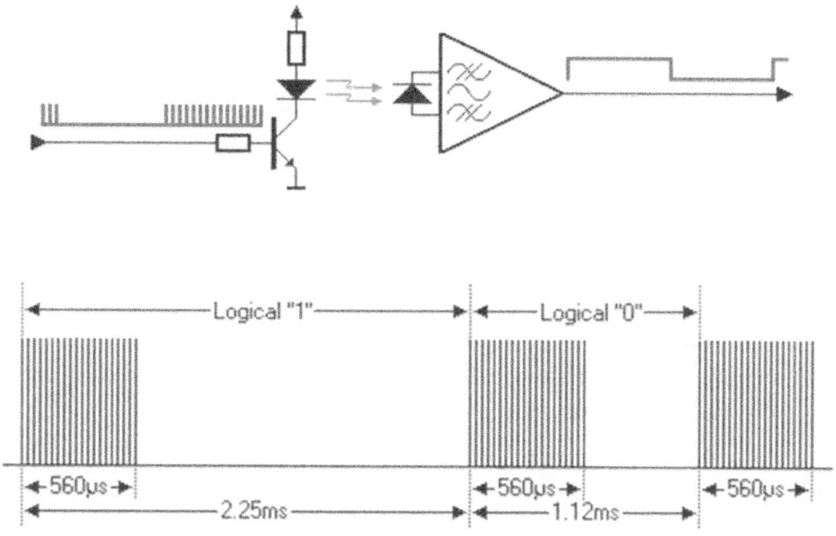

Figura 4.5-1. Envío de señales infrarrojas modulada en frecuencia

Cada compañía tiene su protocolo de comunicación y sus posibles mensajes que deben ser decodificados por un controlador. Por ejemplo, en la Figura 4.5-2 se muestra la traducción a lenguaje binario de una señal de infrarrojos recibida con un protocolo de infrarrojos de la compañía NEC (más info en *http://www.sbprojects.com/knowledge/ir/nec.php*).

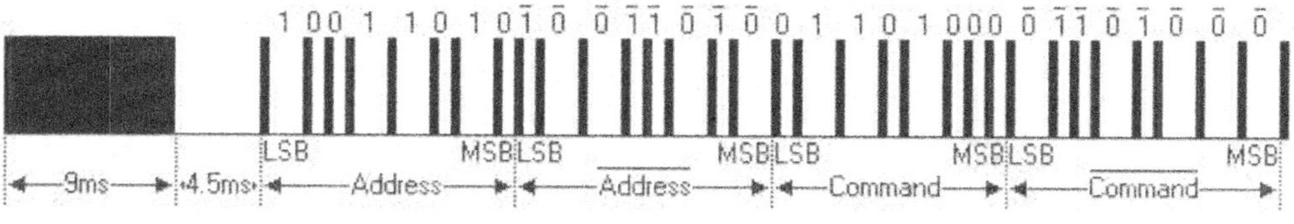

Figura 4.5-2. Decodificacion de una traba con protocolo de la compañía NEC

4.6 PANTALLAS LCD

Hay tres conceptos fundamentales en electrónica (y por supuesto en robótica) que se usan en los displays y que es conveniente que repasemos:

- El protocolo de comunicaciones, como es el I2C. Este protocolo define la manera en la que se comunican dos o más dispositivos por medio de dos cables de comunicación como vemos en la Figura 4.6-1 (un cable de datos, otro de señal de reloj para sincronizar dispositivos) y los cables de alimentación (*VCC* y *GND*). Este protocolo es de tipo maestro/esclavo, en donde cada esclavo tiene una dirección, estilo número de teléfono, y cuando un maestro necesita algo de un esclavo escribe su número en el bus de datos y espera que éste le conteste.

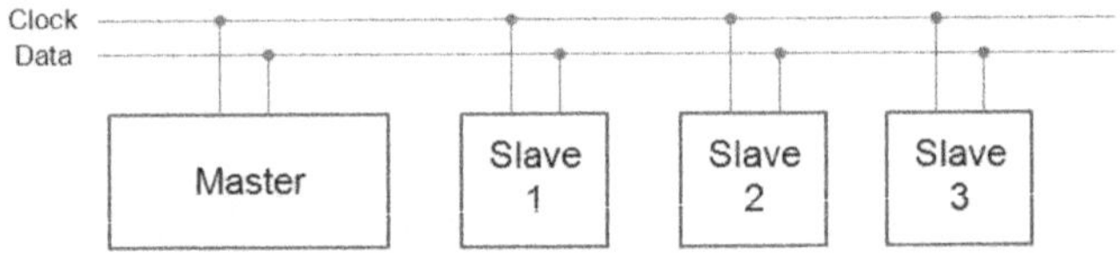

Figura 4.6-1. Cables de comunicación del protocolo I2C. A estos cables hay que añadir el GND y VCC de alimentación, como hemos hecho con el display LCD

- El uso de memorias: un display LCD tiene una memoria interna para almacenar los caracteres que puede representar. Cuando se le realiza una petición de escribir un carácter realmente lo que hace el LCD (mediante una dirección en hexadecimal) es acceder a una memoria ROM donde tiene almacenado cómo se dibujan los caracteres (véase Figura 4.6-2).

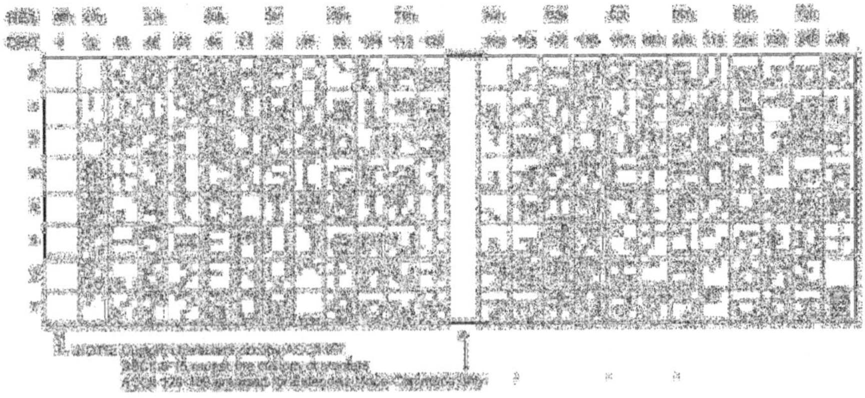

Figura 4.6-2. Memoria ROM de un LCD. Como podemos ver, cada dirección de memoria (en hexadecimal) corresponde a un caracter

- La tecnología LCD (*Liquid Crystal Display*) es utilizada también en pantallas y monitores de todo tipo. Básicamente, esta tecnología se basa en la polarización de la luz: el cristal líquido deja pasar o no la luz (o si es una pantalla a color, como la tele, deja pasar o no una franja de longitud de onda correspondiente a un color).

4.7 MICRÓFONOS

Un micrófono es un transductor que convierte energía acústica en eléctrica. Existen muchos tipos distintos (electrostático, dinámico, piezoeléctrico, láser...), pero los más comunes, como el de la Figura 4.7-1, basan su funcionamiento en la vibración de una membrana, llamada diafragma, imitando el funcionamiento del tímpano del oído humano. Las ondas de presión que generan el sonido chocan contra dicha membrana haciendo que vibre y, mediante un circuito electrónico, convertimos esa vibración en una corriente eléctrica que llamamos señal de audio y que nos permite caracterizar el sonido: volumen, frecuencia, armónicos, etc.

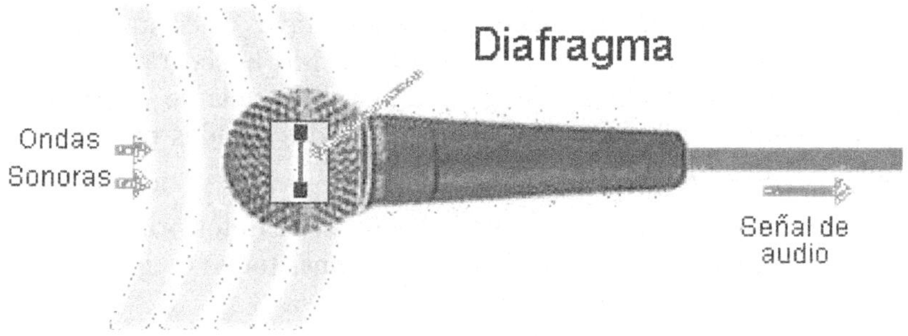

Figura 4.7-1. Un micrófono transforma las ondas sonoras de presión en señales de audio

Este sensor es analógico, lo que significa que detecta un rango continuo de niveles de intensidad sonora. Puesto que la respuesta vibratoria del tímpano humano no aumenta de manera lineal con la potencia del sonido, sino que aumenta de manera exponencial, la intensidad de sonido se mide en una unidad llamada decibelios (dB) que se describe en escala logarítmica de la siguiente manera:

$$I\ [dB] = 20 \cdot \log_{10} P_s,$$

siendo P_s la potencia de la onda de sonido. Esto quiere decir, que si la potencia del sonido se multiplica por 10, la intensidad aumenta en 20 dB, y viceversa: si la potencia del sonido se divide por 10, la intensidad disminuye 20 dB.

4.7.1 Para qué se utiliza en robótica

Los micrófonos pueden tener aplicaciones variadas, aunque las más sencillas y habituales corresponden a un cambio de comportamiento ante un sonido fuerte (alta intensidad de sonido), como por ejemplo una palmada o un grito. El cambio de comportamiento, puede consistir en desviar la dirección de movimiento o detenerlo, hacer que emita sonidos o que cuente un chiste, o levantar una parte móvil como una rampa para volcar a otro robot.

En sistemas más complejos se pueden utilizar programas de reconocimiento de voz, como IBM WebSphere Voice SDK o Speech Android SDK, para que el robot sea capaz de entender lo que un humano le esté diciendo.

4.8 INTERRUPTORES: FUNCIONAMIENTO

Un pulsador[11] es un tipo de interruptor físico que cierra un circuito eléctrico mientras se mantiene pulsado y lo mantiene abierto el resto del tiempo (como representa su símbolo eléctrico en la Figura 4.8-1). Al cerrar el circuito, el pulsador permite que la corriente eléctrica pase a su través causando un cortocircuito (diferencia de potencial nula), mientras que al abrirlo la separación física impide el paso de la corriente eléctrica y se genera una diferencia de potencial entre sus extremos. Por tanto el pulsador tiene únicamente dos estados posibles, pulsado o libre, lo que lo convierte en un sensor de tipo digital.

Existen otros tipos de pulsadores basados en distintos principios físicos, por ejemplo en la activación de una señal eléctrica (transistores) o en la recepción o no de luz infrarroja (fototransistores).

Un elemento muy parecido al pulsador es el interruptor, pero en éste el cambio de un estado a otro se realiza de forma permanente sin necesidad de mantener la pulsación del mismo. No suelen utilizarse como sensores, sino como elementos de configuración de un sistema, y suelen ser accionados por un operario.

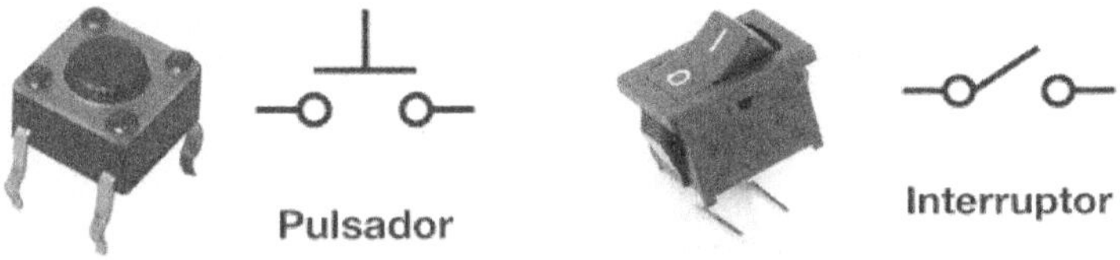

Figura 4.8-1. Ejemplos reales de pulsador e interruptor y sus símbolos eléctricos

11 Más información en la Sección 3.4.1 del Libro de Teoría de Robótica Educativa

4.8.1 Para qué se utiliza en robótica

Los pulsadores aparecen en casi cualquier sistema robótico. Una de las principales aplicaciones en robótica es la utilización como finales de carrera para detectar cuándo una articulación robótica ha llegado al extremo de su zona de trabajo. Otra muy importante es su uso en mandos a distancia para control remoto.

De hecho el concepto de pulsador aparece en prácticamente todos los sistemas automáticos del mundo (ya sean físicos o basados en sistemas magnéticos o lumínicos): botones de un ascensor, detección de productos en las cintas de las cajas de los supermercados, apertura de puertas de garaje, antirrobos de las tiendas de ropa...

4.9 GIRÓSCOPO

Existen varios tipos de giróscopos dependiendo de su principio de funcionamiento. Los más antiguos y más precisos son los giróscopos mecánicos, (véase la Figura 4.9-1), que poseen un rotor (volante de inercia) girando a alta velocidad en línea con la horizontal (o con la vertical, dependiendo del ángulo que queramos medir). Éste está anclado a un punto fijo (suelo, pared...) mediante unos aros llamados gimbales que lo aíslan del mismo. Esos aros pueden girar libremente y tienen un bajísimo (prácticamente nulo) coeficiente de fricción con respecto al volante de inercia, por lo que no se le transmiten momentos debidos a fuerzas externas al mismo. De este modo, cuando el suelo se inclina (por ejemplo en la cabina de un avión), el volante de inercia permanece en el mismo ángulo[12] y permite medir su inclinación con respecto al suelo del avión. Este tipo de giróscopos son los más precisos, con pérdidas de orientación de 0.1° tras 6 horas de funcionamiento, pero por el contrario son los más caros. Se utilizan en sistemas de navegación de aviones o barcos.

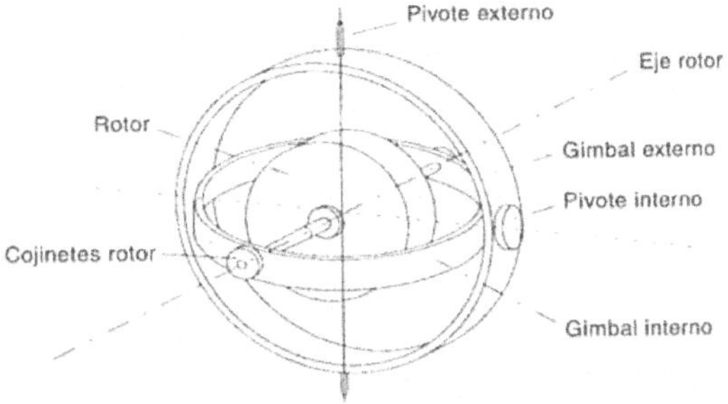

Figura 4.9-1. Esquema de un giróscopo mecánico

12 Por el principio de conservación del momento angular.

Además, tenemos giróscopos MEMS (*Micro Electro Mechanical Systems*, sistemas micro electromecánicos) que se basan en el funcionamiento del péndulo de Foucault y el análisis de un elemento vibrante y las fuerzas de Coriolis que siente debidas a la rotación de la tierra. El funcionamiento es bastante más complejo, por lo que no se explicará, pero suelen ser los más utilizados porque son mucho más baratos que los mecánicos, y van integrados en un circuito electrónico como los de la Figura 4.9-2, con lo que son muy sencillos de instrumentar.

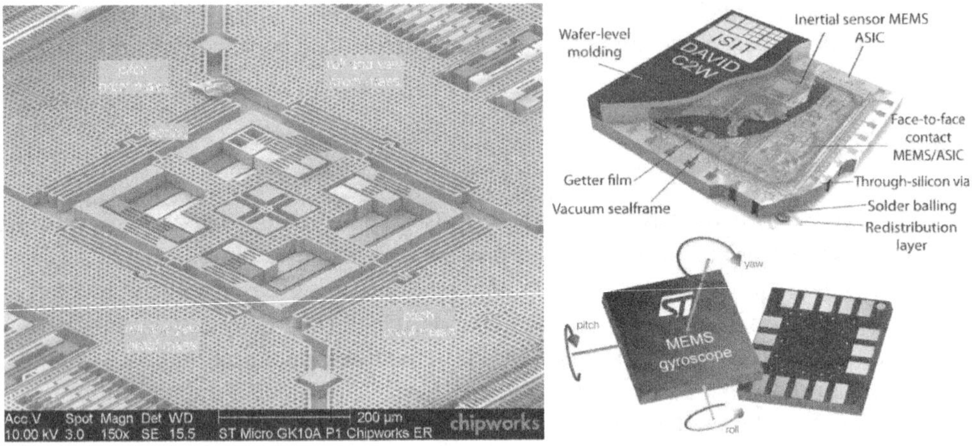

Figura 4.9-2. Izq.: Imagen real de un giróscopo MEMS (escala micrométrica). Dch.: Encapsulados de los MEMS en chips de silicio

Existe otro tipo de sensor de orientación que no se basa en el estado del robot, sino en la alineación de éste con respecto a una baliza externa invisible: el campo magnético. Efectivamente, una brújula nos puede servir igualmente para determinar la orientación de nuestro robot (aunque no la tasa de giro). Sin embargo las brújulas no suelen ser muy efectivas debido a la gran cantidad de 'ruido' electromagnético que hay en espacios cerrados debido a aparatos que generan sus propios campos magnéticos al funcionar, como los altavoces o los transformadores de corriente eléctrica.

4.9.1 Para qué se utiliza en robótica

Un giróscopo es un elemento de gran importancia en robótica móvil puesto que se utiliza, en combinación con otros sensores llamados acelerómetros para crear Unidades de Medida Inercial (IMU, *Inertial Measurement Unit*). Estas IMUs tienen un pequeño microcontrolador que procesa los datos medidos por los giróscopos y los acelerómetros que incluyen y calculan el estado (posición, orientación y velocidades) del robot.

Estos valores de estado son fundamentales en la implementación de bucles de control que permitan, por ejemplo, la estabilidad de la caminada de un robot, reaccionar ante fuerzas imprevistas (un empujón o un bache en el camino) o detectar cambios en pendientes (por ejemplo para que un robot pueda bajar por una rampa).

Otra aplicación muy vistosa y de gran impacto recientemente son los sistemas de equilibrio para transporte unipersonal de tipo Segway®: como el de la Figura 4.9-3. El usuario sube en el transporte e indica la dirección que debe seguir éste mediante inclinaciones de cuerpo. Estos sistemas se basan en el control por computador de un sistema de tipo péndulo invertido, inestable por naturaleza (es como equilibrar un lapicero apoyándolo sobre la punta), pero controlable si conocemos el ángulo de inclinación en todo momento. Este tipo de sistemas son alquilables en sitios turísticos como, por ejemplo, el casco antiguo de Toledo.

Figura 4.9-3. Sistemas segway

4.10 SENSORES DE LUZ

Existen distintos tipos de sensores de luz, basados en varios fenómenos físicos. Todos ellos se basan en la cantidad de radiación electromagnética recibida por el sensor, pero cambia el modo en que se recoge dicha cantidad de luz.

Uno de los más utilizados es el sensor LDR (*Light Detection Resistor*), como el de la Figura 4.10-1, que tiene un filamento cuya resistencia varía en función de la intensidad de la luz recibida. Este sensor sirve para medir la luz ambiental, pero también para ver la cantidad de luz reflejada en un objeto si se acompaña de un diodo emisor.

Sin embargo, con diferencia, los sensores de medida de intensidad lumínica más utilizados son los sensores de las cámaras fotográficas digitales, que son matrices de fototransistores (interruptores electrónicos activados por luz). Las dos familias más habituales son los sensores CCD, por ejemplo el que se muestra en la Figura 4.10-1, y los sensores CMOS. Sin embargo, estos sensores son muy complejos y dan una enorme cantidad de información que suele ser muy costosa (en computación) de manejar, por lo que no se abordan en el libro.

Por último tenemos los fotodiodos, que son diodos capaces de percibir la intensidad lumínica. Así es como funciona el sensor de luz del Lego Mindstorms. De un modo similar a los sensores de ultrasonidos, posee un diodo emisor de luz, infrarroja en el NXT, de color en el EV3, que se refleja en función del color del objeto sobre el que incide. Como ya sabemos, los objetos blancos reflejan toda onda electromagnética visible que les llega, mientras que los negros, la absorben.

El sensor de color es una variación del sensor de luz, en el que se usan diodos que emiten luz de una determinada longitud de onda, (véase la Figura 4.10-1), que sólo es absorbida completamente por ese mismo color, con lo que si la intensidad de la onda reflejada es muy baja, podemos concluir que el objeto es del mismo color de la onda. El sensor de Lego envía ondas de distintos colores mediante un diodo RGB y mide la intensidad reflejada, con lo que es capaz de componer el color de la superficie.

Figura 4.10-1. De izq. a dch.: Sensor LDR típico; sensor CCD de una cámara de fotos digital; sensor de luz basado en un sensor LDR

4.10.1 Para qué se utiliza en robótica

Teniendo en cuenta que las cámaras se basan en un sensor de luz (muy especial y complejo, pero sensor de luz al fin y al cabo), podemos afirmar que los sensores de luz aparecen en la mayoría de aplicaciones de robótica.

Al margen de las cámaras, otros sensores de luz son muy utilizados en ámbitos cotidianos, como los lectores de códigos de barras de las cajas de los supermercados. Pero también en aplicaciones eminentemente robóticas, como por ejemplo en almacenes automatizados, en los que enjambres de robots se desplazan siguiendo líneas de colores por el suelo para coordinarse y leen códigos QR en las intersecciones para saber cuándo deben girar a un pasillo u otro.

Una empresa de gran relevancia en este tipo de sistemas es Kiva Systems, adquirida por Amazon en 2012. Los almacenes automáticos de Kiva, como el de la Figura 4.10-2, llegan a coordinar los movimientos de cientos de robots en un almacén basándose en este sistema de sensores de luz (y unos complejos algoritmos informáticos, por supuesto). Por supuesto, sus robots tienen también sistemas de evitación de colisiones, pero el corazón del sistema se basa en sensores de luz.

Figura 4.10-2. Ejemplo de almacén automatizado mediante robots móviles de la empresa Kiva Systems

Estos sensores también pueden tener aplicaciones lúdicas, como la resolución de cubos de Rubik. De hecho hay robots que utilizan sistemas Lego Mindstorms para resolver cubos en tiempos increíbles, como por ejemplo el robot de la Figura

4.10-3: CubeStormer[13]. El cálculo de la solución, sin embargo, lo realizan mediante un microprocesador más potente que el del bloque EV3.

Figura 4.10-3. Robot CubeStormer. Campeón del mundo de resolución de cubos de Rubik.

13 *http://www.techrepublic.com/article/lego-cubestormer-3-robots-and-the-future-of-mobility/*

ÍNDICE ALFABÉTICO

Made in the USA
Monee, IL
22 May 2026

50831039R00203